计算机网络实训创新教程
（基于 Cisco IOS）

主　编　韩立刚

副主编　马　青　王艳华　韩利辉

中国水利水电出版社
www.waterpub.com.cn
·北京·

内容提要

几乎所有网络知识的学习都有这样的规律：动手实践是对理论的最好补充。正是出于这样的思考，作者在编写《计算机网络原理创新教程》之后又续写了本书，这两本书在内容衔接上既相互联系，又各自独立，便于读者选择。

本书在章节内容组织上，把握“理论够用、操作为主”的原则，首先用直观的图文和表格精炼地描述相关网络知识的基本原理，然后通过综合实训案例分任务、分步骤地将前面的理论知识进行系统的应用，让复杂抽象的通信过程形象地展现在读者面前。理论和实践的结合既能加深和巩固读者对理论知识的理解，又能熟练和提高读者的动手技能。

为了让读者能够验证所学理论并提高操作技能，本书各章后面的实训案例大部分都是使用思科网络设备模拟软件 GNS3 搭建。考虑到 IOS 不同版本之间特性的差异，每个实训案例的前面都介绍了作者编写时使用的 IOS 类型和软件版本，便于读者重现实验过程。同时本书每章后面均配有习题，便于读者自查学习效果。

本书既可作为高校计算机网络技术的实验教材，用来增强学生的实际操作技能，也可作为电子和计算机等专业网络技能类课程的教材或实验指导书，同时对从事网络管理和维护的技术人员也是一本很实用的参考书。

图书在版编目（CIP）数据

计算机网络实训创新教程 ：基于Cisco IOS / 韩立刚主编. -- 北京 ：中国水利水电出版社，2017.4（2019.2 重印）
ISBN 978-7-5170-5216-6

Ⅰ. ①计… Ⅱ. ①韩… Ⅲ. ①计算机网络－教材 Ⅳ. ①TP393

中国版本图书馆CIP数据核字(2017)第039703号

策划编辑：周春元　　责任编辑：张玉玲　　加工编辑：张天娇　　封面设计：李　佳

书　名	计算机网络实训创新教程（基于 Cisco IOS） JISUANJI WANGLUO SHIXUN CHUANGXIN JIAOCHENG（JIYU CISCO IOS）
作　者	主　编　韩立刚 副主编　马　青　王艳华　韩利辉
出版发行	中国水利水电出版社 （北京市海淀区玉渊潭南路 1 号 D 座　100038） 网址：www.waterpub.com.cn E-mail：mchannel@263.net（万水） sales@waterpub.com.cn 电话：（010）68367658（营销中心）、82562819（万水）
经　售	全国各地新华书店和相关出版物销售网点
排　版	北京万水电子信息有限公司
印　刷	三河市铭浩彩色印装有限公司
规　格	184mm×260mm　16 开本　21.75 印张　688 千字
版　次	2017 年 4 月第 1 版　2019 年 2 月第 2 次印刷
印　数	3001—5000 册
定　价	58.00 元

I

前　言

我并不知道社会上有多少人想精通计算机网络原理，也不知道我讲的计算机网络原理有什么过人之处。直到有一天，我把在软件学院随堂录制的计算机网络视频放到51CTO学院网站上，看到了几十万的访问量和众多的好评，才知道有多少人搜遍互联网只为寻找好的教程，才知道学生喜欢我的这种授课方式。

计算机网络原理这门课程在高校计算机专业属于必修课。很多非计算机专业的学生，如果想转行进入IT领域发展，计算机网络原理也是必备的知识之一。

当前关于计算机网络的图书品种很多，但总的来说分为两大类：一类是网络设备厂商考证的教程，例如思科网络工程师教程CCNA、CCNP，华为认证网络工程师教程HCNA、HCNE等；一类是高校的传统计算机网络原理教材，代表教材有谢希仁编著的《计算机网络》。

厂商主导的认证教材是为了培养能够熟练操作和配置其网络设备的工程师，着重点放在了讲解如何配置自己厂家的网络设备，对计算机网络通信原理和过程没有进行深入细致的讲解。

传统的高校计算机网络原理教程深入讲解了计算机通信过程和各层协议，但没给学生详细讲解如何使用具体的网络设备配置来验证所学的理论，更没有进一步扩展这些理论使其能够应用于那些场景，从而学生感觉空洞和学无所用。枯燥复杂的理论同时也加大了老师的讲授难度，学生学着没意思，老师讲着也没意思，这就是这门课程的普遍现状。

本人从事IT企业培训和企业IT技术支持15年，积累了大量实战经验，在河北师范大学软件学院讲授计算机网络原理7年，在授课过程中，增加了大量案例，重新设计了完整详细的配套实验来验证所学的理论。这样，不仅能轻松给学生讲清楚计算机通信的各层协议，还能通过捕获数据包让学生看到数据包的结构，看到每一层的封装。在讲授网络层时，学生不仅学会网络畅通的条件，还能在思科路由器上配置静态路由和动态路由。这样，学生不仅学会了传输层协议和应用层协议之间的关系，还能通过设置Windows服务器实现网络安全。在应用层的讲解中，不仅讲解了常见的应用层协议，还使用抓包工具捕获客户端和服务器之间交互的数据包，分析各种应用层协议的数据包格式。

我在写完《计算机网络原理创新教程》之后，又编写了本书。书中配合各种理论点，绘制了大量形象的插图展示所讲的理论，每一段理论结束后，紧跟着就是使用实训案例使读者清楚这些理论如何很好地解决实际中的问题，从而能让学生真正深刻理解所学的理论点并做到学以致用。本书的内容安排恰到好处，设计了经典的案例，做到了让理论不再抽象，让实验不再盲目，让课程充满趣味，让学习充满乐趣。

本书主要内容

第 1 章：本章的知识是 Cisco 路由器操作的基础。首先介绍 Cisco 路由器的各种组件和逻辑功能、接口类型和操作系统；然后讲述如何使用 GNS3 软件在计算机上模拟 Cisco IOS 路由器的运行，并通过这个模拟的环境来熟悉 Cisco 命令行界面。当完全熟悉了这个界面后，就能够配置主机名、口令和更多其他的内容，并且通过使用 Cisco IOS 来进行排错。

第 2 章：网络设备管理从广义上讲包括对设备硬件、设备软件、设备使用的综合协调，以便对网络资源进行监视、测试、配置、分析、评价和控制，这是网络管理员和网络技术人员必须要具备的一项基本能力，本章将介绍管理思科网络设备需要的基本知识。

第 3 章：路由器的作用是将各个网络彼此连接起来，并负责不同网络之间的数据包传送，即路由。本章将介绍数据包路由的详细过程、IP 路由选择的实现方式、路由选择协议和被路由协议的区别。由于这一内容与所有路由器以及使用 IP 完成配置的操作直接相关，因此是一个学习重点，这些理论也是后面静态路由、动态路由及故障排除的基础。

第 4 章：本章主要介绍静态路由。静态路由是指由用户或网络管理员手工配置的路由信息。当网络的拓扑结构发生变化时，网络管理员需要手工去修改路由表中相关的静态路由信息。静态路由一般适用于比较简单的网络环境，在这样的环境中，网络管理员易于清楚地了解网络的拓扑结构，便于设置正确的路由信息。在静态路由中有一种特殊的静态路由叫做默认路由，如果在路由表中没有任何一条匹配的路径，那么就会使用默认路由来分组转发，默认路由通常用于直接连接 ISP 路由器的小型网络。

第 5 章：在当前的网络世界里，动态路由协议起着至关重要的作用。20 世纪 80 年代，动态路由协议 RIP（路由信息协议）问世，目前已经开始使用 RIPv2，但是它无法应用在较大型的网络中。为了满足大型网络的需求，本章还会讲述 EIGRP（增强内部网关路由协议）和 OSPF（开放式最短路径优先）的工作特点和配置方法。

第 6 章：对中小型企业而言，基于数据、语音和视频的数字通信至关重要。因此，正确设计局域网是企业日常运营的基本需求。我们必须能够判断什么是设计优良的局域网并能够选择合适的设备来满足中小型企业的网络需求。本章主要介绍思科的分层体系架构和局域网中的组网设备，包括集线器、网桥、交换机。同时也介绍了设备的广播域、冲突域和交换机的基本设置。

第 7 章：虚拟局域网（VLAN）是一组逻辑上的设备和用户，这些设备和用户并不受物理位置的限制，可以根据功能、部门及应用等因素将它们组织起来，相互之间的通信就好像它们在同一个网段中一样，由此得名虚拟局域网。VLAN 是一种能够极大改善网络性能的技术，它部署在交换机上将大型的广播域细分成较小的广播域，进而限制参与广播的设备数量，允许将设备分成各个工作组并在这些工作组之间提供安全的隔离。本章开始介绍 VLAN 的概念和特征等。

第 8 章：本章介绍 STP 的一系列运行和操作细节，网络环路给通信造成了不小的麻烦，它严重影响了网络中的带宽，甚至是由于产生广播风暴使网络陷入瘫痪状态。为了解决这一问题，我们引入了一个概念——生成树协议 STP，它可以阻断网络中不必要的路径，从而使整个网络以一种树状结构进行通信，以避免网络环路的产生。

第 9 章：网络中的主机或服务器在跨网段通信时，需要借助于网关。无论是路由器还是多层交换机，它们作为网关在网络通信中起着至关重要的作用。在网络设计的时候我们就需要考虑到网络的高可用性，其中网关的冗余也是非常重要的一部分，这就需要在网络中部署首跳冗余协议，也称为网关冗余协议。本章将介绍几种常用的网关冗余技术，包括HSRP、VRRP和GLBP。

第10章：本章将介绍广域网使用的协议，重点讲授广域网协议HDLC、PPP和帧中继协议。现在广域网技术发展越来越成熟，网络的规模和种类越来越复杂，这就需要有各种各样的WAN技术以满足不同企业的需求。本章将介绍企业WAN的连接类型和相关术语，以及如何选择合适的WAN技术来满足发展中的企业不断变化的业务需求。

第11章：随着网络技术的不断发展和网络服务的不断丰富，网络安全成为越来越受关注的话题。网络服务和资源经常面临不同网络攻击的威胁，所以网络安全的部署和实施也是网络发展的必然要求。网络安全的范畴很广泛，包括物理层安全、数据链路层安全、网络层安全、传输层安全和应用层安全。本章的重点在于网络层安全，主要介绍网络安全的基本知识，重点介绍ACL访问控制列表。

第12章：IPv6是Internet Protocol version 6的缩写，其中Internet Protocol译为“互联网协议”。IPv6是IETF（Internet Engineering Task Force，互联网工程任务组）设计的用于替代现行版本IP协议（IPv4）的下一代IP协议，它由128位二进制数码表示，单从数量级上来说，IPv6所拥有的地址容量约是IPv4的8×10^{28}倍，达到2^{128}（算上全零的）个，有一个形象的描述说IPv6会使地球上的每一粒沙子都有一个IP地址。本章将介绍IPv6比现在的IP有哪些方面的改进，包括IPv6的地址体系，IPv6下的计算机地址配置方式，IPv6的静态路由和动态路由，支持IPv6的动态路由协议RIPng、EIGRPv6和OSPFv3的配置，IPv6和IPv4共存技术，双协议栈技术，6 to 4的隧道技术，ISATAP隧道和NAT-PT技术。

学生评价

51CTO学院韩立刚老师的计算机网络原理视频教程链接：

http://edu.51cto.com/course/course_id-7313.html

以下是51CTO学院的学生听完韩老师的计算机网络原理视频教程后的评价：

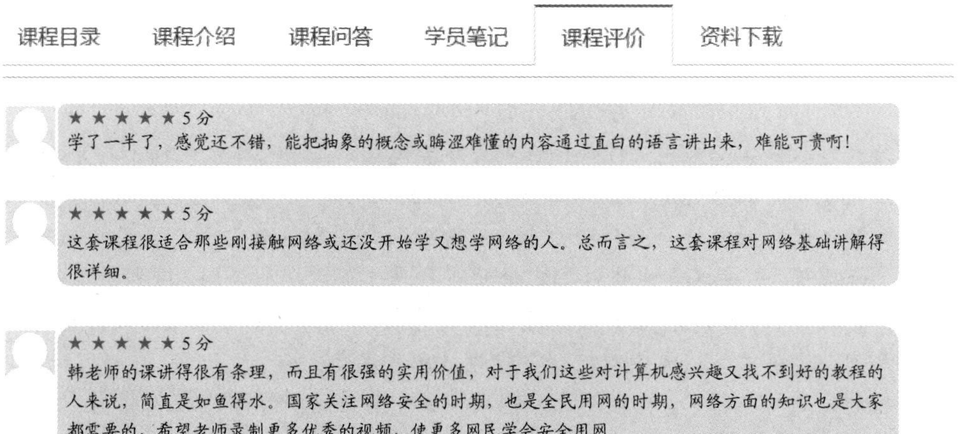

课程目录　课程介绍　课程问答　学员笔记　课程评价　资料下载

★★★★★5分
学了一半了，感觉还不错，能把抽象的概念或晦涩难懂的内容通过直白的语言讲出来，难能可贵啊！

★★★★★5分
这套课程很适合那些刚接触网络或还没开始学又想学网络的人。总而言之，这套课程对网络基础讲解得很详细。

★★★★★5分
韩老师的课讲得很有条理，而且有很强的实用价值，对于我们这些对计算机感兴趣又找不到好的教程的人来说，简直是如鱼得水。国家关注网络安全的时期，也是全民用网的时期，网络方面的知识也是大家都需要的，希望老师录制更多优秀的视频，使更多网民学会安全用网。

★★★★★5分
讲得真好！实践经验太丰富了。

★★★★★5分
老师讲得太好了，原来书里不好理解的内容经老师讲解一下就懂了。

★★★★★5分
真心不错的老师，要是遇到这样的老师，哪还有逃课的学生呢？韩老师厉害。

★★★★★5分
韩老师的课程侧重于实际应用，没有那么多的专业术语，讲解得也浅显易懂，但是要是为了考证书还需要学习一下别的视频，韩老师很给力，顶！

★★★★★5分
很给力！要是中国的高校软件类专业都讲得这么好，哪还有培训基地的生存空间？

技术支持

技术交流和资料获取请联系韩老师：
韩老师 QQ：458717185
技术支持 QQ 群（韩立刚 IT 技术交流群）：301678170
韩老师视频教学网站：http://www.91xueit.com
韩老师微信：hanligangdongqing（微信支付书费，韩老师签名寄书）
韩老师微信公众号：han_91xueit

致谢

河北师范大学软件学院采用“校企合作”的办学模式。在课程体系设计上与市场接轨；在教师的使用上大量聘用来自企业一线的工程师；在教材及实验手册建设上结合国内优秀教材的知识体系，大胆创新，开发了一系列理论与实践相结合的教材（本教材即是其中一本）。在学院新颖模式的培养下，百余名学生进入知名企业实习或已签订就业合同，得到了用人企业的广泛认可。这些改革及成果的取得，首先要感谢河北师范大学校长蒋春澜教授的大力支持和鼓励，同时还要感谢河北师范大学校党委对这一办学模式的肯定与关心。

在本书整理完成的过程中，我对河北师范大学数学与信息科学学院院长邓明立教授、软件学院副院长赵书良教授和李文斌副教授表示真诚的谢意，是他们为本书提供了一个良好的写作环境，是他们为本书内容的教学实践保驾护航，他们与编著者关于教学的沟通与交流为本书提供了丰富的案例和建议；感谢河北师范大学软件学院教学团队中的每一位成员，还要感谢河北师范大学软件学院的每一位学生，是他们的友好、热情、帮助和关心促使了本书的形成；感谢东软云科技国际运营二部姚广阔工程师在技术方面给予的鼎力支持和指导。

最后，感谢我的家人在本书创作过程中给予我的支持与理解。

编者

2017年4月

目　录

注：第 11 章和第 12 章是电子版内容，请读者扫描下方的二维码自行下载。

1

思科互联网络操作系统（IOS）

网络在我们的生活中扮演着重要的角色，它正在不断改变着我们的生活、工作和娱乐方式。网络的核心是路由器，其作用是将各个独立的网络彼此连接起来，并负责不同网络之间的数据包传送。网络通信的效率在很大程度上取决于路由器的性能，即取决于路由器是否能以最有效的方式转发数据包。

第一台路由器是一台接口信息处理机（IMP），出现在美国国防部高级研究计划署网络（ARPANET）中。路由器的组成结构和计算机非常相似，它包含许多计算机中常见的硬件和软件组件。思科公司生产的路由器采用的操作系统软件称为 Cisco Internetwork Operating System（Cisco IOS），是一个专为网络互连优化的复杂的操作系统。Cisco IOS 会管理路由器的硬件和软件资源，包括存储器分配、进程、安全性和文件系统。Cisco IOS 可以被视为一个网络互联中枢：一个高度智能的管理员，负责管理和控制复杂的分布式网络资源，它允许你配置这些设备正常工作。

本章将会讲述如何使用 GNS3 软件在计算机上模拟 Cisco IOS 路由器的运行，并通过这个模拟的环境来熟悉 Cisco 命令行界面。当完全熟悉了这个界面后，你将能够配置主机名、口令和更多其他的内容，并通过使用 Cisco IOS 来进行排错。

本章将带你快速掌握路由器的配置以及命令的使用。

本章主要内容：

- Cisco 路由器的组件和功能
- Cisco 路由器的启动过程
- Cisco 路由器的接口类型和管理方式
- Cisco 路由器操作系统的命名方式
- GNS3 模拟器的使用
- Cisco 路由器 CLI 的提示符和帮助机制
- Cisco 路由器的基本设置
- Cisco 路由器配置的验证方式

1.1 Cisco 路由器的硬件和 IOS

Cisco 路由器的硬件主要由中央处理器 CPU、内存、接口、控制端口等物理硬件和电路组成，软件主要由路由器的 IOS 操作系统组成，Cisco 的 IOS 是一个可以提供路由、交换、网络安全以及远程通信功能的专有内核。第一版 IOS 是由 William Yeager 在 1986 年编写的，它推动了网络应用的发展。Cisco 的 IOS 运行在绝大多数的 Cisco 路由器上和数量不断增加的 Cisco Catalyst 交换机上，如 Catalyst 的 2950/2960 和 3550/3560 系列的交换机。

Cisco 路由器的 IOS 软件负责完成一些重要的工作，包括：

- 加载网络协议和功能。
- 在设备间提供网络连接。
- 在控制访问中提供安全性，防止未授权的网络使用。
- 为简化网络的增长和冗余备份提供可缩放性。
- 为连接到网络中的资源提供可靠性。

可以通过路由器的控制台接口、Modem 的辅助端口，甚至 Telnet 来访问和配置 Cisco IOS 设备。通常将访问 IOS 命令行的操作称为 EXEC（执行）会话。

1.1.1 Cisco 路由器的主要组件

Cisco 路由器的正面面板比较简单，主要是 LED 的指示灯，如图 1-1 所示。

▲图 1-1　Cisco1800 系列路由器的正面视图

- SYS PWR：系统电源 LED——稳定绿色的 LED 指示设备通电正常。
- SYS ACT：系统活动 LED——物理接口上传输数据或监控系统活动时闪烁。

Cisco 路由器的背面面板主要是一些接口，用来连接网络或管理设备，如图 1-2 所示。

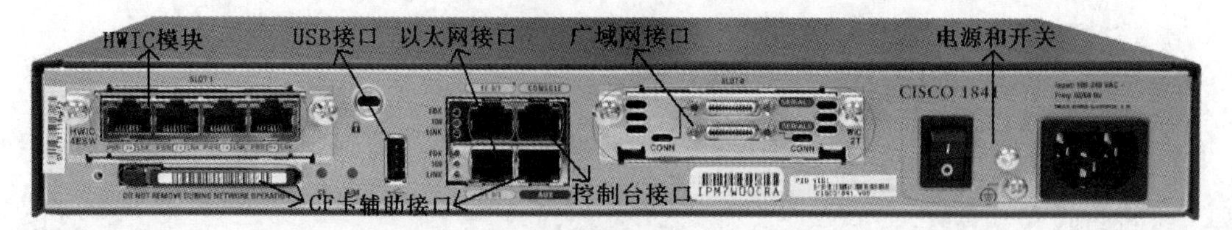

▲图 1-2　Cisco1800 系列路由器的背面视图

- HWIC 模块：4 个 10/100M 自适应以太网接口交换模块。
- 以太网接口：快速以太网接口，用于局域网的连接。
- 广域网接口：高速 WAN 接口，用于多种类型的广域网连接。
- CF 卡：外置闪存模块，可以用于系统升级或对配置文件进行管理。

- 控制台接口：用于连接终端（如 PC），从而在终端设备上对路由器进行管理和配置。
- 辅助接口：控制台接口的备份，也可以通过远程拨号的方式来管理路由器。
- USB 接口：与传统控制台端口的功能相同，它只是提供了一种更加方便的访问串行控制台的方法，当某台计算机连接到 USB 总控时传统的控制台接口将被禁用。
- 电源开关：和 PC 机的电源系统一样，为路由器提供电力支持和控制。

提示：本小节是以 Cisco 1800 系列路由器为例进行说明的，不同系列的路由器外部视图差异很大，内部组件的基本结构都是非常类似的。

尽管路由器类型和型号多种多样，但每种路由器内部都有相似的组件，如图 1-3 和图 1-4 所示。

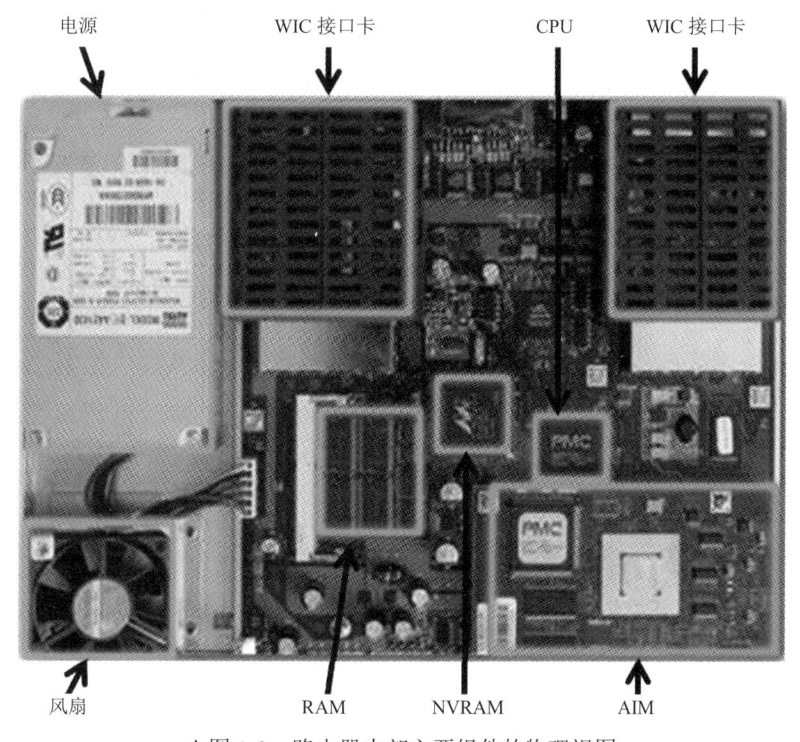

▲图 1-3　路由器内部主要组件的物理视图

- Flash（闪存）：非易失性存储器，路由器重新加载时并不擦除闪存中的内容，用于保存 Cisco 的 IOS。在大多数 Cisco 路由器型号中，IOS 是永久性存储在闪存中的，在启动过程中才复制到 RAM，然后再由 CPU 执行。某些较早的 Cisco 路由器型号则直接从闪存运行 IOS。闪存通常使用 SIMM 卡或 PCMCIA 卡，可以通过升级这些卡来增加闪存的容量。
- RAM（随机存取存储器）：用于保存数据包缓冲、ARP 高速缓存、路由表，以及路由器运行所需的软件和数据结构。路由器的运行配置文件存储在 RAM 中，并且有些路由器也可以从 RAM 运行 IOS，RAM 中的所有内容在断电后会被清除。
- ROM（只读存储器）：是一种永久性的存储器，是内嵌于集成电路中的固件，用来存储 Bootstrap、开机自检程序（POST）、监控程序、微型 IOS。路由器断电或重新启动，ROM 中的内容不会丢失。

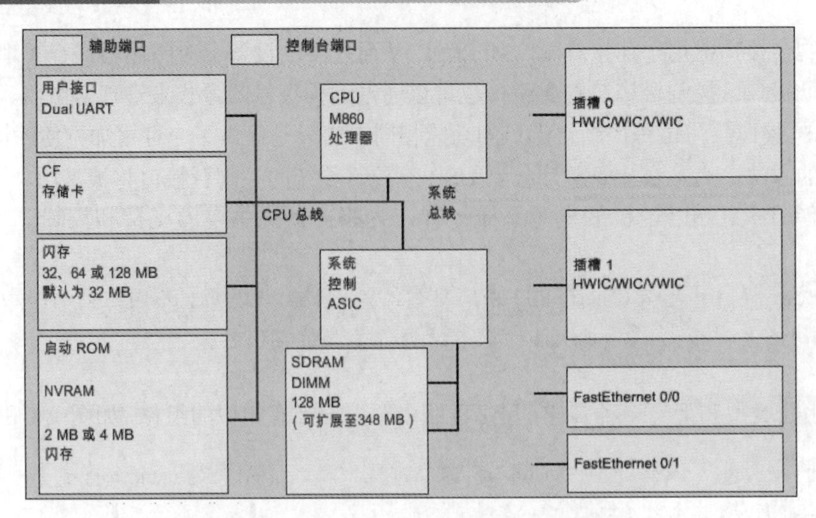

▲图 1-4　路由器内部主要组件的逻辑视图

- CPU（中央处理单元）：执行操作系统指令，如系统初始化、路由功能和交换功能。
- NVRAM（非易失性存储器）：用于保存路由器和交换机配置，主要是存储启动配置（startup-config）文件。当路由器或交换机重新加载时不擦除 NVRAM 中的内容。配置寄存器（Configuration Register）存储在 NVRAM 中。
- Interface（接口）：外部可见的各种类型的物理端口，如串口（Serial）、以太网接口（Ethernet）、快速以太网接口（FastEthernet）等，用于连接局域网和广域网。

1.1.2　路由器的启动过程

路由器的启动过程分为 4 个主要阶段，如图 1-5 所示。

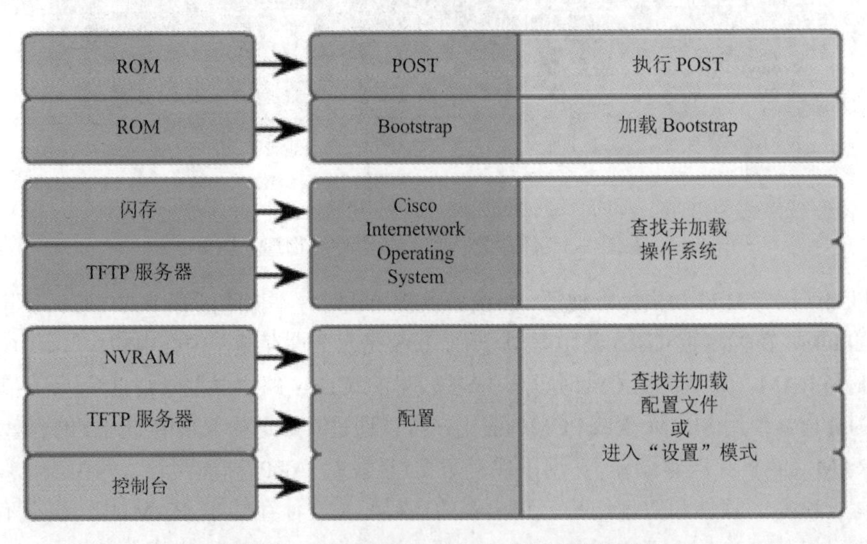

▲图 1-5　路由器启动时各个阶段的执行情况

1. 执行 POST

和 PC 机相似，路由器加电时会执行 ROM 芯片上的 POST 程序来检测路由器硬件，主要是对包括 CPU、RAM 和 NVRAM 在内的几种硬件组件的诊断。POST 完成后，路由器将执行 Bootstrap 程序。

2. 加载 Bootstrap 程序

POST 完成后，Bootstrap 程序将从 ROM 复制到 RAM。进入 RAM 后，CPU 会执行 Bootstrap 程序中的指令。Bootstrap 程序的主要任务是查找并加载 Cisco IOS，此时连接到路由器的控制台会有“System Bootstrap”的提示。

3. 查找并加载 Cisco IOS

IOS 通常存储在闪存中，一般情况下，路由器会从闪存加载 IOS。如果闪存中找不到 IOS 系统会尝试从 TFTP（简单文件传输协议）服务器上查找并加载 IOS，如果再找不到系统会从 ROM 中将精简版的 IOS 复制到 RAM 中，这种版本的 IOS 一般用于帮助诊断问题和完整版的 IOS 的升级，但是精简版的 IOS 存在于早期 Cisco 路由器的产品中，现在的路由器通常不带精简版的 IOS，这时系统会进入 ROMMON 模式，这是系统底层的模式，用于系统或密码的恢复。一旦找到并开始加载 IOS，就可能从控制台看到一串井号（#），这就是映像解压缩过程中有些较早的 Cisco 路由器可以直接从闪存运行 IOS，现今的路由器一般会将 IOS 从 Flash 解压到 RAM 后由 CPU 执行。

4. 查找并加载配置文件

路由器的配置文件记录了路由器的工作参数（如主机名、IP 地址、运行的协议、密码等），IOS 加载后 Bootstrap 程序会搜索 NVRAM 中的启动配置文件（名称为 startup-config），如果启动配置文件 startup-config 位于 NVRAM，则会将其复制到 RAM 作为运行配置文件（名称为 running-config）。

如果不能找到启动配置文件，路由器会提示用户进入设置模式（setup），提示如下：

```
Would you like to enter the initial configuration dialog?[yes/no]:
```

如果回答 yes 并进入设置模式，根据平台和 IOS 的不同，路由器可能会在显示提示符前询问以下问题：

```
Would you like to terminate autoinstall?[yes]:<Enter>
```

该模式通过交互的方式提示用户一系列问题和一些基本的配置信息，最终帮助路由器生成相应的配置文件，也可以随时按 Ctrl+C 组合键终止设置过程并进入路由器相应的操作模式，手工生成路由器的配置文件。

提示：启动过程将在后续课程中详细介绍。

1.1.3 Cisco 路由器的分类

1. 从结构上分类

Cisco 路由器从结构上分为“模块化路由器”和“非模块化路由器”。模块化结构可以灵活地进行路由器升级以适应企业不断增加的业务需求，非模块化结构就只能提供固定的端口。通常中高端路由器为模块化结构，低端路由器为非模块化结构。

模块化路由器主要是指该路由器的接口类型及部分扩展功能是可以根据用户的实际需求来配置的。这些路由器在出厂时一般只提供最基本的路由功能，用户可以根据所要连接的网络类型来选择相应的模块，不同的模块可以提供不同的连接和管理功能。例如，绝大多数模块化路由器可以允许用户选择网络接口类型，有些模块化路由器可以提供 VPN 等功能模块，有些模块化路由器还提供防火墙的功能等。目前的多数路由器都是模块化路由器，如图 1-6 所示。

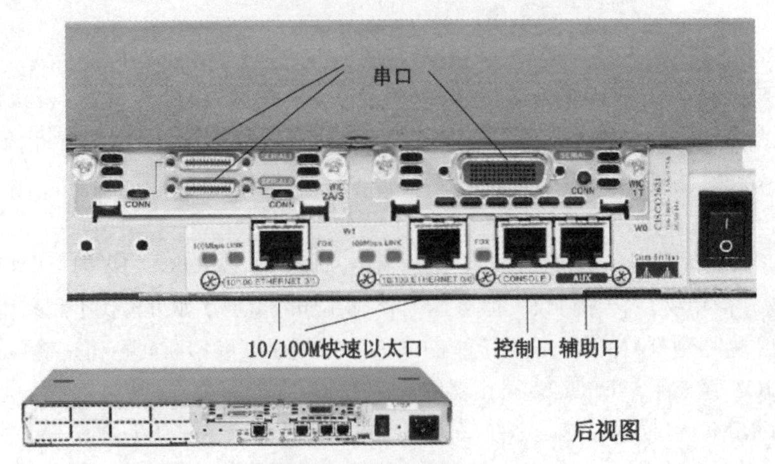

▲图 1-6　模块化路由器

非模块化路由器就只能提供固定的端口，如图 1-7 所示。

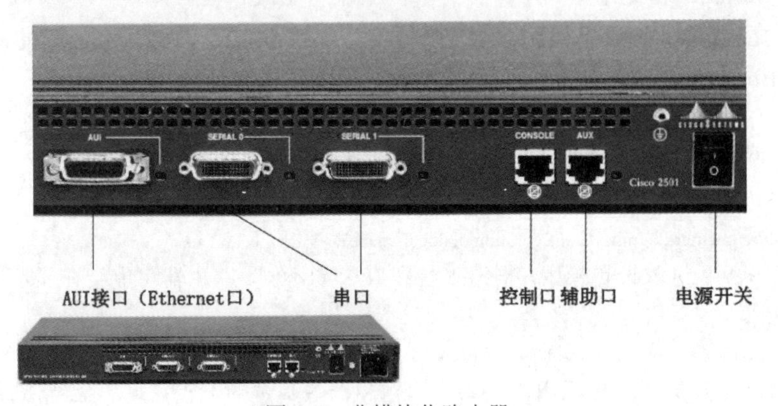

▲图 1-7　非模块化路由器

2. 从档次上分类

按性能档次，路由器分为高档路由器、中档路由器、低档路由器。

通常将吞吐量大于 40Gb/s 的路由器称为高档路由器；背板吞吐量在 25Gb/s～40Gb/s 的路由器称为中档路由器；低于 25Gb/s 的路由器称为低档路由器。当然，这只是一种宏观上的划分标准，各厂家的划分标准并不完全一致。实际上，路由器档次的划分不仅是以吞吐量为依据的，还有各种其他的指标。以市场占有率最大的 Cisco 公司为例，12000 系列路由器为高端路由器，7500 以下系列路由器为中低端路由器。

3. 从功能上分类

从功能上划分，可以将路由器分为骨干级路由器、企业级路由器和接入级路由器。

骨干级路由器是实现运营商网络互联的关键设备，它的数据吞吐量较大，非常重要。对骨干级路由器的基本性能要求是高速度和高可靠性。为了获得高可靠性，网络系统普遍采用热备份、双电源、双数据通路等冗余技术，从而保证骨干路由器允许的可靠性。

企业级路由器连接许多终端系统，连接对象较多，但系统相对简单且数据流量较小。对这类路由器的要求是以尽量便宜的方法实现尽可能多的端点互连，同时还要求能够支持不同的服务质量。

接入级路由器主要应用于连接家庭或ISP内的小型企业客户群体。

1.1.4 路由器的接口

路由器的接口通常可以分为管理端口和网络接口两大类，如图1-8所示。

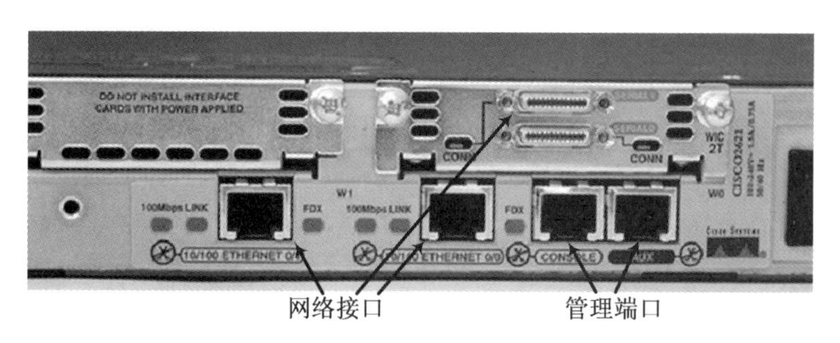

▲图1-8 路由器的接口类型

管理端口：用于对路由器的工作方式进行设置，主要是路由器初始的工作参数。这种类型的端口不能转发数据包，路由器最常见的管理端口是控制台端口（Console），用于连接终端设备（PC机），另一种管理端口是辅助端口（AUX），和控制台端口的作用很相似，也可以用于连接调制解调器远程访问控制。并非所有路由器都有辅助端口，本书不会过多涉及辅助端口的相关知识。

网络接口：主要负责所连接的网络中数据包的接收和转发（首先需要通过管理端口设置这些网络接口的IP地址并激活网络接口）。前面已经介绍过路由器有多个接口，用于连接不同介质类型的多个网络。例如，路由器一般具有快速以太网接口，用于连接不同的LAN；具有各种类型的WAN接口，用于连接多种串行链路（其中包括T1、DSL和ISDN）。

注意：端口和接口在一般的文档描述中经常混杂使用，不作详细的区分。通常的情况下，路由器的端口指的就是管理端口，它强调路由器的物理职能；路由器的接口指的就是网络接口，它强调路由器的逻辑功能，这是我们习惯上的描述。

1.1.5 路由器的管理方式

路由器的管理方式分为带外管理和带内管理，如图1-9所示。

带外管理：通过管理端口访问，如Console端口、AUX接口，新的路由器没有任何配置参数，只能通过这种带外管理的方式设置路由器工作的初始参数，包括路由器的密码恢复也需要通过带外管理的方式进行。

带内管理：通过网络接口的IP地址进行访问，路由器已经配置了相应的工作参数，如IP地址信息和远程访问密码等，再次进行管理或优化时就可以使用这种带内管理的方式进行访问，它不受地理空间的约束，比较便捷。

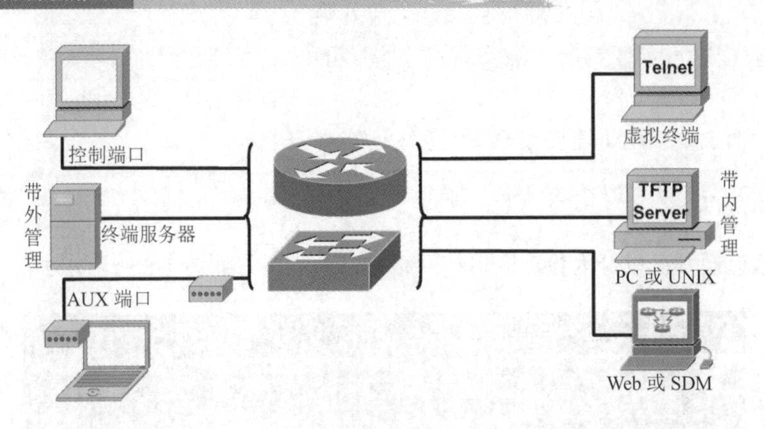

▲图 1-9　路由器的管理方式

带外管理实例一：通过 Console 访问路由器

对路由器进行管理和设置时需要把计算机的 COM 接口（DB-9 的连接器）和路由器的 Console（RJ-45 的连接器）进行连接，有些计算机没有 COM 接口（如笔记本电脑），这时就需要将 USB 的接口转换成 COM 的连接器类型，再和路由器的 Console 端口进行连接，之后就可以使用各种终端软件对路由器进行访问了，这个过程类似使用 PC 机通过 USB 接口连接和管理智能手机，如图 1-10 所示。

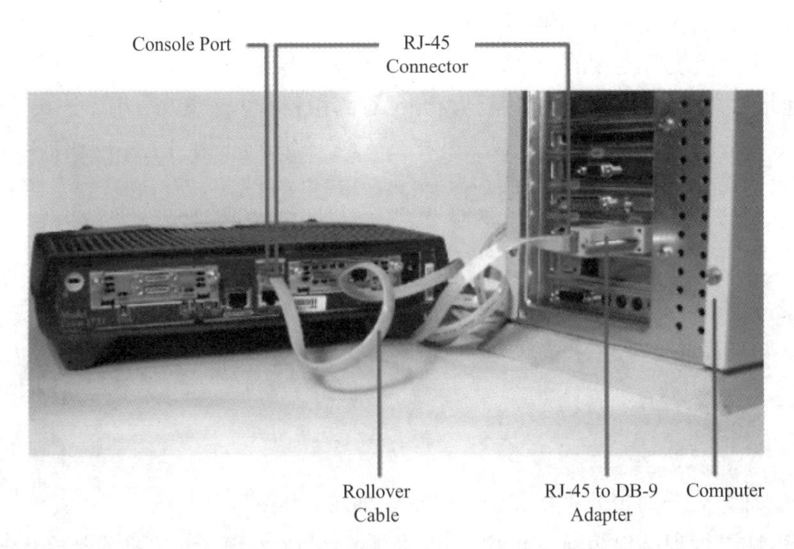

▲图 1-10　通过 Console 端口连接 Cisco 路由器

可以使用计算机自带的超级终端软件连接路由器的 Console 端口，从“程序”菜单“附件”选项中的“通讯”中找到并打开超级终端程序，输入名称（如 aa）后单击“确定”按钮就可以新建一个超级终端连接，如图 1-11 所示。

通过下拉菜单选择相应的连接端口（如 COM1），如图 1-12 所示。

通过“还原为默认值”设置各项端口通信参数，如图 1-13 所示。

连接描述
新建连接
输入名称并为该连接选择图标:
名称(N):
图标(I):
确定
取消
名称
图标
断开
自动检测
自动检测

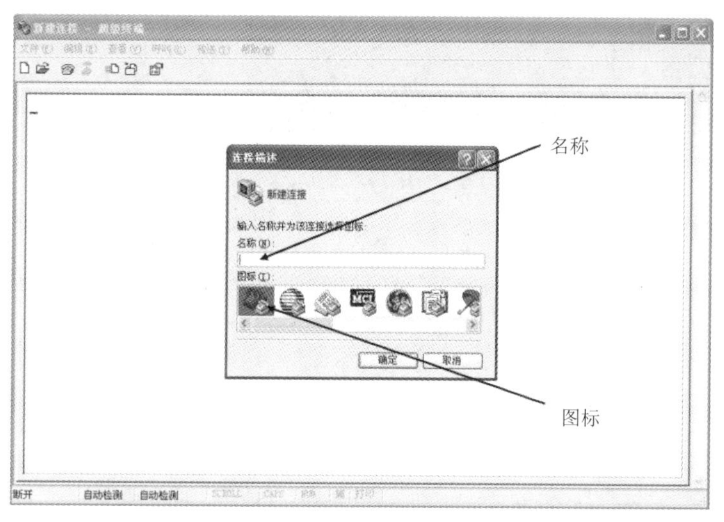

▲图 1-11　超级终端程序

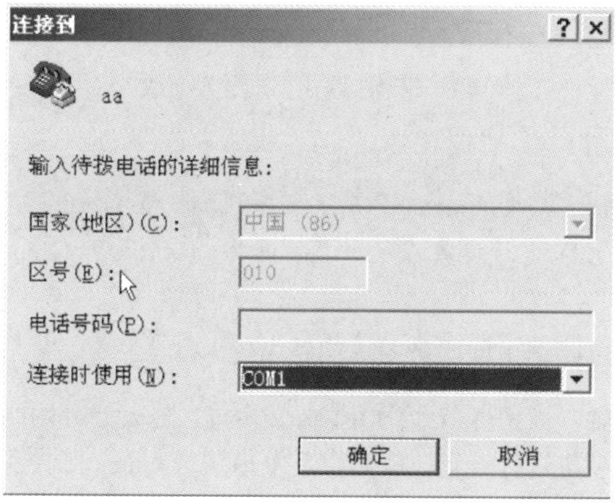

连接到
aa
输入待拨电话的详细信息:
国家(地区)(C):
中国 (86)
区号(E):
010
电话号码(P):
连接时使用(N):
COM1
确定
取消

▲图 1-12　选择超级终端通讯时使用的端口

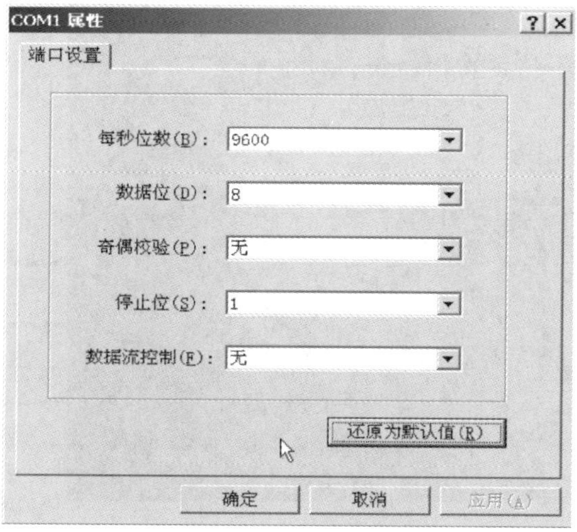

COM1 属性
端口设置
每秒位数(B):
9600
数据位(D):
8
奇偶校验(P):
无
停止位(S):
1
数据流控制(F):
无
还原为默认值(R)
确定
取消
应用(A)

▲图 1-13　设定通讯时使用的参数

之后就可以看到路由器的管理界面了，如图 1-14 所示。

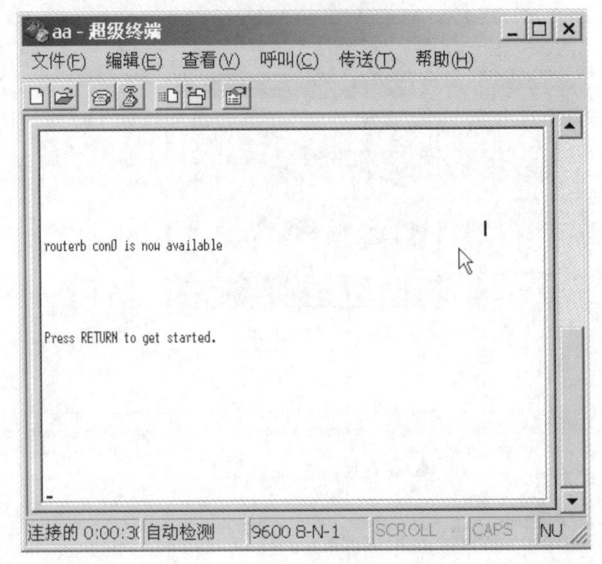

▲图 1-14 路由器的管理界面

注意：上述实例是在 Windows XP 系统中实现的，Windows 7 系统默认不带超级终端程序，使用时请自行安装或使用其他的终端软件（如 SecureCRT）管理设备。

带外管理实例二：通过终端访问服务器访问路由器

当网络规模比较复杂时，就会有多个路由器、交换机、防火墙等网络设备出现在网络中，如果使用单一终端对每台网络设备进行设置，就需要反复地插拔 Console 接头，非常不便，这时就可以使用终端服务器来连接多个网络设备，如图 1-15 所示。

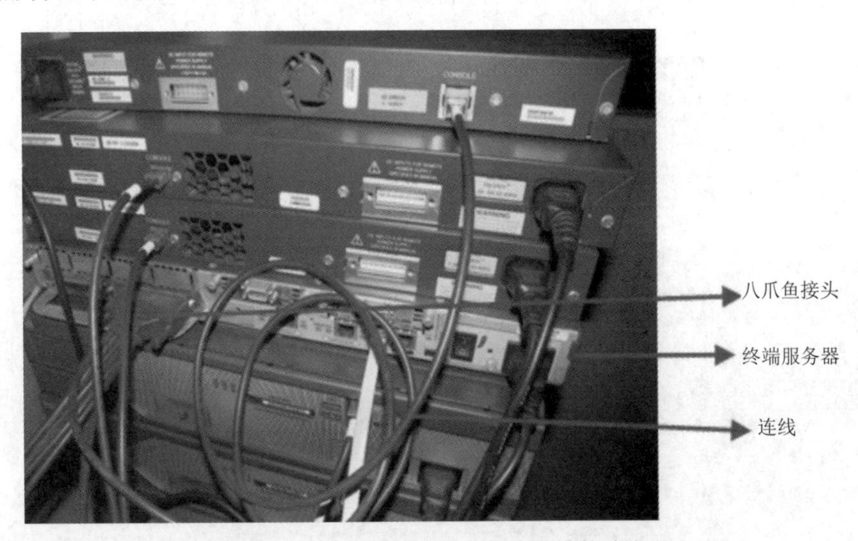

▲图 1-15 通过终端访问服务器连接路由器

终端服务器的每一个异步接口可以引出多条到不同设备 Console 端口的连接，使用时首先登录到终端服务器，再由终端服务器登录到各个路由器，之后的操作就和通过 Console 端口访问一样，终端服务器可以使用路由器加上异步串行口的模块实现，也可以直接购买相应的硬件产品。

带内管理实例一：通过 Telnet 访问 Cisco 路由器

路由器设置了接口的 IP 地址和远程访问密钥，并且允许使用 Telnet 的方式访问该设备时，就可以使用 Telnet 命令或软件通过 IP 地址对其进行访问和管理了，如图 1-16 所示。

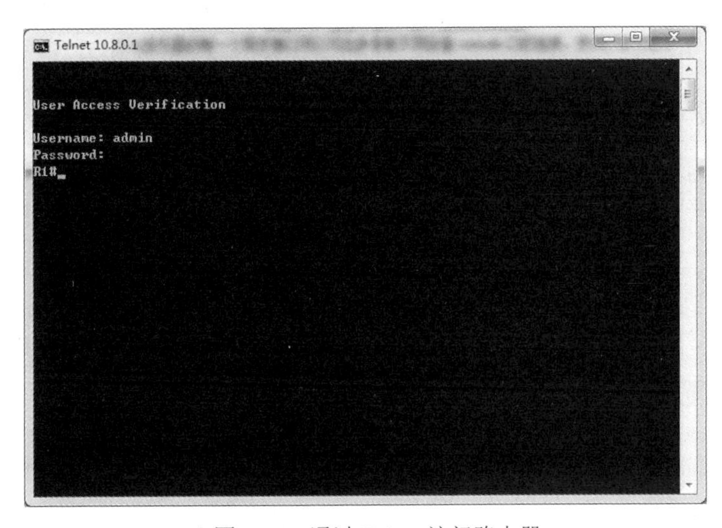

▲图 1-16 通过 Telnet 访问路由器

后面的章节会介绍使用 Telnet 访问路由器的设置方法。

带内管理实例二：通过 HTTP 访问 Cisco 路由器

和 Telnet 访问方式相似，当设置了相应的参数并允许使用 HTTP 的方式访问该设备时，就可以使用 Web 浏览器对其进行访问和管理了，如图 1-17 所示。

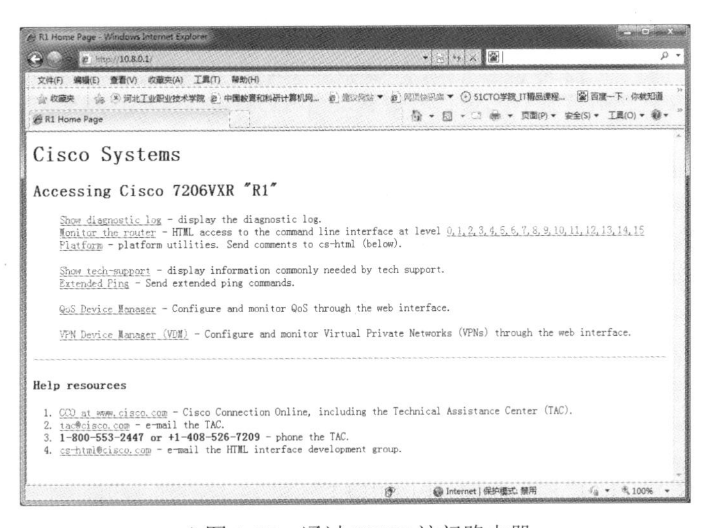

▲图 1-17 通过 HTTP 访问路由器

使用这种方式访问路由器的操作功能有限，而且也不能观察日志信息，所以不建议选择这种方式。

带内管理实例三：通过 SDM 访问 Cisco 路由器

SDM（Security Device Manager）是 Cisco 公司提供的全新图形化路由器管理工具。该工具利用 Web 界面、Java 技术和交互配置向导使用户无需了解太多的命令即可轻松快捷地完成 IOS 路由器的状态监控、安全审计和功能配置，如图 1-18 所示。

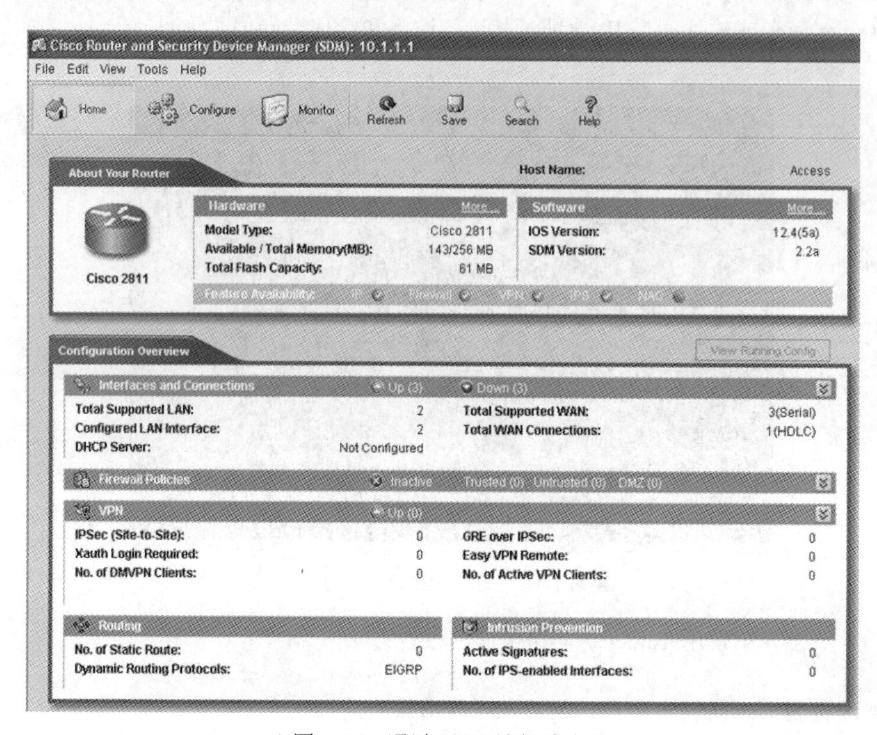

▲图 1-18　通过 SDM 访问路由器

使用 SDM 可以简化网络管理员的工作和降低出错的概率。使用 SDM 进行管理时，用户和路由器之间使用加密的 HTTP 连接和 SSHv2 协议，安全可靠。目前 Cisco 的大部分中低端路由器包括 8xx、17xx、18xx、26xx（XM）、28xx、36xx、37xx、38xx、72xx、73xx 等型号都已经可以支持 SDM，相应的操作会在后续的章节中进行讲解。

1.1.6　Cisco 路由器 IOS 命名

Cisco 路由器 IOS 命名规范：AAAAA-BBBB-CC.DD-DD.EE。

- AAAAA：这组字符说明文件所适用的硬件平台。例如，c2600 代表 2600 系列路由器，c2800 代表 2800 系列路由器。
- BBBB：这组字符说明这个 IOS 中所包含的特性，这里介绍几个常用的特性。a 代表 Advanced Peer-to-Peer Networking（APPN）特性；boot 代表引导映像；j 代表企业；i 代表 IP；i3 代表简化的 IP，没有 BGP、EBP、NHRP；i5 代表带有 VoFR 的 IP；k8 代表 IPSec 56；k9 代表 IPSec 3DES；o 代表 IOS 防火墙；o3 代表带有入侵检测系统 IDS、SSH 的防火墙；s 代表有 NAT、IBM、VPDN、VoIP 模块；v5 代表 VoIP；x3 代表语音。

- CC：这组字符是 IOS 文件格式。第一个“C”指出映像在哪个路由器内存类型中执行。f 代表 Flash、内存，m 代表 RAM，r 代表 ROM。第二个“C”说明如何进行压缩。z 代表 zip 压缩，x 代表 mzip 压缩，w 代表 stac 压缩。如果想把 Flash 卡（闪存卡）从一台路由器上拆除，那么可以看看这个字符是什么。如果是 f，则软件是直接从闪存执行的，这时候就要求安装有闪存以便 IOS 软件能够运行；如果是 m，那么路由器已经从 Flash（闪存）中读取了 IOS 软件，压缩后正在从 RAM 运行它。在路由器正常引导起来后，就可以安全地拆除 Flash 了。
- DD-DD：这组字符指出 IOS 软件的版本，表示 IOS 软件的版本号。
- EE：这是 IOS 文件的后缀（.bin 或.tar）。

例如 rsp-jo3sv-mz.122-1.bin，rsp 是硬件平台（Cisco 7500 系列）；jo3sv 是指企业级（j）、带有 IDS 的防火墙（o3）、带有 NAT/VoIP 的 IP 增强（s）以及通用接口处理器 VIP（v）；mz 是指运行在路由器的 RAM 内存中，并且用 zip 压缩；122-1 是指 Cisco IOS 软件版本 12（2）1，即主版本 12（2）的第一个维护版本；.bin 是这个 IOS 软件的后缀，连接到路由器进行管理和配置。

1.2 GNS3 网络模拟器

GNS3 是一款具有图形化界面且可以运行在多平台（包括 Windows、Linux 和 Mac OS 等）的思科网络设备虚拟软件，它可以用于虚拟体验 Cisco 网际操作系统 IOS 或用于检验将在真实的路由器上部署实施的相关配置，用 GNS3 模拟路由器有点类似于使用 VMware 模拟服务器。在本书中我们将使用这个软件完成相关知识的学习和实训任务。

1.2.1 GNS3 概述

之前版本的 GNS3 受软件本身的影响，软件的资源占用率一直居高不下，在新版本中，GNS3 在保留老版本功能的前提下，通过与 IOU 结合使所有虚拟设备均在 IOU 虚拟机中运行，不仅解决了资源占用率的问题，也解决了 GNS3 不能模拟二层设备的问题。新版本的 GNS3 可以通过图形化的配置界面方便地构建拓扑图，避免了单纯 IOU 环境下书写拓扑的繁琐步骤，同时也可以享受 IOU 带来的强大的模拟功能。

注意：IOU（IOS ON UNIX）是思科公司在测试 IOS 时用的一种模拟器，可以模拟三层路由和二层交换，可以用来做很多大型实验，并且资源占用率低，但是需要手工编译拓扑。

1.2.2 安装 GNS3

GNS3 有多个版本，本书以 GNS3 1.3.9 为例进行介绍，运行安装程序 GNS3-1.3.9-all-in-onee.exe，弹出安装界面，如图 1-19 所示。

Step 1 单击 Next 按钮出现 GNS3 软件的授权许可，如图 1-20 所示。

Step 2 阅读授权许可，同意后单击 I Agree 按钮，设置 GNS3 程序文件夹的名称，如图 1-21 所示。

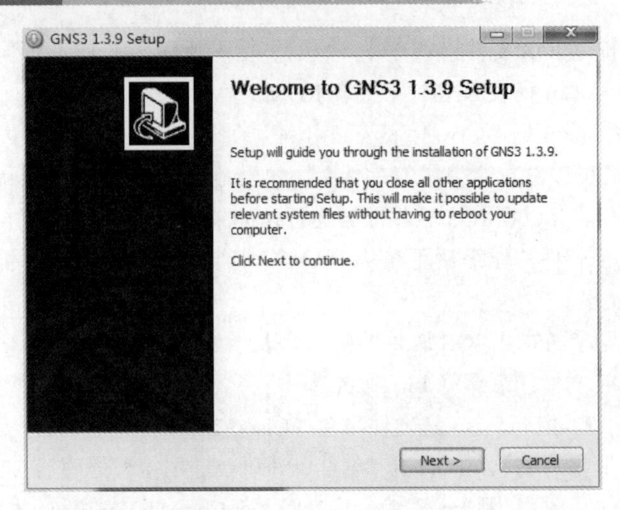

▲图 1-19　GNS3 安装界面

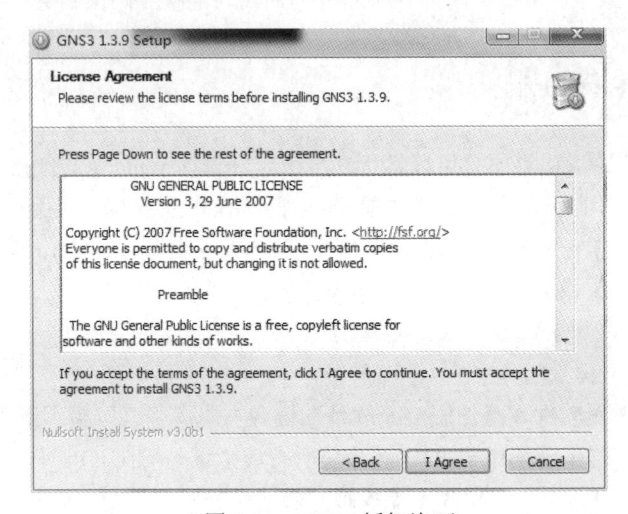

▲图 1-20　GNS3 授权许可

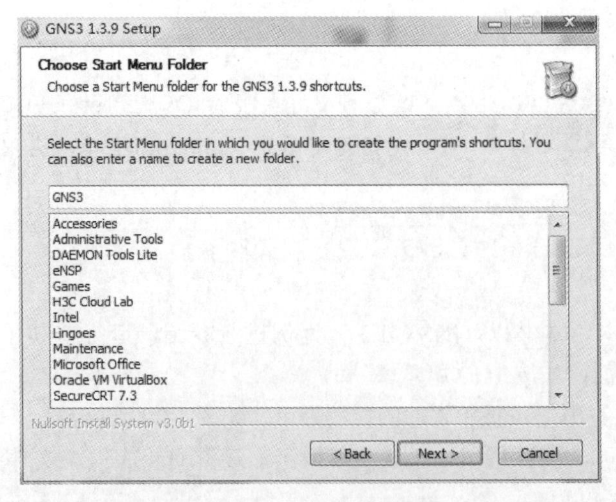

▲图 1-21　设置 GNS3 程序文件夹的名称

Step 3 程序文件夹采用默认名称即可，单击 Next 按钮选择 GNS3 组件，如图 1-22 所示。

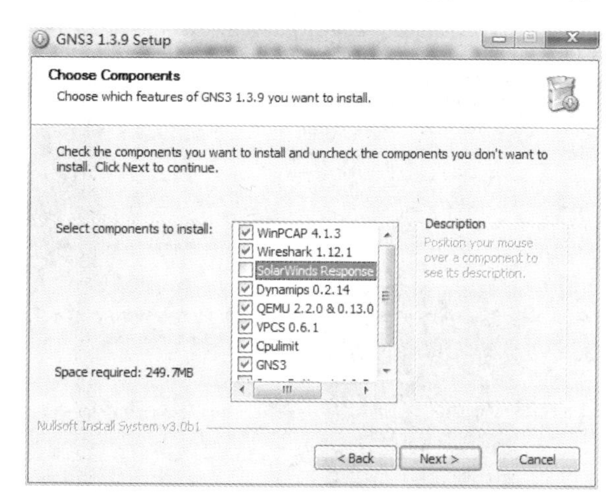

▲图 1-22　GNS3 相关的组件

主要组件说明：

- WinPCAP：抓包必需组件之一，建议安装，如果已经安装可以忽略。
- Wireshark：最流行的开源抓包工具，需要在线下载，建议安装，也可以自行安装。
- SolarWinds Response Time Viewer for Wireshark：Wireshark 的辅助分析工具，需要在线下载，文件大，耗时较长，新手不建议安装。
- Dynamips：一个用于模拟思科路由器的工具，必须安装。
- QEMU：一套由法布里斯·贝拉编写的模拟处理器的自由软件，必须安装。
- VPCS：GNS3 中模拟客户端的工具，必须安装。
- Cpulimit：一款限制 CPU 进程的工具软件，可以优化系统资源的占用率，可选安装。
- GNS3：核心组件，必须安装。
- SuperPutty：GNS3 自带的终端工具，可选安装。

建议选择除 SolarWinds Response Time Viewer for Wireshark 外所有的组件，单击 Next 按钮选择 GNS3 程序的安装目录，如图 1-23 所示。

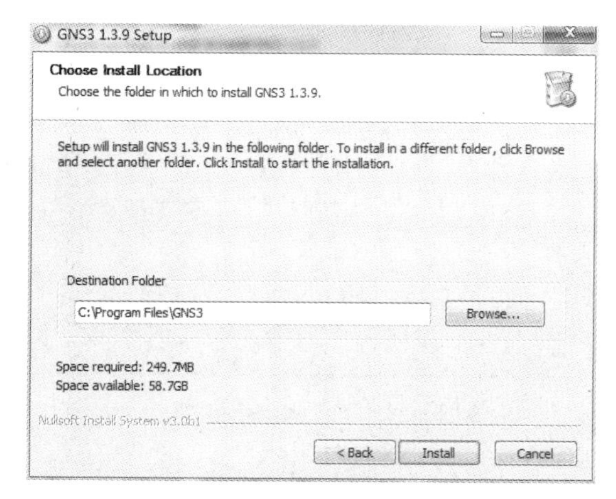

▲图 1-23　GNS3 的安装目录

Step 4 为了保证 GNS3 的正常运行，安装目录中不要出现中文字符，设定好之后单击 Install 按钮开始安装，安装过程首先会提示安装 WinPcap 组件，如图 1-24 所示。

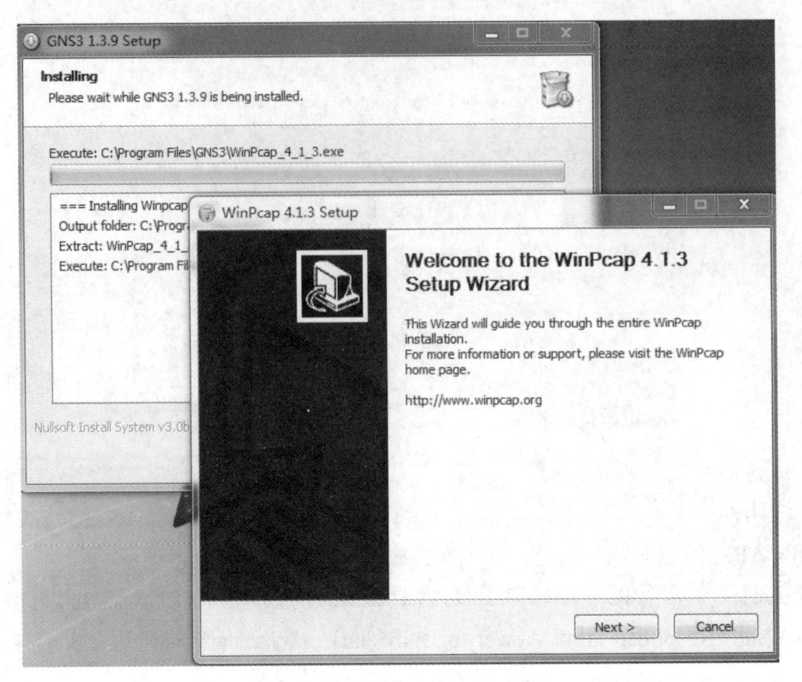

▲图 1-24　安装 WinPcap 组件

Step 5 单击 Next 按钮之后选择 I Agree 选项同意安装许可，再单击 Install 按钮进行安装直到安装结束，之后 GNS3 安装程序会从网络中下载 Wireshark 并进行安装，安装时间主要由网络速度决定，由于是从国外的网站下载数据包，可能需要等待一段时间，如图 1-25 所示。

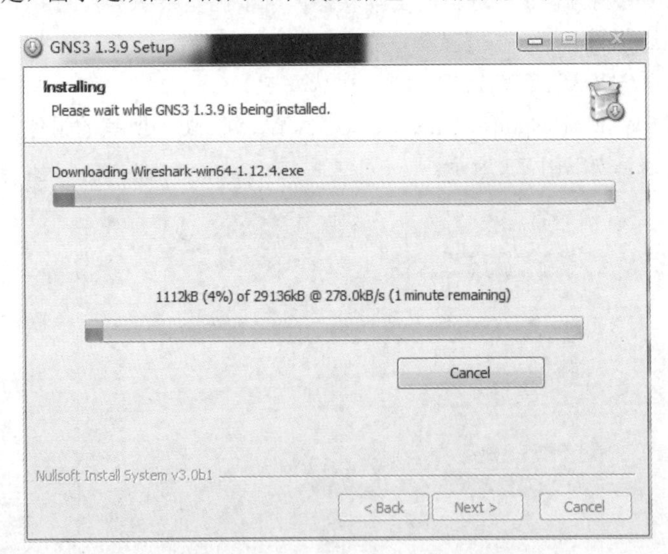

▲图 1-25　下载 Wireshark 组件

下载完成后会自动安装，这个过程和安装 WinPcap 组件的过程一致，如图 1-26 所示。

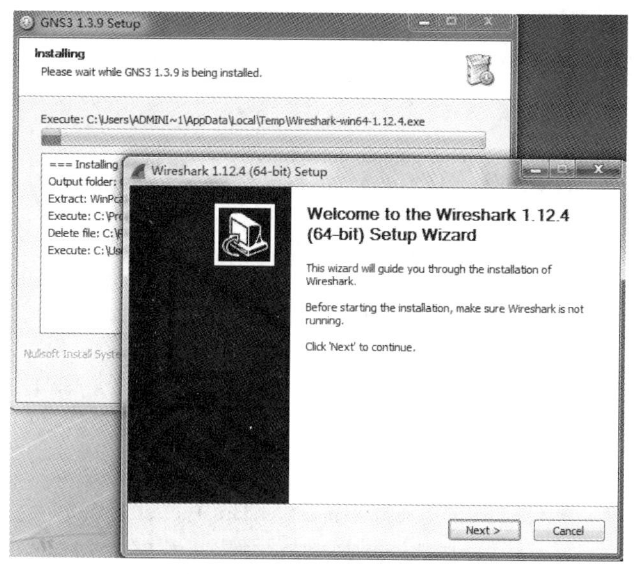

▲图 1-26　安装 Wireshark 组件

Step 6 连续单击 Next 按钮，全部采用默认的设置，再单击 Install 按钮进行安装，之后 GNS3 会自动安装剩余的其他组件，如图 1-27 所示。

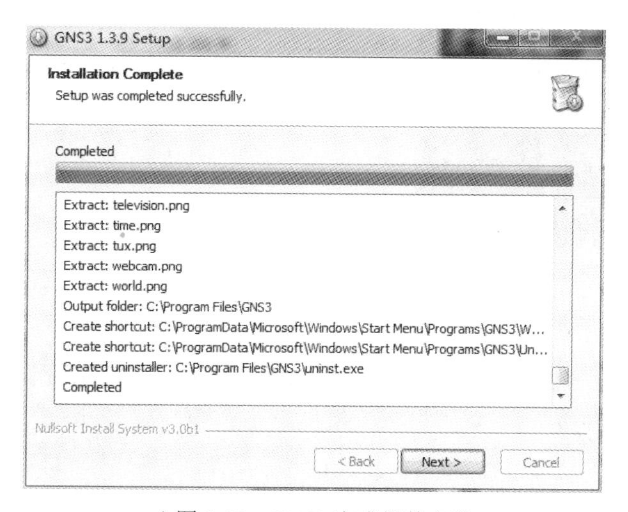

▲图 1-27　GNS3 完成组件安装

Step 7 单击 Next 按钮，弹出提示是否购买 Solarwinds Standard Toolset 的许可，可以根据需要自行选择，如图 1-28 所示。

Step 8 单击 Next 按钮，结束整个 GNS3 的安装过程，如图 1-29 所示。

1.2.3　启动 GNS3

Step 1 双击 GNS3 的桌面图标，启动 GNS3 程序。首次运行 GNS3 程序会弹出 GNS3 的欢迎界面，这里面包含一系列关于 GNS3 版本、文档、论坛等信息的链接，如果不想让 GNS3 每次启动时都有这个提示，则勾选 Don't show this again 复选项并单击 Close 按钮，如图 1-30 所示。

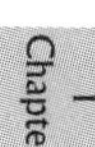

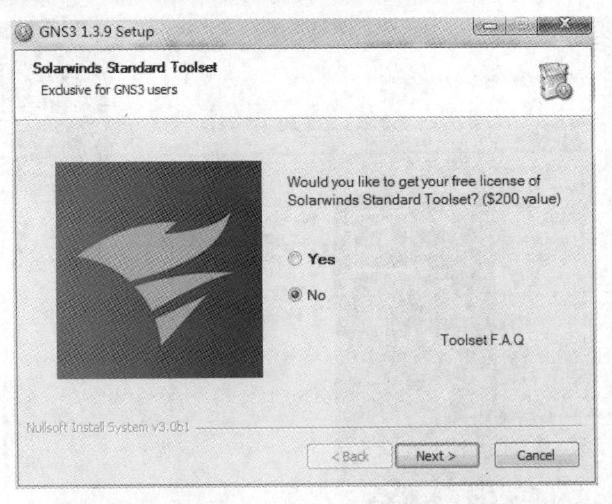

▲图 1-28　购买 Solarwinds Standard Toolset 的许可

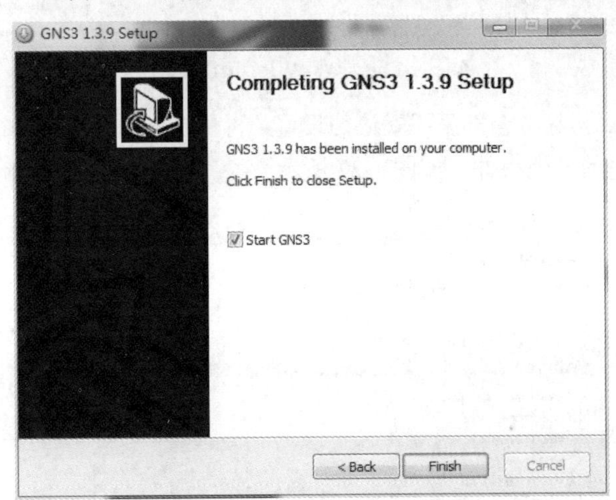

▲图 1-29　GNS3 程序安装结束

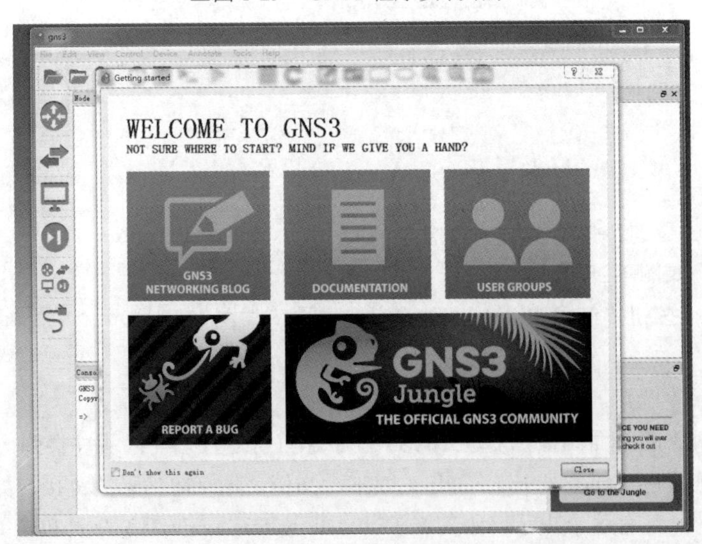

▲图 1-30　GNS3 欢迎界面

Step 2 每次打开 GNS3 都会出现新建项目的提示，GNS3 模拟的所有网络环境都是通过项目来组织的，使用时可以先新建一个项目，然后在该项目中添加设备组建相应的网络，也可以先添加连接设备，在完成实验后将这些内容保存到一个项目中，如图 1-31 所示。

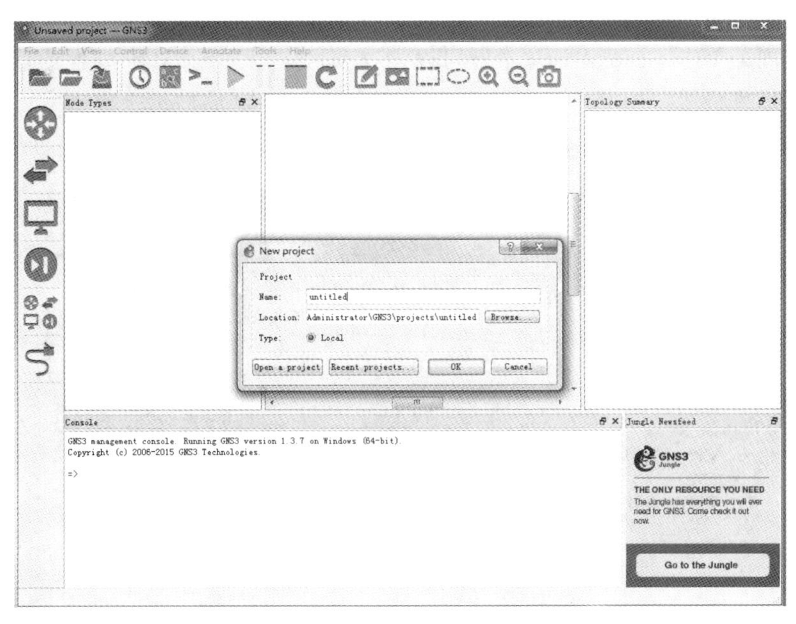

▲图 1-31 GNS3 新建项目窗口

Step 3 输入项目名称并单击 OK 按钮或者直接单击 Cancel 按钮，就可以进入程序主窗口，如图 1-32 所示。

▲图 1-32 GNS3 程序主窗口

1.2.4 GNS3 配置的基本设置

Step 1 从菜单栏中选择Edit选项中的Preferences，打开GNS3参数设置窗口，之后单击General菜单项并单击 General 选项卡，可以设置项目保存位置、IOS 映像的目录位置、窗口的显示风格等，本书中使用的窗口风格为 Legacy，这种传统的风格比较醒目，如图 1-33 所示。

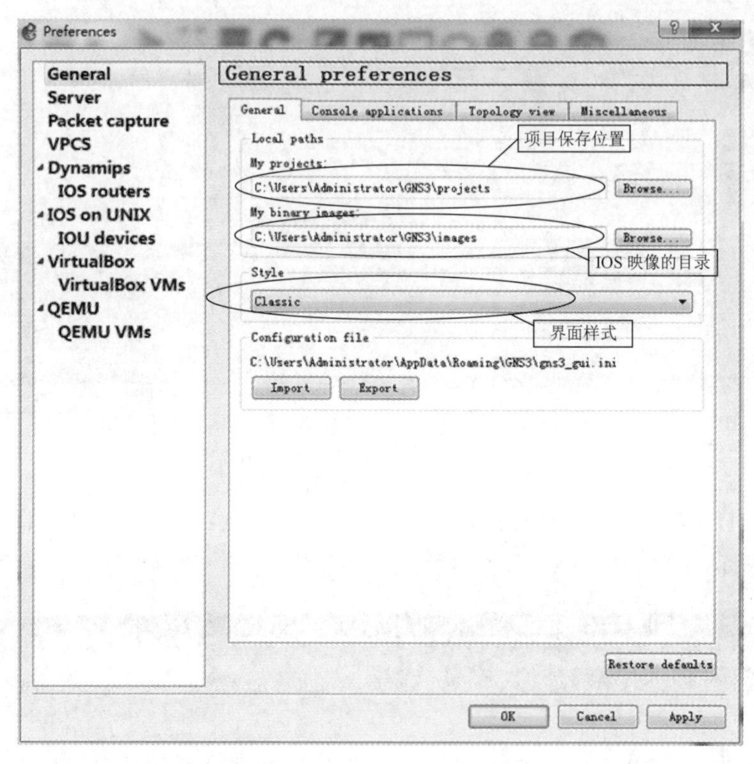

▲图 1-33　GNS3 参数设置窗口

Step 2 从 Preferences 窗口中单击 General 菜单项，选择 Console applications 选项卡，可以设置访问路由器控制台端口时使用的终端软件，可以使用 GNS3 自带的终端软件，也可以使用第三方的终端软件。本书中所有设备的控制台端口都是使用 SecureCRT 软件访问，从 Preconfigured commands 下拉菜单中选择 SecureCRT 后单击 Set 按钮就设置了相应的终端软件的参数，注意参数的路径要替换为使用者的计算机中 SecureCRT 软件的安装路径，之后单击 OK 或 Apply 按钮即可生效，如图 1-34 所示。

Step 3 GNS3 模拟路由器需要关联并加载真实的 IOS，从 Preferences 窗口中单击 Dynamips 菜单项中的 IOS routers 打开相应的窗口，单击 New 按钮添加 IOS，如图 1-35 所示。

Step 4 在 IOS 的添加窗口中单击 Browse 按钮选择相应的 IOS 文件，系统会自动侦测 IOS 的平台，可以自己设置相应的 IOS 的名称，如图 1-36 所示。

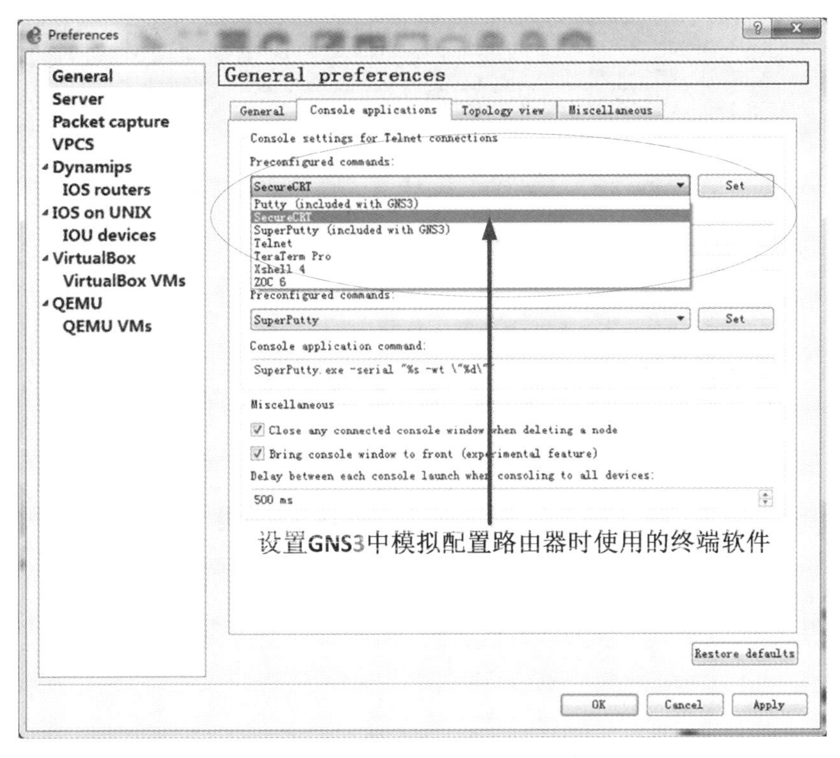

▲图 1-34　GNS3 使用的终端软件

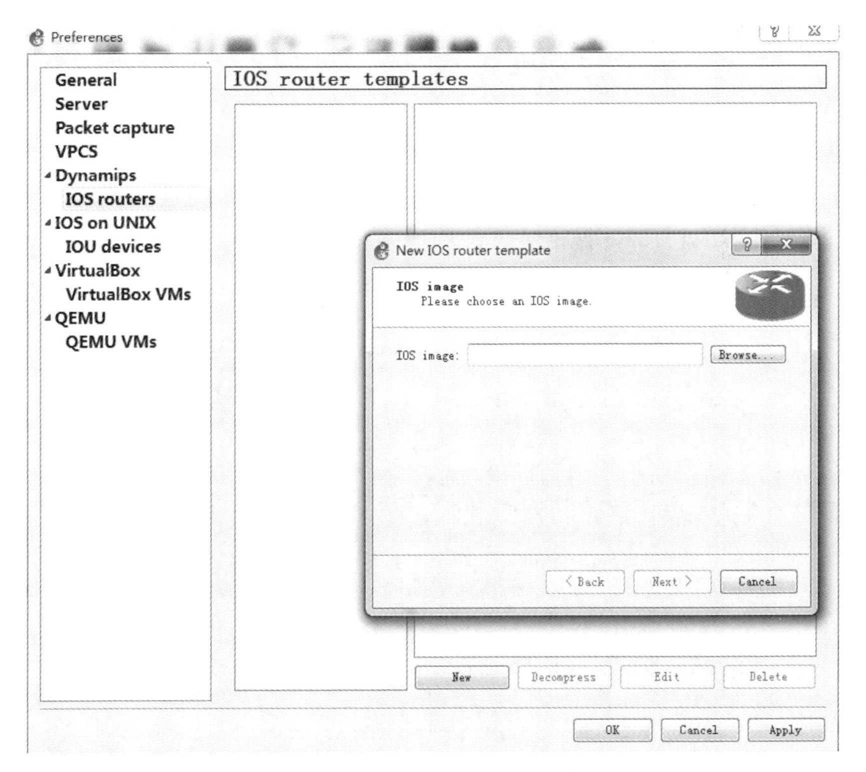

▲图 1-35　添加 IOS

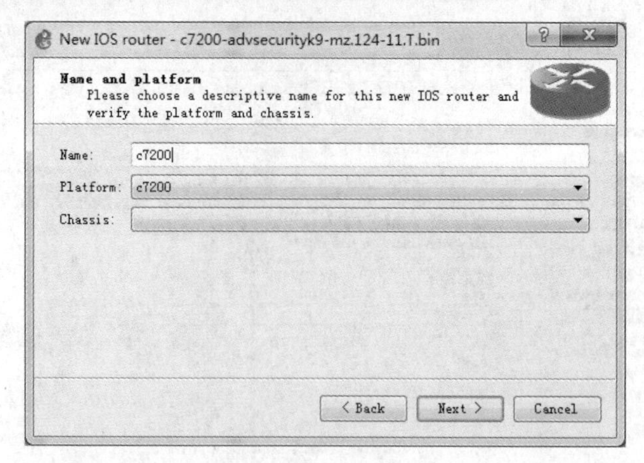

▲图 1-36 设置 GNS3 中 IOS 的名称和平台

Step 5 单击 Next 按钮设置 IOS 运行时需要的内存，这也是自动侦测的，如图 1-37 所示。

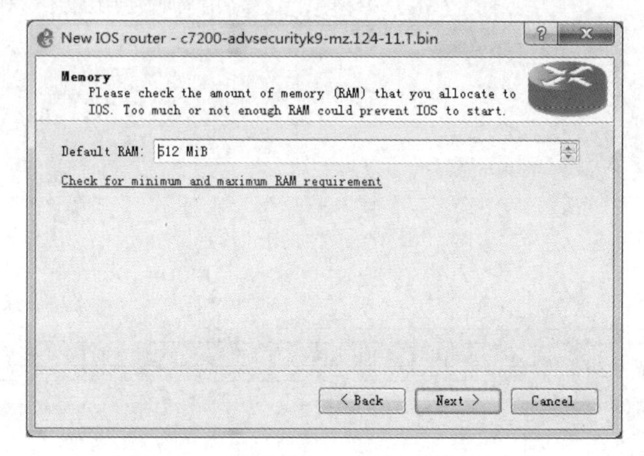

▲图 1-37 设置 GNS3 中 IOS 的运行内存

Step 6 单击 Next 按钮设置 IOS 路由器需要添加的网络模块，这里以 7200 系列的路由器为例进行说明，不同的路由器支持网络模块的类型和数量不一样，如图 1-38 所示。

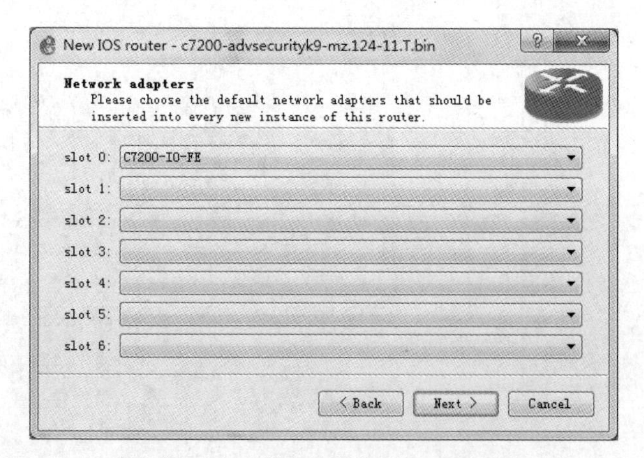

▲图 1-38 选择路由器安装的网络模块

Step 7 单击 Next 按钮设置 IOS 路由器运行时使用的 Idle-PC 值，默认情况下路由器启用后 CPU 占有率极高，这时可以通过 Idle-PC 值来有效降低 CPU 使用率，单击 Idle-PC finder 按钮即可自动计算 Idle-PC 值，之后单击 OK 按钮将该值应用于相应的 IOS，如果没有计算出合适的 Idle-PC 值，重复执行几次即可，如图 1-39 所示。

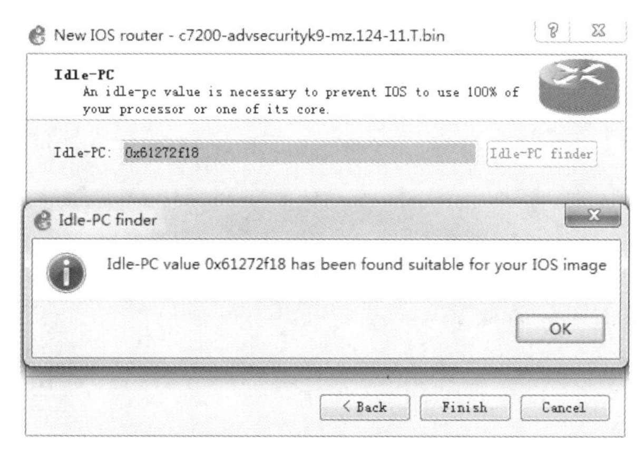

▲图 1-39　设置 IOS 对应的 Idle-PC 值

Step 8 单击 Finish 按钮完成 IOS 的添加，之后就可以从 IOS router templates 中看到该 IOS 的信息了，可以单击 Edit 按钮调整该 IOS 的参数，也可以继续添加或删除 IOS，如图 1-40 所示。

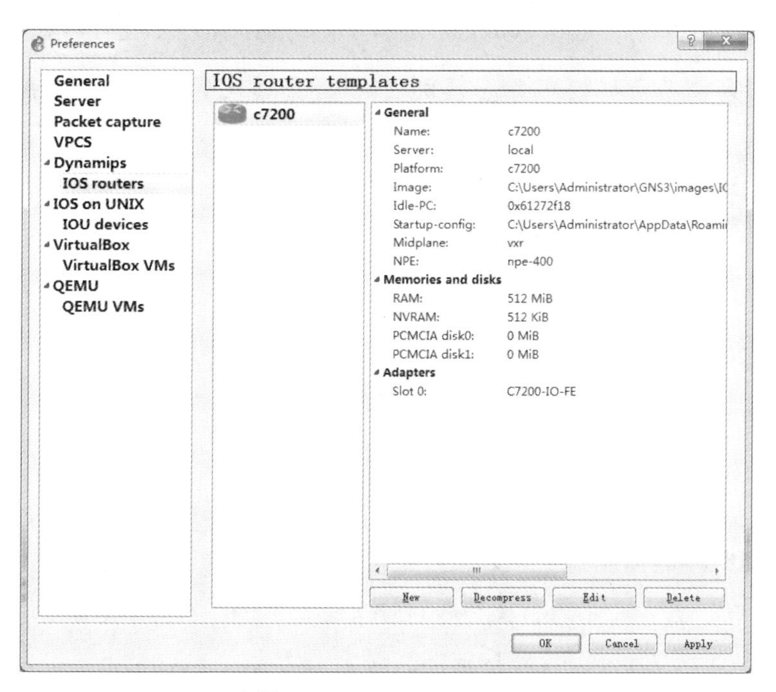

▲图 1-40　IOS router templates

1.2.5　使用 GNS3 搭建简单的网络拓扑实例

在 GNS3 中添加了 IOS 后，我们就可以在主界面中制作网络拓扑了，过程如下：

Step 1 单击左侧设备区域中的路由器图标，相邻的区域会出现软件中支持的各个路由器。

Step 2 拖动一个路由器至工作区域，会出现以 R1 命名的路由器图标，如图 1-41 所示。

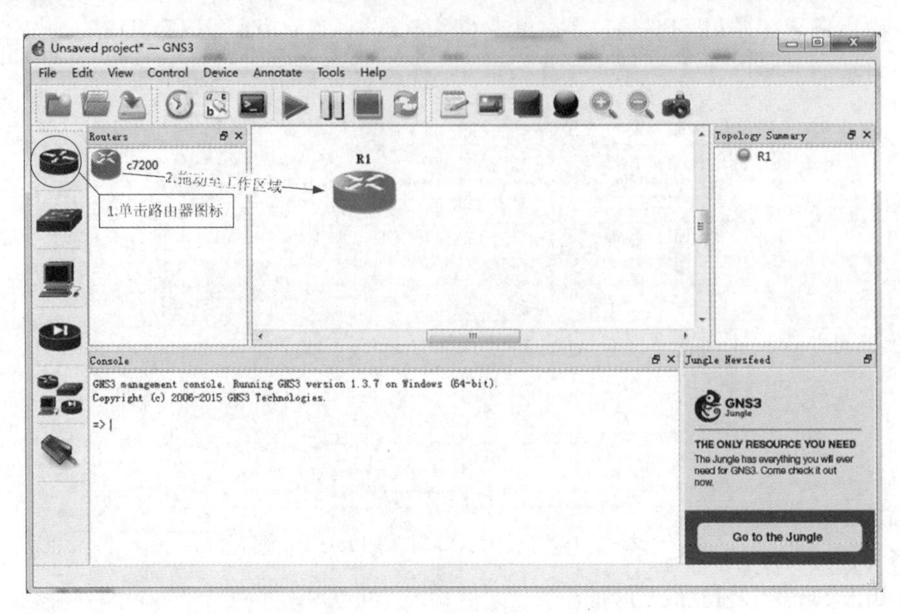

▲图 1-41　向工作区域添加路由器

Step 3 右击该路由器图标并选择 Configure 选项可以对路由器的参数进行调整，如图 1-42 所示。

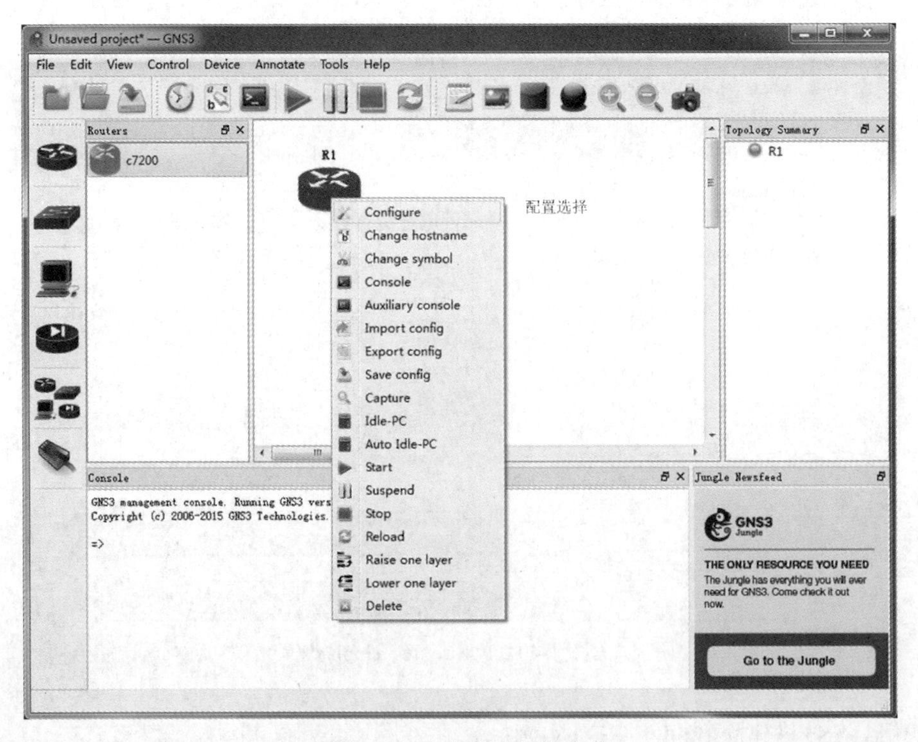

▲图 1-42　调整路由器的参数

Step 4 从弹出的节点窗口中选择路由器安装的网络模块并单击 OK 按钮确认，如图 1-43 所示。

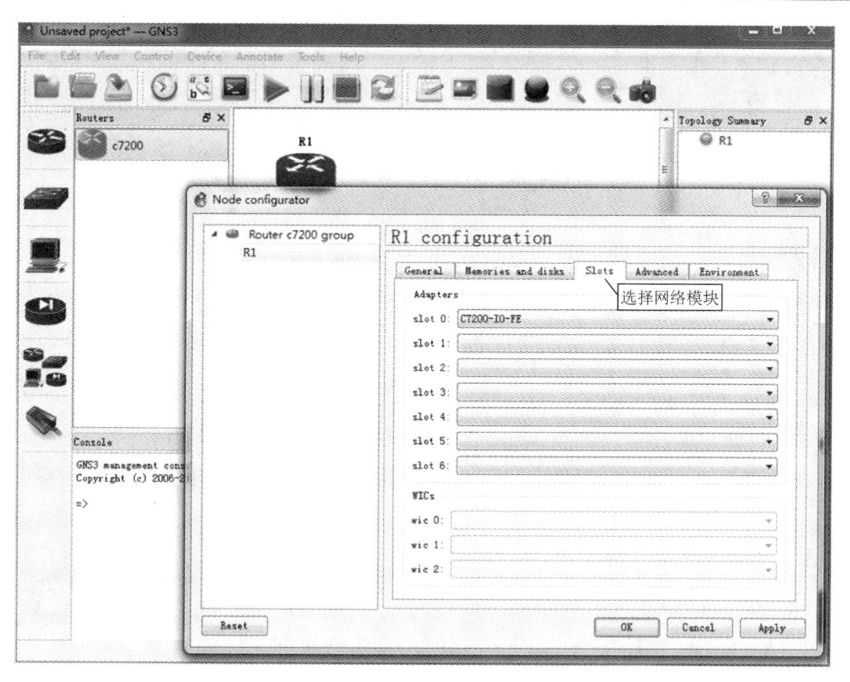

▲图 1-43　添加路由器支持的网络模块

Step 5 用同样的方式再添加一台路由器后单击左侧的“线缆连接”按钮，如图 1-44 所示。

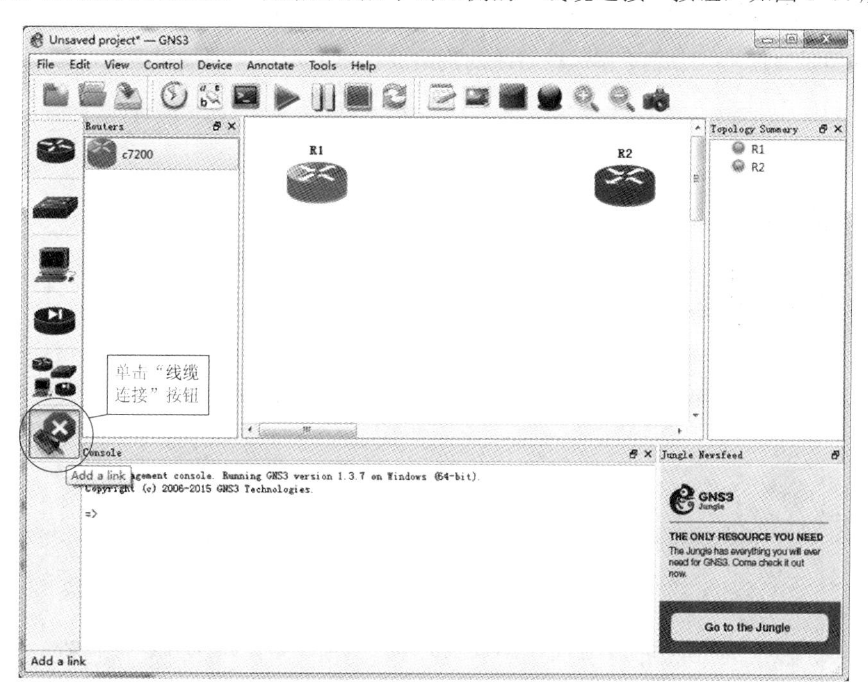

▲图 1-44　单击“线缆连接”按钮

Step 6 单击“线缆连接”按钮后将鼠标移至工作区域，图标会变成十字样式，将鼠标悬停在设备上，会显示设备的配置信息，单击 R1 路由器会显示该路由器所有的物理接口，如图 1-45 所示。

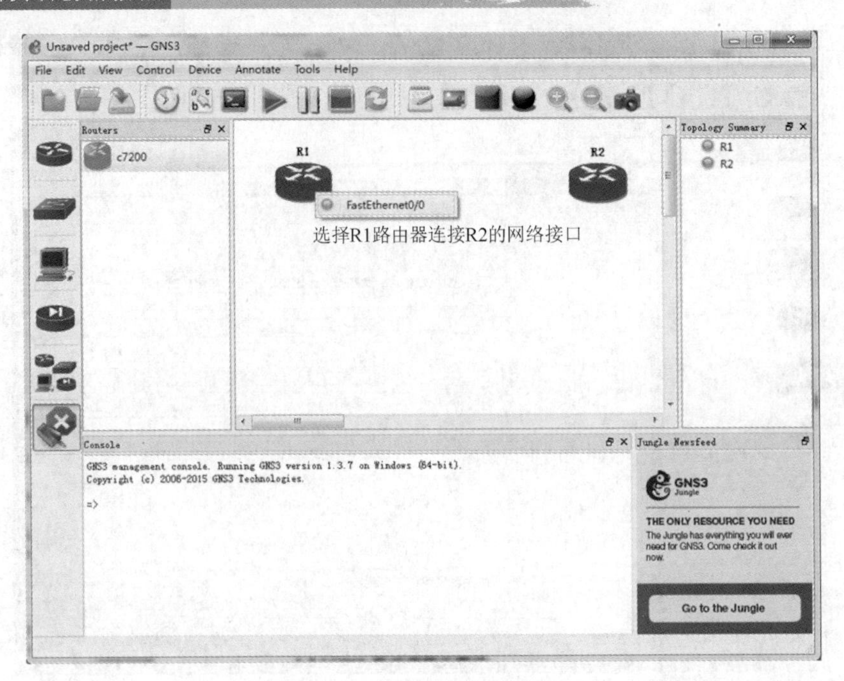

▲图 1-45 选择路由器的网络接口

Step 7 选择路由器 R1 的 FastEthernet0/0 接口连接至 R2 的 FastEthernet0/0 接口，工作区域会显示 R1 和 R2 的连接，同时在右侧拓扑汇总窗口中会体现相应的连接，单击工具栏中的“接口显示”按钮，会在工作区域对应的网络连接上显示相应的接口名称，如图 1-46 所示。

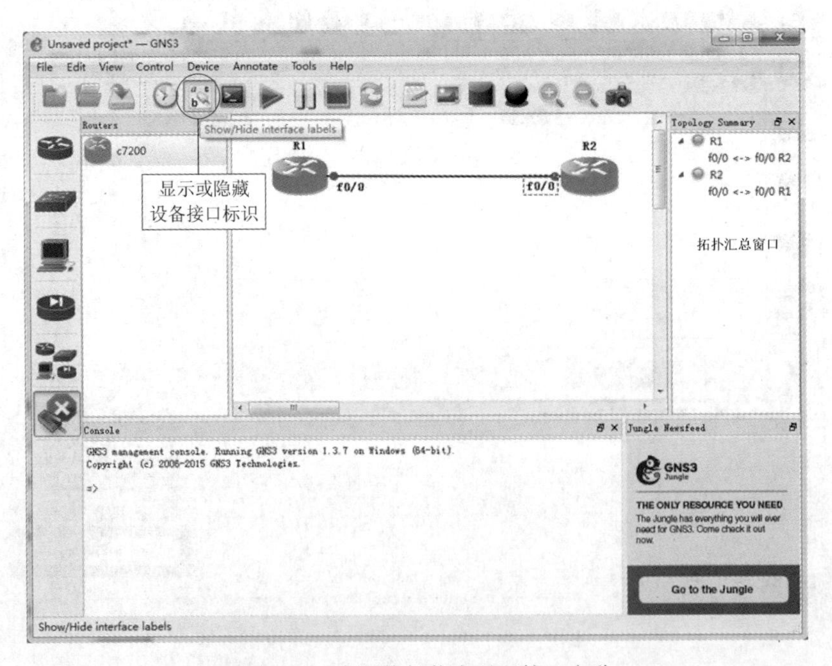

▲图 1-46 在网络拓扑中显示接口名称

Step 8 再次单击“线缆连接”按钮，释放鼠标之后单击工具栏中路由器的“启动”按钮，所有的路由器都加电启动，启动后的接口指示由红色变为绿色，如图 1-47 所示。

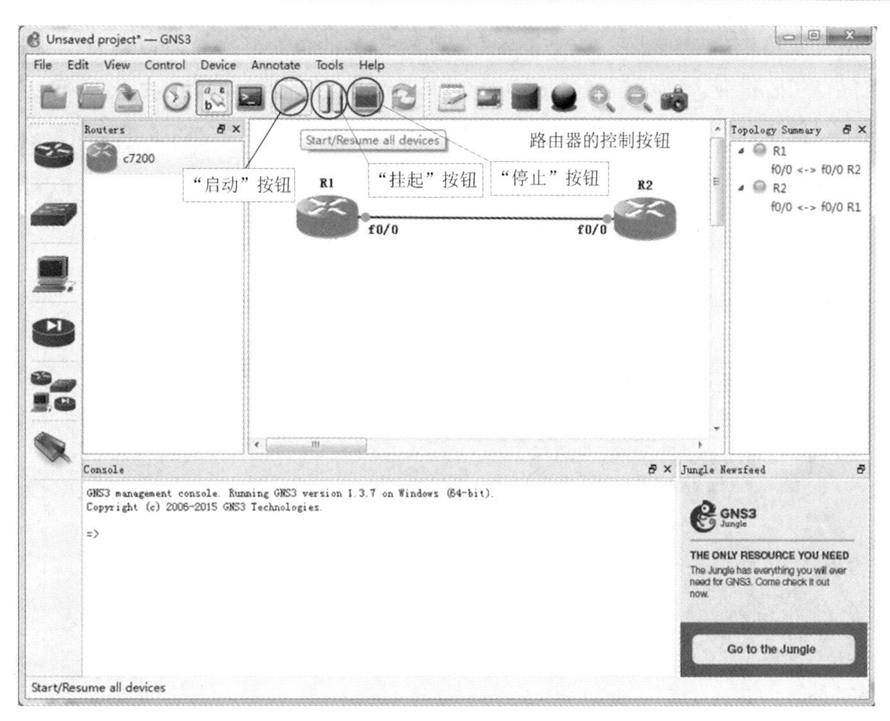

▲图 1-47　路由器的控制按钮

Step 9 单击工具栏上的"控制台连接"按钮，就可以自动启动 SecureCRT 终端软件并打开每个设备控制台端口对应的标签，我们可以从这里面进行设备参数的设置，如图 1-48 所示。

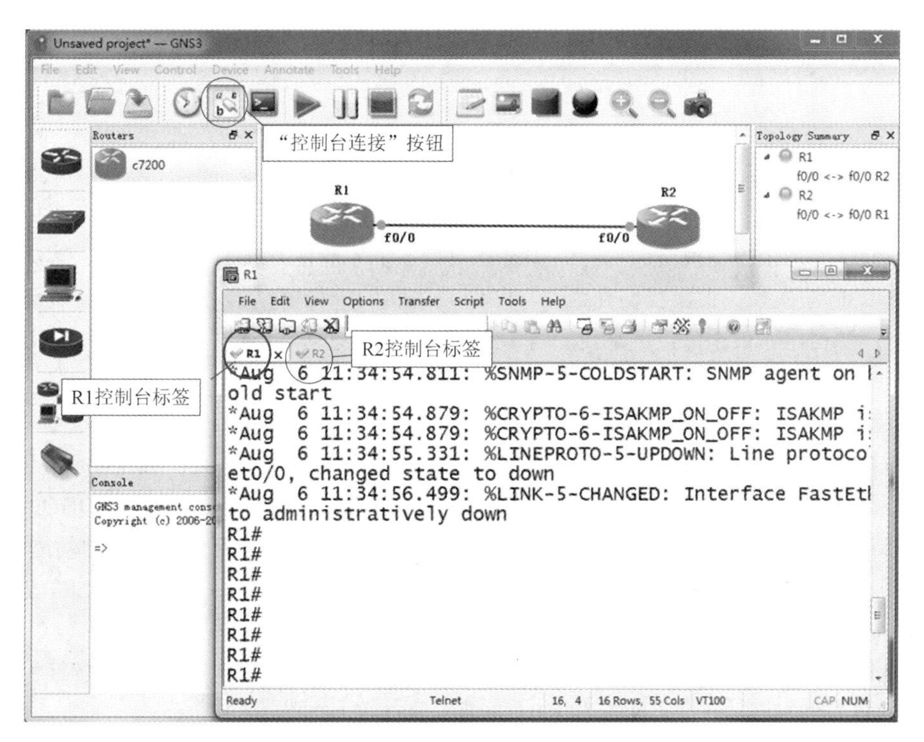

▲图 1-48　连接到每个设备的控制台端口

Step 10 单击工具栏上的“停止”按钮可以关闭所有设备的电源，之后可以通过工具栏中的“项目保存”按钮或选择菜单栏 File 中的 Save Project 选项保存项目，如果是第一次保存，会弹出存储项目的对话框来选择存储位置和名称，如图 1-49 所示。

▲图 1-49 保存项目

使用保存的项目时直接双击打开即可，GNS3 还有数据抓包、本地连接等功能，用到时再一一进行介绍。

1.2.6 GNS3 与 IOU 联动

GNS3 是一款功能非常强大的路由器模拟软件，但其本身也有一些不足之处，主要体现在两个方面：①不能很好地模拟交换机的功能；②设备数量多少才能使 CPU 利用率较高。解决这两个问题可以通过 IOU 来实现。前面我们介绍过，IOU 是思科的一种模拟器，可以模拟三层路由和二层交换，并且资源占用率很小，接下来我们将 IOU 的系统安装到虚拟机中，并通过和 GNS3 的联动实现复杂网络的模拟仿真。

1. 环境准备

- 虚拟机软件：VMware Workstation 或 VirtualBox，本书以 VMware Workstation 为例。IOU 系统中默认的方式是自动获得地址，所以要求虚拟机要激活相应网卡的 DHCP 功能，为了更新和很好地与 GNS3 联动，最好使用独立的网卡并且打开外网访问的功能。
- 仿真终端软件：支持 SSH 登录的 SecureCRT、PuTTY 等，本书以 SecureCRT 为例。

2. 导入虚拟机

Step 1 运行 GNS3-1.3.9-IOU VM.ovf 文件，设置好虚拟机的名称和存放路径，将打包好的虚拟机导入到本机，注意 GNS3 和 IOU 的版本要一致，如图 1-50 所示。

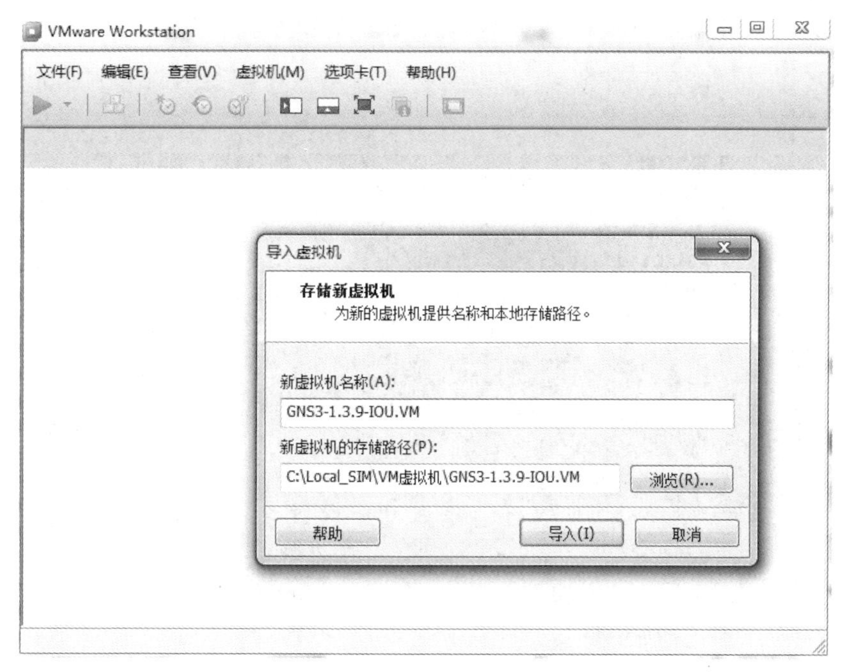

▲图 1-50 将 IOU 虚拟机导入到本机

Step 2 导入虚拟机之后设定虚拟机使用连接的网卡，前面介绍过 IOU 需要通过这个网卡和 GNS3 联动通信，同时最好能连接到外网进行更新，本例中使用 VMware 的 NAT 网卡连接虚拟机，并且已经激活相应网卡内置的 DHCP 功能，如图 1-51 所示。

▲图 1-51 选择 IOU 连接时使用的 NAT 网卡

Step 3 虚拟机基于 Linux 搭建，root 用户密码为 cisco，系统默认支持 SSH 访问，启动后界面会显示 IOU 自动获得的地址，如图 1-52 所示。

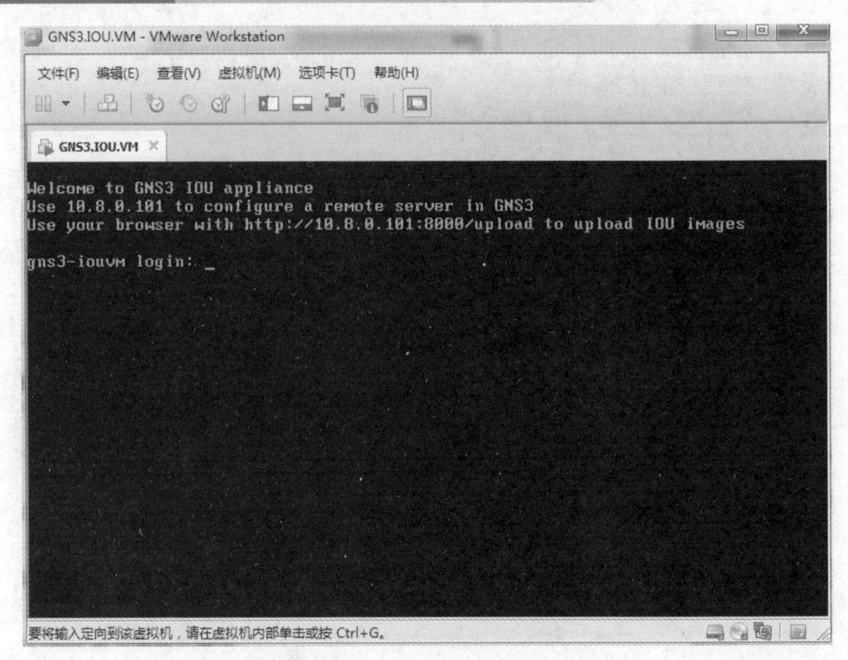

▲图 1-52　IOU 启动后的界面

Step 4　为了使 IOU 每次和 GNS3 通讯时都使用固定的地址，我们可以给 IOU 手动设置一个 IP 地址。IOU 默认是不带文本编译器的，在联网的情况下可以用命令 apt-get update 更新本地 deb 包数据，之后使用命令 apt-get install vim 安装 VIM，安装完成后使用命令 reboot 重启虚拟机使设置生效，如图 1-53 所示为 SecureCRT 使用 SSH 登录后的安装截图。

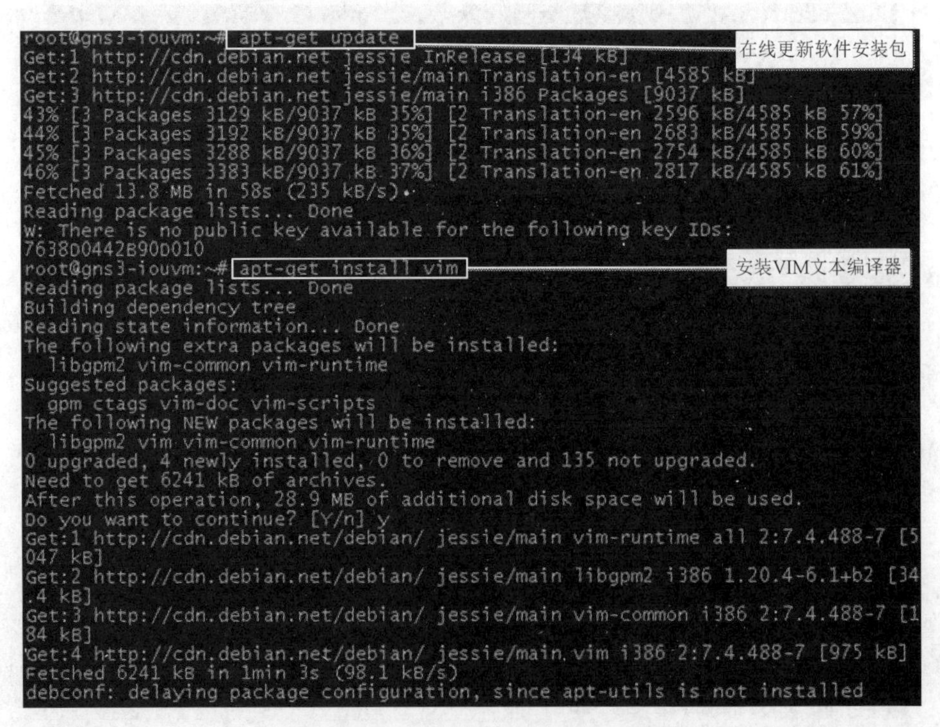

▲图 1-53　在线安装 VIM 文本编译器

Step 5 将虚拟机设为静态 IP：登录虚拟机后，用 VIM 打开/etc/network/下的 interfaces 文件，将 iface eth0 inet dhcp 改为 iface eth0 inet static 并在下面添加地址、掩码、网关信息，修改结束后保存退出 VIM 编辑器，重启系统后地址生效，如图 1-54 所示。

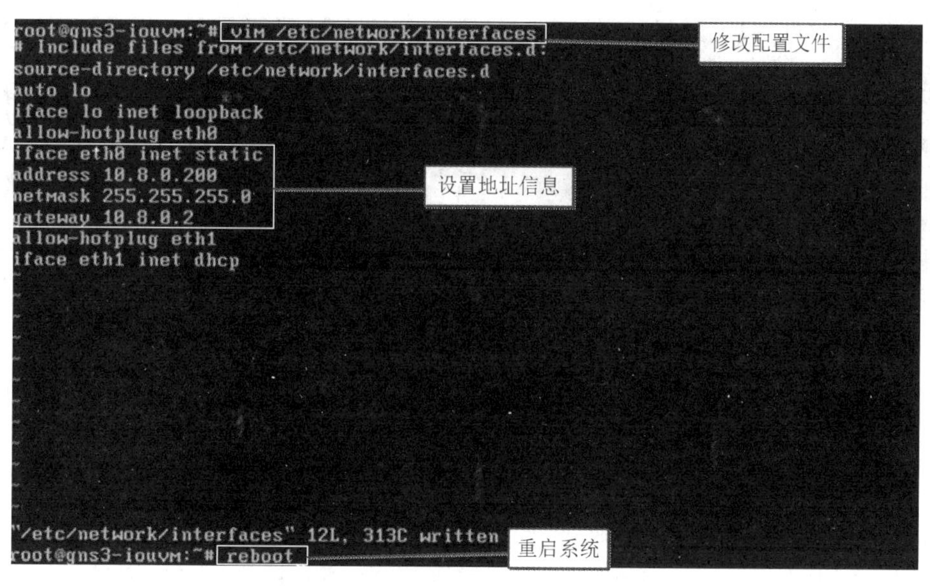

▲图 1-54　修改 IOU 的地址信息

Step 6 IOU 正常运行需要一个许可文件，首先通过浏览器（在 URL 中输入“http://虚拟机IP:8000/upload”）打开 IOU 文件的上传页面，单击“浏览”按钮选择许可生成的脚本文件 CiscoIOUKeygen.py，单击 Upload 按钮上传该脚本文件至 IOU 虚拟机，如图 1-55 所示。

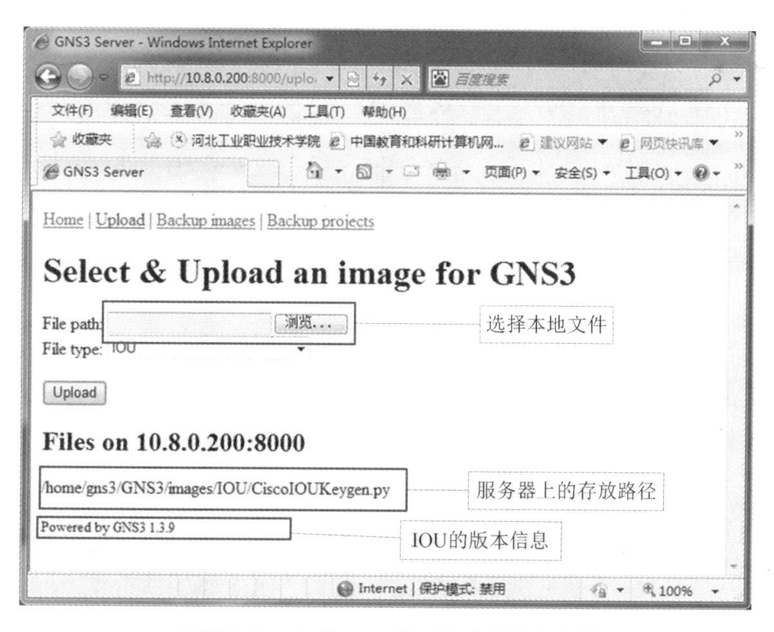

▲图 1-55　上传 IOU 许可生成的脚本文件

Step 7 用 SecureCRT 连接虚拟机，进入/home/gns3/GNS3/images/IOU 目录，然后执行 python3 CiscoIOUKeygen.py 命令获取许可文件内容（[license] gns3-iouvm = 7c54a49f76f6d5d4;两行文字即为许可文件内容），如图 1-56 所示。

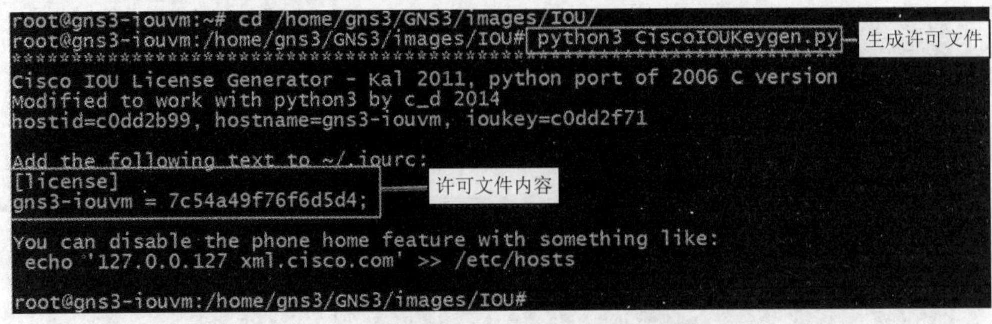

▲图 1-56 生成 IOU 许可文件

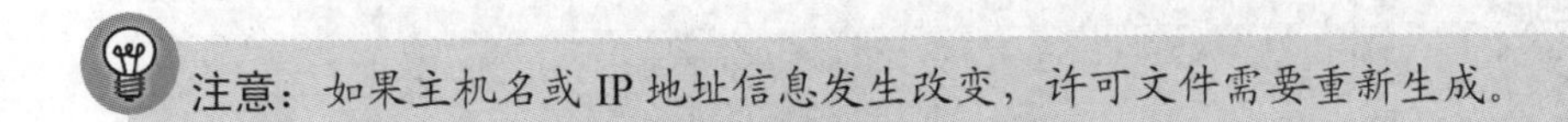

注意：如果主机名或 IP 地址信息发生改变，许可文件需要重新生成。

Step 8 把许可文件内容复制到本地新建的 iourc.txt 文件中（也可以使用其他的文件名），从菜单栏中选择 Edit 中的 Preferences 选项，打开 GNS3 参数设置窗口，并在 GNS3 的 preferences 窗口中找到 IOS on UNIX 菜单项，单击右侧 General settings 选项卡中 Path to IOURC 项的 Browse 按钮选择 iourc.txt 文件，之后单击 OK 或 Apply 按钮即可完成许可文件的配置，如图 1-57 所示。

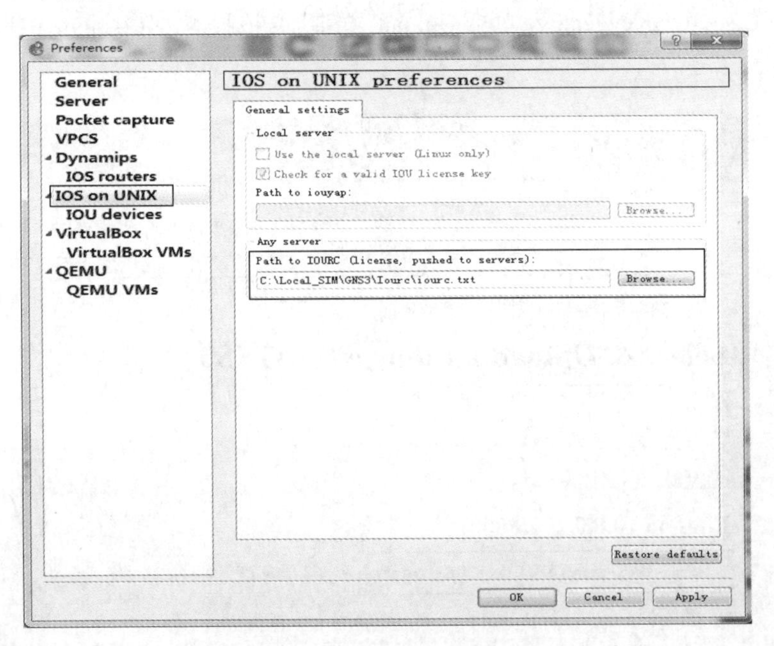

▲图 1-57 在 GNS3 中关联 IOU 许可文件

Step 9 和上传 CiscoIOUKeygen.py 文件的步骤一致（Step 6），在上传窗口中单击“浏览”按钮找到并选择需要上传至虚拟机的镜像文件，将它们上传至虚拟机的/home/gns3/GNS3/images/IOU 目录中，之后页面中会显示相应的信息，如图 1-58 所示。

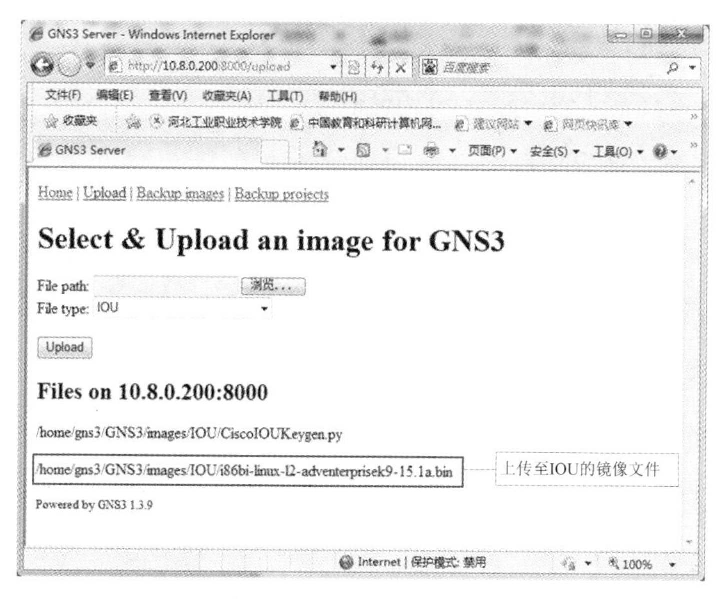

▲图 1-58　把镜像文件上传至 IOU

Step 10 在 GNS3 的 preferences 窗口中找到 Server preferences 菜单项，单击 Local server 选项卡设置系统绑定的地址，之后单击 Remote servers 选项卡，填写 IOU 的 IP 地址和服务器端口（默认为 8000 TCP）并单击 Add 按钮，要确保 GNS3 绑定的地址和 IOU 服务器地址之间能够通讯，确定之后 GNS3 就可以和 IOU 实现联合工作了，如图 1-59 所示。

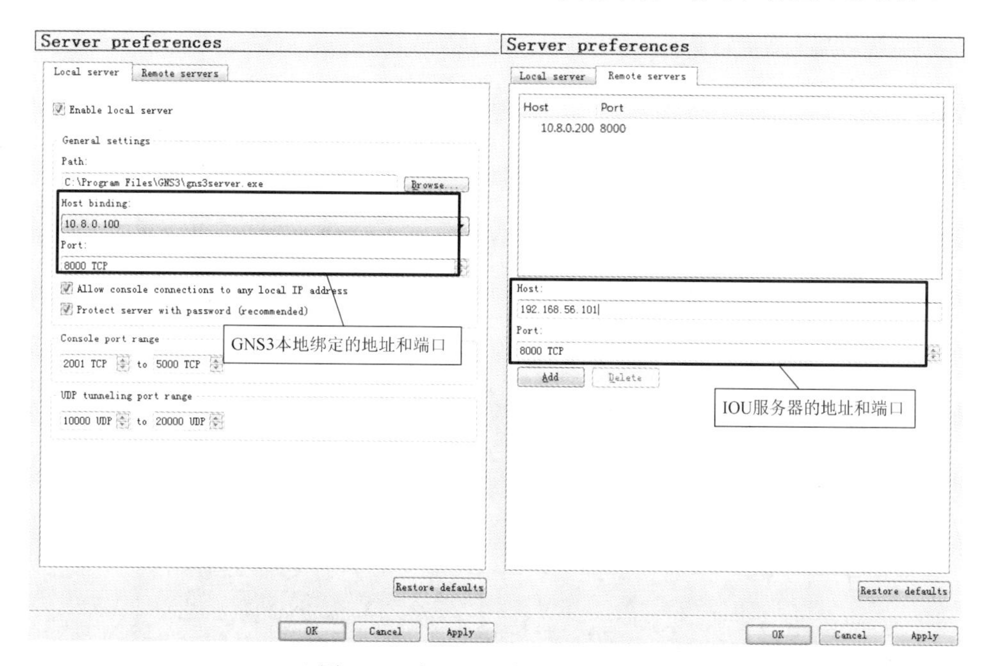

▲图 1-59　在 GNS3 中添加 IOU 服务器

Step 11 在 GNS3 的 preferences 窗口中找到 IOU devices 菜单项，单击右侧 IOU device templates 选项卡中的 New 按钮，弹出 New IOU device template 窗口，通过这个窗口的向导方式就可以向 GNS3 添加 IOU 设备了，如图 1-60 所示。

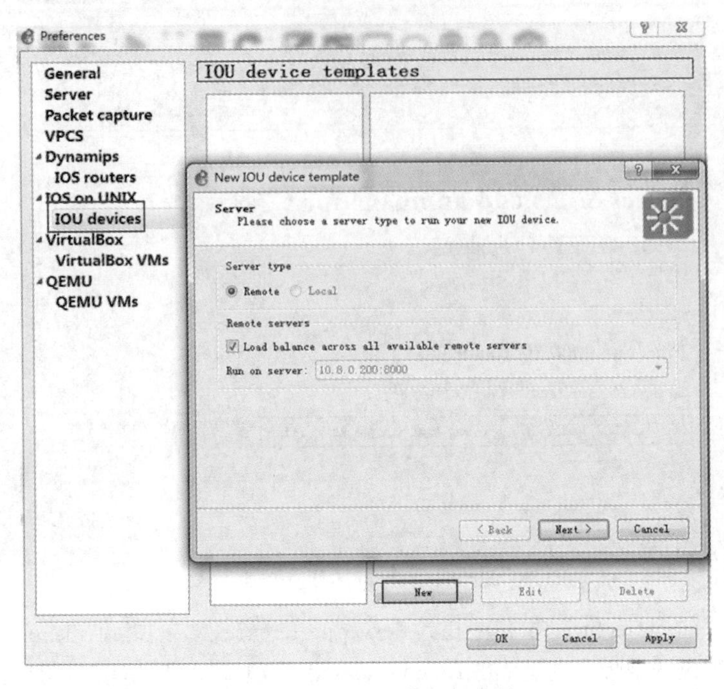

▲图 1-60　IOU 设备添加向导

Step 12 单击 Next 按钮，填写设备的名称、路径、类型等信息，单击 Finish 按钮完成 IOU 设备的添加，如图 1-61 所示。

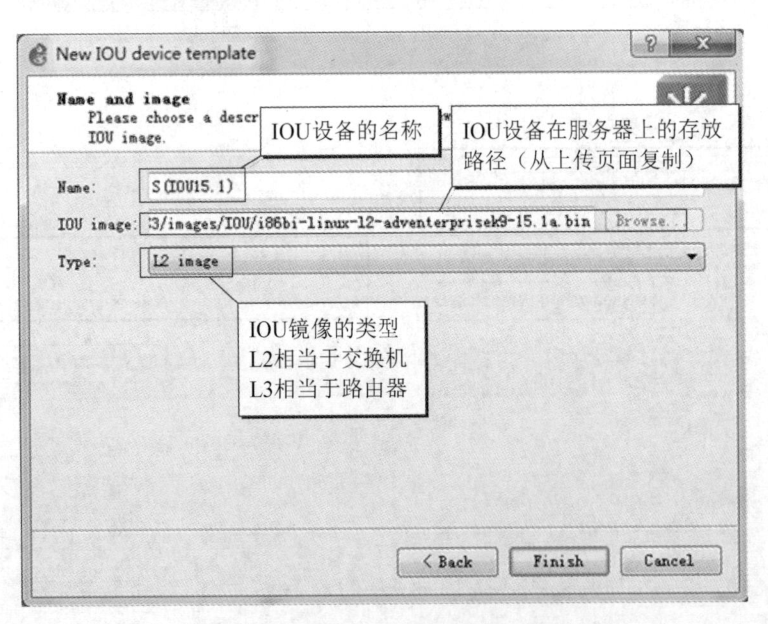

▲图 1-61　在 GNS3 中添加 IOU 设备

Step 13 之后就可以在 GNS3 中使用 IOU 设备了，添加、启动、控制等方式和 IOS 设备一致，如图 1-62 所示。

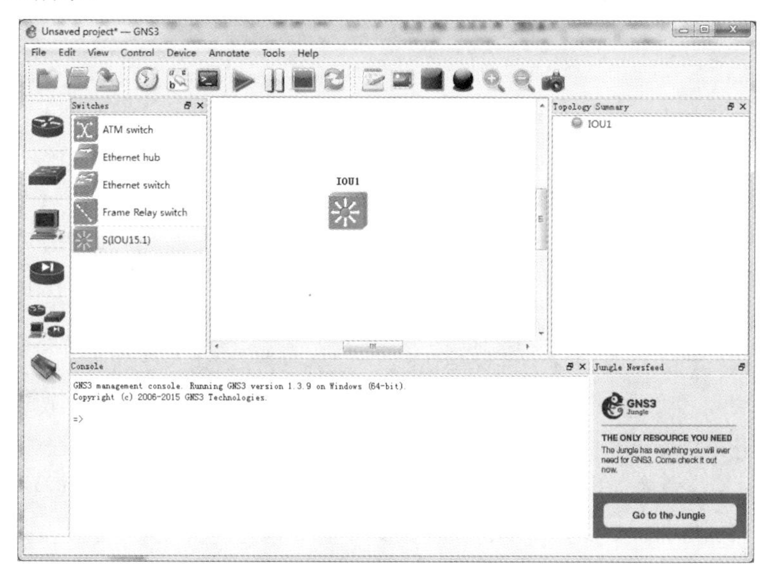

▲图 1-62 在 GNS3 中使用 IOU 设备

1.2.7 企业网络架构

企业网络在设计时首先要考虑规划分层和冗余的实施方案，一般由接入层、汇聚层、核心层三个模块组成，这是企业网络的基础；其次为了给企业客户和合作伙伴提供业务支持并对企业网络进行管理和维护，企业网络还应该包含服务器群和网络管理模块，这就构成了企业网络的主体；最后企业内部用户要通过企业网络边缘模块连接到运营商网络，并且企业客户访问服务器时也要通过该模块为企业网络的安全保驾护航，这就构成了完整的企业网络架构。这种模块化的网络架构能在很大程度上保证企业网络的可靠性和拓展性，如图 1-63 所示就是通过 GNS3 设计企业网络结构的一般思路。

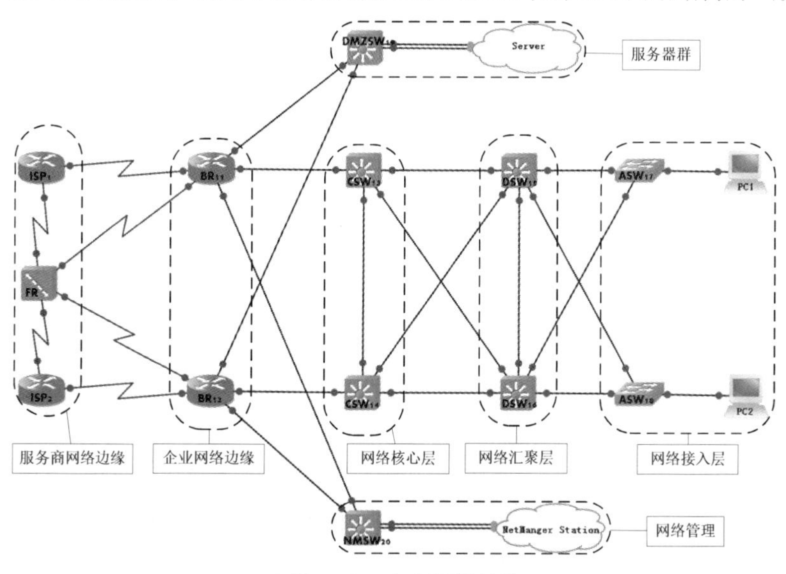

▲图 1-63 企业网络结构

接入层：通常由二层交换机组成，使终端用户能够接入到企业网络，并且为了保证可靠性要通过不同的上行链路连接到汇聚层。此外，如果企业网络部署无线 AP、IP 电话、网络监控等设备，也要通过接入层链接到网络中。

汇聚层：通常由三层交换机组成，为每个接入网络的设备提供网关服务及逻辑分组，同时提供基于策略的连接，并且为了保证可靠性通过不同的上行链路连接到核心层。

核心层：通常由高端的多层交换机组成，是企业网络的骨干，核心层的设备必须是全互联的，目的是为各个网络模块提供快速的数据交换并保证高可用性。

服务器群：由企业网络的各个服务器及数据存储组成，在满足业务支持和信息安全的同时，支持新出现的面向服务的结构、虚拟化、云计算等，提高工作和管理的效率，并对服务器和应用提供负载均衡和数据冗余以提高网络的高可用性，这些设备也存放在网络机房。

网络管理：该模块为企业网络提供管理功能，包括监控、日志、设置等。

企业边缘模块：一般由具有安全特性的路由器和防火墙组成，通过不同的连接类型将企业网络安全地连接到服务提供商 ISP 的网络中，并为企业客户和合作伙伴从外网使用公司的服务和资源提供安全保证，同时使企业的应用和服务得以安全地拓展到分支机构，也为远程或移动员工提供一种弹性机制，使他们可以灵活地访问公司的资源和服务。

企业网络的发展是由小到大的，最初的网络实施过程可能将核心层和汇聚层融为一体，之后发展为独立的核心层和汇聚层，再后来可能出现分支机构和远程员工，直至发展为现在的企业网络结构。在部署时每一个楼层的配线间都有独立的接入层设备，每栋楼宇都有独立的汇聚层设备，整个企业网络共用核心层设备，核心层设备和服务器群、网络管理模块、企业边缘模块都部署在网络中心机房。

1.3 Cisco 路由器的命令行界面（CLI）

和其他的系统一样，Cisco IOS 也有自己的用户界面。虽然有些路由器提供图形用户界面（GUI），但 Cisco 路由器最常用的方法是命令行界面（CLI），有点类似于 Linux 的操作。

1.3.1 Cisco 路由器模式概述

前面介绍过，如果没有配置文件，路由器启动后会提示进入 setup 模式，显示如下：

```
Would you like to enter the initial configuration dialog?[yes/no]:
```

命令行后面的[yes/no]是系统给出的两个互斥选择，提示我们要选择其中的一个并输入到冒号后面，选择 yes 进入 setup 模式，选择 no 退出 setup 模式，系统提示如下：

```
Router>
```

Router 是路由器默认的主机名，“>”表示路由器处于用户 EXEC 模式。在此模式中，我们只能执行基本的查看和监视命令，如果想进行更多的操作，需要从用户 EXEC 模式输入 enable 命令进入特权 EXEC 模式，过程如下：

```
Router>enable
Router#
```

当系统提示符由“>”变成“#”时意味着从用户 EXEC 模式进入了特权 EXEC 模式，在此模式中我们可以查看和修改路由器更多的配置，并且特权 EXEC 模式是进入其他模式的前提，从特权模式输入命令 disable 退回到用户模式，过程如下：

```
Router#disable
```

```
Router>
```

退出控制台，从用户模式执行 logout 命令，过程如下：

```
Router>logout
```

从特权 EXEC 模式输入命令 configure terminal（可以简写为 config t）就可以进入全局模式，同时系统提示符变成“主机名+(config)#”的形式，使用快捷键 Ctrl+Z 退回到特权 EXEC 模式，过程如下：

```
Router#configure terminal
Enter configuration commands, one per line.    End with CNTL/Z.
Router(config)#^Z
```

从特权 EXEC 模式输入命令 configure，系统会提示相应的选择，过程如下：

```
Router#configure
Configuring from terminal, memory, or network [terminal]?
Enter configuration commands, one per line.    End with CNTL/Z.
```

输入命令 configure 后系统会提示从 terminal、memory、network 中选择哪个参数进行配置，默认是后面“[ ]”里面的参数，直接回车即可进入全局模式。在此模式中，我们可以对路由器的全局参数进行修改（如主机名），同时这也是进入其他各项具体配置模式的前提，如要对路由器的快速以太口 FastEthernet0/0 的参数进行设置，需要从全局模式中执行 interface fastEthernet 0/0 进入接口模式，同时系统提示符变成“主机名+(config-if)#”的形式，过程如下：

```
Router(config)#interface fastEthernet 0/0
Router(config-if)#
```

从任意模式中输入命令 exit 返回上级模式，过程如下：

```
Router(config)#interface fastEthernet 0/0
Router(config-if)#exit
Router(config)#exit
```

从任意模式中输入命令 end 退回到特权 EXEC 模式，效果等同于使用快捷键 Ctrl+Z，过程如下：

```
Router(config)#interface fastEthernet 0/0
Router(config-if)#end
Router#
```

通过学习我们知道路由器不同的操作要进入不同的模式中执行，不同的模式对应不同的命令提示符，如表 1-1 所示。

▲表 1-1　路由器的操作模式

模式	操作	提示符
用户 EXEC 模式	基本的监视命令	主机名>
特权 EXEC 模式	几乎所有的监视、调试命令	主机名#
全局配置模式	全局参数，影响整个系统	主机名(config)#
接口配置模式	接口参数，影响该接口	主机名(config-if)#

除此之外，路由器还有路由模式、线路模式等，后面我们会一一介绍。

1.3.2　CLI 命令行的帮助机制和系统提示

在任何提示符下输入一个问号“？”，都会得到在当前提示符下所有可用的命令列表。如果这些命令一页显示不完全（后面会有“--More—”的提示），可以按空格键得到下一页的显示内容，下面显示的是用户 EXEC 模式可操作的命令，前面一列是命令关键字，对应的后面一列是命令相应的说明。

```
Router>?
Exec commands:
  access-enable     Create a temporary Access-List entry
  access-profile    Apply user-profile to interface
  clear             Reset functions
  connect           Open a terminal connection
  crypto            Encryption related commands
  disable           Turn off privileged commands
  disconnect        Disconnect an existing network connection
  emm               Run a configured Menu System
  enable            Turn on privileged commands
  ethernet          Ethernet parameters
  exit              Exit from the EXEC
  help              Description of the interactive help system
  lat               Open a lat connection
  lock              Lock the terminal
  login             Log in as a particular user
  logout            Exit from the EXEC
  mrinfo            Request neighbor and version information from a multicast
                    router
  mstat             Show statistics after multiple multicast traceroutes
  mtrace            Trace reverse multicast path from destination to source
  name-connection   Name an existing network connection
 --More—
```

同样的方式可以查看特权 EXEC 模式和全局配置模式下可以操作的命令，如果某个命令只记得前面几个字符，可以输入这几个字符加“？”查找这些字符开头的命令，下面显示的是用户 EXEC 模式中字母 d 开头的所有命令。

```
Router>d?
disable   disconnect
```

有些命令由多个关键字组成，如果想查看用户 EXEC 模式中 show 打头的所有关键字，输入“show ?”即可，操作如下：

```
Router>show  ?
  aaa               Show AAA values
  aal2              Show commands for AAL2
  acircuit          Access circuit info
  adjacency         Adjacent nodes
  alps              Alps information
  appfw             Application firewall information
  aps               APS information
  arp               ARP table
  auto              Show automation template
  backup            Backup status
  bfd               BFD protocol info
  bgp               BGP information
  bootflash         display information about bootflash: file system
```

```
  bootvar          Boot and related environment variable
  c7200            Show c7200 information
  calendar         Display the hardware calendar
  call             Show call
  call-home        Show command for call home
  call-router      Display h323 annexg info
  caller           Display information about dialup connections
  callmon          Show call monitor info
  capability       Capability Information
--More—
```

命令可以简写，如果输入的命令前几个字符能够唯一标明一个命令，后面的字符可以不写直接执行或按 Tab 键自动补全该命令后面的字符，如在用户 EXEC 模式中输入 en 后按回车键执行，效果和输入 enable 后执行是一样的，如果输入 en 后按 Tab 键，该命令会自动补全为 enable，特权 EXEC 中 disable 命令也可以简写为 disa，操作过程如下：

```
Router>en
Router#disa
Router>
```

注意：如果多个命令的首字母一致，就不能使用 Tab 键补全，直接按回车键系统也不能识别，同时执行还会出现“% Ambiguous command:”歧义命令的系统提示，操作过程如下：

```
Router>e?
emm enable ethernet exit
Router>e
% Ambiguous command: "e"
Router>
```

当输入命令的关键字有误时，系统会提示在标注的位置检测到无效输入“% Invalid input detected at '^' marker”。例如，查看时钟的命令是 show clock，如果错误地输入成了 show clcok，则系统会有如下提示：

```
Router>show clock
*12:25:39.591 UTC Tue Aug 11 2015
Router>show clcok
                  ^
% Invalid input detected at '^' marker.
Router>
```

如果命令输入不完整，执行时会有“% Incomplete command”的提示，例如路由器主机名的设置方式是在全局配置模式中输入“hostname+主机名”，如果在执行时只输入了关键字 hostname 而忘记输入主机名对应的字符，系统会有下面的提示：

```
Router(config)#hostname
% Incomplete command.
```

路由器的操作还有其他的一些帮助机制，例如，按 Ctrl+P 组合键或↑键可以显示上次输入过的命令；按 Ctrl+N 组合键或↓键可以显示前面输入过的下一条命令；单击 show history 可以显示最近输入过的 10 条命令。有了这些帮助机制和系统提示，就能使我们尽快地掌握 Cisco 命令的操作，接下来我们使用这些帮助和系统提示来设置系统时钟，如图 1-64 所示。

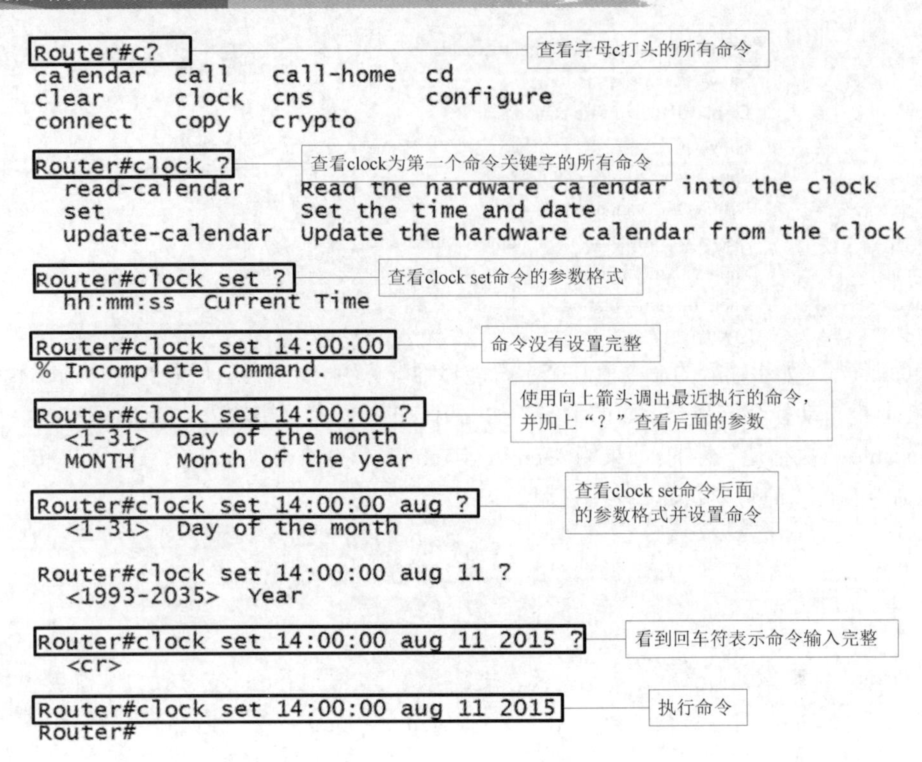

▲图 1-64 在路由器上设置时钟

1.3.3 CLI 命令行的编辑功能

当命令参数输入错误时，我们可以使用“no+命令参数”的方式撤消该命令，例如，之前介绍过路由器的默认主机名是 Router，设置主机名命令是在全局模式中使用“hostname+主机名”，如果主机名设置错误，可以直接使用“hostname+新的主机名”覆盖原来的设置，也可以使用“no + hostname”的形式撤消原来的操作，操作过程如下：

```
Router(config)#hostname RT
RT(config)#no hostname RT
Router(config)#
```

如果命令输入得很长，在撤消时可以先使用向上的箭头调出刚才输入的命令，按 Ctrl + A 组合键直接将光标移至这一行命令的最左端，之后输入“no +空格”按回车键就能撤消相应的命令。有些组合键在命令编辑时非常有帮助，常见的命令编辑功能如表 1-2 所示。

▲表 1-2 路由器的高级编辑命令

快捷键	功能描述
Ctrl+A	光标移动到命令行的开始位置
Ctrl+E	光标移动到命令行的结束位置
Esc+B	回移一个单词
Ctrl+F	下移一个字符
Ctrl+B	回移一个字符
Esc+F	下移一个单词
Ctrl+D	删除当前字符

1.4 Cisco路由器的基本配置和验证方式

刚开始接触路由器时，我们需要掌握一些基本的配置和验证命令，结合 CLI 命令行的帮助机制，随着学习过程中理论知识的不断丰富，就能实现对路由器的熟练操控，本节中所有的命令设置都基于如图 1-65 所示的拓扑实现。

▲图 1-65　本节的授课环境

1.4.1　配置路由器的全局参数

我们对路由器的全局参数进行修改，首先需要进入全局配置模式，操作如下：

```
Router#configure terminal      ---或简写为 config t
Enter configuration commands, one per line.    End with CNTL/Z.
Router(config)#
```

同 hostname 指令设置系统的主机名一样，系统提示符会发生相应的修改，操作如下：

```
Router(config)#hostname BR11
BR11(config)#
```

通过学习我们知道，通过用户执行模式进入特权执行模式后，操作权限会有很大的提高，我们可以通过 enable secret 指令设置一个特权访问密码用于进入特权执行模式的验证，来保证设备访问的安全，操作如下：

```
BR11(config)#enable secret cisco          ---设置特权访问密码
BR11(config)#end
BR11#disable
BR11>enable
Password:                                 ---输入密码时系统不显示相应的字符
BR11#
```

注意：有些旧的设备需要 enable password 指令设置特权访问密钥，这种方式设置的密钥是以明文的方式存储在系统配置文件中的，安全性较差，enable secret 设置的特权访问密钥是以加密的方式存储在系统的配置文件中的，安全性高，并且如果同时使用这两种指令设置特权访问密码，优先使用 enable secret 设定的密码，这也是我们推荐的设置方式。

我们可以给路由器设置一个旗标，当访问路由器时系统会给出相应的提示或警告信息，旗标的类型有多种，我们仅介绍最常用的一种，旗标消息的开头和结尾要使用定界符“#”（也可以使用其他字符，成对使用即可），用于配置多行标语，操作过程如下：

```
BR11(config)#banner motd #                     ---设置旗标
Enter TEXT message.   End with the character '#'.    ---开始定界符
```

```
WARNING!!Unauthorized Access Prohibited!!           ---旗标文本
#                                                   ---结束定界符
BR11(config)#end
BR11#quit
WARNING!!Unauthorized Access Prohibited!!           ---登录系统的提示
BR11#
```

1.4.2 配置路由器的接口信息

我们可以在全局模式中执行 interface type slot/port 进入接口配置模式对相应的接口参数进行设置，其中 type 指路由器的接口类型，常见的路由器局域网接口类型有 Ethernet（十兆以太网）、FastEthernet（百兆以太网）、GigabitEthernet（千兆以太网）等，广域网的接口类型主要是 Serial（同步串行口），solt 指的是插槽编号，port 指的是接口编号。一般来讲，路由器后面板插座编号的顺序是由右到左、由下到上。

我们现在进入路由器 BR11 的 GigabitEthernet0/0（可以简写为 G0/0）接口，激活该物理接口并配置相应的 IP 地址（10.111.113.11/24），过程如下：

```
BR11(config)#interface gigabitEthernet 0/0             ---进入接口配置模式---
BR11(config-if)#ip address 10.111.113.11 255.255.255.0 ---配置 IP 地址和掩码---
BR11(config-if)#no shutdown                            ---激活该接口---
```

以太口配置了正确的地址和掩码并激活该接口后就可以正常工作了，广域网接口除了配置这些信息还需要在 DCE 端设置时钟速率，广域网电缆连接的设备一端标记为 DTE（数据终端设备），另一端标记为 DCE（数据通信设备），电缆上有相应的标注，如图 1-66 所示。

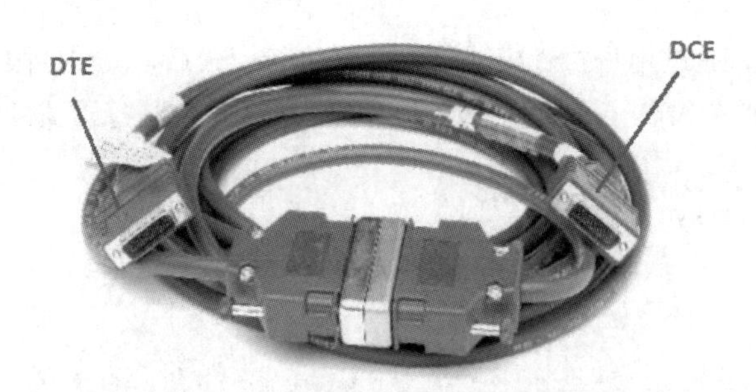

▲图 1-66　广域网电缆 DCE 和 DTE

DCE（数据通信设备）：一般是运营商的设备，如调制解调器或 CSU/DSU 等，提供了到用户网络的一条物理连接，并且提供了一个用于同步 DCE 设备和 DTE 设备之间数据传输的时钟信号。

DTE（数据终端设备）：指的是位于用户端的设备，如路由器或 PC 机等，它是具有一定的数据处理能力和数据收发能力的设备。

除了查看电缆外面的标识，我们可以通过命令 show controllers serial *solt*/*port* 查看接口是 DCE 端还是 DTE 端，信息输出如下：

```
BR11#show controllers serial 1/1            ---查看接口的电缆连接类型---
M4T: show controller:
PAS unit 1, subunit 1, f/w version 3-101, rev ID 0x2800001, version 1
idb=0x653E11C8, ds=0x653E2290, ssb=0x653E264C
Clock mux=0x0, ucmd_ctrl=0x1C, port_status=0x7B
Serial config=0x8, line config=0x200
```

```
maxdgram=1608, bufpool=48Kb, 96 particles
     DCD=up   DSR=up   DTR=up   RTS=up   CTS=up
line state: up
cable type : V.11 (X.21) DCE cable, received clockrate 2015232        ---DCE 端---
```

注意：我们使用的实验环境每一端都显示是 DCE 连接，所以在哪一端设置时钟都可以。在实际中一端是 DCE，另外一端一定是 DTE，我们只需在 DCE 端设置时钟即可。新型的路由器（ISR）会自动侦测 DCE 端并设置时钟速率。

我们现在进入路由器 BR11 的 serial 1/1（可以简写为 S1/1）接口，激活该物理接口并配置时钟和相应的 IP 地址（172.16.11.11/24），过程如下：

```
BR11(config)#interface serial 1/1                 ---进入接口配置模式---
BR11(config-if)#clock rate ?                      ---查看设备支持的时钟---
  With the exception of the following standard values not subject to rounding,
          1200 2400 4800 9600 14400 19200 28800 38400
          56000 64000 128000 2015232
  accepted clockrates will be bestfitted (rounded) to the nearest value
  supportable by the hardware.
  <246-8064000>     DCE clock rate (bits per second)

BR11(config-if)#clock rate 64000                          ---在 DCE 端设置时钟速率---
BR11(config-if)#ip address 172.16.11.11 255.255.255.0     ---设置 IP 地址---
BR11(config-if)#no shutdown                               ---激活该接口---
BR11(config-if)#
```

接口描述是为每个接口配置说明文字，以帮助网络管理员记录网络信息，有点类似于编程时注释的功能，和主机名一样只有本地意义，操作如下：

```
BR11(config)#interface serial 1/1
BR11(config-if)#description Link TO ISP1
```

关闭路由器的某一接口只需在该接口中执行 shutdown 命令即可，操作如下：

```
BR11(config-if)#shutdown
```

1.4.3 配置路由器的访问口令

为了对进入用户模式的操作进行验证，路由器可以设置控制台密码，这需要从全局配置模式进入 Line 模式进行操作，过程如下：

```
BR11(config)#line console 0           ---从全局模式进入 console 0 的 Line 模式---
BR11(config-line)#password cisco      ---设置 console 的访问密码---
BR11(config-line)#login               ---启用 Line 密码对 console 访问进行验证---
BR11(config-line)#end
BR11#quit                             ---退出控制台---


BR11 con0 is now available


Press RETURN to get started.


*Aug 15 10:40:27.859: %SYS-5-CONFIG_I: Configured from console by console


User Access Verification              ---用户访问验证提示---
```

```
Password:                          ---输入 console 的访问密码，不带屏幕回显---
BR11>                              ---认证成功后进入用户模式---
```

路由器可以设置 line vty（Virtual Type Terminal）的密码并启用相应的验证，之后就可以通过 Telnet 的方式远程地管理路由器了，方法和设置控制台密码相似，过程如下：

```
BR11(config)#line vty ?            ---查看路由器支持的 VTY 的数量---
  <0-1869>    First Line number    ---当前路由器最多可以支持 1870 个用户同时访问---
  （注意：路由器的操作系统版本不同 VTY 的接口数量也不同）
BR11(config)#line vty 0 9          ---对前 10 个 vty 用户进行设置---
BR11(config-line)#password cisco   ---设置 Telnet 访问时的密码---
BR11(config-line)#login            ---启用 Line 密码对 Telnet 访问进行验证---
BR11(config-line)#end
BR11#
```

现在我们从 ISP1 设置 S1/1 接口的 IP 地址（172.16.11.1），使其能和 BR11 的 S1/1 接口直接通信，这样就可以从 ISP1 通过 Telnet 远程地访问 BR11 了，过程如下：

```
ISP1(config)#interface serial 1/1                           ---进入接口配置模式---
ISP1(config-if)#ip address 172.16.11.1 255.255.255.0        ---设置 IP 地址---
ISP1(config-if)#no shut                                     ---激活该接口---
ISP1(config-if)#end
*Aug 15 11:03:59.303: %LINEPROTO-5-UPDOWN: Line protocol on Interface Serial1/1, changed state to up
                                   ---接口激活后控制台会出现信息提示---
ISP1#ping 172.16.11.11             ---通过 ping 命令测试目标地址的连通性---
Type escape sequence to abort.
Sending 5, 100-byte ICMP Echos to 172.16.11.11, timeout is 2 seconds:
!!!!!                              ---ping 命令测试的结果“!”表示连接正常---
Success rate is 100 percent (5/5), round-trip min/avg/max = 44/46/52 ms
ISP1#
ISP1#telnet 172.16.11.11           ---ISP1 通过 Telnet 远程访问 BR11---
Trying 172.16.11.11 ... Open       ---尝试连接到 BR11 的 serial1/1 接口---

User Access Verification           ---用户访问验证提示---

Password:                          ---提示输入 Telnet 方式时的密码，不带屏幕回显---
BR11>                              ---Telnet 登录成功后就可以远程管理 BR11 设备了---
```

注意：当目标设备有多个接口的 IP 地址时，Telnet 目标设备的哪个地址都是一样的，前提是当前设备的 IP 与访问目的设备的 IP 之间能够通信。目前我们接触的都是直连设备之间的 Telnet，以后学习了路由的知识就可以实施非直连设备的 Telnet 了。

1.4.4 Cisco 路由器常用的查看命令

我们对路由器的配置是存储在 RAM 的配置文件中的，可以通过命令 show running-config 查看系统的运行配置文件，信息输入如下：

```
BR11#show running-config           ---输入查看运行配置的命令---
Building configuration...

Current configuration : 1569 bytes ---配置文件的大小---
```

```
!
version 12.4                                      ---系统的版本---
!
hostname BR11                                     ---设备的主机名---
!
enable secret 5 $1$gR1t$OJ/KVcVeNlZrcsBa6yd.O0    ---特权密码加密显示---
!
interface GigabitEthernet0/0                      ---接口 G0/0 的信息---
 ip address 10.111.113.1 255.255.255.0            ---接口 G0/0 的 IP 地址---
 duplex full
 speed 1000
 media-type gbic
 negotiation auto
!
interface Serial1/1                               ---接口 S1/1 的信息---
 description Link TO ISP1                         ---接口 S1/1 的描述---
 ip address 172.16.11.11 255.255.255.0            ---接口 S1/1 的地址---
 serial restart-delay 0
!
interface GigabitEthernet2/0
 no ip address
 shutdown
 negotiation auto
!
banner motd ^C                                    ---banner 显示的信息---
WARNING!!Unauthorized Access Prohibited!!
^C
!
line con 0                                        ---console 口的相关信息---
 exec-timeout 0 0
 privilege level 15
 password cisco                                   ---console 口设置的密码---
 logging synchronous
 login                                            ---console 启用密码验证---
 stopbits 1
line aux 0                                        ---aux 口的相关信息---
 exec-timeout 0 0
 privilege level 15
 logging synchronous
 stopbits 1
line vty 0 4                                      ---vty 0-4 的相关信息---
 password cisco                                   ---vty 的访问密码---
 login                                            ---对 vty 0-4 的访问进行密码验证---
line vty 5 9                                      ---vty 5-9 的相关信息---
 password cisco                                   ---vty 的访问密码---
 login                                            ---对 vty 5-9 的访问进行密码验证---
（注意：可以分别对不同的 vty 终端设置不同的访问密码）
!
end
```

```
BR11#
```

这些运行配置的信息存储在内存 RAM 中，系统断电或重新启动后设置的信息就会丢失，如果想让系统下次启用时仍然使用这些配置信息，需要将 RAM 的运行配置文件同步到 NVRAM 中的启动配置文件，可以使用 show startup-config 查看启动配置文件，当然在同步之前 NVRAM 的启动文件是空的，信息输入如下：

```
BR11#show startup-config
startup-config is not present
```

将运行配置文件同步到启动配置文件可以使用命令 copy running-config startup-config 或简写为 copy run start，之后再次查看启动配置文件就能看到跟运行配置文件一致的结果了，操作如下：

```
BR11#copy running-config startup-config        ---将运行配置同步到启动配置---
Destination filename [startup-config]?         ---设置启动文件的名称，一般默认即可---
Building configuration...
[OK]
BR11#show startup-config                       ---查看启动配置文件---
Using 1569 out of 522232 bytes
!
version 12.4
service timestamps debug datetime msec
service timestamps log datetime msec
no service password-encryption
!
hostname BR11
!
boot-start-marker
boot-end-marker
!
enable secret 5 $1$gR1t$OJ/KVcVeNlZrcsBa6yd.O0
!
no aaa new-model
no ip icmp rate-limit unreachable
ip cef
ip tcp synwait-time 5
!
no ip domain lookup
 --More--                              ---以下省略部分输出---
```

使用命令 show version 可以查看设备的系统硬件信息和软件版本信息，输出内容如下：

```
BR11#show version
Cisco IOS Software, 2800 Software (C2800NM-ADVIPSERVICESK9-M), Version 12.4(15)T1,
RELEASE SOFTWARE (fc2)                                    ---IOS 软件的名称和版本号---
Technical Support: http://www.cisco.com/techsupport       ---技术支持网站---
Copyright (c) 1986-2007 by Cisco Systems, Inc.            ---版权信息---
Compiled Wed 18-Jul-07 06:21 by pt_rel_team               ---系统编译时间---

ROM: System Bootstrap, Version 12.1(3r)T2, RELEASE SOFTWARE (fc1)
Copyright (c) 2000 by cisco Systems, Inc.                 ---Bootstrap 引导程序版本---

System returned to ROM by power-on                        ---系统启动的原因：加电---
System image file is "c2800nm-advipservicesk9-mz.124-15.T1.bin"
```

```
（---上面一行显示的是系统映像的名称---）

This product contains cryptographic features and is subject to United
States and local country laws governing import, export, transfer and
use. Delivery of Cisco cryptographic products does not imply
third-party authority to import, export, distribute or use encryption.
Importers, exporters, distributors and users are responsible for
compliance with U.S. and local country laws. By using this product you
agree to comply with applicable laws and regulations. If you are unable
to comply with U.S. and local laws, return this product immediately.
（---以上信息是相应的法律许可---）
A summary of U.S. laws governing Cisco cryptographic products may be found at:
http://www.cisco.com/wwl/export/crypto/tool/stqrg.html
（---以上信息是思科产品法律摘要的网址---）
If you require further assistance please contact us by sending email to
export@cisco.com.

cisco 2811 (MPC860) processor (revision 0x200) with 60416K/5120K bytes of
    memory              ---CPU 的型号和路由器内存大小：共 60416K，可用 5120K---
Processor board ID JAD05190MTZ (4292891495)           ---路由器 CPU 的 ID---
M860 processor: part number 0, mask 49
2 FastEthernet/IEEE 802.3 interface(s)                ---接口的类型和数量---
239K bytes of NVRAM.
62720K bytes of processor board System flash (Read/Write)    ---NVRAM 的大小---

Configuration register is 0x2102                      ---配置寄存器的值---
BR11#
```

使用命令 show interfaces 查看所有接口的配置参数和统计信息，show interfaces type solt/port 查看特定接口的配置参数和统计信息，在 BR1 上执行 show interfaces 的输出结果如下：

```
BR11#show interfaces
Ethernet0/0 is administratively down, line protocol is down
（---省略部分输出---）
GigabitEthernet0/0 is up, line protocol is up
（第一项是物理层信息，如果物理层检测到载波则状态显示为 UP；第二项是数据链路层信息，如果检测到另外一端
  的存活信息则状态显示为 UP，只有这两项状态都为 UP 了接口才能正常工作）
  Hardware is i82543 (Livengood), address is ca03.1488.0008 (bia ca03.1488.0008)    ---接口的硬件（MAC）地址---
  Internet address is 10.111.113.1/24                  ---接口的逻辑（IP）地址---
  MTU 1500 bytes, BW 1000000 Kbit, DLY 10 usec,        ---MTU、带宽、延迟参数---
     reliability 255/255, txload 1/255, rxload 1/255
  Encapsulation ARPA, loopback not set
  Keepalive set (10 sec)
  Full-duplex, 1000Mb/s, link type is autonegotiation, media type is SX
  （---以上信息显示的是接口连接模式、速率、介质类型等参数---）
  output flow-control is XON, input flow-control is XON
  ARP type: ARPA, ARP Timeout 04:00:00
  Last input never, output 00:00:07, output hang never
  Last clearing of "show interface" counters never
  Input queue: 0/75/0/0 (size/max/drops/flushes); Total output drops: 0
  Queueing strategy: fifo
  Output queue: 0/40 (size/max)
```

```
    5 minute input rate 0 bits/sec, 0 packets/sec
    5 minute output rate 0 bits/sec, 0 packets/sec
       0 packets input, 0 bytes, 0 no buffer
       Received 0 broadcasts, 0 runts, 0 giants, 0 throttles
       0 input errors, 0 CRC, 0 frame, 0 overrun, 0 ignored
       0 watchdog, 0 multicast, 0 pause input
       0 input packets with dribble condition detected
       576 packets output, 59597 bytes, 0 underruns
       0 output errors, 0 collisions, 1 interface resets
       0 babbles, 0 late collision, 0 deferred
       0 lost carrier, 0 no carrier, 0 pause output
       0 output buffer failures, 0 output buffers swapped out
       （---以上信息显示的是接口计数器的统计信息---）
Serial1/0 is administratively down, line protocol is down
  （---省略部分输出---）
Serial1/1 is up, line protocol is up                      ---和 G0/0 一致，显示的是接口状态信息---
    Hardware is M4T                                       ---接口的硬件类型---
    Description: Link TO ISP1                             ---接口的描述---
    Internet address is 172.16.11.11/24                   ---口的逻辑（IP）地址---
    MTU 1500 bytes, BW 1544 Kbit, DLY 20000 usec,         ---MTU、带宽、延迟参数---
       reliability 255/255, txload 1/255, rxload 1/255
    Encapsulation HDLC, crc 16, loopback not set          ---接口的封装类型---
    Keepalive set (10 sec)
    Restart-Delay is 0 secs
    Last input 00:00:06, output 00:00:07, output hang never
    Last clearing of "show interface" counters never
    Input queue: 0/75/0/0 (size/max/drops/flushes); Total output drops: 0
    Queueing strategy: weighted fair
    Output queue: 0/1000/64/0 (size/max total/threshold/drops)
       Conversations  0/1/256 (active/max active/max total)
       Reserved Conversations 0/0 (allocated/max allocated)
       Available Bandwidth 1158 kilobits/sec
    5 minute input rate 0 bits/sec, 0 packets/sec
    5 minute output rate 0 bits/sec, 0 packets/sec
       394 packets input, 26025 bytes, 0 no buffer
       Received 372 broadcasts, 0 runts, 0 giants, 0 throttles
       0 input errors, 0 CRC, 0 frame, 0 overrun, 0 ignored, 0 abort
       527 packets output, 36266 bytes, 0 underruns
       0 output errors, 0 collisions, 1 interface resets
       0 output buffer failures, 0 output buffers swapped out
       2 carrier transitions     DCD=up  DSR=up  DTR=up  RTS=up  CTS=up
       （---以上信息显示的是接口计数器的统计信息---）
   （---省略部分输出---）
BR11#
```

使用命令 show ip interface brief 显示精简的路由器的接口状态和 IP 地址信息，输入如下：

```
BR11# show ip interface brief
Interface              IP-Address      OK? Method Status                  Protocol
Ethernet0/0            unassigned      YES unset  administratively down down
GigabitEthernet0/0     10.111.113.1    YES manual up                      up
Serial1/0              unassigned      YES unset  administratively down down
```

```
Serial1/1            172.16.11.11    YES manual up                    up
Serial1/2            unassigned      YES unset  administratively down down
Serial1/3            unassigned      YES unset  administratively down down
GigabitEthernet2/0   unassigned      YES unset  administratively down down
GigabitEthernet3/0   unassigned      YES unset  administratively down down
BR11#
```

下面我们介绍一下串行接口常出现的问题。

```
BR11#show interfaces serial 1/0
Serial1/0 is administratively down, line protocol is down
```

以上信息表示接口被管理关闭，如需激活在接口中执行 no shutdown 指令。

```
BR11#show interfaces serial 1/0
Serial1/0 is down, line protocol is down
```

以上信息表示对端接口关闭或本地接口电缆故障，需要检测本地电缆或对端接口。

```
BR11#show interfaces serial 1/0
Serial1/0 is up, line protocol is down
```

以上信息表示数据链路层在存活或成帧方面存在问题，请检查 DCE 端是否设置时钟及两端的封装方式是否一致。

1.4.5 优化 show 命令的输出结果

思科路由器所有的查看命令都是从特权模式中执行“show+命令关键字”，从 IOS 的 12.3 版本开始，Cisco 在 IOS 中加入了一个可以快捷查看配置文件和统计数据的命令 do，在任何配置模式使用“do + show + 命令关键字”即可查看相应的输出，操作如下：

```
BR11(config)#do show ip interface brief
Interface            IP-Address      OK? Method Status                Protocol
Ethernet0/0          unassigned      YES unset  administratively down down
GigabitEthernet0/0   10.111.113.11   YES manual up                    up
Serial1/0            unassigned      YES unset  administratively down down
Serial1/1            172.16.11.11    YES manual up                    up
Serial1/2            unassigned      YES unset  administratively down down
Serial1/3            unassigned      YES unset  administratively down down
GigabitEthernet2/0   unassigned      YES unset  administratively down down
GigabitEthernet3/0   unassigned      YES unset  administratively down down
```

有时 show 命令的输出结果很长，需要好几页才能显示完整，我们可以在 show 命令的后面附加上管道符“|”并跟随关键字 include、exclude、begin、section，然后再附加一个正规表达式（一组用来匹配字符串的范式）的形式来限定希望输出的结果。

选项 exclude 可以让输出的结果不包含某些行，如果上例中我们只想查看配置好 IP 地址的那些接口的摘要信息，执行 show ip interface brief | exclude unassigned，输出结果如下：

```
BR11#show ip interface brief | exclude unassigned
Interface            IP-Address      OK? Method Status    Protocol
GigabitEthernet0/0   10.111.113.11   YES manual up        up
Serial1/1            172.16.11.11    YES manual up        down
```

选项 include 可以让输出的结果只包含某些行，如果上例中我们只想查看 Gi0/0 接口的摘要信息，执行 show ip interface brief | include GigabitEthernet0/0，输出结果如下：

```
BR11#show ip interface brief | include GigabitEthernet0/0
GigabitEthernet0/0   10.111.113.11   YES manual up        up
```

选项 begin 可以让输出的结果仅从第一次出现该正规表达式的位置开始显示，如果我们想看 line 模式的配置信息，执行 show running-config | begin line 即可，输出结果如下：

```
BR11#show running-config | begin line
line con 0
 exec-timeout 0 0
 privilege level 15
 password cisco
 logging synchronous
 login
 stopbits 1
line aux 0
 exec-timeout 0 0
 privilege level 15
 logging synchronous
 stopbits 1
line vty 0 4
 password cisco
 login
line vty 5 9
 password cisco
 login
!
end

BR11#
```

选项 section 允许有选择地显示特定段落或行的输出，如果我们只想查看配置文件中 console 相关的配置信息，执行 show running-config | section line con 即可，输出结果如下：

```
BR11#show running-config | section line con
line con 0
 exec-timeout 0 0
 privilege level 15
 password cisco
 logging synchronous
 login
 stopbits 1
BR11#
```

1.5 路由器的其他常见配置及验证

除了上一节介绍的基本配置和验证命令，还有一些其他的操作命令是经常在路由器上用到的，本节中介绍的这些命令都是基于如图 1-67 所示的拓扑实现的。

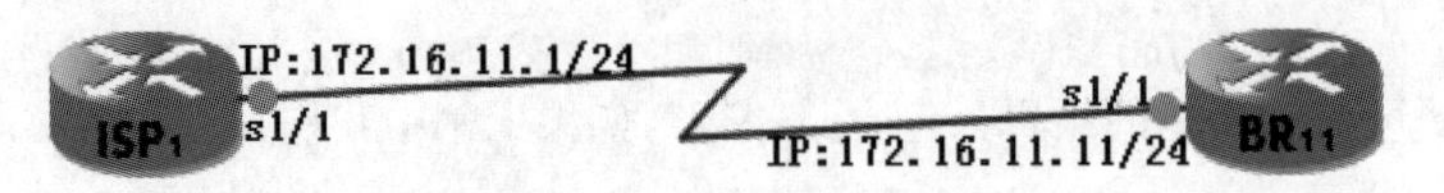

▲图 1-67 本节的授课环境

1.5.1 建立主机列表

在路由器上使用命令 ip host name ip_address 建立主机列表可以用来为路由器提供名称解析，如果我们在 BR11 路由器上建立主机列表 ISP1，对应的 IP 地址为 172.16.11.1，在路由器 BR11 上测试到 ISP1 的连通性时使用命令 ping ISP1 即可，便于记忆，操作如下：

```
BR11(config)#ip host ISP1 172.16.11.1
BR11(config)#^Z
BR11#
*Aug 17 10:22:37.435: %SYS-5-CONFIG_I: Configured from console by console
BR11#show hosts
Default domain is not set
Name/address lookup uses static mappings
Codes: UN - unknown, EX - expired, OK - OK, ?? - revalidate
       temp - temporary, perm - permanent
       NA - Not Applicable None - Not defined
Host                      Port   Flags        Age Type    Address(es)
ISP1                      None   (perm, OK)    0   IP      172.16.11.1
BR11#ping ISP1
Type escape sequence to abort.
Sending 5, 100-byte ICMP Echos to 172.16.11.1, timeout is 2 seconds:
!!!!!
Success rate is 100 percent (5/5), round-trip min/avg/max = 12/18/20 ms
BR11#
```

如果从 BR11 通过 Telnet 远程登录到 ISP1，只要在 BR11 上输入 ISP1 即可，过程如下：

```
BR11#ISP1
Trying ISP1 (172.16.11.1)... Open

User Access Verification
Password:
ISP1>
```

1.5.2 配置 DNS 进行域名解析

我们可以使用指令 ip name-server 从全局模式中给路由器配置 DNS 服务器，使用命令 ip domain-lookup 激活路由器的 DNS 查询功能，路由器能够和域名服务器通讯，我们就能从特权模式中执行“ping + 完整域名”测试路由器到目的网络的连通性，操作如下：

```
BR11(config)#ip name-server 202.99.160.68
BR11(config)#ip domain-lookup
BR11(config)#^Z
BR11#ping www.163.com
Translating "www.163.com"...domain server (202.99.160.68) [OK]
Type escape sequence to abort.
Sending 5, 100-byte ICMP Echos to 60.5.255.230, timeout is 2 seconds:
!!!!!
Success rate is 100 percent (5/5), round-trip min/avg/max = 80/81/84 ms
BR11#
```

我们可以使用指令 ip domain-name 配置路由器域名后缀，之后再使用命令 ping *host* 时路由器会自动将该名称加上该域名后缀构造一个完整的域名进行解析。为了测试我们将路由器的域名后缀临时设置为 163.com，过程如下：

```
BR11(config)#ip domain-name 163.com
BR11(config)#^Z
BR11#ping www
Translating "www"...domain server (202.99.160.68) [OK]
Type escape sequence to abort.
Sending 5, 100-byte ICMP Echos to 60.5.255.230, timeout is 2 seconds:
!!!!!
Success rate is 100 percent (5/5), round-trip min/avg/max = 8/16/20 ms
BR11#
```

1.5.3 关闭 DNS 域名解析功能

路由器打开 DNS 的功能后，输入的字符串都会当成主机的名称进行解析，如果不小心错误输入了一个命令，路由器会认为我们要远程登录这台设备，从而进行域名解析并试图与之建立远程的 Telnet 连接，等待超时可能要经历很长时间，过程如下：

```
BR11#shwo
Translating "shwo"...domain server (202.99.160.68) [OK]
Trying shwo.163.com (221.192.153.41)...
% Connection refused by remote host
BR11#
```


为了减少这种等待时间，可以使用指令 no ip domain lookup 关闭路由器的域名查询功能，当再次有错误的指令输入时，路由器直接报告不能识别的命令或主机名，从而减少等待时间，过程如下：

```
BR11(config)#no ip domain lookup
BR11(config)#^Z
BR11#shwo
Translating "shwo"
% Unknown command or computer name, or unable to find computer address
BR11#
```

1.5.4 启动日志同步功能

当从其他模式退回到特权模式执行新的操作时，输入的指令经常被控制台日志打扰，这有时会影响阅读和信息的整齐，过程如下：

```
BR11(config)#end
BR11#show
*Aug 17 11:36:12.615: %SYS-5-CONFIG_I: Configured from console by consoleow hosts  ---此处 show hosts 的输出被
                                                                                    系统日志分割为两行---

Host                      Port   Flags        Age Type    Address(es)
ISP1                      None   (perm, OK)   0   IP       172.16.11.1
BR11#
```

这时可以使用 line 模式下的指令 logging synchronous 启动日志同步功能，使系统重新显示被控制台日志打乱的输入信息，操作如下：

```
BR11(config)#line console 0
BR11(config-line)#logging synchronous
BR11(config-line)#end
BR11#sho
```

```
*Aug 17 11:47:22.095: %SYS-5-CONFIG_I: Configured from console by console
BR11#show hosts          ---此处被系统日志打乱的输出会自动重显---
Host                     Port   Flags         Age   Type    Address(es)
ISP1                     None   (perm, OK)    0     IP      172.16.11.1
BR11#
```

1.5.5 设置会话超时时间

不管任何方式连接到路由器，如果有一段时间没有进行任何操作，系统为了安全会自动登出，这一超时时间可以通过 line 模式下的 exec-timeout 进行调整，操作如下：

```
BR11(config)#line console 0
BR11(config-line)#exec-timeout  2 30    ---设置 console 口操作超时时间：2 分 30 秒---
BR11(config-line)#lin vty 0 9
BR11(config-line)#exec-timeout  2 30    ---设置 Telnet 操作超时时间：2 分 30 秒---
BR11(config-line)#end
```

注意：如果将超时时间设置为 0 分 0 秒，意味着永远不会操作超时，这在实验时经常使用。

1.5.6 设置路由器密码加密功能

在给路由器配置 console 密码或 line 密码后，运行 show running-config 命令能够看到这些密码，因为这些密码都是以明文的方式存在于配置文件中的，为了安全可以使用全局模式的命令 service password-encryption 激活密码加密的服务，再次运行 show running-config 命令时，这些密码会以密文的方式显示，过程如下：

```
BR11(config)#service password-encryption
BR11(config)#end
BR11#show running-config | section line con 0
line con 0
 exec-timeout 0 0
password 7 121A0C041104
 logging synchronous
 login
BR11#
```

提示：在全局模式下输入 no service password-encryption，关闭密码加密的服务。密码加密算法是通过线性的方式进行的加密计算，对于加密后形成的密文很容易推导出对应的明文密码。这种加密的结果只是使配置文件中不直接出现明文密码，enable secret 设置的密码是通过散列算法运算出来的结果，过程复杂但安全性高，过程不可逆，不能推导出对应的密码。

1.5.7 命令历史记录

通过向上的箭头可以调出最近输入的命令，这行命令保存在命令历史记录里面，通过查看命令

show history 可以查看最近执行的命令，默认 10 条，操作如下：

```
BR11#show history
  config t
  show running-config | begin line
  show running-config | section line con 0
  config t
  show running-config | section line con 0
  config t
  show running-config | section line con 0
  show history
BR11#
```

通过 terminal history size 可以调整命令历史记录缓冲区的大小，操作如下：

```
BR11#terminal history size ?
  <0-256>    Size of history buffer
BR11#terminal history size 3
BR11#show history
  show running-config | section line con 0
  terminal history size 3
  show history
BR11#
```


1.6 实训案例

1.6.1 实验环境

实验拓扑：本次实验使用的拓扑通过 GNS3 搭建，如图 1-68 所示。

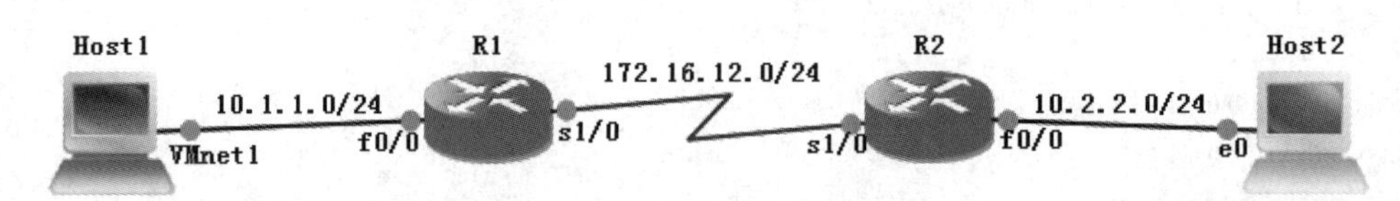

▲图 1-68　本节的实验环境

实验设备：本次实验的设备如表 1-3 所示。

▲表 1-3　本节的实验设备

设备名称	设备类型	平台版本	实现方式
R1	路由器	C7200-ADVENTERPRISEK9-MVersion ,15.0(1)M3	GNS3 1.3.9
R2	路由器	C7200-ADVENTERPRISEK9-MVersion ,15.0(1)M3	GNS3 1.3.9
Host1	PC 机	物理机（通过 VMNET1 桥接）	本地主机
Host2	PC 机	VPCS （version 0.6.1）	GNS3 1.3.9

地址分配：本次实验的地址分配如表 1-4 所示。

▲表 1-4　本节的地址分配

设备	接口	IP 地址	子网掩码	网关
R1	S1/0	172.16.12.1	255.255.255.0	——
	F0/0	10.1.1.254	255.255.255.0	——
R2	S1/0	172.16.12.2	255.255.255.0	——
	F0/0	10.2.2.254	255.255.255.0	——
Host1	——	10.1.1.1	255.255.255.0	10.1.1.254
Host2	——	10.2.2.2	255.255.255.0	10.2.2.254

1.6.2　实验目的

- 学会使用 GNS3 模拟器搭建网络拓扑。
- 熟悉路由器的基本配置。
- 熟悉路由器的接口操作。
- 学会设置路由器控制台的远程访问的口令。
- 学会使用命令验证路由器的配置。
- 学会使用命令测试直连网络的连通性。
- 学会将实验项目保存归档。

1.6.3　实验过程

任务一：使用 GNS3 软件按照给出的拓扑搭建实验环境

Step 1　打开 GNS3 软件，单击左侧设备栏中的 All devices 按钮，依次向工作区域拖出本次实验用的四个设备。

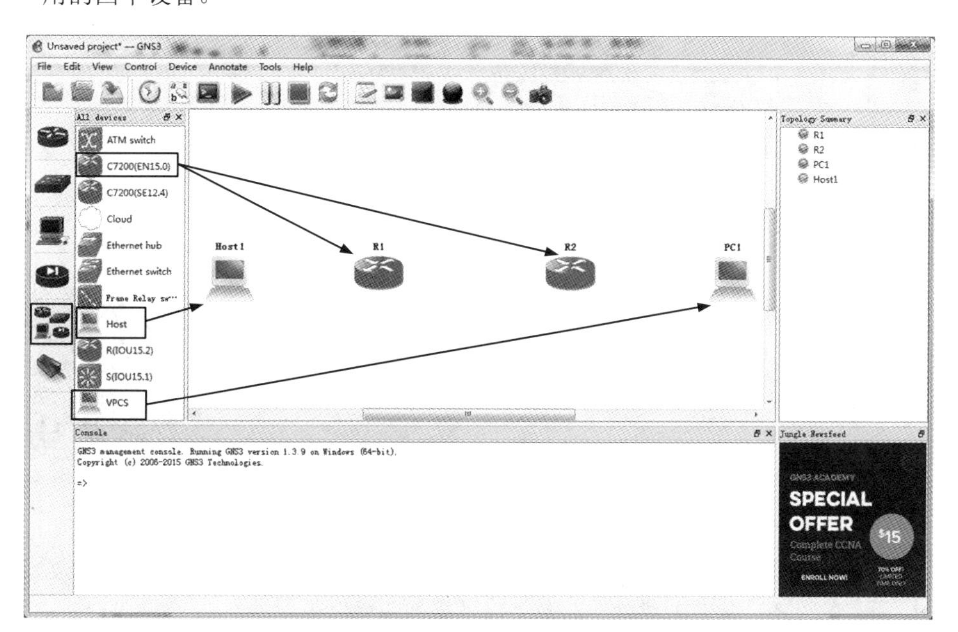

Step 2 同时选中 R1 和 R2 后右击并选择 configure 选项，在弹出的 Node configurator 窗口中单击 R1，然后从右侧的 Slots 选项卡中给 slot1 安装“PA-4T+”的模块并单击 OK 按钮确定，R2 也进行同样的选择。

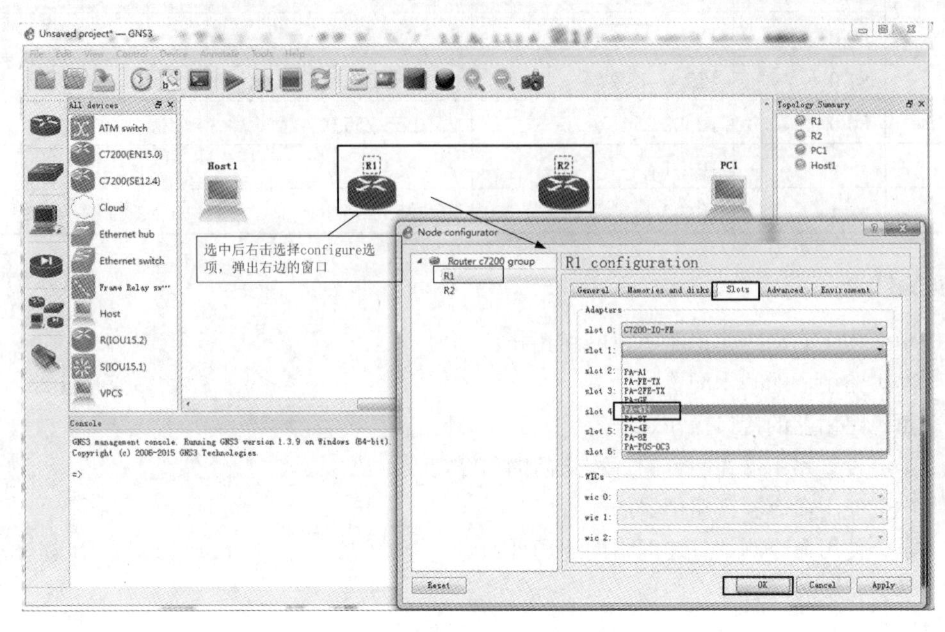

Step 3 单击左侧设备栏中的 Add a link 按钮，按照给定的拓扑连接设备，连接 Host1 时使用 VMnet1 的网卡将 R1 的 fas0/0 接口桥接到本地机的 VMnet1。

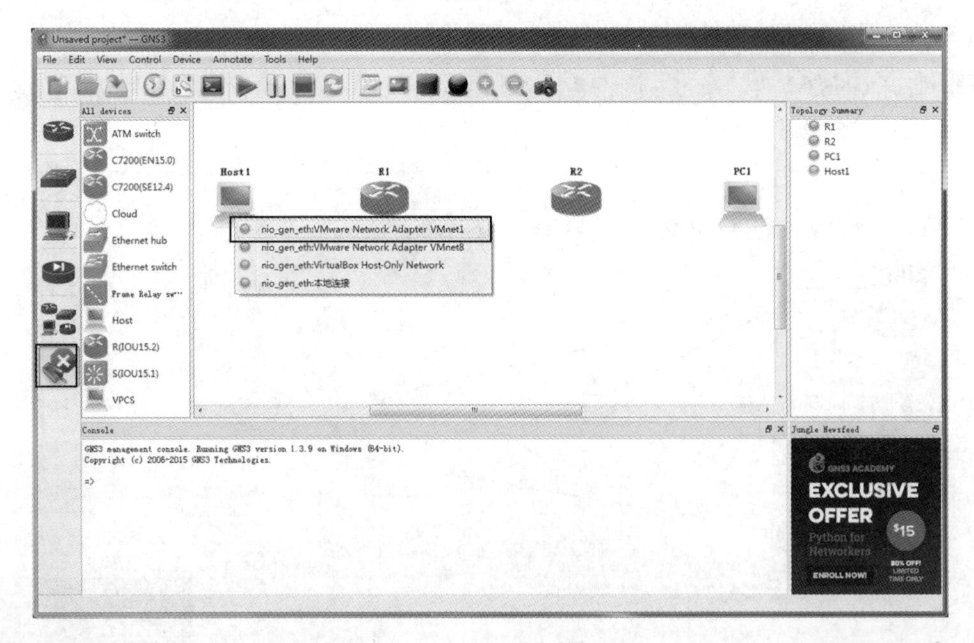

Step 4 连接好之后单击工具栏中的“显示设备接口标签”按钮，将 Host1 的网卡标注改为 VMnet1（双击标注修改），将 PC1 的名称改为 Host2（右击并在 configure 选项中修改），之后选中所有的设备，从右击菜单中选择“水平排列图标”选项。

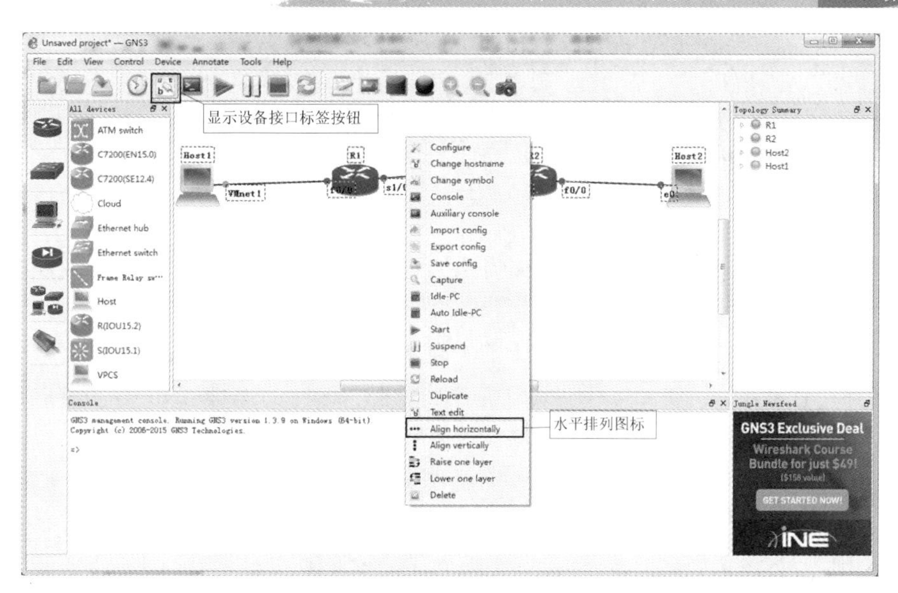

Step 5 单击工具栏中的 Note 按钮按照拓扑添加网段地址标注，单击 Start 按钮启动所有的设备（指示灯变绿），单击工具栏上的 Console 按钮打开相应的终端软件自动连接到每个设备的控制台端口。

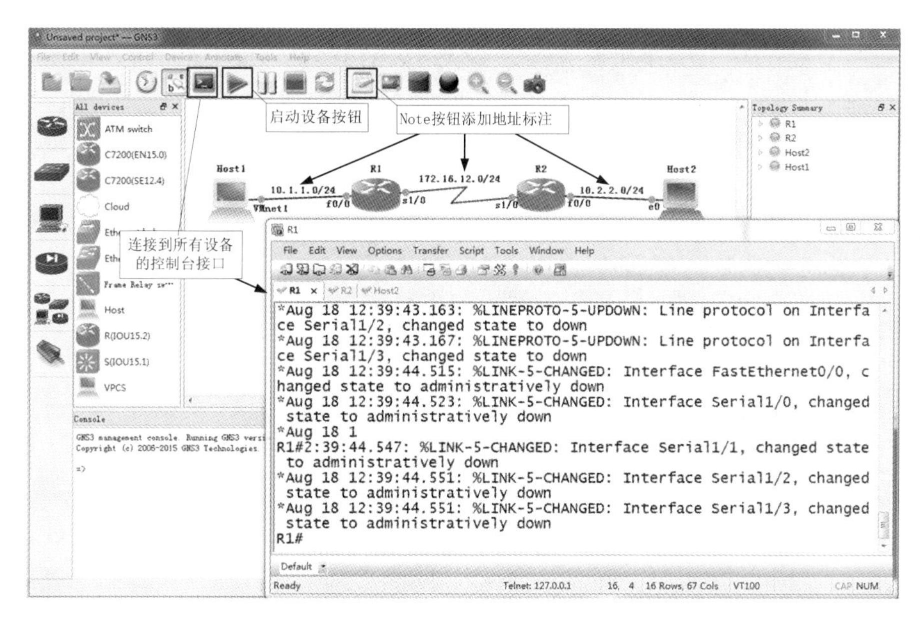

任务二：理解 CLI 命令行的基本知识

Step 1 打开 R1 终端窗口相应的标签，系统会自动进入特权模式并且主机名已经设置为 R1，这是 GNS3 的一项功能，每个设备启用时已经预装载了简单的配置，从特权模式执行命令 disable 退回到用户模式，从用户模式执行命令 enable 进入特权模式，过程如下：

```
R1#disable
R1>enable
R1#
```

Step 2 输入错误命令观察路由器的信息提示。

```
R1#cnofig t
      ^
% Invalid input detected at '^' marker.
R1#
```

注意："^"符号出现在输入的命令、关键字或参数字符串中出错的地方或附近。

Step 3 更正输入错误的命令，使用键盘上的↑键重复上一条命令，并按 Ctrl+A 组合键将光标移至命令行最左端，将光标移动到出错的地方进行更正，之后按 Ctrl+D 组合键将光标移至命令行最右端重新执行命令，过程如下：

```
R1#config t
Enter configuration commands, one per line.    End with CNTL/Z.
R1(config)#
```

Step 4 使用 exit 命令返回特权执行模式，并使用"？"查看该模式可以执行的命令，过程如下：

```
R1(config)#exit
R1#
*Aug 18 13:15:06.471: %SYS-5-CONFIG_I: Configured from console by console
R1#?
Exec commands:
  access-enable      Create a temporary Access-List entry
  access-profile     Apply user-profile to interface
  access-template    Create a temporary Access-List entry
  alps               ALPS exec commands
  archive            manage archive files
  audio-prompt       load ivr prompt
  auto               Exec level Automation
  beep               Blocks Extensible Exchange Protocol commands
  bfe                For manual emergency modes setting
  calendar           Manage the hardware calendar
  call               Voice call
  call-home          Call-Home commands
  cd                 Change current directory
  clear              Reset functions
  clock              Manage the system clock
  cns                CNS agents
  configure          Enter configuration mode
  connect            Open a terminal connection
  copy               Copy from one file to another
  crypto             Encryption related commands.
  debug              Debugging functions (see also 'undebug')
 --More--
```

注意："--More–"表示命令一页没有显示完整，按回车键往下翻一行，按空格键往下翻一页。

Step 5 继续按空格键直到所有的命令显示完出现提示符，执行 disable 退出特权模式，过程如下：

```
R1#disable
```

```
R1>
```

Step 6 在命令提示符处输入字符“e”并观察结果。

```
R1>e
% Ambiguous command:    "e"
R1>
```

注意：此处键入“e”，系统不能区分 exit 和 enable 两条命令。

Step 7 在命令提示符处输入字符“en”并对比 Step 6 的执行结果。

```
R1>en
R1#
```

注意：IOS 命令可以缩写，只要键入足够的字符可供 IOS 识别出唯一的命令即可。

Step 8 输入命令关键字 conf 后按 Tab 键自动补全命令：

```
R1#conf
R1#configure
```

提示：只要键入的字符可供 IOS 识别出唯一的命令即可使用自动补全功能。

Step 9 使用命令帮助功能，参照以前的讲解设置 R1 的系统时钟，最终指令如下：

```
R1#clock set 14:00:00 aug 18 2015
```

任务三：对 R1 和 R2 路由器进行基本配置

Step 1 设置主机名（注意：一般来讲，操作设备时首先要设置主机名，GNS3 已经对主机名进行了预设置，也可以从全局模式中使用 Hostname 命令修改）。

Step 2 设置路由器的特权密码“cisco”。

```
R1(config)#enable secret cisco
```

提示：R2 的设置和 R1 一致。

Step 3 使用 banner motd 命令配置消息标语“WARNING!!Unauthorized Access Prohibited!!”。

```
R1(config)#banner motd #
Enter TEXT message.    End with the character '#'
WARNING!!Unauthorized Access Prohibited!! #
R1(config)#
```

提示：R2 的设置和 R1 一致。

Step 4 关闭域名解析功能，避免命令输错导致等待时间过长。

```
R1(config)#no ip domain-lookup
```

任务四：对 R1 和 R2 的接口进行配置

Step 1 配置 R1 和 R2 的 fas0/0 的接口地址并激活相应的接口，过程如下：

```
R1(config)#interface fastEthernet 0/0
R1(config-if)#ip address 10.1.1.254 255.255.255.0
R1(config-if)#no shutdown
R2(config)#interface fastEthernet 0/0
R2(config-if)#ip address 10.2.2.254 255.255.255.0
R2(config-if)#no shutdown
```

Step 2 使用命令 show controllers serial *solt/port* 确定 R1 和 R2 的 S1/0 中的 DCE 端，设置时钟速率为 64000 并激活接口，过程如下：

```
R1#show controllers serial 1/0
M4T: show controller:
PAS unit 0, subunit 0, f/w version 3-101, rev ID 0x2800001, version 1
idb = 0x66FD14C8, ds = 0x66FD2640, ssb=0x66FD2A04
Clock mux=0x0, ucmd_ctrl=0x0, port_status=0x7B
Serial config=0x8, line config=0x200
maxdgram=1608, bufpool=48Kb, 96 particles
      DCD=up   DSR=up   DTR=up   RTS=up   CTS=up
line state: down
cable type : V.11 (X.21) DCE cable, received clockrate 2015232
R1#config t
Enter configuration commands, one per line.   End with CNTL/Z.
R1(config)#interface serial 1/0
R1(config-if)#clock rate 64000
R1(config-if)#no shutdown
R2(config)#interface serial 1/0
R2(config-if)#no shutdown
```

注意：因为实验中使用的路由器没有连接到真实的租用线路中，所以需要其中一台路由器模拟 DCE 设备为线路提供时钟信号，实际中 DCE 设备通常由服务提供商来提供。

Step 3 配置 R1 和 R2 的 S1/0 的接口地址，并作如下接口描述：

```
R1(config-if)#ip address 172.16.12.1 255.255.255.0
R1(config-if)#description Link TO R2 S1/0
R2(config-if)#ip address 172.16.12.2 255.255.255.0
R2(config-if)#description Link TO R1 S1/0
```

Step 4 设置 Host1 的 IP 地址、子网掩码、网关信息。

Step 5 设置 Host2 的 IP 地址、子网掩码、网关信息。

```
Host2> ip 10.2.2.2/24 10.2.2.254
```

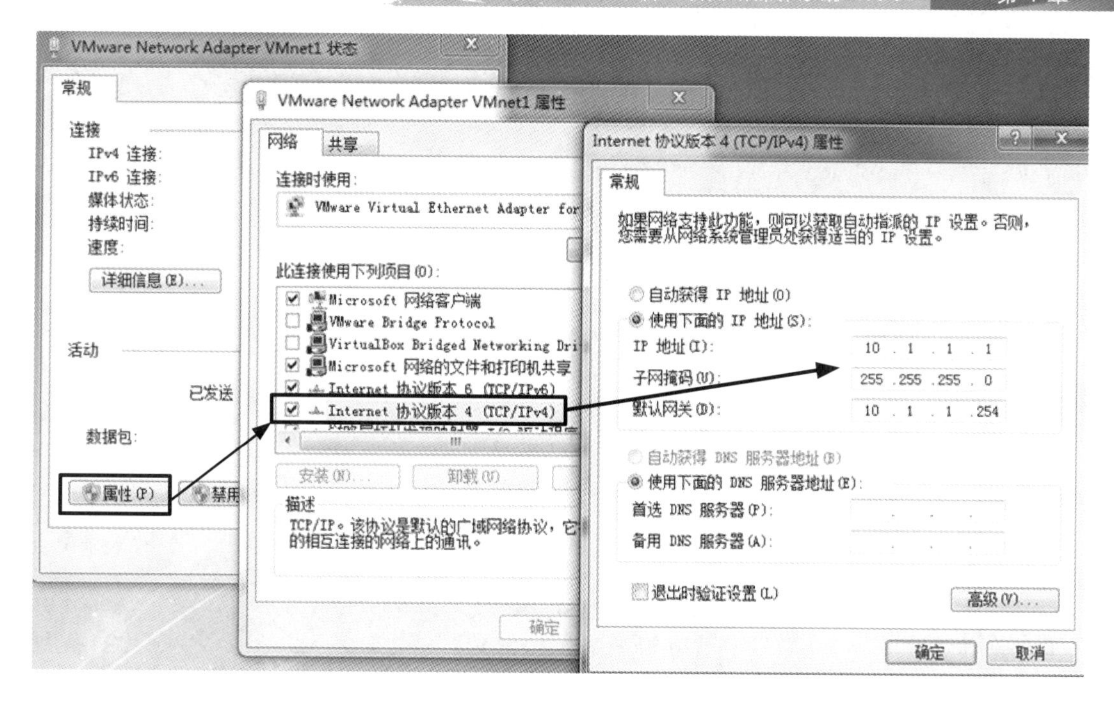

任务五：设置 R1 和 R2 的各种管理访问参数

Step 1 设置 R1 和 R2 的控制台访问密码“cisco”，并启用线路密码认证，过程如下：

```
R1(config)#line console 0
R1(config-line)#password cisco
R1(config-line)#login
```

提示：R2 的配置和 R1 一致。

Step 2 设置 R1 和 R2 虚拟终端 vty 0-9 的访问密码“cisco”，并启用线路密码认证，过程如下：

```
R1(config)#line vty 0 9
R1(config-line)#password cisco
R1(config-line)#login
R1(config-line)#exit
R1(config)#
```

提示：R2 的配置和 R1 一致。

任务六：验证路由器的配置

Step 1 验证 R1 和 R2 的运行配置信息，过程如下：

```
R1#show running-config
Building configuration...

Current configuration : 1425 bytes
!
```

```
! Last configuration change at 11:24:13 UTC Wed Aug 19 2015
hostname R1
!
enable secret 5 $1$5Y/.$AFIDP6ErUUnbx0g2gxtRa/
!
no ip domain lookup
!
interface FastEthernet0/0
 ip address 10.1.1.254 255.255.255.0
 duplex half
!
interface Serial1/0
description Link TO R2 S1/0
 ip address 172.16.12.1 255.255.255.0
 serial restart-delay 0
 clock rate 64000
!
banner motd ^C
WARNING!!Unauthorized Access Prohibited!! ^C
!
line con 0
 exec-timeout 0 0
 privilege level 15
 password cisco
 logging synchronous
 login
line aux 0
 exec-timeout 0 0
 privilege level 15
 logging synchronous
line vty 0 4
 password cisco
 login
line vty 5 9
 password cisco
 login
!
end
R1#
```

提示：R2 的输出和 R1 类似（此处略）。

Step 2 验证 R1 和 R2 所有接口的 IP 地址和状态的摘要信息，过程如下：

```
R1#show ip interface brief
Interface                  IP-Address      OK? Method Status                Protocol
FastEthernet0/0            10.1.1.254      YES manual up                    up
```

```
Serial1/0              172.16.12.1     YES manual up                    up
Serial1/1              unassigned      YES NVRAM  administratively down down
Serial1/2              unassigned      YES NVRAM  administratively down down
Serial1/3              unassigned      YES NVRAM  administratively down down
R1#
```

提示：R2 的输出和 R1 类似（此处略）。

Step 3 验证 R1 和 R2 路由器上 Fas0/0 和 S1/0 接口的统计信息，过程如下：

```
R1#show interfaces fastEthernet 0/0
FastEthernet0/0 is up, line protocol is up
  Hardware is DEC21140, address is ca01.1270.0000 (bia ca01.1270.0000)
  Internet address is 10.1.1.254/24
  MTU 1500 bytes, BW 100000 Kbit/sec, DLY 100 usec,
     reliability 255/255, txload 1/255, rxload 1/255
  Encapsulation ARPA, loopback not set
  Keepalive set (10 sec)
  Half-duplex, 100Mb/s, 100BaseTX/FX
  ARP type: ARPA, ARP Timeout 04:00:00
  Last input 00:01:13, output 00:00:09, output hang never
  Last clearing of "show interface" counters never
  Input queue: 0/75/0/0 (size/max/drops/flushes); Total output drops: 0
  Queueing strategy: fifo
  Output queue: 0/40 (size/max)
  5 minute input rate 0 bits/sec, 0 packets/sec
  5 minute output rate 0 bits/sec, 0 packets/sec
     ---省略部分输出---
R1#show int
R1#show interfaces ser
R1#show interfaces serial 1/0
Serial1/0 is up, line protocol is up
  Hardware is M4T
  Description: Link TO R2 S1/0
  Internet address is 172.16.12.1/24
  MTU 1500 bytes, BW 1544 Kbit/sec, DLY 20000 usec,
     reliability 255/255, txload 1/255, rxload 1/255
  Encapsulation HDLC, crc 16, loopback not set
  Keepalive set (10 sec)
  Restart-Delay is 0 secs
  Last input 00:00:02, output 00:00:00, output hang never
  Last clearing of "show interface" counters never
  Input queue: 0/75/0/0 (size/max/drops/flushes); Total output drops: 0
  Queueing strategy: weighted fair
  Output queue: 0/1000/64/0 (size/max total/threshold/drops)
     Conversations  0/1/256 (active/max active/max total)
     Reserved Conversations 0/0 (allocated/max allocated)
     Available Bandwidth 1158 kilobits/sec
  5 minute input rate 0 bits/sec, 0 packets/sec
  5 minute output rate 0 bits/sec, 0 packets/sec
```

```
---省略部分输出---

R1#
```

提示：R2 的输出和 R1 类似（此处略）。

任务七：测试网络的连通性和 Telnet 虚拟终端的实现

Step 1 在 Host1 上运行 CMD，从弹出的窗口中执行到 R1 的 ping 测试，过程如下：

```
C:\Users\Administrator>ping 10.1.1.254

正在 Ping 10.1.1.254 具有 32 字节的数据:
来自 10.1.1.254 的回复: 字节=32 时间=9ms TTL=255
来自 10.1.1.254 的回复: 字节=32 时间=8ms TTL=255
来自 10.1.1.254 的回复: 字节=32 时间=7ms TTL=255
来自 10.1.1.254 的回复: 字节=32 时间=4ms TTL=255
10.1.1.254 的 Ping 统计信息:
    数据包: 已发送= 4，已接收= 4，丢失= 0（0%丢失），
往返行程的估计时间（以毫秒为单位）:
    最短= 4ms，最长= 9ms，平均= 7ms
C:\Users\Administrator>
```


Step 2 从 R2 上分别执行到 R1 和 Host2 的 ping 测试，过程如下：

```
R2#ping 172.16.12.1
Type escape sequence to abort.
Sending 5, 100-byte ICMP Echos to 172.16.12.1, timeout is 2 seconds:
!!!!!
Success rate is 100 percent (5/5), round-trip min/avg/max = 40/42/44 ms
R2#ping 10.2.2.2
Type escape sequence to abort.
Sending 5, 100-byte ICMP Echos to 10.2.2.2, timeout is 2 seconds:
.!!!!
Success rate is 80 percent (4/5), round-trip min/avg/max = 12/28/44 ms
R2#
```

注意：一个感叹号“!”表明得到一个成功的回应，显示中的每个句点“.”表明路由器上的应用程序在指定时间内没有收到来自目标的应答数据包。实验中第一个 ping 数据包失败是因为路由器 R2 尚没有到达 Host2 IP 地址的 ARP 表项，所以该数据包被丢弃并触发到该地址的 ARP 请求，R2 接收 Host2 发回的响应后将其 MAC 地址添加到 ARP 表项，后续的 ping 数据包就能被成功转发。

Step 3 从 Host1 远程登录到 R1 设备，之后再由 R1 登录到 R2 设备。

任务八：保存配置并归档

Step 1 将 R1 和 R2 的运行配置保存到启动配置文件。

```
R1#copy running-config startup-config
```

```
Destination filename [startup-config]?
Building configuration...
[OK]
R1#
```

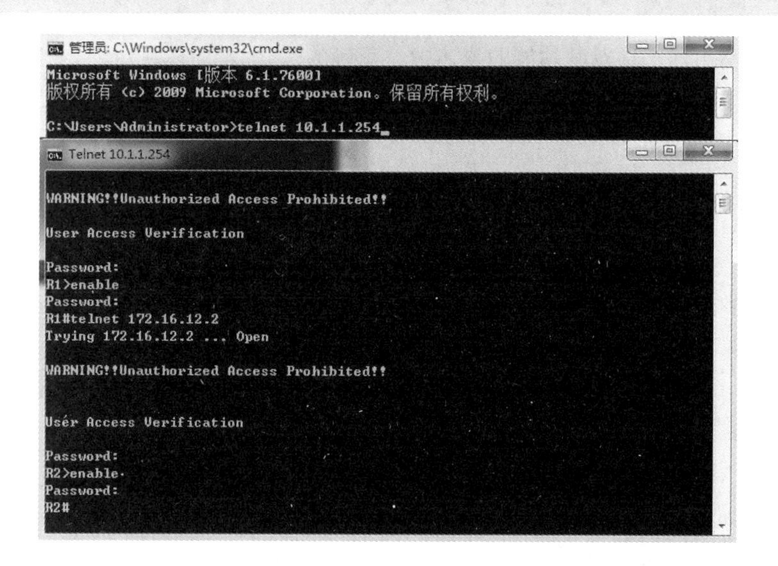

提示：R2 的操作和 R1 一致（此处略）。

Step 2　保存 Host2 的配置。

```
Host2> save
Saving startup configuration to startup.vpc
.  done
Host2>
```

Step 3　在 GNS3 中停止所有的设备，并将整个实验环境保存为一个工程文档。

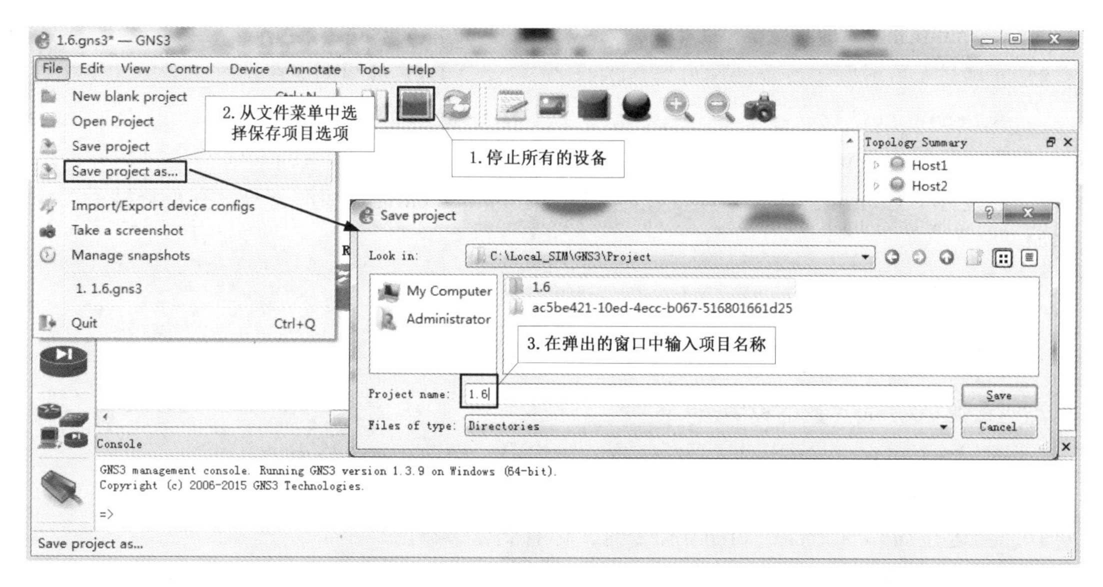

1.7 习题

1．下面关于路由器组件及其功能的描述中，正确的是________。

A．Flash 中存储 bootstrap 程序　　B．ROM 中存储启动配置文件

C．RAM 中存储运行配置文件　　D．NVRAM 中存储操作系统

2．下面各选项中属于路由器带外管理方式的是________。

A．通过 HTTP 连接　　B．通过 Console 连接

C．通过 Telnet 连接　　D．以上均是

3．如果要从路由器或交换机的任意配置模式退回到用户模式，输入的命令或使用的组合键是________。

A．exit　　B．no config-mode

C．Ctrl+C　　D．Ctrl+Z

4．把路由器 RAM 中的运行配置写入 NVRAM 的启动配置的命令是________。

A．save ram nvram　　B．save ram

C．copy running-config startup-config　　D．copy all

5．路由器命令 router#show interfaces 的作用是________。

A．检查端口配置参数和统计数据　　B．进入特权模式

C．检查运行配置文件　　D．检查配置的协议

6．下面列出了路由器的各种命令状态，可以配置路由器全局参数的是________。

A．router>　　B．router#

C．router(config)#　　D．router(config-if)#

7．下面能够显示路由器操作系统版本的命令是________。

A．show running-config　　B．show startup-config

C．show interfaces　　D．show version

8．能够显示广域网接口 serial 1/0 连接的是 DCE 还是 DTE 线缆的命令是________。

A．show int s1/0　　B．show int serial 1/0

C．show controllers s1/0　　D．show serial 1/0 controllers

9．已设置了 Console 密码，但是当运行 show running-config 命令时密码没有正常显示，显示内容如下：

```
Line console 0
Exec-timeout 1 44
Password 794534RES23SD
Login
```

不能看到 Console 密码的原因是________。

A．encrypt password　　B．service password-encryption

C．dervice-password-encryption　　D．exec-timeout 1 44

10．当运行 show interface serial 0 命令时，你看到以下输出：

```
Serial 0 is administratorly down,line protocol is down
```

引起的原因是________。

A．管理员关闭了该接口　　B．DCE段没有设置时钟速率
C．线缆没有接好　　D．没有配置IP地址

习题答案

1．C　2．B　3．D　4．C　5．A　6．C　7．D　8．C　9．B　10．A

2
思科网络设备管理

网络设备管理从广义上讲包括对设备硬件、设备软件、设备使用的综合协调，以便对网络资源进行监视、测试、配置、分析、评价和控制，这样就能满足网络的一些需求，如实时运行性能、服务质量等。网络设备管理是网络管理员和网络技术人员必须具备的一项基本能力，本章将介绍管理思科网络设备需要的基本知识。

在本章中将学习思科设备详细的启动过程，Cisco IOS的升级、备份、恢复方式，思科邻居发现协议CDP在网络管理中的应用，并能够对常见的网络故障进行分析与排除。

本章主要内容：

- Cisco路由器中配置寄存器的作用
- Cisco路由器的引导过程
- Cisco路由器的密码恢复
- Cisco路由器的IOS管理
- Cisco路由器的配置文件
- Cisco邻居发现协议CDP
- Telnet会话管理
- 网络连通性的测试命令

2.1 管理配置寄存器

在思科的路由器中有一个16位可编程的寄存器存在于NVRAM中，其作用之一是决定路由器从哪里加载IOS操作系统（默认为闪存），并决定是否加载NVRAM中的启动配置文件。在本节中将会讨论路由器的配置寄存器，这也是路由器密码恢复的基础知识。

2.1.1 配置寄存器的数据位

这个16位二进制（2B）配置寄存器数值的读取方式是按照从左到右的顺序，思科路由器上默认的配置设置是0x2102，意味着第13位、第8位和第1位是置1的，注意每个4位组（称为半字节）中的位所对应的十六进制要写在第一行，如表2-1所示。

▲表2-1 配置寄存器的位的取值

配置寄存器	2				1				0				2			
位值	15	14	13	12	11	10	9	8	7	6	5	4	3	2	1	0
二进制	0	0	1	0	0	0	0	1	0	0	0	0	0	0	1	0

注意：在配置寄存器地址前面需要添加前缀0x，这意味着后面的数字为十六进制。

表2-2列出了寄存器各个配置位为“1”时的含义（注意第6位为“1”时系统启动会忽略NVRAM的启动配置文件而直接进入setup模式，此位可以用于密码恢复）。

▲表2-2 配置位为“1”时的含义（了解内容）

位	十六进制	描述
0～3	0x0000-0x000f	启动字段（参见表2-3）
6	0x0040	忽略NVRAM内容
7	0x0080	启用OEM位
8	0x0100	禁用中断
10	0x0400	IP广播全0
5、11～12	0x0800-0x1000	控制台线路速率
13	0x2000	如果网络启动失败，则启动默认的ROM软件
14	0x4000	不适用网络号的IP广播
15	0x8000	启用诊断信息并忽略NVRAM内容

配置寄存器中的0～3位（最后一个4位组或半字节）是启动字段，它控制着路由器的启动方式，在表2-3中描述了启动字段不同位的含义和作用。

▲表2-3 启动字段（配置寄存器的00～03位）

启动字段	含义	作用
00	ROM监控模式	如果要启动ROM监控模式，可以将配置寄存器的值设置为0x2100。我们必须使用b命令手动启动路由器，启动后路由器将以“<rommon>”为提示符
01	从ROM中引导	如果要使用保存在ROM中的微型IOS引导路由器，需要将配置寄存器设置为0x2101。启动后路由器将以“<router(boot)>”为提示符
02-F	指定默认的启动文件	将配置寄存器设置为0x2102-0x210F中的任一值，都要求路由器使用在NVRAM中指定的启动命令

2.1.2 查看配置寄存器的值

使用命令 show version 可以查看配置寄存器中的值，如下：

```
Router>show version
Cisco IOS Software, 2800 Software (C2800NM-ADVIPSERVICESK9-M), Version 12.4(15)T1, RELEASE SOFTWARE (fc2)

 [output cut]                                          ---省略部分输出---

62720K bytes of processor board System flash (Read/Write)
Configuration register is 0x2102
```

该命令输出信息的最后一行就是当前配置寄存器中的值，此例中该值为 0x2102，这是配置寄存器默认的设置，这时路由器会从闪存加载操作系统并从 NVRAM 中查找启动配置文件。

2.1.3 修改配置寄存器的值

可以通过全局配置命令 config-register 设置配置寄存器的值进而修改路由器的启动和运行方式。如果想让路由器下次启动时从 ROM 中引导一个精简 IOS，可以进行如下设置：

```
Router(config)#config-register 0x2101
Router(config)#^Z
Router#show version
[output cut]                                           ---省略部分输出---
Configuration register is 0x2102    (will be 0x2101 at next reload)
```

值得注意的是，show version 命令给出配置寄存器的当前值，同时也给出路由器重新启动后配置寄存器的值，系统重启之后可以看到“主机名+(boot)”的提示，这表明路由器是从 ROM 中加载精简 IOS，如果使用 show flash 命令，仍能看到闪存的 IOS，如下：


```
Router(boot)#show flash
-#- --length-- -----datejtime------path
1 21710744 Jan 2 2007 22:41:14 +00:00 c2800nm-advsecurityk9-mz.124-12.bin
[output cut]                                           ---省略部分输出---
9 1684577 Dec 5 2006 14:50:04 +00:00 securedesktop-ios-3.1.1.27-k9.pkg
10 398305 Dec 5 2006 14:50:34 +00:00 sslclient-win-1.1.0.154.pkg
32989184 bytes available (31027200 bytes used)
```

如果想将配置寄存器的值改回默认值，只需输入以下命令：

```
Router(boot)#config t
Router(boot)(config)#config-register 0x2102
Router(boot)(config)#^Z
Router(boot)#reload
```

路由器重新启动之后会从闪存加载操作系统。

2.2 思科路由器详细的启动过程

在 1.1.2 节中介绍了路由器的启动步骤，共有 4 步，即执行 POST、加载 Bootstrap 程序、查找并加载 Cisco IOS、查找并加载配置文件。本节将介绍路由器详细的启动过程，如图 2-1 所示。

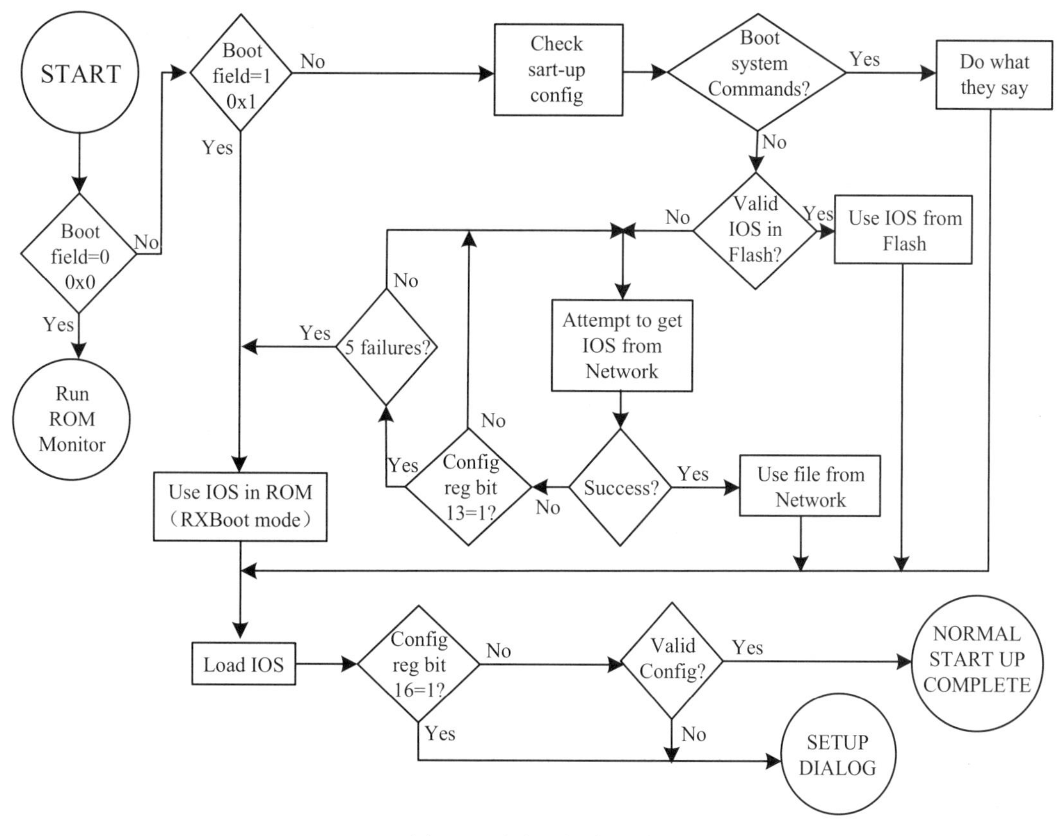

▲图 2-1 路由器的启动过程

路由器加电后会执行 ROM 芯片上的 POST 来检测路由器硬件，主要是对包括 CPU、RAM 和 NVRAM 在内的几种硬件组件的诊断，之后路由器将执行 Bootstrap 程序，该程序的主要任务是通过配置寄存器的启动字段查找并加载 Cisco IOS，具体操作如下：

（1）如果启动字段等于 0x0，路由器就会进入 ROM Monitor 模式。

（2）如果启动字段等于 0x1，路由器就会加载 ROM 中的精简 IOS。

（3）如果启动字段不等于 0x0 或 0x1（默认为 0x2），路由器会尝试进行下面的操作：

1）如果配置文件中有 Boot system 语句，则按照该语句指定的位置加载 IOS。

2）如果配置文件中没有 Boot system 语句且闪存中有有效的 IOS，则从闪存中加载 IOS（这是系统默认的加载方式）。

3）如果配置文件中没有 Boot system 语句且闪存中也没有有效的 IOS，则系统尝试从网络加载 IOS。如果加载失败，系统要查看配置寄存器的第 13 位是否等于 1，如果等于 1，系统会继续尝试从网络中加载 IOS，要么成功要么失败 5 次后使用 ROM 中的精简 IOS；如果配置寄存器的第 13 位等于 0，系统会一直尝试从网络中加载 IOS，这可能是系统进入“网络加载死循环”的状态，所以默认的情况下配置寄存器的第 13 位等于 1。

无论是从 ROM 中加载精简的 IOS，还是从闪存或网络中加载 IOS，之后路由器要进行的操作是确定是否加载启动配置文件，具体操作如下：

（1）如果配置寄存器的第 6 位等于 0，系统检查 NVRAM 中是否有有效的启动配置文件，如果有就加载该启动配置文件，如果没有系统就进入 setup 模式。

（2）如果配置寄存器的第 6 位等于 1，无论 NVRAM 中是否有有效的启动配置文件，系统都会直接进入 setup 模式（此功能可以用于密码恢复）。

2.3 Cisco IOS 路由器密码恢复

如果忘记了路由器的访问密码，可以在路由器启动时通过控制台接口向路由器发送一个中断指令，使路由器进入 ROM 的监控模式，在此模式中可以将配置寄存器的第 6 位设置为 1，这样路由器启动之后就不会加载配置文件，从而跳过登录验证的过程进行新的密码设置。下面以 2800 路由器为例介绍密码恢复的具体过程，操作如下：

（1）中断路由器的启动，使其进入 ROM 的监控模式。

通过终端软件连接到路由器的控制台接口，加电后 30 秒内同时按键盘上的 Ctrl+Break 组合键，路由器就会进入 ROM 的监控模式。

```
monitor: command "boot" aborted due to user interrupt
rommon 1 >                    ---此提示符表示当前处于 ROM 监控模式---
```

（2）修改配置寄存器的值。

在 ROM 的监控模式中使用指令 confreg 将配置寄存器的值改为 0x2142（第 6 位置 1）：

```
rommon 1 > confreg 0x2142
```

（3）重新启动路由器。

在 ROM 的监控模式中使用指令 reset 即可重启路由器。

```
rommon 2 > reset
```


（4）修改配置文件。

路由器启动后并没有加载以前保存的配置文件，因为进入路由器后首先将路由器的启动配置文件复制为运行配置文件，使用路由器以前保存的参数继续工作。

```
Router#copy startup-config running-config
```

（5）设置新的密码。

在此步骤中设置的新密码会覆盖运行配置文件中的旧密码，密码以“cisco”为例。

```
Router#config t
Router(config)#enable secret cisco
Router(config)#line console 0
Router(config-line)#password cisco
```

（6）将配置寄存器修改为默认值。

为了使路由器下次启动后直接加载 NVRAM 中的配置文件，需要使用全局命令 config-register 将配置寄存器设置为默认值，操作如下：

```
Router(config)#config-register 0x2102
```

（7）保存新的配置文件。

为了使路由器下次启动时使用新的配置文件，需要将内存中的运行配置文件同步到 NVRAM 中的启动配置文件，操作如下：

```
Router#copy running-config startup-config
```

通过以上步骤就完成了路由器的密码恢复。

注意：不同平台的路由器密码恢复方式不太一致，具体操作时请查阅相应设备的操作手册。

2.4　备份和升级思科路由器的IOS

在对路由器的IOS进行升级或替换操作时，首先需要对路由器现在使用的IOS进行备份，以防止新的IOS不能正常地工作。通常将IOS备份到一个TFTP服务器上，将一台PC机安装一个TFTP Server的软件，这台PC机就成了一台TFTP服务器，当然在操作之前要确保路由器到TFTP服务器的网络连通性且要有相应的操作权限。本节将使用下面的实验环境介绍IOS的备份和升级操作，如图2-2所示。

▲图2-2　本节的实验环境

提示：GNS3模拟器中的路由器设备本身并没有实体的Flash组件，无法模拟从闪存将IOS备份到TFTP服务器的效果，本小节的命令展示来自于其他环境。

接下来介绍如何查看路由器闪存的内容，以及如何通过TFTP备份和升级IOS。

2.4.1　验证缓存

使用新的IOS之前，应核实当前路由器的闪存空间的大小，确保闪存可以容载新的IOS。可以使用命令show flash（可以简写为sh flash）查看闪存容量，如下：

```
R1#show flash:
System flash directory:
File  Length    Name/status
  3   5571584   c2600-i-mz.122-28.bin
  2   28282     sigdef-category.xml
  1   227537    sigdef-default.xml
[5827403 bytes used, 58188981 available, 64016384 total]
```

上面的输出信息中，最后一行显示Flash空间大约已用5.8M、可用58M、总共64M。

2.4.2　将路由器的IOS备份到TFTP服务器

升级路由器的IOS之前，为了安全起见，先备份IOS。这样一旦升级失败，就可以使用备份还原，备份的步骤如下：

（1）在PC机运行StartTFTP.exe，该PC机就成为一台TFTP服务器，可以指定服务器目录的位置，一般采用默认即可，如图2-3所示。

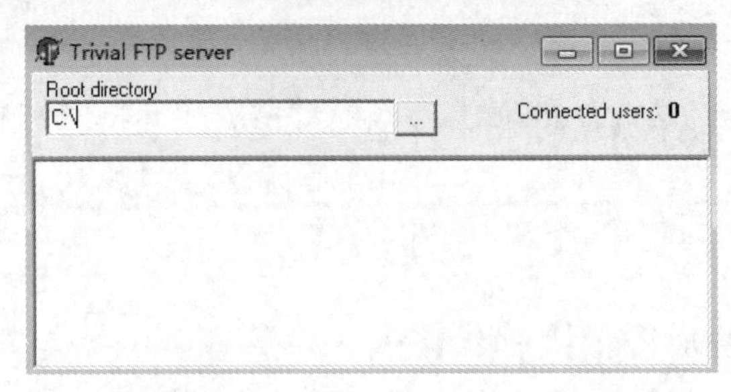

▲图 2-3　TFTP 服务器软件的允许

（2）从路由器的特权模式下使用“ping TFTP 服务器的地址”命令确保连通性，操作如下：

```
R1#ping 10.1.0.100
Type escape sequence to abort.
Sending 5, 100-byte ICMP Echos to 10.1.0.100, timeout is 2 seconds:
!!!!!
Success rate is 100 percent (5/5), round-trip min/avg/max = 0/0/1 ms
```

（3）在路由器的特权模式下输入 show flash 查看 Flash 的文件和空间。

（4）在路由器的特权模式下输入 copy flash: tftp，系统会输入 IOS 文件名称、TFTP 服务器的 IP 地址、存储到 TFTP 服务器后 IOS 的文件名，默认的选项在[]中标注，之后路由器开始向 TFTP 服务器备份 IOS，如下：

```
R1#copy flash: tftp
Source filename []? c2600-i-mz.122-28.bin
Address or name of remote host []? 10.1.0.100
Destination filename [c2600-i-mz.122-28.bin]?
Writing c2600-i-mz.122-28.bin...!!!!!!!!!!!!!!!!!!!!!!!!!!!!!!!!!!!!!!!!!!!!!!!!!!!!!!!!!!!!!!!!!!!!!!!!!!!!!!!!!!!!!!!!!!!!!!!!
[OK - 5571584 bytes]
5571584 bytes copied in 0.084 secs (15197817 bytes/sec)
R1#
```

（5）可以在 TFTP 服务器上看到输出信息，也可以在 tftproot 根目录下看到备份的 IOS 文件。

提示：当操作提示需要输入源文件的文件名时，我们只需要从 show flash 命令所给出的输出结果中复制此文件名并粘贴至此。上例中远程主机的地址就是 TFTP 服务器的地址，而源文件名就是路由器闪存中的 IOS 文件名。

2.4.3　通过 TFTP 服务器升级路由器的 IOS

如果要替换或升级现有的 IOS，需要将新的 IOS 文件存放在 TFTP 服务器的默认目录下，并在路由器的特权模式中执行 copy tftp flash 命令把文件从 TFTP 服务器下载到路由器的闪存中即可，和 2.4.2 节中备份 IOS 的方式类似，这一过程同样需要输入 TFTP 服务器的 IP 地址和 IOS 的文件名，操作过程如下：

```
R1#copy tftp flash:
Address or name of remote host []? 10.1.0.100
Source filename []? c2600-i-mz.122-28.bin
Destination filename [c2600-i-mz.122-28.bin]?
Accessing tftp://10.1.0.100/c2600-i-mz.122-28.bin...
Loading c2600-i-mz.122-28.bin from 10.1.0.100: !!!!!!!!!!!!!!!!!!!!!!!!!!!!!!!!!!!!!!!!!!!!!!!!!!!!!!!!!!!!!!!!!!!!!!!!!!!
```

```
[OK - 5571584 bytes]
5571584 bytes copied in 0.083 secs (15380924 bytes/sec)
R1#
```

路由器重新启动后会使用 Flash 中新的 IOS。

提示：一般路由器的 IOS 加电后会解压到内存中运行，这时可以对 Flash 里面的 IOS 进行删除操作，甚至可以格式化 Flash。如果将 IOS 装载到 Flash 时可用空间不足，系统会先提示是否删除 Flash 里面已有的文件，并且需要确认删除文件的操作，删除文件后 Flash 里面有了更大的存储空间，系统才会将新的 IOS 放到 Flash 中。

2.4.4 在 ROMMON 模式中安装路由器的 IOS

在以前低端的路由器产品中，可以使用微型 IOS 恢复操作系统，但是随着网络操作系统功能的增强和完善，在 ROM 中集成微型 IOS 已经不太可行，现在多数的路由器不再包含微型 IOS，这时如果不小心删除了路由器 Flash 中的 IOS，就只能在 ROMMON 模式中恢复路由器的操作系统。

路由器如果没有操作系统，启动后进入 rommon>模式，或者在路由器启动的 30 秒内通过终端向路由器发出中断指令（按 Ctrl+Break 组合键），路由器也会进入 rommon>模式，在 monitor: command "boot"aborted due to user interrupt 这一行后面显示的是 rommon 1>提示符，这表明从这个位置开始就进入了 ROM 监控模式。在此模式中执行 tftpdnld 命令可以看到从 TFTP 服务器恢复 IOS 时需要设置的参数，如下：

```
rommon 1 > tftpdnld
Missing or illegal ip address for variable IP_ADDRESS
Illegal IP address.
usage: tftpdnld
  Use this command for disaster recovery only to recover an image via TFTP.
  Monitor variables are used to set up parameters for the transfer.
  (Syntax: "VARIABLE_NAME=value" and use "set" to show current variables.)
  "ctrl-c" or "break" stops the transfer before flash erase begins.
  The following variables are REQUIRED to be set for tftpdnld:
            IP_ADDRESS: The IP address for this unit
        IP_SUBNET_MASK: The subnet mask for this unit
       DEFAULT_GATEWAY: The default gateway for this unit
           TFTP_SERVER: The IP address of the server to fetch from
             TFTP_FILE: The filename to fetch
  The following variables are OPTIONAL:
          TFTP_VERBOSE: Print setting. 0=quiet, 1=progress(default), 2=verbose
      TFTP_RETRY_COUNT: Retry count for ARP and TFTP (default=7)
          TFTP_TIMEOUT: Overall timeout of operation in seconds (default=7200)
         TFTP_CHECKSUM: Perform checksum test on image, 0=no, 1=yes
```

必须设置的参数包括 IP 地址（该地址默认与第一个以太网接口绑定）、子网掩码和网关，还可以设置 TFTP 服务器的 IP 地址和 IOS 的名称，可选的参数一般不用设置，格式要使用 VARIABLE_NAME=value 的方式，如下：

```
rommon 2 > IP_ADDRESS=10.1.0.1              ---该地址默认与第一个以太网接口绑定---
rommon 3 > IP_SUBNET_MASK=255.255.255.0     ---设置子网掩码---
rommon 4 > DEFAULT_GATEWAY=10.1.0.254       ---设置网关，即使在同一网段也要设置---
```

```
rommon 5 > TFTP_SERVER=10.1.0.100              ---设置 TFTP 服务器的 IP 地址---
rommon 6 > TFTP_FILE=c2600-i-mz.122-28.bin     ---设置 TFTP 服务器上 IOS 的文件名---
```

通过 set 命令可以查看设置的参数信息，如下：

```
rommon 7 > set
DEFAULT_GATEWAY=10.1.0.254
IP_ADDRESS=10.1.0.1
IP_SUBNET_MASK=255.255.255.0
PS1=rommon ! >
TFTP_FILE=c2600-i-mz.122-28.bin
TFTP_SERVER=10.1.0.100
```

设置好参数后就可以使用 tftpdnld 命令通过 TFTP 服务器恢复 IOS 了，如下：

```
rommon 8 > tftpdnld
          IP_ADDRESS: 10.1.0.1
      IP_SUBNET_MASK: 255.255.255.0
     DEFAULT_GATEWAY: 10.1.0.254
         TFTP_SERVER: 10.1.0.100
           TFTP_FILE: c2600-i-mz.122-28.bin
Invoke this command for disaster recovery only.
WARNING: all existing data in all partitions on flash will be lost!
Do you wish to continue? y/n:   [n]:   y
Receiving c2600-i-mz.122-28.bin from 10.1.0.100 !!!!!!!!!!!!!!!!!!!!!!!!!!!!!!!!!!!!!!!!!!!!!!!!!!!!!!!!!!!!!!!!!!!!!!!!!!
File reception completed.
Copying file c2600-i-mz.122-28.bin to flash.
Erasing flash at 0x60000000
[output cut]                                   ---省略部分输出---
Erasing flash at 0x60f80000

program flash location 0x60000000
[output cut]                                   ---省略部分输出---
program flash location 0x60550000

rommon 9 >
```

升级完 IOS 后通过 reset 命令重新启动系统，就可以加载新的 IOS 了，如下：

```
rommon 9> reset
```

2.4.5 使用思科 IOS 文件系统升级路由器的 IOS

Cisco 开发了一种名为 Cisco IFS（IOS File System，IOS 文件系统）的文件系统，该系统允许操作者在类似 Windows 中 DOS 提示符的环境中操作文件和目录，可以使用的命令包括 dir、copy、more、delete、erase、format、cd、pwd、mkdir 和 rmdir 等。

Cisco ISR 路由器的面板上有物理闪存卡的接口，拔出闪存卡并将它插入 PC 机适当的插槽中，此卡就会被系统识别为一个驱动器。这时只要将新的 IOS 拷贝到驱动器里面，就完成了对 IOS 系统的升级。之后只需将闪存卡插回路由器并加电，新的 IOS 即可使用。

2.5 备份和恢复思科路由器的配置文件

通过以前的学习我们知道，对路由器所做的任何设置都会存在于内存的运行配置文件中，路由器重新启动或掉电后会丢失运行配置文件，所以对于已经修改好的运行配置文件应该及时存盘，使用命令 copy run start 可以将内存中的运行配置文件同步到 NVRAM 中的启动配置文件，路由器重启后会从 NVRAM 中加载启动配置文件。

和备份 IOS 操作系统的方式一致，我们可以将路由器的运行配置文件或启动配置文件备份到 TFTP 服务器，配置文件是一个 ASCII 的文本文件，可以使用任意文本编辑器修改此文件，也可以通过 TFTP 服务器恢复这些配置文件，本节将使用如图 2-4 所示的网络环境为例讨论如何将路由器的配置文件复制到 TFTP 服务器，以及如何恢复配置。

▲图 2-4 本节的实验环境

2.5.1 将路由器的配置文件备份到 TFTP 服务器

将路由器的运行配置文件备份到 TFTP 服务器，使用命令 copy run tftp，操作过程如下：

```
R1#copy run tftp
Address or name of remote host []? 10.1.0.100        ---TFTP 服务器的 IP 地址---
Destination filename [r1-confg]?                     ---备份到 TFTP 时的文件名，括号中为默认文件名---
!!
819 bytes copied in 5.528 secs (148 bytes/sec)
R1#
```

将路由器的启动配置文件备份到 TFTP 服务器，使用命令 copy start tftp，操作过程如下：

```
R1#copy start tftp
Address or name of remote host []? 10.1.0.100        ---TFTP 服务器的 IP 地址---
Destination filename [r1-confg]?                     ---备份到 TFTP 时的文件名，括号中为默认文件名---
!!
819 bytes copied in 0.108 secs (7583 bytes/sec)
R1#
```

2.5.2 通过 TFTP 服务器更新路由器的配置文件

将 TFTP 服务器上的配置文件恢复到运行配置，使用命令 copy tftp run，操作过程如下：

```
R1#copy tftp run
Address or name of remote host []? 10.1.0.100        ---TFTP 服务器的 IP 地址---
Source filename []? r1-confg                         ---TFTP 服务器上配置文件的名称，最好粘贴到这里避免出错---
Destination filename [running-config]?               ---运行配置文件的名称，默认即可---
Accessing tftp://10.1.0.100/r1-confg...
Loading r1-confg .from 10.1.0.100 (via FastEthernet0/0): !
[OK - 819 bytes]
819 bytes copied in 3.532 secs (232 bytes/sec)
R1#
```

将 TFTP 服务器上的配置文件恢复到启动配置，使用命令 copy tftp start，操作过程如下：

```
R1#copy tftp start
Address or name of remote host []? 10.1.0.100        ---TFTP 服务器的 IP 地址---
Source filename []? r1-confg                         ---TFTP 服务器上配置文件的名称，最好粘贴到这里避免出错---
```

```
Destination filename [startup-config]?                ---启动配置文件的名称，默认即可---
Accessing tftp://10.1.0.100/r1-confg...
Loading r1-confg from 10.1.0.100 (via FastEthernet0/0): !
[OK - 819 bytes]
[OK]
819 bytes copied in 0.596 secs (1374 bytes/sec)
R1#
```

2.5.3 清除路由器的 NVRAM

要清除路由器的启动配置文件，使用命令 erase startup-config，操作如下：

```
R1#erase startup-config
Erasing the nvram filesystem will remove all configuration files! Continue? [confirm] ---清除 NVRAM 的文件系统之
                                                                                        前需要确认操作---
[OK]
Erase of nvram: complete
*Mar 18 21:31:10.159: %SYS-7-NV_BLOCK_INIT: Initialized the geometry of nvram
R1#show startup-config
startup-config is not present
R1#
```

执行 erase startup-config 命令后，此时如果在特权模式下输入 reload 并选择不保存所作的修改，路由器被重新启动时将进入 setup 设置模式。

2.5.4 使用思科 IOS 文件系统管理路由器的配置文件

2.4.5 节中我们了解了思科的 IFS 文件系统，可以使用传统的 UNIX/DOS 命令对其进行操作，过程如下：

```
R1#pwd              ---查看当前的工作目录---
nvram:/
R1#dir              ---查看当前目录下的文件和文件夹---
Directory of nvram:/
  508   -rw-         819                    <no date>   startup-config
  522232 bytes total (518265 bytes free)

R1#more startup-config            ---查看 NVRAM 中 startup-config 文件的内容---
!
version 12.4
!
[output cut]                      ---省略部分输出---
!
end
R1#
```

外置闪存插入到思科的路由器时会被系统识别为一个磁盘驱动器，同样可以使用传统的 UNIX/DOS 命令对其进行操作，过程如下：

```
R1#format disk0:                  ---对 disk0 进行格式化操作---
Format operation may take a while. Continue? [confirm]
Format operation will destroy all data in "disk0:".   Continue? [confirm]
Format: Drive communication & 1st Sector Write OK...
Writing Monlib sectors.
```

```
...............................................................................................................
Monlib write complete

Format: All system sectors written. OK...

Format: Total sectors in formatted partition: 261938
Format: Total bytes in formatted partition: 134112256
Format: Operation completed successfully.

Format of disk0 complete
R1#cd disk0:                                ---进入 disk0 的目录---
R1#pwd                                      ---显示当前的工作目录---
disk0:/
R1#dir                                      ---显示当前目录下的文件和文件夹，目前为空---
Directory of disk0:/

No files in directory

133873664 bytes total (133873664 bytes free)
R1#
```

可以使用 copy 命令将 NVRAM 中的 startup-config 文件复制到 disk0，过程如下：

```
R1#copy nvram:startup-config disk0:
Destination filename [startup-config]?      ---默认的文件名，复制时可以修改---
819 bytes copied in 0.560 secs (1463 bytes/sec)
R1#dir
Directory of disk0:/

    1  -rw-          819   Mar 18 2016 22:11:24 +00:00   startup-config

133873664 bytes total (133869568 bytes free)
R1#more startup-config                      ---查看 disk0 中 startup-config 文件的内容---
!
version 12.4
[output cut]                                ---省略部分输出---
!
end
R1#
```

通过上述操作，我们就完成了使用思科 IFS 文件系统对配置文件的备份，恢复过程的操作和备份过程一致。

2.6 CDP 协议

Cisco 发现协议（Cisco Discovery Protocol，CDP）是功能强大的网络监控与故障排除工具。网络管理员使用 CDP 作为信息收集工具，通过它来收集与直连的 Cisco 设备有关的信息。CDP 是 Cisco 专有的一款工具，你可以用它来了解与直连的 Cisco 设备有关的协议与地址的概要信息。默认情况下，每台 Cisco 设备会定期向直连的 Cisco 设备（CDP 邻居）发送消息，我们将这种消息称为 CDP 通告。这些通告包含特定的信息，如连接设备的类型、设备所连接的路由器接口、用于进行连接的接口以及设备型号等。

CDP 工作在数据链路层，通信时使用数据链路层的组播地址能够支持不同网络层协议栈（如 IP 和 Novell IPX），本节将使用如图 2-5 所示的网络环境对 CDP 的这些特性展开讨论。

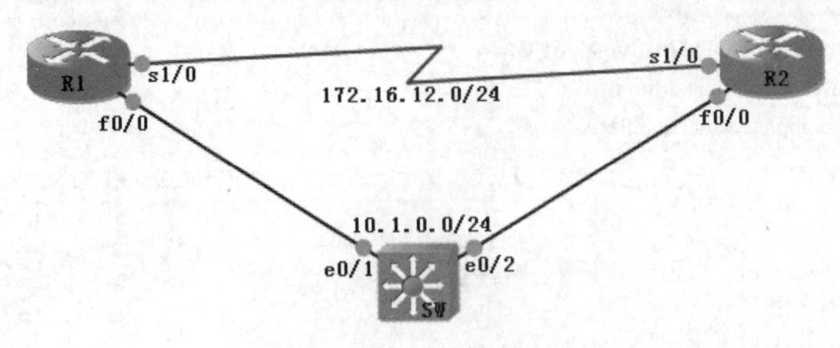

▲图 2-5　本节的实验环境

2.6.1　CDP 定时器和保持时间

命令 show cdp（可以简写为 sh cdp）提供了与两个 CDP 全局参数相关的信息：

- CDP 定时器：描述由所有活动接口将 CDP 通告发送出去的时间间隔。
- CDP 保持时间：描述接收相邻设备的 CDP 通告应该被当前设备保持的时间长度，如果超过了保持时间还没有收到邻居设备发来的 CDP 通告，关于该邻居设备的 CDP 信息将被删除。

思科路由器和交换机都使用相同的参数，命令 show cdp 可以用来查看相关信息，操作如下：

```
R1#show cdp
Global CDP information:
        Sending CDP packets every 60 seconds            ---CDP 数据包每 60 秒发送 1 次---
        Sending a holdtime value of 180 seconds         ---保持时间为 180 秒---
        Sending CDPv2 advertisements is enabled         ---默认发送 CDPv2 通告---
SW#show cdp
Global CDP information:
        Sending CDP packets every 60 seconds
        Sending a holdtime value of 180 seconds
        Sending CDPv2 advertisements is enabled
```

以上信息显示 CDP 通告每 60 秒发送一次，保持时间为 180 秒，也就是说，如果在超过 180 秒时还没有收到邻居设备发送来的 CDP 通告，关于此邻居设备的 CDP 信息都会被删除。

2.6.2　修改 CDP 定时器与保持时间信息

可以在路由器全局模式下使用命令 cdp timer 和 cdp holdtime 配置 CDP 定时器和 CDP 保持时间，操作如下：

```
R1(config)#cdp holdtime ?
  <10-255>   Length   of time   (in sec) that receiver must keep this packet
R1(config)#cdp timer ?
  <5-254>   Rate at which CDP packets are sent (in    sec)
R1(config)#cdp timer 30
R1(config)#cdp holdtime 90
R1(config)#do show cdp
```

```
Global CDP information:
        Sending CDP packets every 30 seconds          ---修改后的参数显示---
        Sending a holdtime value of 90 seconds        ---修改后的参数显示---
        Sending CDPv2 advertisements is   enabled
```

建议将保持时间设置为定时器时间的3倍，并且同一网络中的所有设备上CDP的时间参数应该一致。

2.6.3 收集邻居信息

命令show cdp neighbors用于显示直接相连设备的相关信息，操作如下：

```
R1#show cdp neighbors
Capability Codes: R - Router, T - Trans Bridge, B - Source Route Bridge
                  S - Switch, H - Host, I - IGMP, r - Repeater
Device ID       Local Interface    Holdtime    Capability    Platform        Port ID
SW              Fas 0/0            152         R S I         Linux Uni Eth   0/1
R2              Ser 1/0            165         R             7206VXR         Ser 1/0
```

show cdp neighbors命令输出中各字段的含义：

- Device ID：直连设备的主机名。
- Local Interface：本机收发CDP通告的物理接口。
- Holdtime：如果在此计时器减到0时仍然没有收到邻居设备发送的CDP通告，该邻居设备的CDP信息将从本机删除。
- Capability：邻居设备的类型，如路由器、交换机、防火墙、无线AP、IP电话等。
- Platform：设备的硬件平台，如Cisco 7200系列路由器。
- Port ID：与路由器R1直接相连的邻居设备在发送更新时所用的接口。

另一个用于显示相邻设备信息的命令是show cdp neighbors detail（可以简写为show cdp nei de），此命令在路由器或交换机上都可以运行，它将给出与运行命令的设备相连的每一台设备的详细信息。R1上执行该命令的相关显示如下：

```
R1#show cdp neighbors detail
-------------------------
Device ID: SW
[output cut]                          ---省略部分输出---
-------------------------
Device ID: R2                         ---直连设备的 hostname---
Entry address(es):
  IP address: 172.16.12.2             ---直连接口的 IP 地址（交换机没有 IP 地址）---
Platform: Cisco 7206VXR,  Capabilities: Router       ---设备类型---
Interface: Serial1/0,  Port ID (outgoing port): Serial1/0
Holdtime : 135 sec                    ---当前的 holdtime---
Version :                             ---当前设备的版本信息---
Cisco IOS Software, 7200 Software (C7200-JK9O3S-M), Version 12.4(25g), RELEASE SOFTWARE (fc1)
Technical Support: http://www.cisco.com/techsupport
Copyright (c) 1986-2012 by Cisco Systems, Inc.
Compiled Wed 22-Aug-12 11:45 by prod_rel_team
advertisement version: 2
R1#
```

通过查看R1的信息不难知道与R1相连的所有设备的详细信息，如果想要知道整个拓扑的信息，就很容易了。

提示：show cdp entry * protocol 命令显示邻居设备的 IP 地址，show cdp entry * version 命令显示邻居设备的 IOS 版本，这些输出是上面命令输出信息的子集。

2.6.4 查看 CDP 的运行状态

可以使用 show cdp traffic 命令显示 CDP 的流量信息，包括发送和接收 CDP 数据包的数量以及 CDP 的出错信息。下面是 R1 运行此命令的显示示例。

```
R1#show cdp traffic
CDP counters :
        Total packets output: 477, Input: 265
        Hdr syntax: 0, Chksum error: 0, Encaps failed: 0
        No memory: 0, Invalid packet: 0, Fragmented: 0
        CDP version 1 advertisements output: 0, Input: 0
        CDP version 2 advertisements output: 477, Input: 265
```

可以使用 show cdp interface 命令显示每个接口的 CDP 信息，包括每个接口的线路封装类型、定时器和保持时间。下面是 R1 运行此命令的显示示例。

```
R1#show cdp interface
FastEthernet0/0 is up, line protocol is up
  Encapsulation ARPA                          ---线路封装类型---
  Sending CDP packets every 60 seconds        ---定时器---
  Holdtime is 180 seconds                     ---保持时间---
Serial1/0 is up, line protocol is up
  Encapsulation HDLC
  Sending CDP packets every 30 seconds
  Holdtime is 90 seconds
```

可以在路由器的全局模式下使用 no cdp run 命令完全关闭 CDP，也可以使用 no cdp enable 基于每一个接口关闭 CDP，默认情况下所有的接口都是 cdp enable 状态。

在结束 CDP 的内容之前，我们还需要顺便提一个非专属发现协议，它是一个可以在多数厂商网络环境中运行的，用于与 CDP 几乎相同的信息的协议。

IEEE 为站和媒体的访问控制链接发现（Station and Media Access Control Connectivity Discovery）创建了一个标准的发现协议——802.1AB，我们将其称为 LLDP（Link Layer Discovery Protocol，链路层发现协议）。

LLDP 定义了基本的发现能力，也增强了专门针对语音的应用，这个版本称为 LLDP-MED（Media Endpoint Discovery，媒体端点发现）。LLDP 和 LLDP-MED 并不相互兼容。

2.7 管理和使用 Telnet 会话

Telnet 协议是 TCP/IP 协议簇的一个组成部分，它是一个虚拟的终端协议。通过这一协议，操作者可以连接远程设备获取信息，并可以在远程设备上运行程序。当完成对路由器和交换机的基本配置后，就可以在不使用控制台电缆的情况下使用 Telnet 程序完成对路由器和交换机的后续配置或状态检查工作，这种带内管理的方式在第 1 章介绍过。

使用 CDP 不能收集那些与设备间接相连的路由器和交换机的信息，这时可以通过 Telnet 应用程序连接相邻的设备，并在这些远程设备上运行 CDP 来收集所需的设备信息，所以 Telnet 在日常的网络管理与维护中有非常重要的应用，本节将使用如图 2-6 所示的网络环境对 Telnet 的管理和使用进行介绍。

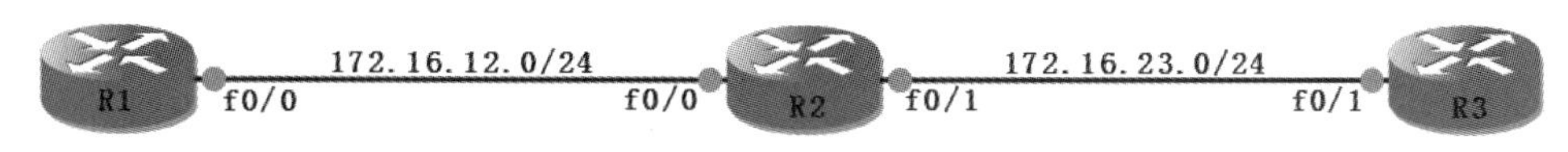

▲图 2-6 本节的实验环境

2.7.1 使用 Telnet

我们可以在路由器特权模式下执行 Telnet 命令，对于思科路由器来说，Telnet 应用可以直接输入一个 IP 地址，如从路由器 R1 通过 Telnet 访问 R2 的 f0/0 接口（IP：172.16.12.2），操作过程如下：

```
R1#telnet 172.16.12.2
Trying 172.16.12.2 ... Open
Password required, but none set
[Connection to 172.16.12.2 closed by foreign host]
R1#172.16.12.2
Trying 172.16.12.2 ... Open
Password required, but none set
[Connection to 172.16.12.2 closed by foreign host]
```

我们可以看到，R1 的控制台提示 Password required, but none set，这是因为我们没有在路由器 R2 的 VTY 中，为了让 R2 支持 Telnet 远程登录，在路由器 R2 上对 VTY 进行如下设置：

```
R2(config)#line vty ?
  <0-1869>    First Line number         ---线路的最大连接数---
  <cr>
R2(config)#line vty 0 9                 ---我们以 10 线程为例---
R2(config-line)#password cisco
R2(config-line)#login
```

在路由器 R1 上再次尝试通过 Telnet 连接 R2，观察是否可以成功连接：

```
R1#telnet 172.16.12.2
Trying 172.16.12.2 ... Open
User Access Verification
Password:
R2>enable
% No password set
R2>quit
[Connection to 172.16.12.2 closed by foreign host]
```

在实验中发现，虽然可以成功连接到 R2，但是在进入 R2 路由器的特权模式时会提示% No password set，这是因为没有设置特权密码，在路由器 R2 中设置特权模式下的密码，就可以通过 R1 远程进入特权模式，过程如下：

```
R2(config)#enable secret cisco
R1#telnet 172.16.12.2
Trying 172.16.12.2 ... Open

User Access Verification
Password:
```

```
R2>enable
Password:
R2#
```

远程登录一个设备时，默认情况下是不会看到控制台信息的，为了将控制台信息发送到 Telnet 会话，可以使用 terminal monitor 命令，操作如下：

```
R2#terminal monitor
R2#config t
R2(config)#exit
R2#
*Mar 21 21:35:23.655: %SYS-5-CONFIG_I: Configured from console by vty0 (172.16.12.1)
        ---系统提示是通过 vty0 由 172.16.12.1（即 R1）进行的操作---
R2#
```

2.7.2 挂起 Telnet 会话

在远程登录某台路由器或交换机后，任何时刻都可以通过键入 exit 结束此连接。但是如果想在保持和远程设备连接的同时返回原路由器的控制台，该怎么操作呢？要实现这一操作，可以按组合键 Ctrl+Shift+6，释放后再按 X 键实现挂起状态。配置 R1 和 R3 都能支持 Telnet 访问（密码为 cisco，配置过程略），接下来在 R2 实现同时对 R1（IP：172.16.12.1）和 R3（IP：172.16.23.3）的远程登录，操作过程如下：

```
R2#telnet 172.16.12.1
Trying 172.16.12.1 ... Open
User Access Verification
Password:
R1>        （按住组合键 Ctrl+Shift+ 6 松开后再迅速按 X 键）
R2#telnet 172.16.23.3
Trying 172.16.23.3 ... Open
User Access Verification
Password:
R3>        （按住组合键 Ctrl+Shift+ 6 松开后再迅速按 X 键）
R2#
```

挂起 Telnet 会话后返回到 R2 的控制台，此时就可以进行其他的操作了。

2.7.3 检查 Telnet 用户

在 R1 上使用 show users 命令，可以查看访问当前设备的用户和所连接的链路，操作如下：

```
R1#show users
    Line       User       Host(s)              Idle       Location
*   0 con 0               idle                 00:00:00
    2 vty 0               idle                 00:04:56   172.16.12.2
```

在此命令的输出中，*表示当前的操作是通过本地控制台 con 0 执行的命令，这个示例还显示有一个远程设备，地址是 172.16.12.2，此时正通过 vty 0 进行访问。

如果需要查看当前设备发起的 Telnet 连接，可以使用 show sessions 命令。例如，我们要查看 R2 向外发出的 Telnet 会话，可以进行如下操作：

```
R2#show sessions
Conn Host                Address             Byte  Idle Conn Name
   1 172.16.12.1         172.16.12.1            6    10 172.16.12.1
```

```
*   2 172.16.23.3          172.16.23.3         6     10 172.16.23.3
R2#
```

连接 2 旁边的星号（*）表明会话 2 是当前路由器连接的最后一个会话。按两次回车键就可以返回到最后的会话，也可以通过输入表示连接的编号并按回车键返回到指定的会话，操作如下：

```
R2#show sessions
Conn Host                  Address             Byte   Idle Conn Name
    1 172.16.12.1          172.16.12.1         0      0 172.16.12.1
*   2 172.16.23.3          172.16.23.3         0      0 172.16.23.3
R2#          ---按两次回车键返回上次会话，"*"号标识---
[Resuming connection 2 to 172.16.23.3 ... ]
R3>          （按住组合键 Ctrl+Shift+ 6 松开后再迅速按 X 键，挂起会话）
R2#1         ---输入会话编号 1，然后按回车键---
[Resuming connection 1 to 172.16.12.1 ... ]
R1>          （按住组合键 Ctrl+ Shift+6 松开后再迅速按 X 键）
R2#
```

2.7.4 关闭 Telnet 会话

如果需要从远程设备上结束某个 Telnet 会话，可以使用 exit 命令，例如从 R2 恢复到连接 R1 的远程会话，执行 exit 命令后会关闭会话并退回到 R2 的控制台，再次执行查看会话的操作，会发现到 R1 的远程会话已经关闭，操作过程如下：

```
R2#show sessions                 ---查看 R2 发起的远程会话---
Conn Host                  Address             Byte   Idle Conn Name
*   1 172.16.12.1          172.16.12.1         0      4 172.16.12.1
    2 172.16.23.3          172.16.23.3         0      4 172.16.23.3
R2#1                             ---恢复到 R1 的远程连接---
[Resuming connection 1 to 172.16.12.1 ... ]
R1>exit                          ---从 R1 关闭远程会话---
[Connection to 172.16.12.1 closed by foreign host]
R2#show sessions                 ---再次查看 R2 发起的远程会话---

Conn Host                  Address             Byte   Idle Conn Name
*   2 172.16.23.3          172.16.23.3         0      4 172.16.23.3
```

如果需要从本地设备上结束某个远程会话，可以使用 disconnect+Conn ID 命令，或者直接使用 disconnect 结束当前设备发起的最后一次会话，过程如下：

```
R2#show sessions                 ---查看 R2 发起的远程会话---
Conn Host                  Address             Byte   Idle Conn Name
*   2 172.16.23.3          172.16.23.3         6      11 172.16.23.3
R2#disconnect  2                 ---结束连接 ID 为 2 的远程会话---
Closing connection to 172.16.23.3 [confirm]
R2#show sessions
% No connections open
R2#telnet 172.16.12.1            ---重新发起到 R1 的连接---
Trying 172.16.12.1 ... Open
User Access Verification
Password:
R1>
R2#telnet 172.16.23.3            ---重新发起到 R3 的连接---
Trying 172.16.23.3 ... Open
```

```
User Access Verification
Password:
R3>                        （按住组合键 Ctrl+Shift+ 6 松开后再迅速按 X 键，挂起会话）
R2#show sessions
Conn Host              Address          Byte  Idle Conn Name
   1 172.16.12.1       172.16.12.1      0     0 172.16.12.1
*  2 172.16.23.3       172.16.23.3      0     0 172.16.23.3
R2#
R2#disconnect              ---结束最后一次由本机发起的远程会话---
Closing connection to 172.16.23.3 [confirm]
R2#show sessions
Conn Host              Address          Byte  Idle Conn Name
*  1 172.16.12.1       172.16.12.1      0     1 172.16.12.1
R2#
```

2.8 检查网络的连通性

我们可以使用 ping 和 traceroute 命令测试到远程设备的连通性，这两个命令可以用于许多协议中，但是主要用于 IP 协议。本节将使用如图 2-7 所示的网络环境讨论网络连通性的测试方式。

▲图 2-7　本节的实验环境

2 Chapter

特别说明：本次实验环境中用到了路由的基本知识，这是这本书以后的内容，为了使图 2-7 所有的设备接口之间能够相互访问，需要在 R1 和 R3 的全局模式中添加如下配置：

```
R1(config)#ip route 0.0.0.0 0.0.0.0 fastEthernet 0/0
R3(config)#ip route 0.0.0.0 0.0.0.0 fastEthernet 0/1
```

2.8.1 ping 命令

我们已经了解通过 ping 设备的接口地址来测试网络连通性的基本应用。如果想要明确有哪些协议可以支持 ping 应用，可以直接输入“ping ?”，操作如下：

```
R1#ping ?
  WORD      Ping destination address or hostname
  clns      CLNS echo
  decnet    DECnet echo
  ethernet  Ethernet echo
  ip        IP echo
  ipv6      IPv6 echo
  ipx       Novell/IPX echo
  mpls      MPLS echo
  srb       srb echo
  tag       Tag encapsulated IP echo
```

```
<cr>
R1#ping
```

通过 ping 命令可以测试特定设备之间网络的连通性以及 ping 分组在这些设备间返回过程中所需要花费的最短时间、平均时间和最长时间。以下是一个从 R1 到 R3 F0/1（IP：172.16.23.3）接口的 ping 测试示例：

```
R1#ping 172.16.23.3
Type escape sequence to abort.
Sending 5, 100-byte ICMP Echos to 172.16.23.3, timeout is 2 seconds:
!!!!!
Success rate is 100 percent (5/5), round-trip min/avg/max = 44/50/68 ms
R1#
```

由这一结果可以看出，从 R1 到 R3 设备的 ping 命令的测试结果为最短时间 44ms（毫秒），平均时间 50ms，最长时间 68ms。

当 ping 分组从路由器的接口发送到目的地时，默认情况下该接口的 IP 地址就是 ping 分组的源地址，如果想使用路由器其他接口的 IP 地址作为 ping 分组的源地址，就需要使用扩展的 ping 命令来实现。常规的 ping 命令可以在用户 EXEC 模式和特权 EXEC 模式中执行，扩展的 ping 命令仅能在特权 EXEC 模式中执行，输入 ping 命令后执行会进入扩展 ping 的交互模式，按照提示操作即可。下面我们在 R2 上通过扩展 ping 来测试 R2 的 fas0/0 接口（IP：172.16.12.2）到 R3 的 fas0/1 接口（IP：172.16.23.3）的网络连通性，过程如下：

```
R2#ping
Protocol [ip]:                                ---使用的协议---
Target IP address: 172.16.23.3                ---目标地址---
Repeat count [5]:                             ---重复的数量---
Datagram size [100]:                          ---数据包的大小---
Timeout in seconds [2]:                       ---超时时间---
Extended commands [n]: y                      ---确定是否使用扩展选项---
Source address or interface: 172.16.12.2      ---源地址或接口---
Type of service [0]:
Set DF bit in IP header? [no]:
Validate reply data? [no]:
Data pattern [0xABCD]:
Loose, Strict, Record, Timestamp, Verbose[none]:
Sweep range of sizes [n]:
Type escape sequence to abort.
Sending 5, 100-byte ICMP Echos to 172.16.23.3, timeout is 2 seconds:
Packet sent with a source address of 172.16.12.2
!!!!!
Success rate is 100 percent (5/5), round-trip min/avg/max = 40/44/48 ms
R2#
```

扩展 ping 命令中主要字段的含义说明如下，“[ ]”中为默认的选项：

- 协议[IP]：ping 命令使用的协议，默认为 IP 协议。
- 目标 IP 地址：ping 目的地节点的 IP 地址或主机名。
- 重复计数[5]：ping 数据包测试的数量，也可以理解为次数，默认值为 5。
- 数据包大小[100]：ping 信息包的大小（单位：字节），默认值为 100。

- 超时以秒钟[2]：超时时间间隔，默认值为 2（秒）。
- 拓展命令[n]：确定是否使用 ping 命令的扩展参数，输入“Y”会出现后面的参数。
- 源地址或接口：确定使用路由器的哪个接口或 IP 地址作为源地址。

在使用拓展 ping 命令时，除了上述的使用方法外，也可以直接在地址或主机名后面加上 source 关键字和源 IP 地址，同时还可以设置其他的参数，过程如下：

```
R2#ping 172.16.23.3 source 172.16.12.2 repeat 10
Type escape sequence to abort.
Sending 10, 100-byte ICMP Echos to 172.16.23.3, timeout is 2 seconds:
Packet sent with a source address of 172.16.12.2
!!!!!!!!!!
Success rate is 100 percent (10/10), round-trip min/avg/max = 32/43/48 ms
R2#
```

拓展的 ping 命令还有非常丰富的选项参数，因为不太常用这里就不再介绍了，有兴趣的读者可以自己深入了解。

2.8.2 Traceroute 命令

ping 命令能够测试源到目的地的网络连通性，但是不能显示源到目的设备通信时使用的具体路径，Traceroute 命令（即所谓的 traceroute 命令，也可以简写为 trace）很好地解决了这一问题，该命令使用了 TTL 超时机制和 ICMP 错误消息通告功能，显示数据包在传输过程中所需要经过的跳数，进而确定分组通过互联网络到达远程主机的路径。Traceroute 命令可以在设备的用户模式或特权模式下工作，这一命令可以帮助我们找出哪个路由器，下面使用该命令查看 R1 和 R3 的 fas0/1 接口（IP：172.16.23.3）的通信路径，过程如下：

```
R1#traceroute 172.16.23.3
Type escape sequence to abort.
Tracing the route to 172.16.23.3
  1 172.16.12.2 48 msec 24 msec 44 msec          ---中间设备：R2---
  2 172.16.23.3 44 msec 48 msec 48 msec          ---目标设备：R3---
R1#
```

从结果中可以看出，从 R1 到达 R3 需要经过 2 跳的距离。

和 ping 命令一致，Traceroute 数据包从路由器接口发送时，默认以该接口的 IP 地址作为源地址，如果想使用其他接口的地址作为源地址，可以在使用拓展 Traceroute 命令时在后面加上 source 关键字和源 IP 地址，过程如下：

```
R1#traceroute 172.16.23.3 source 172.16.12.1
Type escape sequence to abort.
Tracing the route to 172.16.23.3
  1 172.16.12.2 68 msec 68 msec 68 msec
  2 172.16.23.3 68 msec 44 msec 64 msec
R1#
```

在 Windows 下可以使用 tracert 命令测试到目的地的路径，下面是一个测试示例。

```
C:\Users\Administrator>tracert www.baidu.com
通过最多 30 个跃点跟踪到 www.a.shifen.com [119.75.218.70] 的路由:
  1    <1 毫秒     1 ms      1 ms     172.19.32.1
  2    <1 毫秒    <1 毫秒   <1 毫秒   49.141.210.1
  3    <1 毫秒    <1 毫秒   <1 毫秒   210.30.19.109
```

```
  4      1 ms     2 ms     9 ms     lsa0.cernet.net [202.112.38.253]
  5      4 ms     3 ms     3 ms     101.4.113.17
  6      8 ms     7 ms     6 ms     101.4.117.89
  7     30 ms    17 ms    17 ms     101.4.112.81
  8     19 ms    19 ms    22 ms     101.4.113.202
  9     18 ms    18 ms    18 ms     202.112.6.58
 10     18 ms    18 ms    18 ms     192.168.0.54
 11     18 ms    18 ms    18 ms     192.168.0.57
 12     18 ms    18 ms    18 ms     10.34.240.18
 13     18 ms    17 ms    17 ms     119.75.218.70
跟踪完成
C:\Users\Administrator>
```

2.8.3　Debug 命令

Debug 是一个只能在思科 IOS 特权模式下运行的、用于动态检测和故障排除的命令，它常用于显示各种路由器的操作信息、流量信息和错误信息。由于 Debug 在运行时会消耗大量的系统资源，因此不能把 Debug 当作常规的监控工具使用，只能将其作为临时的系统检测和故障排除工具。通过该工具可以发现有关软件或硬件组件是否在正常运转，或者发现其真实且关键的故障的判断依据。

由于 Debug 的输出与其他网络流量相比有更高的优先级，并且该命令会产生非常多的屏幕信息输出，甚至有可能影响路由器的工作性能，所以在实际的应用中建议先使用 undebug all 关闭所有的系统调试信息，是为了在后面的调试过程中能通过命令历史记录迅速地调出该命令，停止所有的调试可以立刻降低路由器的资源消耗，过程如下：

```
R3#undebug all
```

现在我们从 R3 上打开 ICMP（ping 命令使用的协议），再从 R2 上分别执行常规 ping 和扩展 ping 操作，测试 R2 的 fas0/0（IP：172.16.12.2）和 fas0/1（IP：172.16.23.2）到 R3 的 fas0/0 接口的网络连通性，并观察 R3 上的 Debug 输出，过程如下：

```
R3#debug ip icmp                              ---打开 ICMP 的调试功能---
ICMP packet debugging is on

R2#ping 172.16.23.3 repeat 3                  ---常规的 ping 测试---
Type escape sequence to abort.
Sending 3, 100-byte ICMP Echos to 172.16.23.3, timeout is 2 seconds:
!!!                                           ---共成功收发了 3 个 ICMP 的报文---
Success rate is 100 percent (3/3), round-trip min/avg/max = 44/46/48 ms
R2#

R3#
*Mar 22 14:13:03.351: ICMP: echo reply sent, src 172.16.23.3, dst 172.16.23.2, topology BASE, dscp 0 topoid 0
    ---注意：R3 回复的 ICMP 数据包的目的地址是 172.16.23.2---
*Mar 22 14:13:03.407: ICMP: echo reply sent, src 172.16.23.3, dst 172.16.23.2, topology BASE, dscp 0 topoid 0
*Mar 22 14:13:03.475: ICMP: echo reply sent, src 172.16.23.3, dst 172.16.23.2, topology BASE, dscp 0 topoid 0
    ---共回复了 3 个 ICMP 的报文---
R3#
```

```
R2#ping 172.16.23.3 repeat 3 source 172.16.12.2        ---扩展 ping 测试---
Type escape sequence to abort.
Sending 3, 100-byte ICMP Echos to 172.16.23.3, timeout is 2 seconds:
Packet sent with a source address of 172.16.12.2
!!!                                                    ---共成功收发了 3 个 ICMP 的报文---
Success rate is 100 percent (3/3), round-trip min/avg/max = 44/46/48 ms
R2#

R3#
*Mar 22 14:20:12.495: ICMP: echo reply sent, src 172.16.23.3, dst 172.16.12.2, topology BASE, dscp 0 topoid 0
    ---注意：R3 回复的 ICMP 数据包的目的地址是 172.16.12.2---
*Mar 22 14:20:12.543: ICMP: echo reply sent, src 172.16.23.3, dst 172.16.12.2, topology BASE, dscp 0 topoid 0
*Mar 22 14:20:12.591: ICMP: echo reply sent, src 172.16.23.3, dst 172.16.12.2, topology BASE, dscp 0 topoid 0
    ---共回复了 3 个 ICMP 的报文---
R3#
```

Debug 能够监视和调试的对象非常多，用到时再作介绍。

2.9 Cisco 安全设备管理器（SDM）

SDM（Security Device Manager）是 Cisco 公司提供的全新图形化路由器管理工具，该工具利用 Web 界面、Java 技术和交互配置向导使用户无需了解命令行接口（CLI）即可轻松完成 IOS 路由器的基本设置、状态监控、安全审计等功能，简化网络管理的工作量并降低出错的概率。本节将使用如图 2-8 所示的网络环境讨论如何使用 SDM 管理路由器。

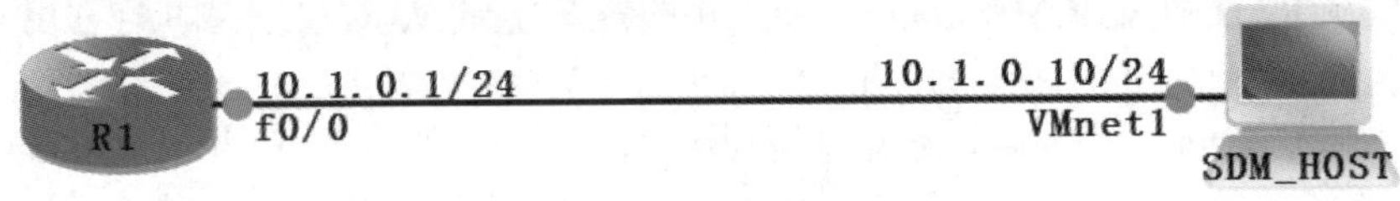

▲图 2-8　本节的实验环境

使用 SDM 进行带内管理时，用户到路由器之间使用加密的 HTTP 连接协议，这样比较安全可靠。目前 Cisco 的大部分中低端路由器包括 8xx、17xx、18xx、26xx(XM)、28xx、36xx、37xx、38xx、72xx、73xx 等型号都已经可以支持 SDM，要想通过 SDM 的方式管理路由器，需要预先在路由器上进行如下配置：

```
R1(config)#ip http secure-server                    //允许 https 登录
% Generating 1024 bit RSA keys, keys will be non-exportable...[OK]
R1(config)#ip http authentication local             //对 https 登录的用户使用本地数据库认证
R1(config)#username sdmadmin privilege 15 secret cisco
                                                    //新建本地用户，privilege 15 是指该用户有特权模式的访问权限
```

对于安装 SDM 软件的 PC 机需要能够支持 Java 的运行，并且还需要在 IE 浏览器的 Internet 选项的高级选项卡中设置“允许活动的内容在我的计算机上的文件中运行”，这个 PC 机就可以使用 SDM 软件管理路由器了，访问时打开 SDM 软件后填入要访问设备的 IP 地址，并在弹出的窗口中输入用户名和密码即可（可能需要多次输入），操作过程如图 2-9 所示。

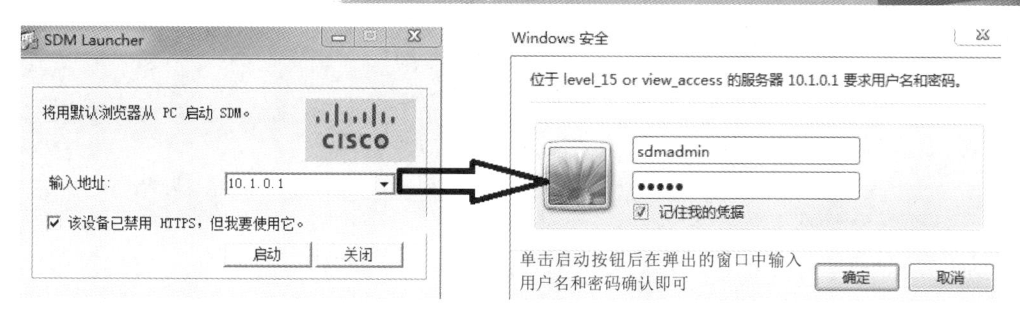

▲图 2-9　SDM 软件的登录过程

登录后即可浏览 SDM 的主界面并通过主菜单进行相应的设置，如图 2-10 所示。

▲图 2-10　SDM 的主界面

关于 SDM 的具体操作不在本书的讨论范围，感兴趣的读者可以在学完本书后自行研究。

2.10　实训案例

2.10.1　实验环境

实验拓扑：本次实验使用的拓扑通过 GNS3 搭建，如图 2-11 所示。

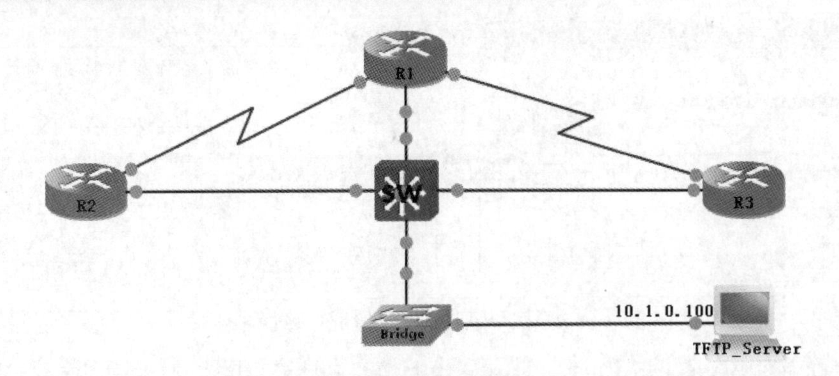

▲图 2-11　本节的实验环境

本次实验所有的设备都预先设置了基本的参数，路由器 R1、R2、R3 的任意接口之间能够相互访问，控制台已启用密码验证不能直接登录，特权模式密码和远程登录密码都是“cisco”，交换机 SW 的控制台没有任何验证机制，PC 机上已经安装了 TFTP_Server 软件，其他地址和连接信息需要在实验过程中自行获悉并完成下表的填写：

设备	接口	IP 地址	连接对象	设备	接口	IP 地址
			<——>			
			<——>			
			<——>			
			<——>			
			<——>			

2.10.2　实验目的

- 学会使用 CDP 查看邻居设备的信息。
- 学会对 Telnet 会话进行管理。
- 学会使用命令测试网络连通性。
- 学会使用 TFTP 服务器备份配置文件。

2.10.3　实验过程

任务一：使用 CDP 发现邻居信息并通过 Telnet 远程登录验证设备信息

Step 1　在交换机 SW 上使用 CDP 命令查看基本的邻居连接信息，过程如下：

```
SW#show cdp neighbors
Capability Codes: R - Router, T - Trans Bridge, B - Source Route Bridge
                  S - Switch, H - Host, I - IGMP, r - Repeater, P - Phone,
                  D - Remote, C - CVTA, M - Two-port Mac Relay

Device ID        Local Intrfce     Holdtme    Capability  Platform  Port ID
R2                Eth 0/2          164          R        7206VXR   Fas 0/0
R3                Eth 0/3          166          R        7206VXR   Fas 0/0
```

```
R1          Eth 0/1     135      R     7206VXR   Fas 0/0
SW#
```

Step 2 在 SW 上使用 CDP 命令查看邻居的接口地址信息。

```
SW#show cdp entry * protocol
Protocol information for R2 :
  IP address: 10.1.0.2
Protocol information for R3 :
  IP address: 10.1.0.3
Protocol information for R1 :
  IP address: 10.1.0.1
SW#
```

Step 3 根据步骤 2 获悉的地址信息，从 PC 机通过 Telnet 登录到 R1，并查看接口地址。

```
C:\Users\Administrator>telnet 10.1.0.1
User Access Verification
Password:
R1>enable
Password:
R1#show ip interface brief
Interface           IP-Address     OK? Method Status                 Protocol
FastEthernet0/0     10.1.0.1       YES NVRAM  up                         up
Serial1/0           unassigned     YES NVRAM  administratively down down
Serial1/1           unassigned     YES NVRAM  administratively down down
Serial1/2           172.16.12.1    YES NVRAM  up                         up
Serial1/3           172.16.13.1    YES NVRAM  up                         up
```

Step 4 在 R1 上使用 CDP 命令查看基本的邻居连接信息。

```
R1#show cdp neighbors
Capability Codes: R - Router, T - Trans Bridge, B - Source Route Bridge
                  S - Switch, H - Host, I - IGMP, r - Repeater
Device ID     Local Intrfce   Holdtme   Capability   Platform    Port ID
SW              Fas 0/0       127          R S I     Linux Uni   Eth 0/1
R2              Ser 1/2       132          R         7206VXR     Ser 1/2
R3              Ser 1/3       57           R         7206VXR     Ser 1/3
```

Step 5 在 R1 上使用 CDP 命令查看邻居的接口地址信息。

```
R1#show cdp entry * protocol
Protocol information for SW :
Protocol information for R2 :
  IP address: 172.16.12.2
Protocol information for R3 :
  IP address: 172.16.13.3
```

Step 6 将以上步骤中获悉的信息填入表格。

设备	接口	IP 地址/掩码或前缀	连接对象	设备	接口	IP 地址/掩码或前缀
SW	E0/1	无	<——>	R1	Fas0/0	10.1.0.1/24
SW	E0/2	无	<——>	R2	Fas0/0	10.1.0.2/24
SW	E0/3	无	<——>	R3	Fas0/0	10.1.0.3/24
R1	S1/2	172.16.12.1/24	<——>	R2	S1/2	172.16.12.2/24
R1	S1/3	172.16.23.1/24	<——>	R3	S1/3	172.16.23.3/24

任务二：Telnet 会话管理

Step 1 通过 Telnet 连接到 R1 之后，使用 show run 查看控制台密码。

```
R1#show running-config | section line con 0
line con 0
password r1cisco
login
R1#
```

Step 2 从控制台登录到 R1，并通过 R1 的特权模式用 Telnet 登录到 R2（IP：172.16.12.2），挂起连接后退回到 R1 的控制台界面，再次从 R1 通过 Telnet 登录到 R3（IP：17.16.23.3），之后再次挂起连接退回到 R1，查看由本地发出的 Telnet 会话。

```
User Access Verification
Password:
R1>enable
Password:
R1#telnet 172.16.12.2
Trying 172.16.12.2 ... Open
User Access Verification
Password:
R2>                                    ---挂起会话，退回到 R1---
R1#telnet 172.16.13.3
Trying 172.16.13.3 ... Open
User Access Verification
Password:
R3>
R1#show sessions
Conn Host              Address           Byte   Idle Conn Name
   1 172.16.12.2       172.16.12.2       0       0 172.16.12.2
*  2 172.16.13.3       172.16.13.3       0       0 172.16.13.3
R1#
```

Step 3 从 R1 的控制台界面恢复到 R2 的连接，然后挂起连接再次查看由本地发出的 Telnet 会话，注意“*”号位置的变化。

```
R1#resume 1
[Resuming connection 1 to 172.16.12.2 ... ]
R2>
R1#show sess
R1#show sessions
Conn Host              Address           Byte   Idle Conn Name
*  1 172.16.12.2       172.16.12.2       0       0 172.16.12.2
   2 172.16.13.3       172.16.13.3       0       5 172.16.13.3
R1#
```

Step 4 再次从 R1 的控制台界面恢复到 R2 的连接并进入特权模式查看 R2 的控制台密码。

```
R1#1
[Resuming connection 1 to 172.16.12.2 ... ]
R2>
R2>enable
Password:
R2#show running-config | section line con 0
```

```
line con 0
password r2cisco
login
R2#
```

Step 5　从控制台登录到 R2 并查看远程用户到本地的连接，挂断由 R1 发出的到 R2 的 Telnet 会话，再次验证远程用户到本地的连接。

```
R2#show users
    Line        User        Host(s)              Idle       Location
*   0 con 0                 idle                 00:00:00
    2 vty 0                 idle                 00:00:22 172.16.12.1
R2#clear line vty 0
[confirm]
 [OK]
R2#show users
    Line        User        Host(s)              Idle       Location
*   0 con 0                 idle                 00:00:00
R2#
```

Step 6　再次从 R1 上查看由本地发出的到远程设备的连接，清除到 R3 的 Telnet 会话并再次验证。

```
R1#show sessions
Conn Host                 Address              Byte  Idle Conn Name
*  2 172.16.13.3          172.16.13.3          6     25 172.16.13.3
R1#disconnect 2
Closing connection to 172.16.13.3 [confirm]
R1#show sessions
% No connections open
R1#
```


任务三：测试网络的连通性

Step 1　从 R2 上打开 ICMP 的调试功能。

```
R2#debug ip icmp
ICMP packet debugging is on
```

Step 2　Telnet 到 R3 使用 ping 命令测试到 R2 的 S1/2 接口的连通性，并观察 R2 控制台的信息输出。

```
R3#ping 172.16.12.2
Type escape sequence to abort.
Sending 5, 100-byte ICMP Echos to 172.16.12.2, timeout is 2 seconds:
!!!!!
Success rate is 100 percent (5/5), round-trip min/avg/max = 60/64/68 ms
R3#

R2#
*Mar 24 21:37:52.107: ICMP: echo reply sent, src 172.16.12.2, dst 172.16.13.3
*Mar 24 21:37:52.171: ICMP: echo reply sent, src 172.16.12.2, dst 172.16.13.3
*Mar 24 21:37:52.235: ICMP: echo reply sent, src 172.16.12.2, dst 172.16.13.3
*Mar 24 21:37:52.295: ICMP: echo reply sent, src 172.16.12.2, dst 172.16.13.3
*Mar 24 21:37:52.359: ICMP: echo reply sent, src 172.16.12.2, dst 172.16.13.3
R2#
```

Step 3　在 R3 上使用扩展 ping 命令测试 R3 的 S1/3 接口到 R2 的 S1/2 接口的连通性，并观察 R2

控制台的信息输出。

```
R3#ping 172.16.12.2 source 172.16.13.3
Type escape sequence to abort.
Sending 5, 100-byte ICMP Echos to 172.16.12.2, timeout is 2 seconds:
Packet sent with a source address of 172.16.13.3
!!!!!
Success rate is 100 percent (5/5), round-trip min/avg/max = 40/56/60 ms
R3#

R2#
*Mar 24 21:44:39.351: ICMP: echo reply sent, src 172.16.12.2, dst 172.16.13.3
*Mar 24 21:44:39.387: ICMP: echo reply sent, src 172.16.12.2, dst 172.16.13.3
*Mar 24 21:44:39.451: ICMP: echo reply sent, src 172.16.12.2, dst 172.16.13.3
*Mar 24 21:44:39.511: ICMP: echo reply sent, src 172.16.12.2, dst 172.16.13.3
*Mar 24 21:44:39.575: ICMP: echo reply sent, src 172.16.12.2, dst 172.16.13.3
R2#
```

Step 4 使用 Traceroute 命令跟踪 R3 到 R2 的 S1/2 接口的路径信息，过程如下：

```
R3#traceroute 172.16.12.2
Type escape sequence to abort.
Tracing the route to 172.16.12.2
  1 172.16.13.1 64 msec 64 msec 56 msec
  2 172.16.12.2 64 msec 60 msec 60 msec
```

任务四：将配置文件备份到 TFTP 服务器

Step 1 将 R1 的运行配置文件备份到 TFTP 服务器，过程如下：

```
R1#copy running-config tftp:
Address or name of remote host []? 10.1.0.100
Destination filename [r1-config]?
!!
1289 bytes copied in 1.460 secs (883 bytes/sec)
R1#
```

Step 2 将 R2 的运行配置文件备份到 TFTP 服务器，过程如下：

```
R2#copy running-config tftp://10.1.0.10
Address or name of remote host [10.1.0.10]?
Destination filename [r2-confg]?
.!!
1275 bytes copied in 6.476 secs (197 bytes/sec)
R2#
```

2.11 习题

1. 命令 confreg 0x2142 的作用是________。
   A．重启路由器　　B．绕过 NVRAM 中的配置
   C．进入 ROM 监控模式　　D．查看丢失的口令
2. 可以用于路由器操作系统恢复和升级的命令是________。
   A．copy flash tftp　　B．copy run start

C．copy tftp flash　　D．copy start tftp

3．在网络故障排除的过程中，如果怀疑在通往不可达网络路径上的某台路由器发生了故障，应该执行的命令是________。

A．Router>ping　　B．Router>trace

C．Router>show ip route　　D．Router>show interface

4．可以显示路由器上正在运行的 IOS 版本的命令是________。

A．show ios　　B．show flash

C．show version　　D．show run

5．在路由器上使用 copy run start 命令保存配置文件并重启路由器，然而该路由器却使用一个空白配置完成了启动，问题最有可能出在________。

A．没有使用正确的命令启动路由器

B．NVRAM 有问题

C．配置寄存器的设置不正确

D．新升级的 IOS 与路由器的硬件不兼容

6．如果想同时拥有多个本地路由器发起的 Telnet 会话，需要使用的按键组合是________。

A．Tab+空格键　　B．Ctrl+X，然后按下 6

C．Ctrl+Shift+X，然后按下 6　　D．Ctrl+Shift+6，松开后按下 X 键

7．在远程登录某台远程设备时没能成功，但是可以通过 ping 命令连接远程设备，最有可能出现的问题是________。

A．IP 地址不正确　　B．没有设置特权密码

C．存在一条有缺陷的串行电缆　　D．没有设置 VTY 口令

8．远程登录了某台路由器并完成了对配置的必要修改，现在想结束这个 Telnet 会话，需要输入的命令是________。

A．close　　B．disable　　C．disconnect　　D．exit

9．登录某一设备后，如果要获得邻居设备的 IP 地址，需要执行的命令是________。

A．show cdp neighbors detail　　B．show ip interface

C．show cdp neighbors　　D．show run

10．某网络管理员想在不删除当前安装的 IOS 的情况下，需要确认路由器的系统是否有足够的可用空间保存当前的和新的映像文件，执行的命令是________。

A．show version　　B．show flash

C．show memory　　D．show buffers

习题答案

1．B　2．C　3．B　4．C　5．C　6．D　7．D　8．D　9．A　10．B

3 路由基础

路由器的作用就是将各个网络彼此连接起来，因此路由器需要负责不同网络之间的数据包传送。IP 数据包的目的地可以是处于 Internet 中的任意一台服务器。这些数据包都是由路由器负责及时传送的，路由器传递数据包的过程类似于快递员送快递，在很大程度上，网际通信的效率取决于路由器的性能，即取决于路由器是否能以最有效的方式转发数据包。

本章将学习数据包路由的详细过程、IP 路由选择的实现方式、路由选择协议和被路由协议的区别。由于这些内容与所有路由器以及使用 IP 完成配置的操作直接相关，因此是学习重点，这些理论也是后面将要学习的静态路由、动态路由及故障排除的基础。

本章主要内容：

- IP 路由选择
- 路由表
- 自治系统
- 静态路由
- 动态路由
- 管理距离与度量值
- 最长匹配原则

3.1 IP 路由选择

一旦将多个 WAN 和 LAN 连接到路由器，一个彼此互联的网络就创建起来了，而接下来要完成的工作就是为这一互联网络上的所有主机配置逻辑的网络地址，以便这些主机能够通过这一互联网络进行通信，这些通信的数据包需要通过路由器转发，本节将介绍路由转发数据包的具体过程。

3.1.1 路由选择简介

路由就是路由器从一个网段到另一个网段转发数据包的过程，网络畅通的条件是要求数据包必须能够到达目标地址，同时数据包必须能够返回发送地址。这就要求沿途经过的路由器必须知道如何向目标网络转发数据包。每个路由器都独立地转发数据包，因此每个路由器都有到达目标网络的路由信息。

路由器不关注网络中的主机，只关注互联起来的网络以及通往各个目标网络的最佳路径。要实现对数据包的路由，至少了解路由器的以下信息：

- 目标网络及掩码。
- 到达目的出口及相邻路由器的 IP 地址。
- 到达所有远程网络的可能路由。
- 到达每个远程网络的最佳路由。
- 维护并验证路由选择信息的方式。

每个路由器都维护这一张路由表，这张表记录了路由器的某个物理接口和该接口能到达的某个目标网络的对应关系，路由器到达某一目标网络可能有多条路径，路由表里面记录的是最优的路径，也就是说，路由表是路由器转发数据包的依据。

对于路由器接口直接相连的网络，路由器自然就知道如何到达这个网络，这种直连的网络会被直接加入到路由表。对于非直连的网络，要使路由器能够处理到这些网络的数据包，我们必须帮助路由器获悉这些信息来丰富和完善路由器的路由表，通常有以下两种方式：

- 静态路由：手工将所有的网络位置输入到路由器的路由表中。通过这种方式设置路由信息，在网络拓扑发生变化时需要从所有的路由器上重新设置这些路由信息，所以在网络规模比较大的环境中不太实用，静态路由通常适用于小型网络，它的优点是占用路由器的系统资源比较少。
- 动态路由：路由器之间运行路由选择协议来交换和共享它们各自已知的网络信息，如果网络连接出现变化，这个路由选择协议就会将这个变化自动通知到所有的路由器。也就是说，动态路由能够自动适应网络拓扑的变化，但动态路由占用的系统资源较大，一般适用于大型网络。

路由选择协议也叫做路由协议，是路由器用来构造路由表的工具，本书涉及的路由选择协议包括 RIP、OSPF、EIGRP。可路由协议也叫做被路由协议，是被路由器转发的转载数据包的工具，如 IP，后面还会对路由协议和可路由协议进行更多的介绍。

3.1.2 数据在网络中的传递过程

前面曾经提到过，路由器工作在 OSI 七层模型中的第三层，其主要任务是接收来自网络接口的数据包，根据其中所含的目标地址，决定转发到下一个目标地址。现在从协议数据单元的角度看一看数据传递过程，箭头所指的方向是数据在各层之间的流动方向，如图 3-1 所示。

主机 A：172.16.10.1

主机 A 网关：172.16.10.254

主机 B：172.16.20.1

主机 B 网关：172.16.20.254

假设现在主机 A 的用户利用 ping 命令来确认与主机 B 的连通性问题。这个网络架构虽然比较简单，但是其路由选择过程的步骤在所有的网络中都是一致的，主要步骤如下：

第一步：当用户在主机 A 上输入 ping 172.16.20.1（主机 B）之后，主机 A 会使用因特网控制报文协议 ICMP 并创建一个回应请求数据包，在它的数据域中只包含字母。

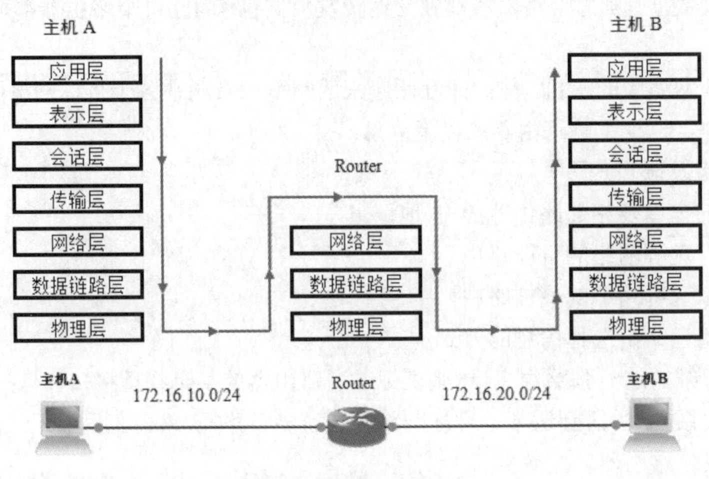

▲图 3-1　数据传递过程

第二步：ICMP 会将这个刚创建的数据包交给因特网协议（英文简称 IP），然后这个 IP 也会创建一个数据包，这个数据包的内容要比 ICMP 所创建的数据包丰富得多。在这个包中包括主机 A 的 IP 地址、目标主机 B 的 IP 地址以及值为 01H 的协议字段。当这个包到达主机 B 时，这些内容就是告诉对方应该将这个包交给 ICMP 来处理。

第三步：IP 协议会判断目的 IP 地址属于远程网络，还是本地网络。由于根据 IP 地址规划，主机 A 与主机 B 属于不同的网络，所以因特网协议（IP）所创建的数据包将会被默认发送到网关（172.16.10.254）。在主机 A 的网络属性配置中，除了有自身的逻辑 IP 地址，还有默认的网关地址。网关地址是不同网络之间的主机进行通信的一扇门，只有通过网关，主机 A 的数据包才能被发送到不同网络的主机 B 中。

第四步：确认路由器相应接口（网关）的 MAC 地址。在本地局域网上，主机只能通过 MAC 地址进行通信，若主机 A 的数据包要发送到网关上，就必须知道其对应的 MAC 地址。为了达到这个目的，主机 A 首先会检查自己的 ARP 缓存，查看默认网关的 IP 地址是否已经解析为对应接口的 MAC 地址。如果已经被成功解析，此时数据包将会被释放并传递到数据链路层生成帧，其中目的端的 MAC 地址也将同数据包一起向下传到数据链路层。如果没有主机 A，首先使用 ARP 协议获悉网关对应的 MAC 地址。

第五步：生成帧。当这个数据包和目的端 MAC 地址被传递给数据链路层之后，局域网驱动程序负责选用适合所在局域网类型（本例中为以太网）的介质访问方式。将控制信息封装到此分组上帧就被创建了，在这个数据帧中包含目的 MAC 地址、源端 MAC 地址、分组、帧校验序列以及以太网类型字段。

这里对于主机 A 来说，目的 MAC 对应网关 MAC 地址，源 MAC 是本身的 MAC 地址。这个以太网类型字段主要用来描述数据包需要给哪个网络层协议，分组包是需要传输的数据，帧校验序列的字段是装载循环冗余校验计算值的区域。一旦完成帧的封装，这个帧将会被交付到物理层。图 3-2 给出了此帧的完整结构，可以看出，此帧中包含主机 A 的硬件（MAC）地址以及网关的硬件地址。

目标 MAC	源端 MAC	以太网类型	分组	FCS（CRC）

▲图 3-2　当 ping 主机 B 时主机 A 发送给 Router 的帧结构

以上五个步骤主要都是在主机 A 上完成。这五个步骤执行完毕之后，IP 路由选择过程的前期工作就算完成了。

第六步：经过物理层传输后，在主机 A 所在的冲突域中的每台网络设备（这里只有 Router）都将接收这些位并重新合并成数据帧。每个设备都会对接收到的内容进行 CRC 运算，并与帧中 FCS 字段的内容进行比对。如果两个值不匹配，接收到的帧将被丢弃；如果两个值相同，则网络设备会接收这个帧，并核查目的端的 MAC 地址与自己是否也匹配。如果匹配，那么路由器将会查看这个帧的以太网类型字段以了解在网络层上采用了什么协议，然后路由器就会抽出帧中的分组，把其余部分的内容丢弃，把抽出来的数据包传送给以太网类型字段中列出的上层协议，如因特网网络协议（IP）等。

第七步：检查路由表。IP 将接收这个分组并检查它的 IP 目的地址。由于分组的目的地址与接收路由器上的各个 IP 地址均不匹配，此路由器会在其路由选择表中查找目的端的 IP 网络地址。在此路由选择表中需要包含网络 172.16.20.0 的相关表项，否则路由器会立即将收到的分组丢弃，并同时向发送数据的源端设备回送一个携带有目标网络不可达信息的 ICMP 报文。

第八步：路由器转发数据包。如果路由器的确在它的路由表中找到了相应网络的记录，则数据包就会被转发到输出接口。在本例中就是主机 B 所连接的接口，路由器会将这个数据包交换到对应接口的缓冲区内。

第九步：缓冲区中数据的处理。路由器对应接口的缓冲区需要了解目的端主机的 MAC 地址。因为这个数据包中已经有目的端的 IP 地址，所以路由器会先检查 ARP 缓存表。如果主机 A 的 MAC 地址已经被解析并保存在路由器的 ARP 缓冲中，则这个数据包和 MAC 地址将被传递到数据链路层以便重新生成帧。通常情况下，若路由器之前跟主机 B 通信过，则这个 IP 地址与 MAC 地址的对应记录将会在思科路由器 ARP 缓冲表中保存 4 个小时，连续 4 个小时没有通信的话，则这个对应的记录将会被删除。如果在路由器的 ARP 缓冲表中没有相关记录的话，则路由器接口会在其连接的网络内部发送一个 ARP 请求。其他网络设备发现自己不是这个 IP 地址，就会抛弃这个数据包，而主机 B 发现这一请求就会进行响应。路由器知道目的主机 B 的 MAC 地址之后，就会把数据包连同目的端的 MAC 地址传递到下一层的数据链路中。

第十步：路由器会重复上面的第五步操作，生成数据帧并传送到物理层，以一次一位的方式再发送到物理媒体上，在网络中进行传输。

以上 5 个步骤在路由器上的工作也完成了。通过以上分析我们可以看到，路由器的作用主要就是进行数据转发，把其收到的数据包根据一定的规则转发到另一个可达的接口上。路由器就好像是一个十字路口，各个数据包都根据自己所需要到达的目的地选择合适的出口。

第十一步：主机 B 会接收这个数据帧并运行 CRC 过程。如果运算结果与帧校验序列中字段的内容相同，则这个帧中目的端的 MAC 地址将会被读取。主机 B 会判断这个 MAC 地址是否跟自己的 MAC 地址相同，相同的话则会抽取其中的分组，并根据以太网字段类型中指定的协议把数据包传递给相应的协议处理。由于这个案例中数据包是一个回应请求，主机 B 就会把这个数据包交给 ICMP 协议处理。ICMP 协议会应答这个请求，同时把这个数据包丢弃并迅速生成一个新的数据包来作为回应应答，然后主机 B 会利用同样的过程把数据包以及目的 MAC 地址（路由器对应接口的物理地址）传递到下一层，让其生成帧。在数据帧上，会带有目的 MAC 地址、源 MAC 地址、分组、以太网字段类型、帧校验序列字段等内容发送到下一层，然后再一位位地传送到物理媒体。

第十二步：路由器再重复第六步到第十步的过程，把数据包从一个接口交换传递到另一个接口中，然后主机 A 就收到一个回应信息表示到主机 B 的道路是通的。

以上 12 个步骤就完成了 IP 路由选择的全部过程。再复杂的网络，也只是中间多了几个节点，多重复了几个步骤而已。网络管理员了解这个 IP 路由选择的过程，那么在日后网络故障的排查中会更加得心应手。

3.1.3 路径决定

当路由器收到数据包后，需要在其路由表中搜索能够匹配数据包中目的地址对应的网络地址（网段）并选择出最佳路径，这种选择路径的过程称为路由决定。

路由决定可能出现的结果有以下 3 种：

（1）目的 IP 地址与路由器接口处于同一个网络中，这表明目的主机与该路由器直接相连接，则路由器将数据直接转发至该主机即可。

（2）目的 IP 地址属于远程网络，则路由器为数据包选择合适的下一跳路由器。

（3）目的 IP 地址在路由表中没有匹配项，并且路由器没有默认路由，这种情况下目的主机对于路由器来说处于不可达网络，路由器将丢弃该数据包。

3.2 构造路由表

3.2.1 路由表简介

在计算机网络中，路由表又称路由信息库（RIB），是一个存储在路由器或联网计算机中的数据库。路由表存储着指向特定网络地址的路径，就像我们平时使用的地图一样，标识着各种路线，路由表中保存着子网的标志信息、网上路由器的个数和下一个路由器的名字等内容。路由表建立的主要目标是实现对数据包的转发。

当 IP 子网中的一台主机发送 IP 分组给同一 IP 子网的另一台主机时，它将直接把 IP 分组送到网络上，对方就能收到。而要送给不同 IP 子网上的主机时，它要选择一个能到达目的子网上的路由器，即默认网关（Default Gateway），这是每台主机上的一个配置参数，它是接在同一个网络上的某个路由器接口的 IP 地址。

路由表原理大致流程如图 3-3 所示，路由器转发 IP 分组时，只根据 IP 分组目的 IP 地址的网络号部分选择合适的接口，把 IP 分组送出去。同主机一样，路由器也要判定接口所连接的是不是目的子网，如果是，就直接把分组通过接口送到网络上，否则就要选择下一个路由器来传送分组。路由器可以设置默认路由，它的作用和 PC 机的缺省网关类似，用来传送不知道往哪儿送的 IP 分组。这样就能通过路由器把知道如何传送的 IP 分组正确转发出去，不知道的 IP 分组通过默认路由传送，这样一级级地传送，IP 分组最终将送到目的地，送不到目的地的 IP 分组则被网络丢弃了。

目前 TCP/IP 网络全部是通过路由器互连起来的，Internet 就是成千上万个 IP 子网通过路由器互连起来的国际性网络。这种网络称为以路由器为基础的网络（Router Based Network），形成了以路由器为节点的“网间网”。在“网间网”中，路由器不仅负责对 IP 分组的转发，还要负责与别的路由器进行联络，共同确定“网间网”的路由选择和路由表。

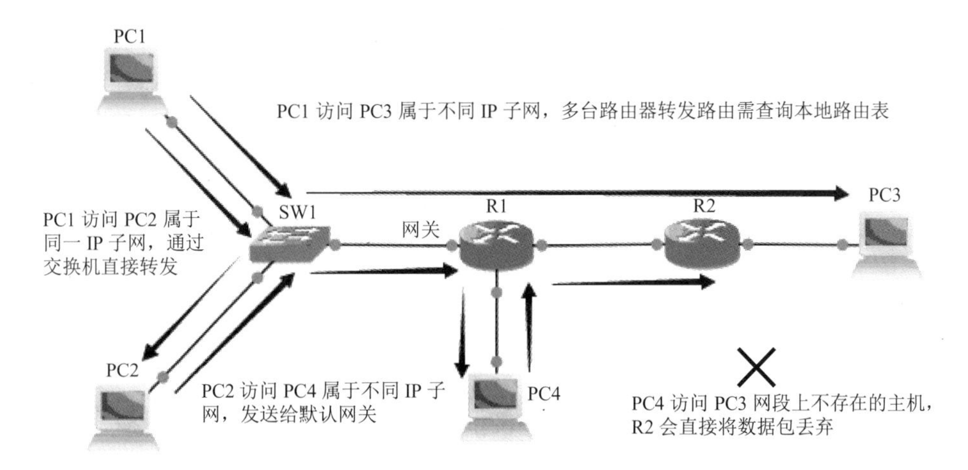

▲图 3-3　路由表原理

路由动作包括两项基本内容：寻径和转发。寻径即判定到达目的地的最佳路径，转发即沿寻径好的最佳路径传送信息分组，当然完成寻径和转发需要依赖路由器的路由表。

3.2.2　直连路由

我们把直连到路由器接口的子网叫做直连子网，路由器自动地将它们的路由加入到路由表，被称为直连路由。当接口处于启动状态并配置了 IP 地址时，路由器会将这条路由加入到路由表。接下来我们来看一下直连路由表，首先看一个例子，如图 3-4 所示。

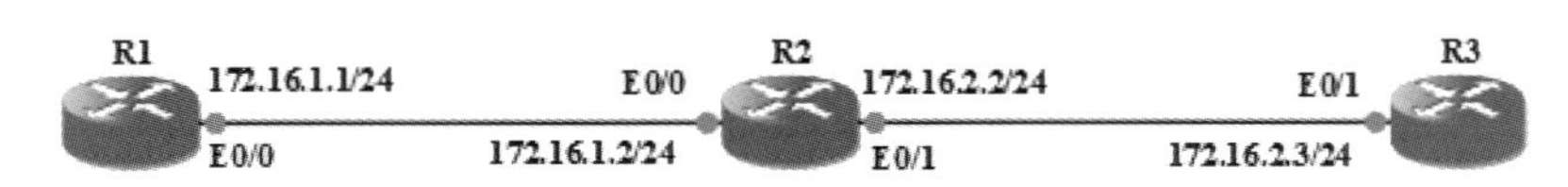

▲图 3-4　直连网络

在三台路由器上分别配置 IP 地址，并且接口处于开启状态，在路由器 R2 上使用命令 show ip route 查看路由表，操作如下：

```
R2#show ip route
Codes: C - connected, S - static, R - RIP, M - mobile, B - BGP
       D - EIGRP, EX - EIGRP external, O - OSPF, IA - OSPF inter area
       N1 - OSPF NSSA external type 1, N2 - OSPF NSSA external type 2
       E1 - OSPF external type 1, E2 - OSPF external type 2
       i - IS-IS, su - IS-IS summary, L1 - IS-IS level-1, L2 - IS-IS level-2
       ia - IS-IS inter area, * - candidate default, U - per-user static route
       o - ODR, P - periodic downloaded static route
Gateway of last resort is not set
     172.16.0.0/24 is subnetted, 2 subnets
C       172.16.1.0 is directly connected, Ethernet0/0
C       172.16.2.0 is directly connected, Ethernet0/1
```

我们来分析一下，Codes 字段是对于每一种路由协议简写的注释，其中 C-connected 是直连的意思。整个表的最后两行记录的是路由信息，我们看到简写 C 的字样，表示这台路由器存在两个直连的网络，分别是 172.16.1.0 和 172.16.2.0，还可以分析出这两个直连网络的出接口分别是 E0/0 和 E0/1。当路由器转发数据包时，会将数据包中的目的 IP 地址与路由表中的条目进行匹配，如果匹配就会从相应的出接口转发出去。

3.2.3 静态路由

路由器转发数据包时需要查找路由表，管理员可以通过手工的方法在路由器中配置路由表，这就是静态路由。虽然静态路由不适合在大型网络中使用，但是由于静态路由简单、路由器负载小、可控性强等原因，在许多场合中还经常被使用。接下来学习一下静态路由的路由表，静态路由拓扑如图 3-5 所示。

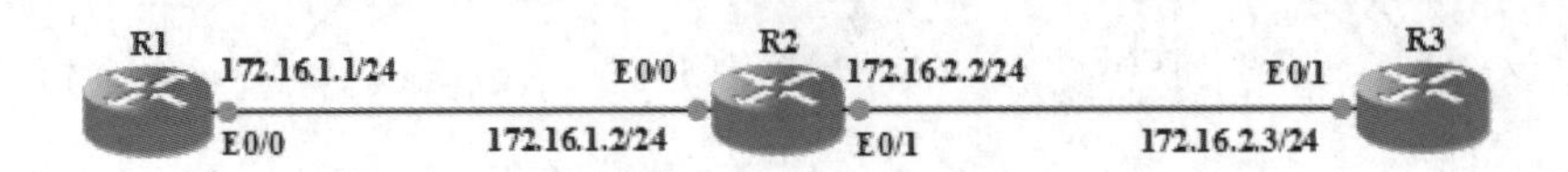

▲图 3-5　静态路由拓扑

在这个拓扑中要想使路由器 R1 和 R3 通信，R1 在不进行任何配置的情况下，可以先使用 show ip route 命令查看 R1 的路由表，过程如下：

```
R1#show ip route
Codes: C - connected, S - static, R - RIP, M - mobile, B - BGP
       D - EIGRP, EX - EIGRP external, O - OSPF, IA - OSPF inter area
       N1 - OSPF NSSA external type 1, N2 - OSPF NSSA external type 2
       E1 - OSPF external type 1, E2 - OSPF external type 2
       i - IS-IS, su - IS-IS summary, L1 - IS-IS level-1, L2 - IS-IS level-2
       ia - IS-IS inter area, * - candidate default, U - per-user static route
       o - ODR, P - periodic downloaded static route
Gateway of last resort is not set
     172.16.0.0/24 is subnetted, 1 subnets
C       172.16.1.0 is directly connected, Ethernet0/0
```

很显然 R1 上并没有到达 R3 的路由条目，因此 R1 想要和 R3 通信是不可能的。在之前的章节中介绍过通信是相互的，同理 R3 也不会有去往 R1 的路由条目，因此如果想要让双方通信，就必须构造出彼此的路由条目。下面是配置完成后的路由表。

```
R1#show ip route
Codes: C - connected, S - static, R - RIP, M - mobile, B - BGP
       D - EIGRP, EX - EIGRP external, O - OSPF, IA - OSPF inter area
       N1 - OSPF NSSA external type 1, N2 - OSPF NSSA external type 2
       E1 - OSPF external type 1, E2 - OSPF external type 2
       i - IS-IS, su - IS-IS summary, L1 - IS-IS level-1, L2 - IS-IS level-2
       ia - IS-IS inter area, * - candidate default, U - per-user static route
       o - ODR, P - periodic downloaded static route

Gateway of last resort is not set
     172.16.0.0/24 is subnetted, 2 subnets
C       172.16.1.0 is directly connected, Ethernet0/0
S       172.16.2.0 [1/0] via 172.16.1.2
-----------------------------------------------------------------------------------------------------------
R3#show ip route
```

```
[output cut]
Gateway of last resort is not set
        172.16.0.0/24 is subnetted, 2 subnets
S          172.16.1.0 [1/0] via 172.16.2.2
C          172.16.2.0 is directly connected, Ethernet0/1
R3#
```

在 R1 和 R3 上配置完成后，我们发现彼此的路由表中多了一条 S 的路由，在路由表的 Codes 字段中标注 S-static 的意思是静态路由（或默认路由）。在 R1 路由表中的静态路由为 S 172.16.2.0 [1/0] via 172.16.1.2，表示去往 172.16.2.0 网络的数据可以通过 172.16.1.2 到达，同理，在 R3 上的静态路由表示到达 172.16.1.0 网络的路由可以通过 172.16.2.2 到达，对应到拓扑中会发现这两个网络都是路由器 R2 的直连网络，因此 R2 就成为了 R1 和 R3 数据交换的中转站。在这个简单的拓扑中通过静态路由为 R1 和 R3 打开了通道，因此 R1 和 R3 的通信也就可以正常进行了，在这里主要是为了让大家了解路由表的构成以及通信的原理，有关具体的配置和细节会在第 4 章中详细介绍。

3.2.4 动态路由

使用路由协议来查找网络并建立和更新路由表的信息，这种方式就是动态路由。动态路由是按照一定的算法计算出来的，这些路由信息在一定的时间间隔内不断地更新以适应不断变化的网络，这样随时可以获得最优的路径。

我们介绍过，路由协议（也叫做路由选择协议）是路由器用来构建和维护路由表的工具，构建路由表后即可对可路由协议（也叫做被路由协议）的数据包进行转发，表 3-1 列出了常见的可路由协议和路由选择协议，在后续的章节中会陆续进行介绍。

▲表 3-1 可路由协议和路由选择协议

可路由协议	路由选择协议
IP	RIP、IGRP、OSPF、EIGRP、BGP、IS-IS
IPX	RIP、NLSP、EIGRP
AppleTalk	RMTP、AURP、EIGRP

接下来以 EIGRP 协议为例来介绍一下动态路由的路由表，拓扑如图 3-6 所示。

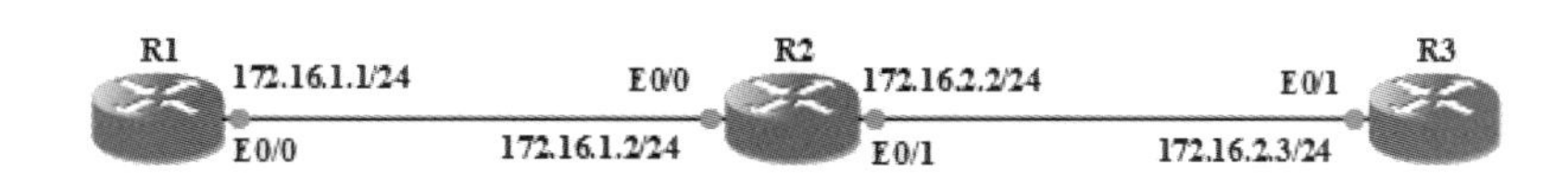

▲图 3-6 动态路由协议拓扑

在 R1、R2 和 R3 上运行 EIGRP，我们来研究一下配置完成后的路由表。

```
R1#show ip route
Codes: C - connected, S - static, R - RIP, M - mobile, B - BGP
       D - EIGRP, EX - EIGRP external, O - OSPF, IA - OSPF inter area
       N1 - OSPF NSSA external type 1, N2 - OSPF NSSA external type 2
       E1 - OSPF external type 1, E2 - OSPF external type 2
       i - IS-IS, su - IS-IS summary, L1 - IS-IS level-1, L2 - IS-IS level-2
       ia - IS-IS inter area, * - candidate default, U - per-user static route
```

```
        o - ODR, P - periodic downloaded static route

Gateway of last resort is not set
     172.16.0.0/24 is subnetted, 2 subnets
C        172.16.1.0 is directly connected, Ethernet0/0
D        172.16.2.0 [90/307200] via 172.16.1.2, 00:00:07, Ethernet0/0
R3#show ip route
[output cut]
Gateway of last resort is not set
     172.16.0.0/24 is subnetted, 2 subnets
D        172.16.1.0 [90/307200] via 172.16.2.2, 00:00:04, Ethernet0/1
C        172.16.2.0 is directly connected, Ethernet0/1
R3(config)#
```

在这张 EIGRP 的路由表中我们发现彼此多了一条 D 开头的路由条目，其中[90/307200]代表管理距离和度量，我们会在之后的内容介绍到。在 Codes 字段中很明确写到 D-EIGRP，说明这是一条 EIGRP 动态学习到的路由，三台路由器都运行了动态路由协议 EIGRP，它们会定期发送路由更新来更新路由表，因此动态路由协议相比静态路由协议来说更加智能。关于动态路由协议的详细信息在第 5 章中会详细介绍。

3.3 自治系统

自治系统（AS）是同一个管理控制域下的一组网络及设备的集合，如中国移动、中国网通、中国电信、教育网等都属于独立的自治系统。内部网关协议（IGP）是指在同一个自治系统内部运行的路由选择协议，IGP 包括 RIP、EIGRP、OSPF 和中间系统到中间系统（IS-IS）。外部网关协议（EGP）是指运行在不同的自治系统之间的路由选择协议。目前仅有一种现行的 EGP 是边界网关协议（BGP），BGP 用于不同的自治系统间通过因特网骨干的流量进行路由。要将一个自治系统与其他自治系统区别开，可以给每一个 AS 分配一个范围在 1～65535 的唯一号码。因特网地址分配管理机构（IANA）负责这些号码的分配。注意，仅当需要运行 BGP 协议时企业才需要向 IANA 申请 AS 号，本书中介绍的都是 IGP 协议，如图 3-7 所示。

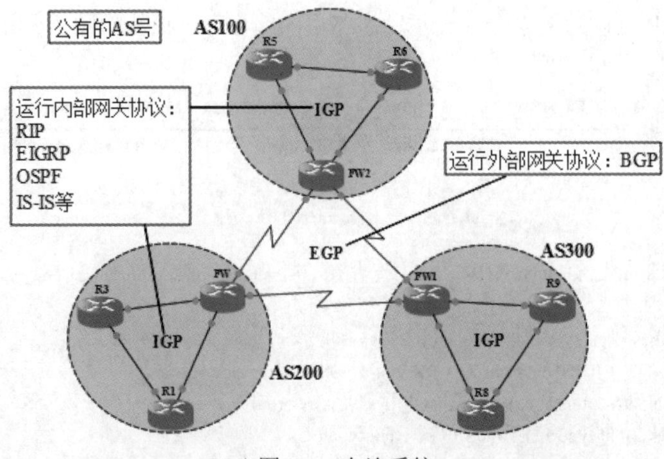

▲图 3-7　自治系统

3.4 管理距离与度量

3.4.1 管理距离 AD

在实际情况中，路由器可能通过多种途径获得通往同一目的网络的路由。例如使用 RIP 协议和 OSPF 协议获得了通往同一目的网络的路由，由于使用的路由协议不同，采用的算法不同，这时路由器无法直接决定将哪一条路由作为最佳路由，就需要通过管理距离来体现。

管理距离（AD）是用来定义不同路由协议（路由来源）优先级的一个指标，对于每一个路由来源来说，使用 AD 的值并按照从高到低的顺序排列优先级别。管理距离是一个 0～255 之间的整数，值越低表示路由来源的优先级越高，所以 AD 为 0 表示优先级别最高，直连路由的优先级最高值为 0，静态路由默认的管理距离为 1，如果路由器通过两种不同的路由选择协议学习到同一目标网络的路由信息，就比较这两种路由协议的 AD 值，其值较小的路由协议学习到的路由信息被加入到路由表，如果管理距离是 255，则表示网络不可信任，并且不会写进路由表。表 3-2 给出了思科路由器每种路由协议默认的管理距离。

▲表 3-2　管理距离

管理距离	路由类型
0	直连路由
1	静态路由
90	内部 EIGRP 路由（在同一个 AS 内）
110	OSPF 路由
120	RIPv1 和 RIPv2 路由
170	外部 EIGRP 路由（源于另一个 AS）
255	未知路由（被视为无效路由且将不再使用）

3.4.2 度量值 Metric

如果被通告到同一网络的两个路由具有相同的 AD，即路由器使用同一种路由协议学习到同一目标网络的不同路径信息，这时路由器就是用该路由选择协议的度量值来判断到达目标网络的最优路径。度量就是路由器通过测量和比较，衡量到达远端目的网络的开销值，带有最低度量值的被通告的路由将被放置在路由选择表中。不同的路由协议有不同的度量值，有些还使用多个度量（复合度量），表 3-3 列举出了常见的度量值。

▲表 3-3　路由选择协议的度量值

度量值	路由选择协议	描述
带宽（bandwidth）	EIGRP	链路容量（T1=1544kbit/s）
成本（cost）	OSPF	与链路的带宽成反比
延迟（delay）	EIGRP	到达接收站所耗费的时间
跳数（hop count）	RIP	到达接收站要经过的跳数

续表

度量值	路由选择协议	描述
负载（load）	EIGRP	拥有最低使用率的路径
最大传输单元（MTU）	EIGRP	支持最大帧尺寸的路径
可靠性（reliability）	EIGRP	拥有最少错误或故障时间的路径

由于不同的度量都有各自的优点和缺点，所以在构建实际的网络时，应该考虑现实的网络环境，采取合适的路由协议，从而实现整个网络的最优化配置。

3.4.3 负载均衡

当路由器有多条路径可以到达同一个目标网络且路由协议的 AD 和路径的度量值相同时，路由器将这些路径都加入到路由表，在转发数据包到该目的地时路由器会按照特定的算法使用不同的路由将数据包沿着不同的路径转发出去，这就是负载均衡，这样做的好处就是可以提高网络链路的利用率。当然，管理员也可以手动地调整路由的度量值，使不符合负载均衡的链路达到负载均衡。

3.5 最长匹配原则

当路由器收到一个 IP 数据包时，会将数据包的目的 IP 地址与自己本地路由表中的表项进行逐位查找，直到找到匹配度最长的条目，这叫最长匹配原则，这是 Cisco IOS 路由器默认的路由查找方式。

如图 3-8 所示，灰色的空间表示 172.16.0.0/16，这个网络号称为主类网络号，从主类网络号 172.16.0.0/16 开始往内环看，看到的网络号是 172.16.10.0/24，这里是应用了 VLSM 可变长子网掩码之后，得到的一个 172.16.0.0/16 主类网络的子网，也就是说，172.16.0.0/16 要比 172.16.10.0/24 的范围要大。如果有一个 IP 为 172.16.10.1，实际上这个 IP 可以理解为既在 172.16.0.0/16 网段内，又在 172.16.10.0/24 网段内。这里我们能看出来 172.16.10.0/24 更加精确，也就是说它的前缀长度相比 172.16.0.0/16 更长。当然，子网 172.16.10.0/24 还可以进一步划分子网得到 172.16.10.0/30，甚至 172.16.10.1/32，那么如果这些前缀都存在，当去找 172.16.10.1 时，按照最长匹配原则应该是 172.16.10.1/32 这条主机前缀。

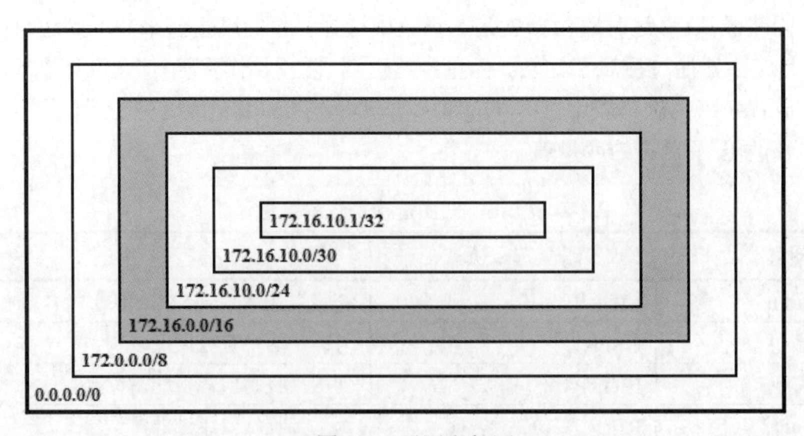

▲图 3-8 子网和超网

现在回到 172.16.0.0/16 这个主类网络号，然后我们向外环看。172.0.0.0/8 实际上是将这个 B 类地址的掩码向左移了 8 bits，这样一来得到的这个网络号实际上是囊括了 172.16.0.0/16 在内的一个大的网络号，我们称其为超网。

当路由器的路由查找方式为 classless 也就是无类路由查找方式时，路由器默认的查找动作是最长匹配原则。如图 3-9 所示，当 R3 收到一个去往 172.16.1.1 的数据包时，此时路由表中有 172.16.1.0/24 和 172.16.0.0/16 两条可达的路由条目，显然 172.16.1.0/24 匹配度要更长，因此，这个数据包被丢给了 R1，这个过程有点类似图 3-10 所示。

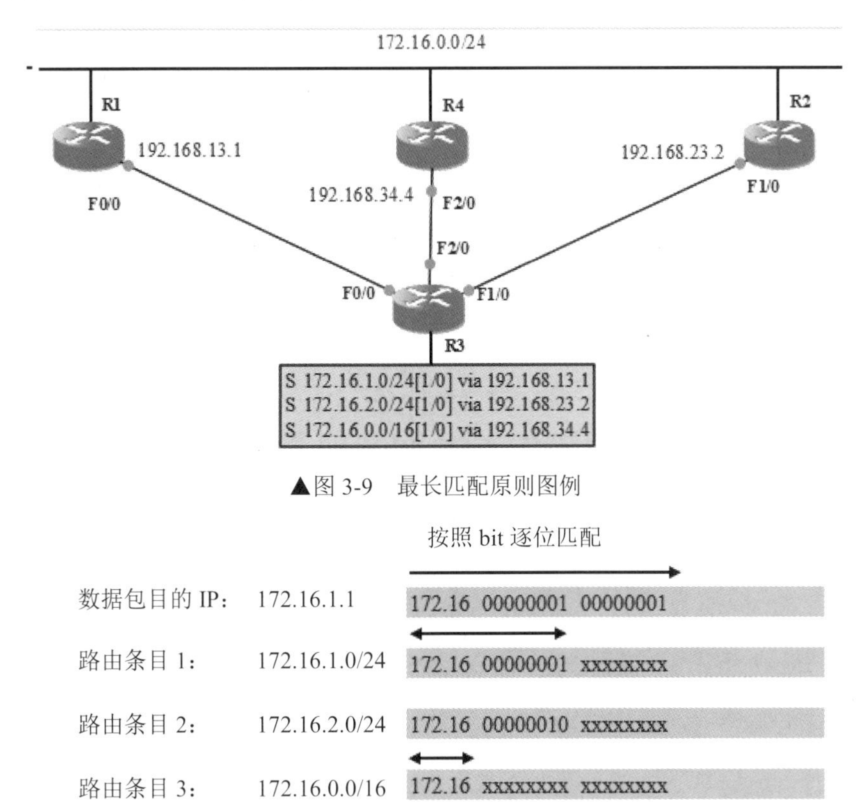

▲图 3-9 最长匹配原则图例

▲图 3-10 按 bit 位最长匹配

同理，若有数据包去往 172.16.2.1 时，根据最长匹配原则，172.16.2.0/24 这个条目的匹配度最高，因此数据被扔给了 R2。当 R2 挂掉之后，172.16.2.0/24 的路由条目失效，此时去往 172.16.2.0/24 子网的数据匹配的路由条目是 172.16.0.0/16 这条路由，因此被送往了 R4。这就是利用最长匹配原则实施的一种简单的数据分流及路径冗余的方法。

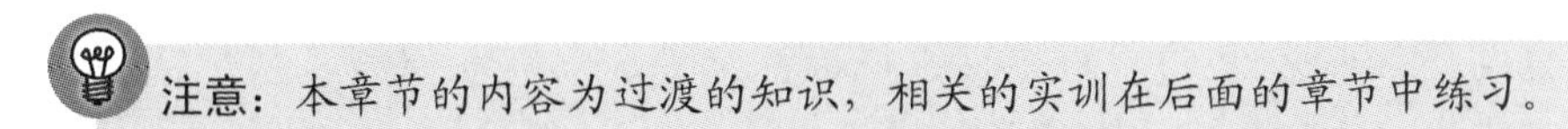
注意：本章节的内容为过渡的知识，相关的实训在后面的章节中练习。

3.6 习题

1. 一个路由器已经激活了接口并配置了 IP 地址，但尚未配置任何路由协议和静态路由，目前存在于该路由器的路由表的路由类型是________。

A．默认路由　　B．直连路由

C．广播路由　　D．没有路由

2．关于路由器如何转发数据包的描述中，下列选项中正确的是________。

A．如果数据包的目的是远程网络，路由器会将该数据包从所有的接口转发出去。

B．如果数据包的目的是远程网络，路由器会将数据包发送到路由表中的下一跳。

C．如果数据包的目的是直连网络，路由器会根据目的 MAC 地址转发数据包。

D．如果数据包的目的是直连网络，路由器会使用默认路由转发数据包。

3．路由器通过以下四种不同的路由协议获悉了同一路由信息，被路由器采纳并加入到路由表的是________报告的路径。

A．EIGRP（AD=90）　　B．OSPF（AD=110）

C．IS-IS（AD=115）　　D．RIP（AD=120）

4．下列关于路由协议所用度量值的描述中，正确的是________。

A．度量值是一种复合值，表示所有路由协议发生的数据包丢量。

B．路由器使用度量值来确定数据包是否有错、是否该将其丢弃。

C．度量值是路由协议用来衡量路由的量化值。

D．路由的度量值越大表示该路由越优。

5．路由器收到一个数据包，其目的地是 192.168.10.10，路由器对该数据包进行转发时使用的路由表的条目是________。

A．0.0.0.0/0　　B．192.168.0.0/16

C．192.168.10.0/24　　D．192.168.10.0/29

习题答案

1．B　2．B　3．A　4．C　5．C

4 静态路由

路由是所有数据网络的核心所在，它的用途是通过网络将信息从源传送到目的地。路由器是负责将数据包从一个网络传送到另一个网络的设备。我们在前一章已经了解到，路由器获知远程网络的方式有两种：使用路由协议动态获知或通过配置的静态路由获知。在许多情况下，路由器结合使用动态路由协议和静态路由。

静态路由是指由用户或网络管理员手工配置的路由信息。当网络的拓扑结构发生变化时，网络管理员需要手工去修改路由表中相关的静态路由信息。静态路由一般适用于比较简单的网络环境，在这样的环境中，网络管理员易于清楚地了解网络的拓扑结构，便于设置正确的路由信息。

在静态路由中有一种特殊的静态路由叫做默认路由，如果在路由表中没有任何一条匹配的路径，那么就会使用默认路由来分组转发。默认路由通常用 0.0.0.0/0 表示没有匹配任何地址。默认路由通常用于直接连接 ISP 路由器的小型网络。

静态路由和默认路由会在本章中进行详细介绍。

本章主要内容：

- 静态路由的特点
- 静态路由的配置
- 路由汇总
- 默认路由的使用方法
- 网络负载均衡

4.1 静态路由概述

在上一章中我们简单概述了静态路由的基本概念，在本章中我们将更加详细地介绍关于静态路由是如何配置的，以及所引出的一系列问题。静态路由是在路由器上手动配置的路由，通常用于较小的网络，以及网络或子网较少和可用带宽不高的网络环境。

选择静态路由的优点如下：

（1）不增加路由器 CPU 的开销，也就是说，使用静态路由选择可以比使用动态路由选择选购更便宜的路由器。

（2）不增加路由器间的带宽占用，也就是说，在广域网（WAN）链接的使用中可以节省更多的带宽。

（3）提高了安全性，因为管理员可以有选择地配置路由，使这些路由条目只通过某些特定的网络。

选择静态路由的缺点如下：

（1）管理员必须真正地了解整个互联网络以及每台路由器间的连接方式，以便实现对这些路由的正确配置。

（2）当添加某个网络到互联网络中时，管理员必须在所有路由器上手工地添加到此网络的路由。

（3）对于大型网络使用静态路由选择基本上是不可行的，因为配置静态路由选择会产生巨大的工作量。

4.2 配置并验证静态路由

本节将以如图 4-1 所示的网络环境为例，介绍静态路由的设置和验证方式。

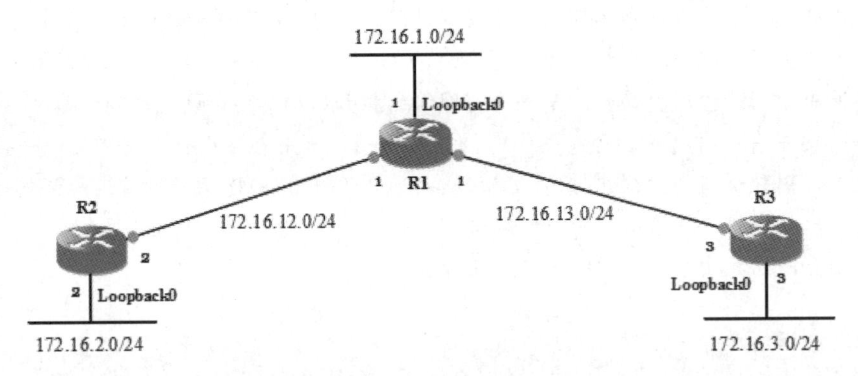

▲图 4-1　本节的实验环境

4.2.1 静态路由的命令

静态路由需要在全局配置模式中设置，指令格式如下：

```
ip route [destination_network] [mask] [next-hop_address or interface] [administrative_distance] [permanent]
```

下面给出了对此命令语法中各部分的描述：

- ip route：用于创建静态路由的命令。
- destination_network：要放到路由选择表中的目的网段（数据包要到达的目的）。
- mask：在此网络上使用的子网掩码。
- next-hop_address：下一跳路由器的地址，即用于接收分组并将分组转发到远程网络的下一个路由器的地址。这是下一跳路由器与本路由器直接相连的接口的 IP 地址。在成功添加此路由之前，当前路由器必须能够访问这个地址。

- interface：路由器向下一跳路由器转发数据包的送出接口。
- administrative_distance：默认情况下，静态路由的管理距离为 1，可以通过在这个命令的尾部添加一个管理权重来修改这个默认值。
- permanent：如果接口被关闭或路由器不能与下一跳路由器通信，默认情况下该路由将会从路由选择表中自动删除，选择 permanent 选项将导致在任意情况下都保留这一路由选择表项在路由选择表中。

4.2.2 配置静态路由

现在我们对路由器 R1、R2、R3 进行配置，用 Loopback 接口来模拟三台路由器连接的三个网段，要求使用静态路由实现全网互通。

要想实现整个网络的互联互通，网络中的每个路由器必须有到每个网络的路由。对于路由器直接连接的网络，不必再添加到这些网络的路由条目，只需在路由器上添加那些没有直连的网络的路由。

首先在 R1 的路由表中需要添加到 172.16.2.0/24、172.16.3.0/24 的路由条目，在 R2 的路由表中需要添加到 172.16.1.0/24、172.16.23.0/24、172.16.3.0/24 的路由条目，在 R3 的路由表中需要添加到 172.16.1.0/24、172.16.12.0/24、172.16.2.0/24 的路由条目。

接下来就可以按照前面介绍的配置步骤来操作了（IP 地址的配置已省略）。

（1）R1 的配置如下：

```
R1(config)#ip route 172.16.3.0 255.255.255.0 172.16.13.3
R1(config)#ip route 172.16.2.0 255.255.255.0 172.16.12.2
```

（2）R2 的配置如下：

```
R2(config)#ip route 172.16.1.0 255.255.255.0 172.16.12.1
R2(config)#ip route 172.16.23.0 255.255.255.0 172.16.12.1
R2(config)#ip route 172.16.3.0 255.255.255.0 172.16.12.1
```

（3）R3 的配置如下：

```
Enter configuration commands, one per line.   End with CNTL/Z.
R3(config)#ip route 172.16.1.0 255.255.255.0 172.16.13.1
R3(config)#ip route 172.16.2.0 255.255.255.0 172.16.13.1
R3(config)#ip route 172.16.12.0 255.255.255.0 172.16.13.1
```

4.2.3 验证静态路由和网络的连通性

R1 的静态路由配置完成，接下来看一下 R1 的路由表，过程如下：

```
R1#show ip route
Codes: C - connected, S - static, R - RIP, M - mobile, B - BGP
       D - EIGRP, EX - EIGRP external, O - OSPF, IA - OSPF inter area
       N1 - OSPF NSSA external type 1, N2 - OSPF NSSA external type 2
       E1 - OSPF external type 1, E2 - OSPF external type 2
       i - IS-IS, su - IS-IS summary, L1 - IS-IS level-1, L2 - IS-IS level-2
       ia - IS-IS inter area, * - candidate default, U - per-user static route
       o - ODR, P - periodic downloaded static route
Gateway of last resort is not set
         172.16.0.0/24 is subnetted, 5 subnets
C        172.16.12.0 is directly connected, Ethernet0/0
```

```
C        172.16.13.0 is directly connected, Ethernet0/1
C        172.16.1.0 is directly connected, Loopback0
S        172.16.2.0 [1/0] via 172.16.12.2
S        172.16.3.0 [1/0] via 172.16.13.3
```

从路由表中可以看出两条静态路由已经添加成功，现在 R1 已经知道到达这两个网段的下一跳了（静态路由只关心下一跳是谁，而不需要知道数据包在之后的网络中如何传输），此时 R1 的静态路由配置完成。同理，R2 的路由表汇总会出现 3 条静态路由条目，R3 的路由表也会出现 3 条静态路由条目。

我们配置完成之后，每台路由器的路由表中都已经记录了去往所有网络的路由条目。为了验证配置结果是否符合要求，下面使用拓展 ping 命令和 traceroute 命令来进行验证，在前面的章节中详细介绍了 traceroute 命令和拓展 ping 命令的字段，拓展 ping 命令可以更好地达到使用源 IP 地址 ping 目的 IP 地址的效果，也能够更直观地排查网络中的错误。

首先验证 R1 的配置，使用 R1 的 Loopback0 接口地址 ping 两个非直网络的 Loopback0 接口地址，过程如下：

```
R1#ping 172.16.2.2 source 172.16.1.1
Type escape sequence to abort.
Sending 5, 100-byte ICMP Echos to 172.16.2.2, timeout is 2 seconds:
.!!!!
Success rate is 80 percent (4/5), round-trip min/avg/max = 8/20/36 ms
```

同理，以 172.16.1.1 为源地址，以 172.16.3.3 为目的地址，经测试也没有问题（略）。接下来使用 traceroute 命令验证 172.16.2.0 网络的主机是如何到达 172.16.3.0 的，过程如下：

```
R2#traceroute 172.16.3.3 source 172.16.2.2
Type escape sequence to abort.
Tracing the route to 172.16.3.3
  1 172.16.12.1 36 msec 20 msec 12 msec
  2 172.16.13.3 64 msec 32 msec
```


可以看到，172.16.2.0 网络的主机需要经过两跳才能到达目的网络，经测试整个网络符合试验要求。

4.2.4 删除静态路由

如果 A 网段计算机和 B 网段计算机通信，数据包在传输过程中途经的路由器从路由表中没有找到到达 B 网段的路由，那么该路由器将会返回计算机“目标主机不可到达”的提示信息。

如果数据包到达了目的 B 网段，B 网段数据包返回 A 网段时，沿途的路由器没有到达 A 网段的路由表，A 网段计算机将会显示请求超时。下面将演示“目标主机不可到达”和“请求超时”的两种情况如何产生。

在本小节使用的网络拓扑中，删除 R1 到达 172.16.3.0/24 网段的静态路由，然后使用 R2 测试到 R3 是否能够 ping 通；删除 R1 到达 172.16.2.0/24 网段的静态路由，然后使用 R2 测试到 R3 是否能够 ping 通。

1．目标主机不可达

删除 R1 到达 172.16.3.0/24 网段的静态路由，在 R2 上 ping 172.16.3.3，过程如下：

```
R1(config)#no ip route 172.16.3.0 255.255.255.0    ---删除静态路由不需要指明下一跳---
R2#ping 172.16.3.3
```

```
Type escape sequence to abort.
Sending 5, 100-byte ICMP Echos to 172.16.3.3, timeout is 2 seconds:
.UUUU                          ---表示目的主机不可达---
Success rate is 0 percent (0/5)
```

如果 R2 连接终端是一台 PC 机，出现“目的主机不可达”的效果如下：

```
PC>ping 172.16.3.3
Pinging 172.16.3.3 with 32 bytes of data:
Reply from 172.16.12.2: Destination host unreachable.
Reply from 172.16.12.2: Destination host unreachable.
Reply from 172.16.12.2: Destination host unreachable.
Reply from 172.16.12.2: Destination host unreachable.
Ping statistics for 172.16.3.3:
    Packets: Sent = 4, Received = 0, Lost = 4  (100% loss)
```

从 R1 的接口返回，目标主机不可到达。

2. 请求超时

在 R1 恢复到达 172.16.3.0/24 网段的静态路由并删除到达 172.16.2.0/24 的路由，在 R2 上使用拓展 ping 命令 ping 172.16.3.3，过程如下：

```
R1(config)#ip route 172.16.3.0 255.255.255.0 172.16.13.3      ---恢复路由条目---
R1(config)#no ip route 172.16.2.0 255.255.255.0               ---删除 172.16.2.0 网络的路由---
----------------------------------------------------------------------------------------------
R2#ping 172.16.3.3 Source 172.16.2.2
Type escape sequence to abort.
Sending 5, 100-byte ICMP Echos to 172.16.3.3, timeout is 2 seconds:
……                                                            ---表示请求超时---
Success rate is 0 percent (0/5)
```

如果 R2 连接终端是一台 PC 机，出现“目的主机不可达”的效果如下：

```
PC>ping 172.16.3.3
Pinging 172.16.3.3 with 32 bytes of data:
Request timed out.
Request timed out.
Request timed out.
Request timed out.
Ping statistics for 172.16.3.3:
    Packets: Sent = 4, Received = 0, Lost = 4  (100% loss)
```

请求超时，这是因为数据包没有返回来。

注意：不是所有的“请求超时”都是路由器的路由表造成的，其他的原因也可以导致请求超时，如对方的计算机启用防火墙或对方的计算机关机，这些都可能造成“请求超时”。

4.3 默认路由的应用

4.3.1 配置命令语法

默认路由是一种特殊的静态路由，指的是当路由表中的路由条目与数据包的目的地址之间没有匹配的表项时，路由器就使用默认路由转发数据。如果没有默认路由，那么目的地址在路由表中没有匹配表项的数据包将被丢弃。默认路由在某些时候非常有效，当存在末梢网络时，默认路由会大大简化路由器的配置，减轻管理员的工作负担，提高网络性能。

可以使用下列的静态路由语法设置默认路由：

```
ip route 0.0.0.0 0.0.0.0 [next-hop_address or interface] [dministrative_distance] [permanent]
```

网络号 0.0.0.0/0 乍看起来有些奇怪，其实这种 0.0.0.0 的表现形式代表所有网络，全 0 掩码代表网络中的所有主机。

4.3.2 使用默认路由作为指向 Internet 的路由

某公司有 A、B、C、D 4 个路由器和 6 个网段，网络拓扑和地址规划如图 4-2 所示。现在要求在这 4 个路由器上添加路由，使内网之间能够相互通信，同时这 6 个网段都需要访问 Internet。

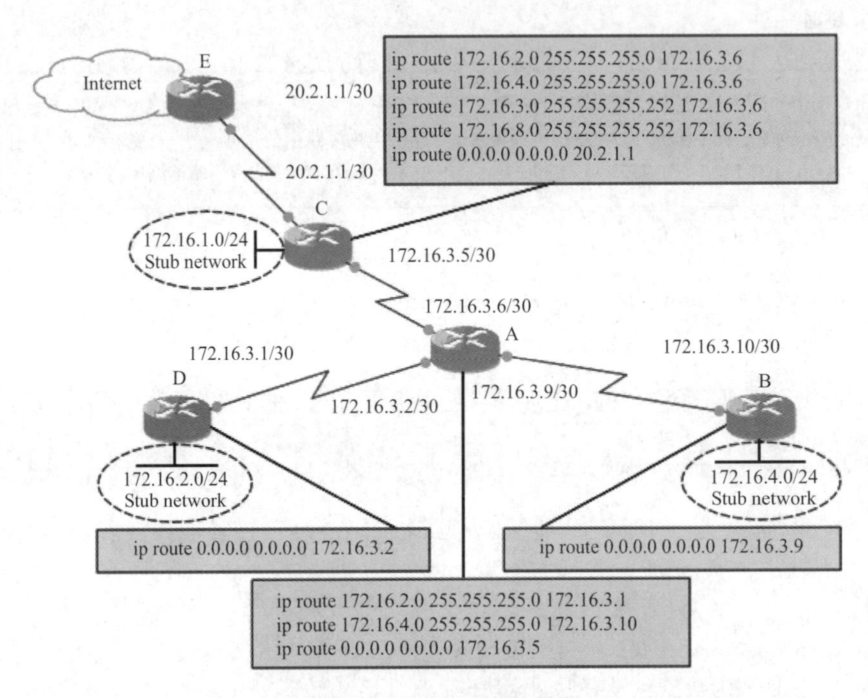

▲图 4-2 使用默认路由简化路由表

如图 4-2 所示，对于路由器 B 来说，直连两个网段，除了到这两个网络的数据包，到其他网络都需要转发到路由器 A 的 s0/3 接口，因此只需要添加一条默认路由即可；对于路由器 D 来说，直连两个网段，除了到这两个网段的数据包，到其他网络都需要转发到路由器 A 的 s0/2 接口，因此只需要添加一条默认路由即可；对于路由器 A 来说，直连三个网段，需要添加到 172.16.4.0/24 网络的路由和到 172.16.2.0/24 网络的路由，除了这两个网络，到其他网络都需要转发到路由器 C 的 s0/1 接口，因此需要添加一条默认路由指向该接口；对于路由器 C 来说，直连三个网段，除了到内网的数据包就是到 Internet 的数据包，因此需要添加到内网的其他网段的路由，再添加一条默认路由下一跳指向路由器 E 的 s0/0 接口 IP 地址。

通过以上的配置可以看到，默认路由是最后被路由器使用的一条路由，因为按照最长匹配原则，默认路由的前缀长度最短，如路由器 C，收到一个数据包首先检查是否是到内网的数据包，如果不是则使用默认路由将数据包转发到 Internet。

4.3.3 让默认路由代替大多数网段的路由

如图 4-3 所示，网络有 7 个网段和 6 个路由器，图中路由器接口的编号是该接口的 IP 地址。如何使用默认路由简化路由表呢？

路由器 A 直连两个网段，到其他网段都需要转发给路由器 B，因此只需要添加一条默认路由指向路由器 B 的 2 接口 IP 地址即可。

路由器 B 直连两个网段，网络中大多数网段都在路由器 B 的右边，因此需要添加一条默认路由指向路由器 C 的 2 接口 IP 地址，再针对左边的网络 192.168.0.0/24 网段添加一条路由。

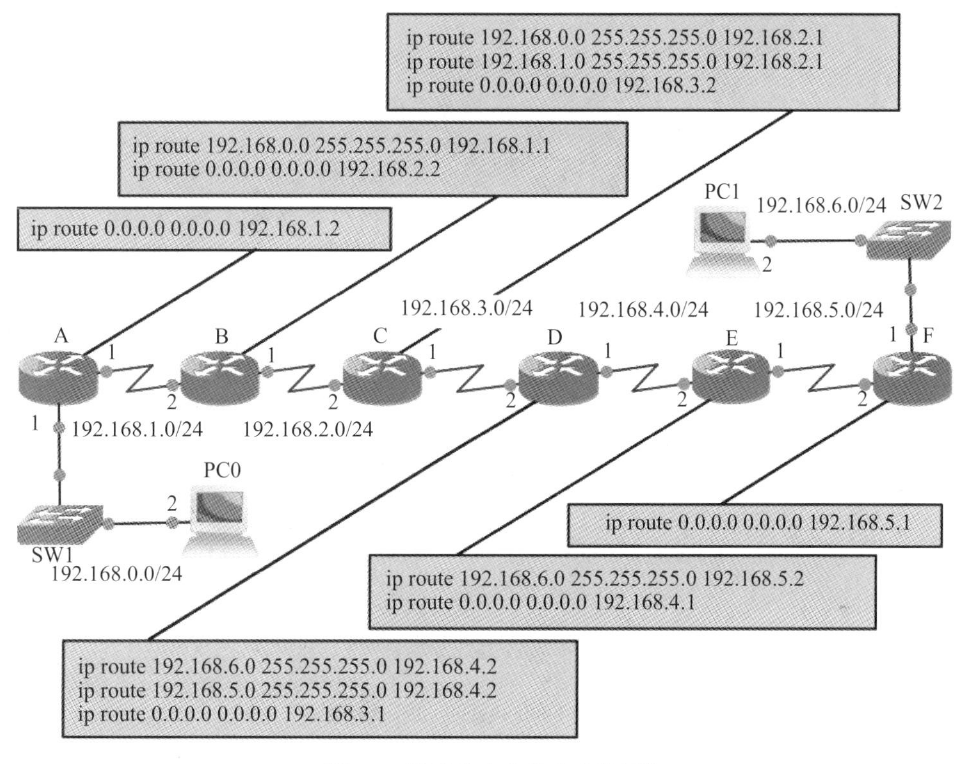

▲图 4-3 默认路由代替大多数网络

路由器 C 直连两个网段，对于路由器 C 来说，右边的网段多于左边的网段，因此添加一条默认路由指向路由器 D 的 2 接口 IP 地址，然后针对左边的两个网段 192.168.0.0/24 和 192.168.1.0/24 添加路由。

路由器 D 直连两个网段，对于路由器 D 来说，左边的网段多于右边的网段，因此添加一条默认路由指向路由器 C 的 1 接口 IP 地址，然后针对右边的两个网段 192.168.5.0/24 和 192.168.6.0/24 添加静态路由，这样路由器的路由表有 3 条路由。路由器 E 和 F 的路由配置就不赘述了。

配置路由时，看看路由器哪边的网段多，就用一条默认路由指向下一跳，然后再针对其他网段添加路由。

思考：在以上网络中，如果 PC0 ping 202.99.160.68，会出现什么情况呢？路由器 A 收到该数据包，使用默认路由将该数据包转发给路由器 B，路由器 B 使用默认路由将该数据包转发给路由器 C，路由器 C 使用默认路由将该数据包转发给路由器 D，路由器 D 收到后通过默认路由将数据包又转发给路由器 C，最后路由器 C 又转发给路由器 D，直至该数据包的 TTL 耗尽，然后返回 PC0“replay from 192.168.3.1:TTL expired in transit”，因为路由器每转发一次数据包的 TTL 将会减 1。

4.3.4 使用默认路由和路由汇总简化路由表

现在我们将网络扩大到 Internet，如图 4-4 所示是 Internet 上三个国家的网络规划。

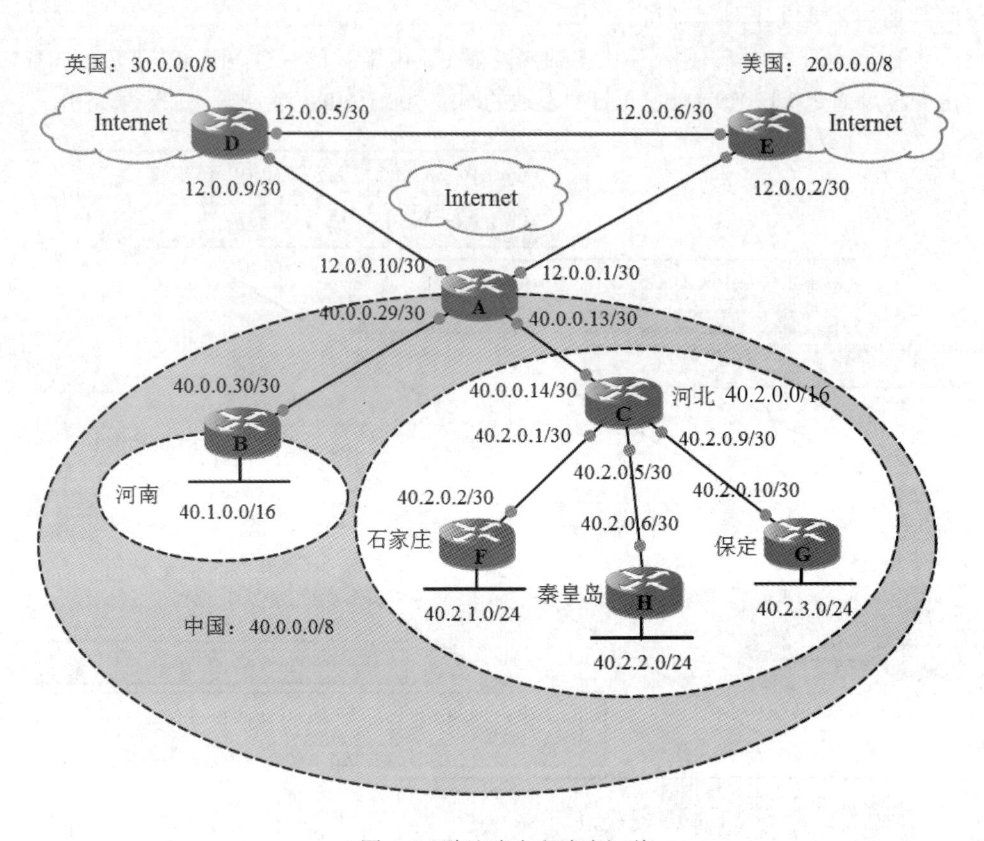

▲图 4-4 默认路由和路由汇总

国家级网络规划：英国使用 30.0.0.0/8 网段，美国使用 20.0.0.0/8 网段，中国使用 40.0.0.0/8 网段。中国省级 IP 地址规划：河北省使用 40.2.0.0/16 网段，河南省使用 40.1.0.0/16 网段，其他省份使用 40.3.0.0/16、40.4.0.0/16……40.255.0.0/16 网段。河北省市级 IP 地址规划：石家庄地区使用 40.2.1.0/24 网段，秦皇岛地区使用 40.2.2.0/24 网段，保定地区使用 40.2.3.0/24 网段。

路由器 A、D、E 分别是中国、英国和美国的国际出口路由器。这一级别的路由器，到中国的只需要添加一条 40.0.0.0 255.0.0.0 路由，到美国的只需要添加一条 20.0.0.0 255.0.0.0 路由，到英国的只需要添加一条 30.0.0.0 255.0.0.0 路由。由于很好地规划了 IP 地址，可以将一个国家的网络汇总为一条路由，这一级路由器上的路由表就变得精简了。

中国的国际出口路由器 A 除了添加到美国和英国两个国家的路由，还需要添加到河南省、河北省或其他省份的路由。由于各个省份的 IP 地址也进行了很好的规划，一个省的网络可以汇总成一条路由。这一级路由器的路由表也很精简。

河北省的路由器 C，它的路由如何添加呢？对于路由器 C 来说，数据包除了到石家庄、秦皇岛和保定地区的网络外，其他要么是出省的数据包要么是出国的数据包。如何添加路由呢？省级路由器只需要关心到石家庄、秦皇岛或保定地区的网络如何转发，添加针对这三个地区的路由，其他的网络使用一条默认路由指向路由器 A。这一级路由器使用默认路由也能够使路由表变得精简。

对于路由器 H 来说，只需要添加默认路由指向省级路由器 C。网络末端的路由器使用默认路由即可，路由表更加精简，静态路由配置信息如图 4-5 所示。

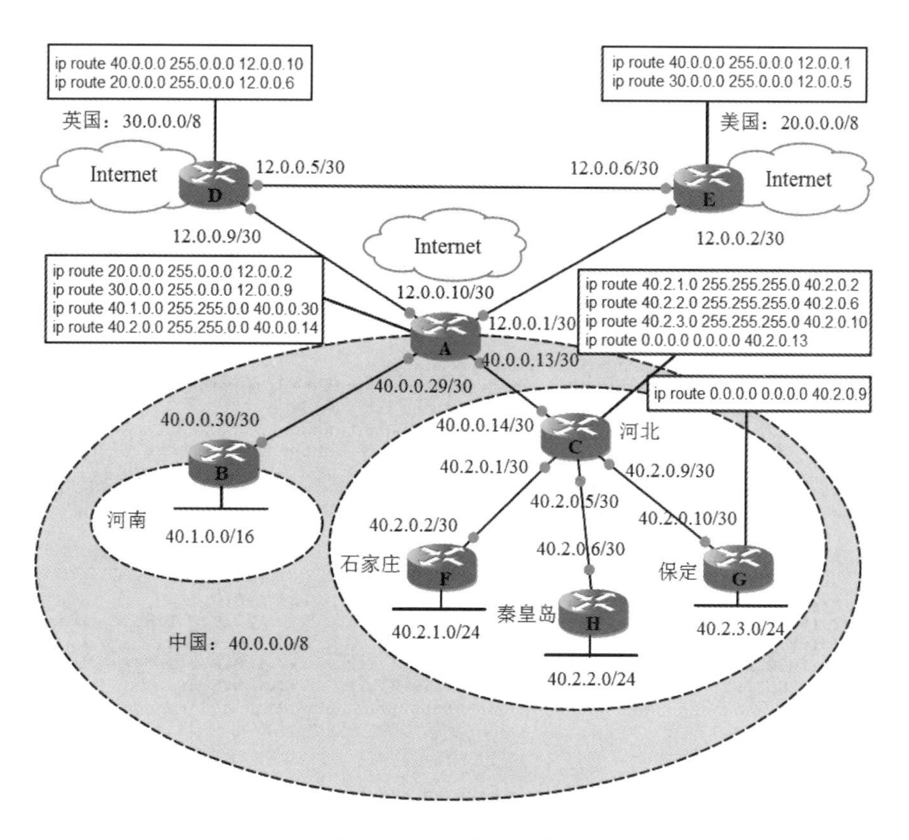

▲图 4-5 静态路由配置信息

4.3.5 Windows 上的默认路由和网关

以上介绍了为路由器添加路由，其实计算机也有路由表，我们可以在计算机上运行 route print 显示 Windows 操作系统上的路由表，也可以运行 netstat -r 显示 Windows 操作系统上的路由表。如图 4-6 所示，给计算机配置网关就是为计算机添加默认路由。

如果不配置计算机的网关，可以使用以下命令添加默认路由。如图 4-7 所示，去掉本地连接的网关，在命令提示符下输入“route print”可以看到没有默认路由了，该计算机将不能访问其他网段，ping 202.99.160.68，提示“目标主机不可到达”。

如图 4-8 所示，在命令提示符下输入“route /?”可以查看该命令的帮助，输入“route add 0.0.0.0 mask 0.0.0.0 192.168.8.1”可以添加默认路由，输入“route print”可以查看路由表，添加的默认路由已经出现，输入“ping 202.99.160.68”可以 ping 通。

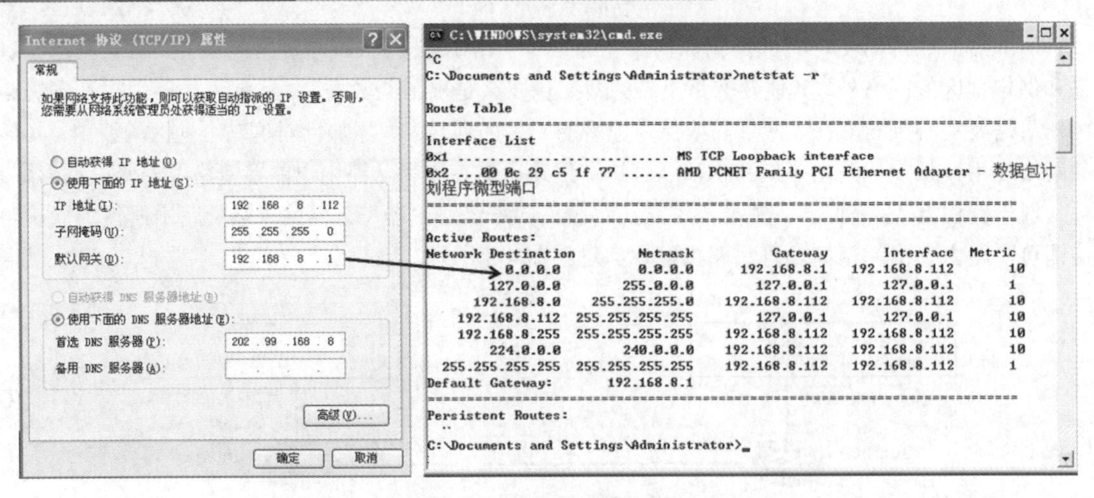

▲图 4-6　网关等于默认路由

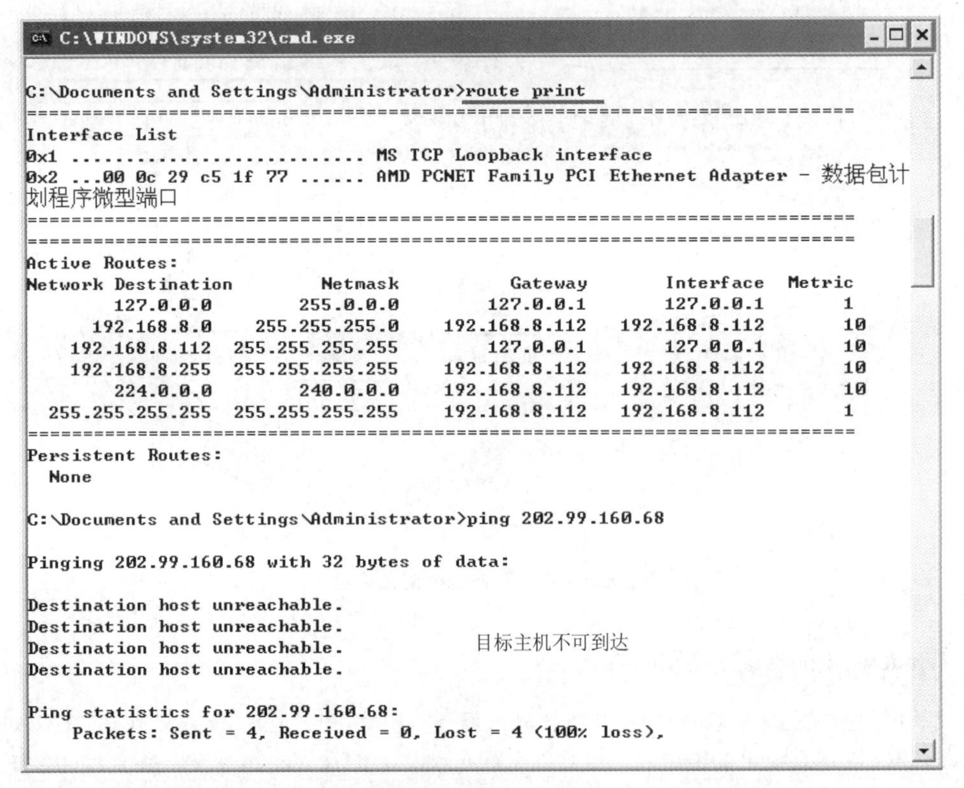

▲图 4-7　查看路由表

在很多企业或家庭中，通常需要多个计算机访问 Internet，选择一台 Server 安装两个网卡，一个连接 Internet，一个连接内网，如图 4-9 所示。这样的网络环境需要如何配置计算机的网关和 IP 地址呢？内网的计算机需要配置 IP 地址、子网掩码和网关，网关就是 Server 的内网网卡的 IP 地址。在 Server 上的两个连接，内网的网卡不需要配置网关，但是连接 Internet 的网卡需要配置默认网关，之后在 Server 上启用网络地址转换的功能就能使内部计算机上网了。

```
C:\WINDOWS\system32\cmd.exe
C:\Documents and Settings\Administrator>route /?

Examples:

    > route PRINT
    > route ADD 157.0.0.0 MASK 255.0.0.0  157.55.80.1 METRIC 3 IF 2
            destination^      ^mask      ^gateway     metric^    ^
                                                        Interface
      If IF is not given, it tries to find the best interface for a given
      gateway.
    > route PRINT
    > route PRINT 157*          .... Only prints those matching 157*
    > route CHANGE 157.0.0.0 MASK 255.0.0.0 157.55.80.5 METRIC 2 IF 2

      CHANGE is used to modify gateway and/or metric only.
    > route PRINT
    > route DELETE 157.0.0.0

C:\Documents and Settings\Administrator>route add 0.0.0.0 mask 0.0.0.0 192.168.8
.1

C:\Documents and Settings\Administrator>route print
===========================================================================
Interface List
0x1 ........................... MS TCP Loopback interface
0x2 ...00 0c 29 c5 1f 77 ...... AMD PCNET Family PCI Ethernet Adapter - 数据包计
划程序微型端口
===========================================================================
===========================================================================
Active Routes:
Network Destination        Netmask          Gateway       Interface  Metric
          0.0.0.0          0.0.0.0      192.168.8.1    192.168.8.112       1
        127.0.0.0        255.0.0.0        127.0.0.1        127.0.0.1       1
      192.168.8.0    255.255.255.0    192.168.8.112    192.168.8.112      10
    192.168.8.112  255.255.255.255        127.0.0.1        127.0.0.1      10
    192.168.8.255  255.255.255.255    192.168.8.112    192.168.8.112      10
        224.0.0.0        240.0.0.0    192.168.8.112    192.168.8.112      10
  255.255.255.255  255.255.255.255    192.168.8.112    192.168.8.112       1
Default Gateway:       192.168.8.1
===========================================================================
Persistent Routes:
  None

C:\Documents and Settings\Administrator>ping 202.99.160.68

Pinging 202.99.160.68 with 32 bytes of data:

Reply from 202.99.160.68: bytes=32 time=132ms TTL=240
Reply from 202.99.160.68: bytes=32 time=92ms TTL=240
Reply from 202.99.160.68: bytes=32 time=102ms TTL=240
Reply from 202.99.160.68: bytes=32 time=92ms TTL=240
```


▲图 4-8　添加默认路由

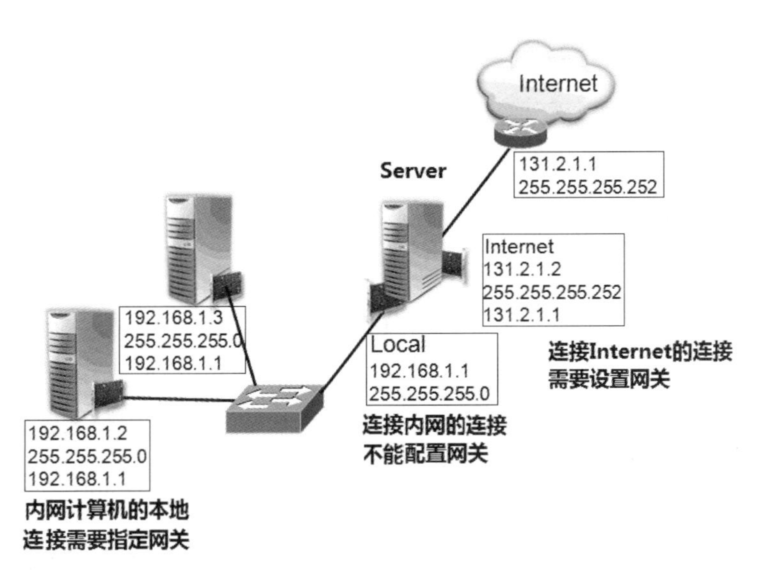

▲图 4-9　网关与本地连接

4.4 路由汇总

4.4.1 通过路由汇总简化路由表

通过合理地规划 IP 地址即通过将连续的 IP 地址指派给物理位置较为集中的网络，在路由器上配置路由表，可以将连续的多个网络汇总成一条，这样可以简化路由表。

如图 4-10 所示，对于 R1 而言，如果要去往 R2 身后的 172.16.1.0/24、172.16.2.0/24、172.16.3.0/24 网络，那么自然是要有路由的，如果是采用静态路由的方式，意味着要给 R1 配置 3 条静态路由分别对应上述 3 个网段，上面已经说过了，这样的配置工作量非常大，如果 R2 身后不仅仅有 3 个网络呢？如果有 100 个网络的话，也就意味着 R1 的路由表会变得非常庞大。

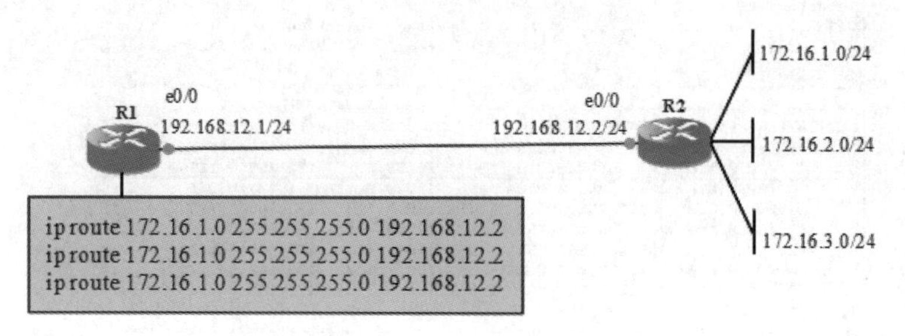

▲图 4-10　路由汇总背景

在上一节中已经介绍过默认路由了，默认路由固然可以解决一部分问题，但是默认路由的“路由颗粒度”太大，无法做到对路由更为细致的控制，而且如果 R1 左侧连接了一个网络出口并且已经占用了默认路由，那么就只能想其他办法了。路由汇总可以很好地解决这个问题，如图 4-11 所示。

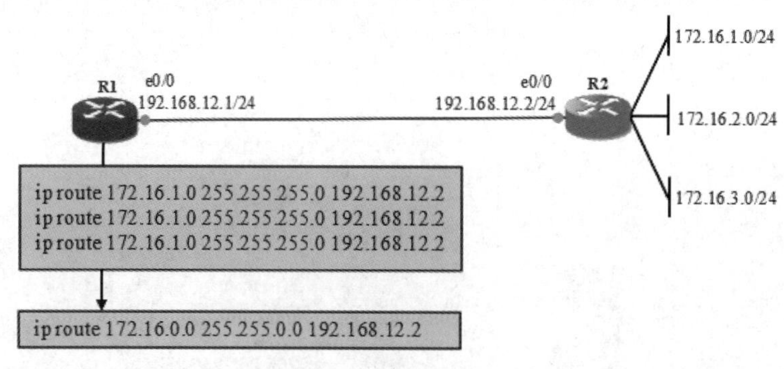

▲图 4-11　路由汇总操作

前一个场景需要使用 3 条明细路由，而在图 4-11 的 R1 中，我们却仅仅使用一条路由即可实现相同的效果，这条路由是上一个场景中 3 条明细路由的汇总路由。这样配置的一个直接好处就是路由器的路由表条目大大减少了。这种操作方式称为路由汇总。路由汇总是一个非常重要的网络设计思想，通常在一个大中型的网络设计中必须时刻考虑网络及路由的可优化性，路由汇总是一个我们时常需要关注的工具。这里实际上是部署了静态路由的汇总，除此之外，当然也可以在动态路由协议中进行路由汇总，几乎所有的动态路由协议都支持路由汇总。

4.4.2　路由精确汇总的算法

路由的汇总实际上是通过对子网掩码的操作来完成的。

如图 4-12 所示，在 R2 上，为了到达 R1 下联的网络，R2 使用路由汇总的工具指了一条汇总路由“R2：ip route 172.16.0.0 255.255.0.0 192.168.12.1”，下一跳是 R1 的 e0/1 接口 IP。

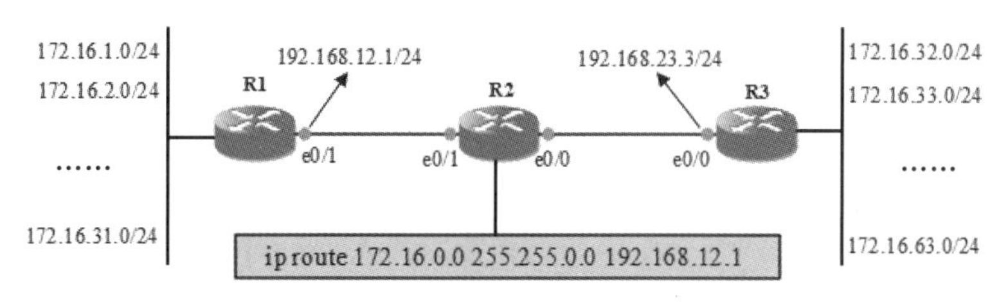

▲图 4-12　普通汇总路由的弊端

虽然这确实达到了网络优化的目的，但是这条汇总路由太“粗犷”了，它甚至将 R3 这一侧的网段也囊括在内，我们称这种路由汇总行为不够精确。因此，理想的方式是使用一个“刚刚好”囊括这些明细路由的汇总路由，这样一来就可以避免汇总不够精确的问题。这里不得不强调一点，网络可以部署路由汇总的前提是网络中 IP 子网及网络模型设计具备一定的科学性和合理性，因此路由汇总和网络的 IP 子网及网络模型的设计是息息相关的。如果网络规划得杂乱无章，路由汇总部署起来就相当困难了。那么如何进行路由汇总的精确计算呢？下面我们来看一个例子，如图 4-13 所示。

	8bit	8bit	8bit	8bit
172.16.1.0/24	1 0 1 0 1 1 0 0	0 0 0 1 0 0 0 0	0 0 0 0 0 0 0 1	0 0 0 0 0 0 0 0
172.16.2.0/24	1 0 1 0 1 1 0 0	0 0 0 1 0 0 0 0	0 0 0 0 0 0 1 0	0 0 0 0 0 0 0 0
172.16.3.0/24	1 0 1 0 1 1 0 0	0 0 0 1 0 0 0 0	0 0 0 0 0 0 1 1	0 0 0 0 0 0 0 0
			……	
172.16.30.0/24	1 0 1 0 1 1 0 0	0 0 0 1 0 0 0 0	0 0 0 1 1 1 1 0	0 0 0 0 0 0 0 0
172.16.31.0/24	1 0 1 0 1 1 0 0	0 0 0 1 0 0 0 0	0 0 0 1 1 1 1 1	0 0 0 0 0 0 0 0

▲图 4-13　按 bit 精确汇总图例

现有明细路由 172.16.1.0/24 至 172.16.31.0/24，计算最精确的汇总路由需要做的事情非常简单，这些明细子网是连续的，我们只要挑出首位的两到三个网络号来计算就足够了，步骤如下：

（1）将这些 IP 地址写成二进制形式，实际上，只要考虑第三个 8 位组即可，因为只有它是在变化的；

（2）画一根竖线，这根线的左侧的每一个列的二进制数都是一样的，线的右侧则无所谓，可以是变化的，这根线的最终位置就是汇总路由的掩码长度。注意，这根竖线可以从默认的掩码长度也就是/24 开始，一格一格地往左移，直到观察到线的左端每一列数值都相等即可停下，这时候这根线所处的位置就刚刚好；

（3）如图 4-13 所示，线的位置是 16+3=19，所以得到的汇总地址为 172.16.0.0/19，这就是一个最精确的汇总地址。

因此，上面的例子可以如图 4-14 所示这样配置。

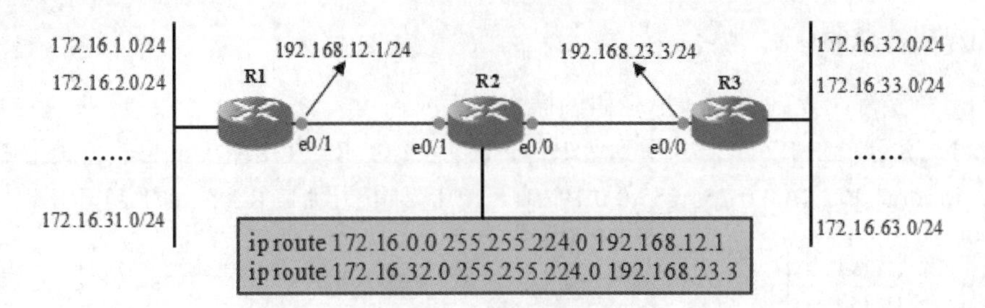

▲图 4-14　精确汇总路由

在路由器 R2 上只需要汇总两条静态路由，分别是 172.16.0.0/19 的路由，下一跳是路由器 R1 e0/1 的接口 IP 和 172.16.32.0/19 的路由，下一跳是路由器 R3 e0/0 接口 IP。这样既可以做到精确汇总，又能简化路由表，提高查询速度。

4.5　网络负载均衡

如果从一个网段到达另一个网段有多条路径，可以针对到达的网段添加多条路由。这样转发数据包时会同时走多个路径，实现网络负载均衡。

4.5.1　配置和验证网络负载均衡

如图 4-15 所示，192.168.0.0/24 网段和 192.168.3.0/24 网段之间有两条路：①和②。你需要给网络中的路由器添加路由，使得这两个网段能够通过①和②两条路径通信，只要求这两个网段的计算机能够通信即可。

通过以上的学习，我们知道了配置路由可以控制数据包传递和数据包的路径。

在 Router3 上，需要添加两条到达 192.168.3.0/24 网段的路由；在 Router0 上，需要添加一条到达 192.168.3.0/24 网段的路由和一条到达 192.168.0.0/24 网段的路由；在 Router2 上，需要添加两条到达 192.168.0.0/24 网段的路由。注意，不需要添加到 192.168.1.0/24 和 192.168.5.0/24 网段的路由；在 Router1 上，需要添加一条到达 192.168.0.0/24 网段的路由和一条到达 192.168.3.0/24 网段的路由。

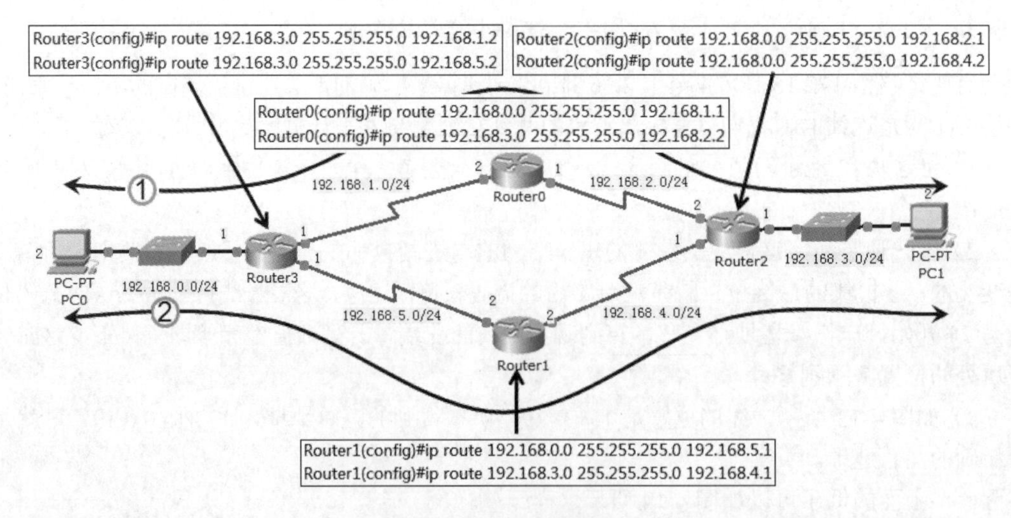

▲图 4-15　网络负载均衡

下面来验证网络的负载均衡。

（1）在路由器 Router0 上运行。

```
Router0#debug ip packet：让路由器显示数据包转发的信息
```

（2）在路由器 Router1 上运行。

```
Router1#debug ip packet：让路由器显示数据包转发的信息
```

（3）在 PC0 上 ping PC1 的 IP 地址，默认收发 4 个数据包，操作过程如下：

```
PC>ping 192.168.3.2
Pinging 192.168.3.2 with 32 bytes of data:
Reply from 192.168.3.2: bytes=32 time=23ms TTL=125
Reply from 192.168.3.2: bytes=32 time=59ms TTL=125
Reply from 192.168.3.2: bytes=32 time=21ms TTL=125
Reply from 192.168.3.2: bytes=32 time=28ms TTL=125
Ping statistics for 192.168.3.2:
    Packets: Sent = 4, Received = 4, Lost = 0 （0% loss），
Approximate round trip times in milli-seconds:
    Minimum = 21ms, Maximum = 59ms, Average = 32ms
```

（4）在 Router0 上显示，可以看到通过 Router0 发送了两个数据包到 192.168.3.2，发送了两个数据包到 192.168.0.2，信息显示如下：

```
Router0#
IP: tableid=0, s=192.168.0.2（Serial3/0）, d=192.168.3.2 （Serial2/0）, routed via RIB
IP: s=192.168.0.2 （Serial3/0）, d=192.168.3.2 （Serial2/0）, g=192.168.2.2, len 128, forward
IP: tableid=0, s=192.168.3.2（Serial2/0）, d=192.168.0.2 （Serial3/0）, routed via RIB
IP: s=192.168.3.2 （Serial2/0）, d=192.168.0.2 （Serial3/0）, g=192.168.1.1, len 128, forward
IP: tableid=0, s=192.168.0.2 Serial3/0）, d=192.168.3.2 （Serial2/0）, routed via RIB
IP: s=192.168.0.2 （Serial3/0）, d=192.168.3.2 （Serial2/0）, g=192.168.2.2, len 128, forward
IP: tableid=0, s=192.168.3.2（Serial2/0）, d=192.168.0.2 （Serial3/0）, routed via RIB
IP: s=192.168.3.2 （Serial2/0）, d=192.168.0.2 （Serial3/0）, g=192.168.1.1, len 128, forward
Router0#undebug all：关闭所有的 debug 显示
```

（5）在 Router1 上显示，可以看到通过 Router1 发送了两个数据包到 192.168.3.2，发送了两个数据包到 192.168.0.2，信息显示如下：

```
Router1#
IP: tableid=0, s=192.168.0.2（Serial3/0）, d=192.168.3.2 （Serial2/0）, routed via RIB
IP: s=192.168.0.2 （Serial3/0）, d=192.168.3.2 （Serial2/0）, g=192.168.4.1, len 128, forward
IP: tableid=0, s=192.168.3.2（Serial2/0）, d=192.168.0.2 （Serial3/0）, routed via RIB
IP: s=192.168.3.2 （Serial2/0）, d=192.168.0.2 （Serial3/0）, g=192.168.5.1, len 128, forward
IP: tableid=0, s=192.168.0.2（Serial3/0）, d=192.168.3.2 （Serial2/0）, routed via RIB
IP: s=192.168.0.2 （Serial3/0）, d=192.168.3.2 （Serial2/0）, g=192.168.4.1, len 128, forward
IP: tableid=0, s=192.168.3.2（Serial2/0）, d=192.168.0.2 （Serial3/0）, routed via RIB
IP: s=192.168.3.2 （Serial2/0）, d=192.168.0.2 （Serial3/0）, g=192.168.5.1, len 128, forward
Router1#undebug all：关闭所有 debug 显示
```

（6）在 Router1 删除到达 192.168.0.0/24 网段的路由表，操作过程如下：

```
Router1(config)#no ip route 192.168.0.0 255.255.255.0
```

（7）在 PC0 上 ping PC1，查看结果，但这种结果不能断定网络拥塞，操作过程如下：

```
PC>ping 192.168.3.2
Pinging 192.168.3.2 with 32 bytes of data:
Request timed out.
Reply from 192.168.3.2     --bytes=32 time=60ms TTL=125
```

```
Request timed out.
Reply from 192.168.3.2    --bytes=32 time=48ms TTL=125
```

分析以上结果，如图 4-16 所示，图中①代表第一个数据包的路径，当返回时，Router1 由于删除了到达 192.168.0.0/24 网段的路由，所以第一个数据包发出去后请求超时。

图中②代表第二个数据包的路径，当该数据包能够通过 Router0 返回到 PC0，所以显示 PC1 的响应。

PC0 发送的第三个数据包沿着图中路径①，请求超时。

PC0 发送的第四个数据包沿着图中路径②，显示 PC1 的响应。

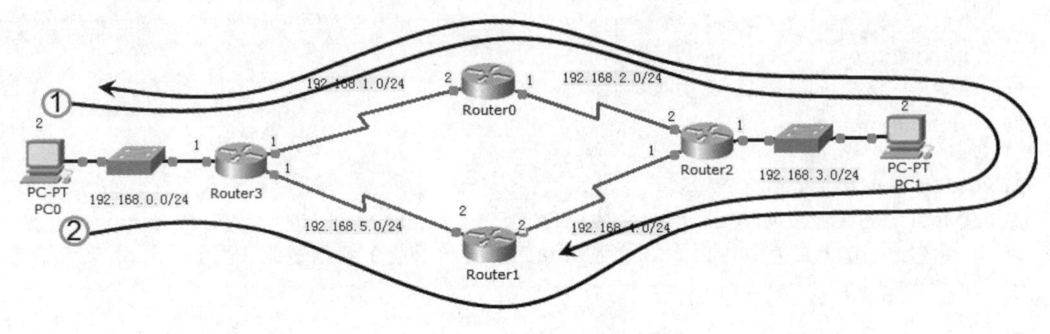

▲图 4-16 数据包路径分析

注意：如果网络出现规律地时通时断，应该想到有可能是网络中的某个路径不通；如果出现没有规律地时通时断，有可能是网络拥塞造成的。

（8）在 PC0 上 ping 192.168.2.2，提示目标主机不可到达，因为没有在 Router3 上添加到 192.168.2.0/24 网段的路由表，信息提示如下：

```
PC>ping 192.168.2.2
Pinging 192.168.2.2 with 32 bytes of data:
Reply from 192.168.0.1   --Destination host unreachable.
Reply from 192.168.0.1   --Destination host unreachable.
Reply from 192.168.0.1   --Destination host unreachable.
Reply from 192.168.0.1   --Destination host unreachable.
```

在访问远程网络 B 时，数据包途经网段 A，这并不意味着一定能够访问网段 A。还是那句话，你是否能够访问那个网络取决于途经的路由器是否有到达目标网络的路由，以及数据包返回时沿途的路由器是否有相应的路由。

4.5.2 另外一种网络负载均衡

如图 4-17 所示，将网络的流量分散到多条路径上，也可以使用 PC0 访问 PC1 的方法，去的路径使用路径①，返回的路径使用路径②，每个路由器的路由表该如何配置呢？

- 在 Router3 上，添加到达 192.168.3.0/24 网段的路由。
- 在 Router0 上，添加到达 192.168.3.0/24 网段的路由。
- 在 Router2 上，添加到达 192.168.0.0/24 网段的路由。
- 在 Router1 上，添加到达 192.168.0.0/24 网段的路由。

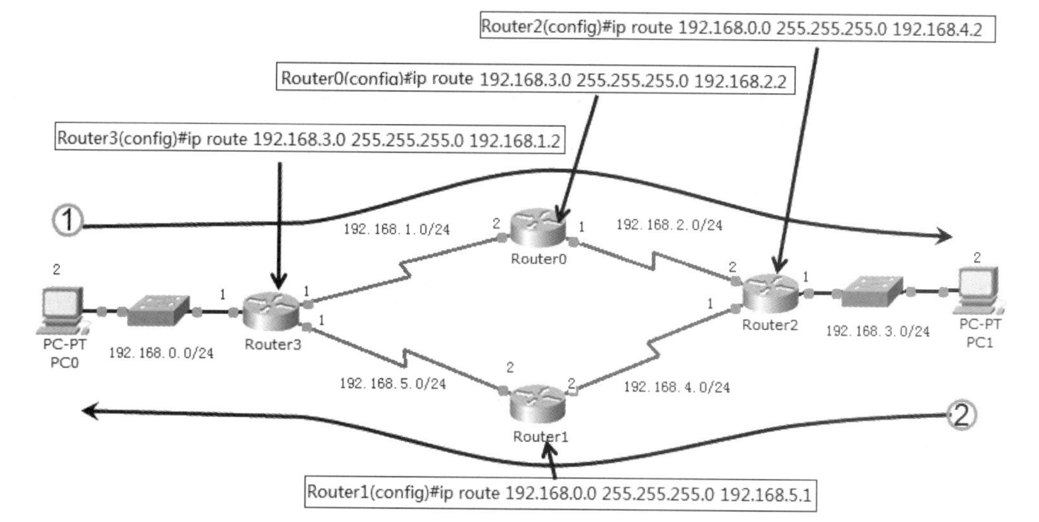

▲图 4-17　负载均衡

4.6　实训案例

4.6.1　实验环境

实验拓扑：本次实验使用的拓扑通过 GNS3 搭建，如图 4-18 所示。

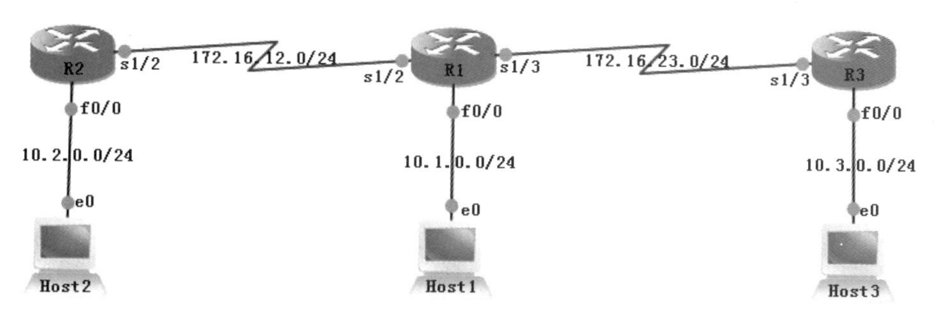

▲图 4-18　本节的实验环境

实验设备：本次实验使用的设备如表 4-1 所示。

▲表 4-1　本节的实验设备

设备名称	设备类型	平台版本	实现方式
R1	路由器	C7200-JK9O3S-M , 12.4（25g）	GNS3 1.3.9
R2	路由器	C7200-JK9O3S-M , 12.4（25g）	GNS3 1.3.9
R3	路由器	C7200-JK9O3S-M , 12.4（25g）	GNS3 1.3.9
Host1	PC 机	VPCS（version 0.6.1）	GNS3 1.3.9
Host2	PC 机	VPCS（version 0.6.1）	GNS3 1.3.9
Host3	PC 机	VPCS（version 0.6.1）	GNS3 1.3.9

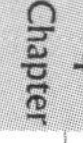

地址分配：本次实验的地址分配如表 4-2 所示。

▲表 4-2　本节的地址分配

设备	接口	IP 地址	子网掩码	网关
R1	S1/2	172.16.12.1	255.255.255.0	——
	S1/3	172.16.23.1	255.255.255.0	——
	F0/0	10.1.0.1	255.255.255.0	——
R2	S1/2	172.16.12.2	255.255.255.0	——
	F0/0	10.2.0.2	255.255.255.0	——
R3	S1/3	172.16.13.3	255.255.255.0	——
	F0/0	10.3.0.3	255.255.255.0	——
Host1	——	10.1.0.10	255.255.255.0	10.1.0.1
Host2	——	10.2.0.10	255.255.255.0	10.2.0.1
Host3	——	10.3.0.10	255.255.255.0	10.3.0.1

4.6.2　实验目的

- 掌握通过出接口的静态路由配置。
- 掌握通过下一跳的静态路由配置。
- 掌握静态路由汇总的配置。
- 掌握默认路由的配置。
- 理解路由表中路由代码的含义。

4.6.3　实验过程

任务一：使用 GNS3 软件按照给出的拓扑搭建实验环境

Step 1　打开 GNS3 软件，依次从左侧设备栏向工作区域拖出本次实验用的设备。

Step 2　按照拓扑给设备装载相应的网络模块、修改设备名称并连接设备。

Step 3　启动设备并打开控制台接口。

任务二：对设备进行基本的配置

Step 1　在 R1 上启动控制台日志同步功能，按照拓扑图和地址表激活物理接口并设置相应的参数，验证接口的状态和 IP 地址信息。

```
R1#config t
R1(config)#line console 0
R1(config-line)#logging synchronous
R1(config-line)#exit
R1(config)#interface fastEthernet 0/0
R1(config-if)#ip address 10.1.0.1 255.255.255.0
R1(config-if)#no shut
R1(config-if)#exit
R1(config)#interface serial 1/2
```

```
R1(config-if)#ip address 172.16.12.1 255.255.255.0
R1(config-if)#clock rate 64000
R1(config-if)#no shut
R1(config-if)#exit
R1(config)#interface serial 1/3
R1(config-if)#ip address 172.16.13.1 255.255.255.0
R1(config-if)#clock rate 64000
R1(config-if)#no shutdown
R1(config-if)#end
R1#show ip interface brief
```

Step 2 在 R2 上启动控制台日志同步功能，按照拓扑图和地址表激活物理接口并设置相应的参数，验证接口的状态和 IP 地址信息（过程略）。

Step 3 在 R3 上启动控制台日志同步功能，按照拓扑图和地址表激活物理接口并设置相应的参数，验证接口的状态和 IP 地址信息（过程略）。

Step 4 按照地址表设置 Host1 的地址和网关，并测试到网关的连通性。

```
PC1> ip 10.1.0.10 255.255.255.0 10.1.0.1
Checking for duplicate address...
PC1 : 10.1.0.10 255.255.255.0 gateway 10.1.0.1
PC1> ping 10.1.0.1
84 bytes from 10.1.0.1 icmp_seq=1 ttl=255 time=20.001 ms
84 bytes from 10.1.0.1 icmp_seq=2 ttl=255 time=6.000 ms
84 bytes from 10.1.0.1 icmp_seq=3 ttl=255 time=9.000 ms
84 bytes from 10.1.0.1 icmp_seq=4 ttl=255 time=9.001 ms
84 bytes from 10.1.0.1 icmp_seq=5 ttl=255 time=10.001 ms
PC1>
```

Step 5 按照地址表设置 Host2 的地址和网关，并测试到网关的连通性（过程略）。

Step 6 按照地址表设置 Host3 的地址和网关，并测试到网关的连通性（过程略）。

任务三：设置静态路由和默认路由，使 PC 之间可以相互通信

Step 1 查看 R1 默认的路由表。

```
R1#show ip route                    ---注意此时 R1 的路由表中仅有直连的路由信息---
[output cut]
     172.16.0.0/24 is subnetted, 2 subnets
C        172.16.12.0 is directly connected, Serial1/2
C        172.16.13.0 is directly connected, Serial1/3
     10.0.0.0/24 is subnetted, 1 subnets
C        10.1.0.0 is directly connected, FastEthernet0/0
R1#
```

Step 2 通过指定下一跳地址的方式在 R1 上配置到 Host2 所在网段的静态路由。

```
R1(config)#ip route 10.2.0.0 255.255.255.0 172.16.12.2
```

Step 3 通过送出接口的方式在 R1 上配置到 Host3 所在网段的静态路由。

```
R1(config)#ip route 10.3.0.0 255.255.255.0 serial 1/3
```

Step 4 验证 R1 上的路由表中静态路由的条目并作对比，过程如下：

```
R1#show ip route static
     10.0.0.0/24 is subnetted, 3 subnets
S        10.2.0.0 [1/0] via 172.16.12.2
S        10.3.0.0 is directly connected, Serial1/3
```

在配置过程中，我们使用了两种方式配置静态路由。需要注意的是，在配置完送出接口的静态路由后，在路由表中会以直连的方式显示，而使用下一跳配置完静态路由后，在路由表中会显示[1/0]。

Step 5 在 R1 上使用标准 ping 命令测试到 Host2 的连通性。

```
R1#ping 10.2.0.10
Type escape sequence to abort.
Sending 5, 100-byte ICMP Echos to 10.2.0.10, timeout is 2 seconds:
!!!!!
Success rate is 100 percent (5/5), round-trip min/avg/max = 60/61/64 ms
R1#
```

Step 6 在 R1 上使用扩张 ping 命令以 Fas0/0 接口地址为源，测试到 Host2 的连通性。

```
R1#ping 10.2.0.10 source fastEthernet 0/0

Type escape sequence to abort.
Sending 5, 100-byte ICMP Echos to 10.2.0.10, timeout is 2 seconds:
Packet sent with a source address of 10.1.0.1
......
Success rate is 0 percent (0/5)
R1#
```

思考： 为什么步骤 5 的 ping 测试能够成功，步骤 6 中的 ping 测试显示超时？

解析： 步骤 5 的 ping 测试中 ICMP 请求数据包的源地址使用的是 172.16.12.1，Host2 的 ICMP 响应数据包传递给 R2 后，R2 使用直连的路由将此数据包转发给 R1；步骤 6 的 ping 测试中 ICMP 数据包的源地址是 10.1.0.1，Host2 的 ICMP 响应数据包传递给 R2 后，R2 的路由表中没有到此地址的路由条目，R2 会扔掉这个 ICMP 的响应数据包并发送一个目标不可达的信息给 Host2，所以 R1 收不到 ICMP 的响应而显示超时，我们可以右击 R2 和 Host2 之间的链路，选择 Start Capture 打开 Wireshark 的窗口，并在 Filter 中过滤出 icmp 协议，再从 R1 执行步骤 5 和步骤 6 的 ping 测试，观察抓包的情况，如图 4-19 所示。

Capturing from Standard input - Wireshark

File Edit View Go Capture Analyze Statistics Telephony Tools Help

Filter: icmp ▾ Expression... Clear Apply

No.	Time	Source	Destination	Protocol	Info
71	520.988610	10.2.0.10	172.16.12.1	ICMP	Echo (ping) reply (i
72	521.018611	172.16.12.1	10.2.0.10	ICMP	Echo (ping) request (i
73	521.018611	10.2.0.10	172.16.12.1	ICMP	Echo (ping) reply (i
74	521.038613	172.16.12.1	10.2.0.10	ICMP	Echo (ping) request (i
75	521.038613	10.2.0.10	172.16.12.1	ICMP	Echo (ping) reply (i
76	521.058614	172.16.12.1	10.2.0.10	ICMP	Echo (ping) request (i
77	521.058614	10.2.0.10	172.16.12.1	ICMP	Echo (ping) reply (i
78	523.020726	10.1.0.1	10.2.0.10	ICMP	Echo (ping) request (i
79	523.020726	10.2.0.10	10.1.0.1	ICMP	Echo (ping) reply (i
80	523.030727	10.2.0.2	10.2.0.10	ICMP	Destination unreachable
82	524.990839	10.1.0.1	10.2.0.10	ICMP	Echo (ping) request (i
83	524.990839	10.2.0.10	10.1.0.1	ICMP	Echo (ping) reply (i
84	525.000839	10.2.0.2	10.2.0.10	ICMP	Destination unreachable
85	527.010954	10.1.0.1	10.2.0.10	ICMP	Echo (ping) request (i
86	527.010954	10.2.0.10	10.1.0.1	ICMP	Echo (ping) reply (i
87	527.020955	10.2.0.2	10.2.0.10	ICMP	Destination unreachable
88	528.971066	10.1.0.1	10.2.0.10	ICMP	Echo (ping) request (i
89	528.971066	10.2.0.10	10.1.0.1	ICMP	Echo (ping) reply (i
90	528.981067	10.2.0.2	10.2.0.10	ICMP	Destination unreachable
91	530.581158	10.1.0.1	10.2.0.10	ICMP	Echo (ping) request (i
92	530.581158	10.2.0.10	10.1.0.1	ICMP	Echo (ping) reply (i
93	530.591159	10.2.0.2	10.2.0.10	ICMP	Destination unreachable

Standard input: <live capture in progre... Packets: 187 Displayed: 25 Marked: 0 Profile: Default

▲图 4-19 抓包情况

所以要让两节点之间能够正常通信，还需要设置回程路由。

Step 7 通过指定下一跳地址的方式，在 R2 上配置到外面网络的默认路由并验证。

```
R2#config t
R2(config)#ip route 0.0.0.0 0.0.0.0 172.16.12.1
R2(config)#end
R2#show ip route static
S*     0.0.0.0/0 [1/0] via 172.16.12.1
R2#
```

Step 8 通过指定送出接口的方式，在 R3 上配置到外面网络的默认路由并验证。

```
R3#config t
Enter configuration commands, one per line.   End with CNTL/Z.
R3(config)#ip route 0.0.0.0 0.0.0.0 serial 1/3
R3(config)#^Z
R3#show ip route static
S*     0.0.0.0/0 is directly connected, Serial1/3
R3#
```

Step 9 从 Host2 上测试到 Host3 的网络连通性，过程如下：

```
PC2> ping 10.3.0.10
84 bytes from 10.3.0.10 icmp_seq=1 ttl=61 time=37.003 ms
84 bytes from 10.3.0.10 icmp_seq=2 ttl=61 time=39.002 ms
84 bytes from 10.3.0.10 icmp_seq=3 ttl=61 time=39.003 ms
84 bytes from 10.3.0.10 icmp_seq=4 ttl=61 time=39.002 ms
84 bytes from 10.3.0.10 icmp_seq=5 ttl=61 time=39.003 ms
PC2>
```

任务四：对路由进行汇总并优化路由表条目

Step 1 在 R1 上新建逻辑环回接口 Lo1、Lo2、Lo3 并设置地址（Lon:10.1.n.1/24），之后验证接口和路由信息。

```
R1(config)#interface loopback 1
R1(config-if)#ip address 10.1.1.1 255.255.255.0
R1(config-if)#int lo2
R1(config-if)#ip address 10.1.2.1 255.255.255.0
R1(config-if)#int lo3
R1(config-if)#ip address 10.1.3.1 255.255.255.0
R1(config-if)#end
R1#show ip int brief
Interface            IP-Address      OK? Method Status                  Protocol
FastEthernet0/0      10.1.0.1        YES manual up                      up
Serial1/0            unassigned      YES unset administratively down    down
Serial1/1            unassigned      YES unset administratively down    down
Serial1/2            172.16.12.1     YES manual up                      up
Serial1/3            172.16.13.1     YES manual up                      up
Loopback1            10.1.1.1        YES manual up                      up
Loopback2            10.1.2.1        YES manual up                      up
Loopback3            10.1.3.1        YES manual up                      up
R1#show ip route
[output cut]
     172.16.0.0/24 is subnetted, 2 subnets
```

```
C        172.16.12.0 is directly connected, Serial1/2
C        172.16.13.0 is directly connected, Serial1/3
      10.0.0.0/24 is subnetted, 6 subnets
S        10.2.0.0 [1/0] via 172.16.12.2
C        10.1.3.0 is directly connected, Loopback3
S        10.3.0.0 is directly connected, Serial1/3
C        10.1.2.0 is directly connected, Loopback2
C        10.1.1.0 is directly connected, Loopback1
C        10.1.0.0 is directly connected, FastEthernet0/0
R1#
```

Step 2 在 R2 上新建逻辑环回接口 Lo1、Lo2、Lo3 并设置地址（Lon:10.2.n.2/24），之后验证接口和路由信息（过程略）。

Step 3 在 R3 上新建逻辑环回接口 Lo1、Lo2、Lo3 并设置地址（Lon:10.3.n.3/24），之后验证接口和路由信息（过程略）。

Step 4 在 R1 上删除以前设置的所有静态路由，之后分别建立到 R2 和 R3 以太口及环回接口所在网段的汇总路由并验证路由表。

```
R1(config)#no ip route 10.2.0.0 255.255.255.0
R1(config)#no ip route 10.3.0.0 255.255.255.0
R1(config)#ip route 10.2.0.0 255.255.252.0 172.16.12.2
R1(config)#ip route 10.3.0.0 255.255.252.0 serial 1/3
R1#show ip route static
      10.0.0.0/8 is variably subnetted, 6 subnets, 2 masks
S        10.2.0.0/22 [1/0] via 172.16.12.2
S        10.3.0.0/22 is directly connected, Serial1/3
R1#
```

Step 5 从 Host1 分别测试到 R2 的 Lo1 和 R3 的 Lo2 接口的网络连通性。

```
PC1> ping 10.2.1.2
84 bytes from 10.2.1.2 icmp_seq=1 ttl=254 time=29.001 ms
84 bytes from 10.2.1.2 icmp_seq=2 ttl=254 time=29.001 ms
84 bytes from 10.2.1.2 icmp_seq=3 ttl=254 time=12.001 ms
84 bytes from 10.2.1.2 icmp_seq=4 ttl=254 time=19.001 ms
84 bytes from 10.2.1.2 icmp_seq=5 ttl=254 time=19.001 ms

PC1> ping 10.3.2.3
84 bytes from 10.3.2.3 icmp_seq=1 ttl=254 time=23.001 ms
84 bytes from 10.3.2.3 icmp_seq=2 ttl=254 time=19.001 ms
84 bytes from 10.3.2.3 icmp_seq=3 ttl=254 time=19.001 ms
84 bytes from 10.3.2.3 icmp_seq=4 ttl=254 time=19.001 ms
84 bytes from 10.3.2.3 icmp_seq=5 ttl=254 time=19.001 ms

PC1>
```

4.7 习题

1．下列各项中关于静态路由描述正确的是________。

A．路由器不能将同一个下一跳地址用于多条静态路由

B．当路由器发现数据包的目的地与路由表中的某条条目匹配时，路由器即可转发数据包

C．如果路由器存在带有下一跳地址的静态路由，要么该路由中必须列出送出接口，要么路由器上必须有关于下一跳网络的另一路由且该路由需要具备相关送出接口

D．与下一跳地址关联的路由比采用送出接口的路由更有效

2．下列各项中关于静态路由描述错误的是________。

A．减少对路由器的内存和处理需求

B．确保始终存在可用的路由

C．用于连接到末节网络的路由器

D．用于只能通过一条路由到达某一目的网络的网络

3．关于命令 ip route 172.16.4.0 255.255.255.0 192.168.4.2，下列选项中描述正确的是________。

A．此命令用于建立静态路由

B．目标网络的子网掩码为 255.255.255.0

C．此命令用于配置默认路由

D．源地址的子网掩码为 255.255.255.0

4．设置送出接口为以太网络的静态路由时最好指明下一跳 IP 地址，原因是________。

A．添加下一跳地址将使路由器在转发数据包时不再需要在路由表中进行任何查找

B．在多路访问网络中，如果没有下一跳地址，路由器不容易确定以太网帧的下一跳 MAC 地址

C．在静态路由中使用下一跳地址可以为路由提供较低的度量

D．在多路访问网络中，在静态路由中使用下一跳地址可以使该路由成为候选默认路由

5．可以用来汇总网络 172.16.1.0/24、172.16.2.0/24、172.16.3.0/24 和 172.16.4.0/24 的是________。

A．172.16.0.0/21

B．172.16.1.0/22

C．172.16.0.0 255.255.255.248

D．172.16.0.0 255.255.252.0

习题答案

1．C　2．B　3．A　4．B　5．A

5 动态路由

在当前的网络世界里，动态路由协议起着至关重要的作用。20 世纪 80 年代，动态路由协议 RIP（路由信息协议）问世，目前已经开始使用 RIPv2，但是它无法应用在较大型的网络中。为了满足大型网络的需求，OSPF（开放式最短路径优先）协议也开始投入使用。思科也推出了 IGRP（内部网关路由协议）和 EIGRP（增强型 IGRP）。现在各个 ISP（网络运营商）之间也会采用 BGP（边界网关路由）协议来交换路由信息。

本章将会讲述配置路由器和使用动态路由协议自动构建路由表，讲述 RIP（路由信息协议）、EIGRP（增强型内部网关路由协议）以及 OSPF（开放式最短路径优先）的工作特点和配置方法。

本章主要内容：

- 动态路由协议的特点
- 动态路由协议的分类
- VLSM 和 CIDR
- 路由环路
- RIP 协议的特点和配置方法
- EIGRP 协议的特点和配置方法
- OSPF 协议的特点和配置方法
- 路由再发布

5.1 动态路由概述

5.1.1 协议介绍

什么是动态路由协议呢？动态路由协议（简称为路由协议，有时也称为路由选择协议）是用于路由器之间交换路由信息的协议。通过动态路由协议，路由器可以动态实时地互相传递自己的路由表信息，并自动将信息添加到各自的路由表中，从而动态地共享了整个网络的信息，如图5-1所示。

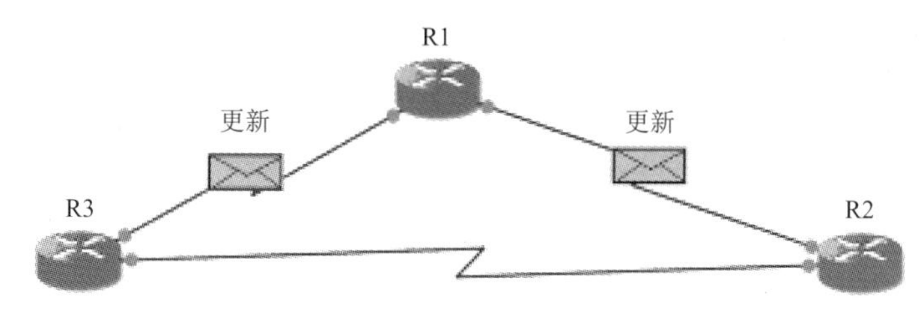

▲图5-1 路由动态传递更新消息

路由协议可以确定到达各个网络的最佳路径，然后将路径添加到路由表中。使用动态路由协议的一个主要的好处是，只要网络拓扑结构发生了变化，路由器就会相互交换路由信息。通过这种信息交换，路由器不仅能够自动获知新增加的网络，还可以在当前网络连接失败时找出备用路径。与静态路由相比，动态路由协议更容易管理。不过，运行动态路由协议需要占用一部分路由器资源，包括CPU内存和网络链路带宽。一般来讲，动态路由协议运行在相对网络规模较大的环境中，在本章中，我们将介绍各种动态路由的工作特征。

5.1.2 网络发现和路由表维护

动态路由协议有多种，不过所有的路由协议都有相同的目的和任务。动态路由协议有两个重要工作：一是发送和接收路由信息，目的是发现远程网络和网络状态更新；二是根据收到的路由信息维护和更新自己的路由表。协议是由一组处理进程、算法和消息组成，用于交换路由信息，并将其选择的最佳路径添加到自己的路由表中。动态路由的用途归纳如下：

（1）发现远程网络。

（2）维护最新路由信息。

（3）选择通往目的网络的最佳路径。

（4）当前路径无法使用时找出新的最佳路径。

5.1.3 动态路由协议的优缺点

在很多情况下，网络拓扑很复杂，而且会随着时间的推移发生变化，有的是可知的，而有的是意外发生的。我们需要动态路由协议能够有能力及时地适应这种变化以满足需求。在了解动态路由协议的好处之前，我们需要了解为什么要使用静态路由。动态路由确实在很多方面优于静态路由，不过，现今的网络仍会用到静态路由。而实际上，网络通常是将静态路由和动态路由结合使用。静态路由主要有以下几种用途：

（1）在不会显著增长的小型网络中，使用静态路由便于维护路由表。

（2）静态路由可以路由到末节网络或从末节网络路由到外部。

（3）使用单一默认路由。如果某个网络在路由表中找不到更匹配的路由条目，则可以使用默认路由作为通往该网络的路径。

如表5-1所示对动态路由和静态路由的功能作了直观的比较。通过比较，我们可以列出每种路由方式的优点，一种方式的优点也就是另一种方式的不足之处。

▲表 5-1　静态路由和动态路由的比较

比较项目	动态路由	静态路由
配置的复杂性	通常不受网络规模的限制	随网络规模增大而愈趋复杂
管理员所需知识	需要掌握高级的知识技能	不需要额外的专业知识
拓扑结构变化	根据拓扑结构变化进行自动调整	需要管理员参与
可拓展性	简单拓扑结构和复杂拓扑结构都符合	适合简单的网络拓扑结构
安全性	不够安全	更安全
资源使用情况	占用 CPU 内存和链路带宽	不需要额外的资源
可预测性	根据当前的网络拓扑结构确定路径	通过同一路径到达目标网络

动态路由的优点：

（1）增加或删除网络时，管理员维护路由配置的工作量较少。

（2）网络拓扑结构发生变化时，协议可以自动做出调整。

（3）扩展性好，网络增长时不会出现问题。

动态路由的缺点：

（1）需要占用路由器资源（CPU 时间、内存和链路带宽）。

（2）管理员需要掌握更多的网络知识才能进行配置、验证和故障排除工作。

在选择路由协议的时候可以根据以下特征来比较路由协议：

（1）收敛时间：收敛时间是指网络拓扑结构中的路由器共享路由信息并使各台路由器掌握的网络情况达到一致所需的时间。收敛速度越快，协议的性能越好。在发生了改变的网络中，收敛速度缓慢会导致不一致的路由表无法及时得到更新，从而可能造成路由环路。

（2）可扩展性：可扩展性表示根据一个网络所部署的路由协议，该网络能达到的规模。网络规模越大，路由协议需要具备的可扩展性越强。

（3）无类（使用 VLSM）或有类：无类路由协议在更新中会提供子网掩码。此功能支持使用可变长子网掩码（VLSM），汇总路由的效果也更好。有类路由协议不包含子网掩码且不支持 VLSM。

（4）资源使用率：资源使用率包括路由协议的要求（如内存空间）、CPU 利用率和链路带宽利用率。资源要求越高，对硬件的要求越高，才能对路由协议工作和数据包转发过程提供有力支持。

（5）实现和维护：实现和维护体现了对于所部署的路由协议，网络管理员实现和维护网络时必须要具备的知识级别。

5.2　动态路由协议的分类

目前在网络中正在使用的动态路由协议有很多，每种不同的路由协议都有各自的特点，适应不同的网络应用。常见的协议有 RIP（一种距离矢量的内部协议）、IGRP（思科私有的距离矢量内部协议）、OSPF（链路状态内部协议）、EIGRP（思科私有的高级距离矢量内部协议）、BGP（距离矢量外部路由协议）。路由协议的分类如图 5-2 所示。

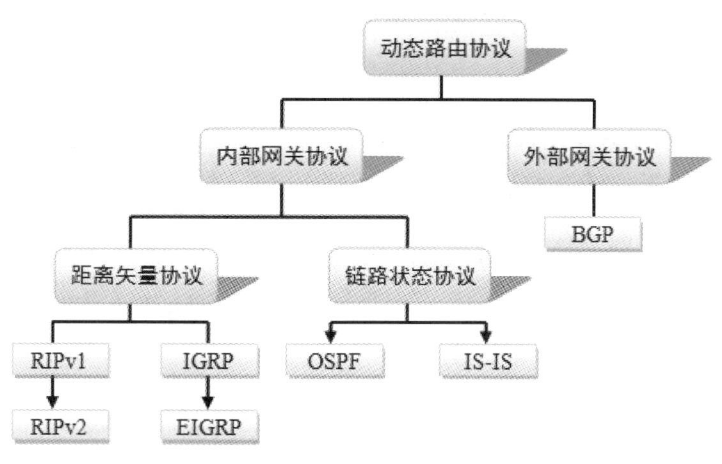

▲图 5-2 动态路由协议的分类

下面根据不同的特性将它们加以归类，大致可以分成三组：

（1）根据自制系统的不同，可以分为 IGP（内部网关协议）和 EGP（外部网关协议）；

（2）根据算法的不同，可以分为距离矢量和链路状态；

（3）根据更新方式的不同，可以分为有类路由协议和无类路由协议。

5.2.1 IGP 和 EGP

可以按照路由协议的特点将其分为不同的类别，以下为常用的一些路由协议：

RIP：一种距离矢量内部路由协议。

IGRP：Cisco 开发的距离矢量内部路由协议（12.2 IOS 及后续版本已不再使用）。

OSPF：一种链路状态内部路由协议，广泛应用于企业网络。

IS-IS：一种链路状态内部路由协议，一般应用于运营商的网络中。

EIGRP：Cisco 开发的高级距离矢量内部路由协议。

BGP：一种路径矢量外部路由协议。

在前面已经介绍了 AS（自治系统）的概念，是指一个共同管理区域内的一组路由器（也称路由域）。由于 Internet 基于自治系统，因此既需要使用内部路由协议，也需要使用外部路由协议。这两类协议包括 IGP（内部网关协议），用于在自治系统内部路由；EGP（外部网关协议），用于在自治系统之间路由，如图 5-3 所示简单对比了 IGP 与 EGP 的区别。

IGP 路由协议和 EGP 路由协议的特点：

IGP 用于在路由域的内部进行路由，此类网络由单个公司或组织管理。自治系统通常由许多属于公司、学校或其他机构的独立网络组成，如 CENIC 网络是一个由加利福尼亚各个学校、院校和大学组成的自治系统。CENIC 在其自治系统内部使用 IGP 路由来实现所有这些机构的互联，同时，CENIC 的各个教育机构网络也使用自己选择的 IGP 协议实现各自网络的路由。适用于 IP 协议的 IGP 包括 RIP、IGRP、EIGRP、OSPF 和 IS-IS。

路由协议（更具体地说是路由协议所使用的算法）使用度量来确定到达某个网络的最佳路径。RIP 路由协议使用的度量是跳数，即一个数据包在到达另一个网络过程中必须经过的路由器数量。OSPF 使用带宽来确定最短路径。

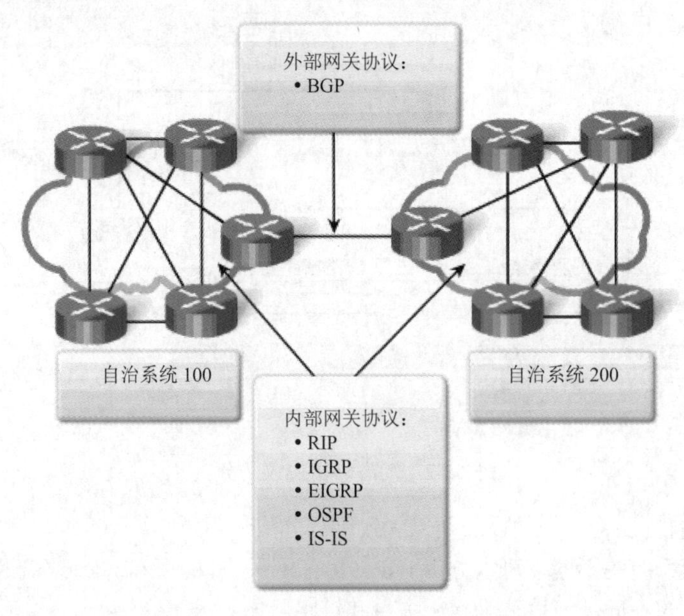

▲图 5-3　IGP 路由协议和 EGP 路由协议

与 IGP 不同，EGP 是用于不同机构管控下的不同自治系统之间的路由。BGP 是目前唯一使用的一种 EGP 协议，也是 Internet 所使用的路由协议。BGP 属于路径矢量协议，可以使用多种不同的属性来测量路径。对于 ISP 而言，除了选择最快的路径之外，还有许多更为重要的问题需要考虑，通常用于 ISP 和大型企业网络之间的路由。

5.2.2　距离矢量路由协议

距离矢量是指以距离和方向构成的矢量来通告路由信息。距离按跳数等度量来定义，方向则是下一跳的路由器或送出接口。比较典型的距离矢量协议是 RIP 协议，它使用的是贝尔曼－福特算法。

距离矢量协议会定期向所有邻居路由器发送完整的路由表。在大型网络中，这些路由更新的数据量会越来越庞大，因而会在链路中产生大规模的通信流量。尽管贝尔曼－福特算法最终可以累积足够的信息来维护可到达网络的数据库，但路由器仅仅是向邻居路由器发送路由信息和从邻居路由器接收路由信息，因此路由器无法通过该算法了解整个网络确切的拓扑结构。

距离矢量协议将路由器作为通往最终目的地的路径上的路标。路由器唯一了解的远程网络信息就是到该网络的距离（即度量）以及可通过哪条路径或哪个接口到达该网络。距离矢量路由协议并不了解确切的网络拓扑图。

距离矢量协议适用于以下情形：

（1）网络结构简单、扁平，不需要特殊的分层设计。

（2）管理员没有足够的知识来配置链路状态协议和排查故障。

（3）特定类型的网络拓扑结构，如集中星形（Hub-and-Spoke）网络。

（4）无需关注网络最差情况下的收敛时间。

提示：邻居的概念是指使用同一链路并配置了相同路由协议的其他路由器。使用距离矢量路由的路由器不了解网络拓扑结构，只了解自身接口的网络地址以及能够通过其邻居到达的远程网络地址，对于网络拓扑结构的其他部分则一无所知。

5.2.3 链路状态路由协议

与距离矢量路由协议的运行过程不同，配置了链路状态路由协议的路由器可以获取所有其他路由器的信息来创建网络的“完整视图”（即拓扑结构）。我们继续拿路标来作类比，使用链路状态路由协议就好比是拥有一张完整的网络拓扑图，从源到目的网络的路途中并不需要路标，因为所有链路状态路由器都使用相同的“网络地图”。链路状态路由器使用链路状态信息来创建拓扑图，并在拓扑结构中选择到达所有目的网络的最佳路径。使用链路状态协议的是前面提到过的 OSPF（开放式最短路径优先）协议。

对于某些距离矢量路由协议，路由器会定期向邻近的路由器发送路由更新信息。但链路状态路由协议不采用这种定期更新机制。在网络完成收敛之后，只有在网络拓扑结构发生变化时才发送链路状态更新信息，这种更新机制叫做触发更新。

链路状态协议适用于以下情形：

（1）网络进行了分层设计，大型网络通常如此。

（2）管理员对于网络中采用的链路状态路由协议非常熟悉。

（3）网络对收敛速度的要求极高。

有关于链路状态路由协议 OSPF，会在之后的章节中详细介绍。

5.2.4 有类和无类路由协议

1．有类路由协议

有类路由协议在路由信息更新过程中不发送子网掩码信息。最早出现的路由协议（如 RIP）都属于有类路由协议。那时，网络地址是按类（A 类、B 类或 C 类）来分配的。路由协议的路由信息更新中不需要包括子网掩码，因为子网掩码可以根据网络地址的第一组二进制八位数来确定。

尽管直至现在，某些网络仍在使用有类路由协议，但由于有类协议不包括子网掩码，因此并不适用于所有的网络环境。如果网络使用多个子网掩码划分子网，那么就不能使用有类路由协议。也就是说，有类路由协议不支持 VLSM（可变长子网掩码）。

有类路由协议包括 RIPv1 和 IGRP。

有类路由协议的使用还有其他一些限制，例如，不支持非连续网络。有关有类路由协议、非连续网络和 VLSM 的内容，在后面的章节中还会进行讨论。

2．无类路由协议

在无类路由协议的路由信息更新中，同时包括网络地址和子网掩码。如今的网络已不再按照类来分配地址，子网掩码也就无法根据网络地址的第一个二进制八位数来确定。如今的大部分网络都需要使用无类路由协议，因为无类路由协议支持 VLSM、非连续网络以及后面章节中将会讨论到的其他一些功能。无类路由协议包括 RIPv2、EIGRP、OSPF、IS-IS 和 BGP 等。

在图 5-4 和图 5-5 中可以看到，有类路由所有网络中使用的子网掩码都相同；无类路由网络在同一拓扑结构中同时使用了/30 和/27 子网掩码，还可以看到该拓扑结构采用的是非连续网络设计。

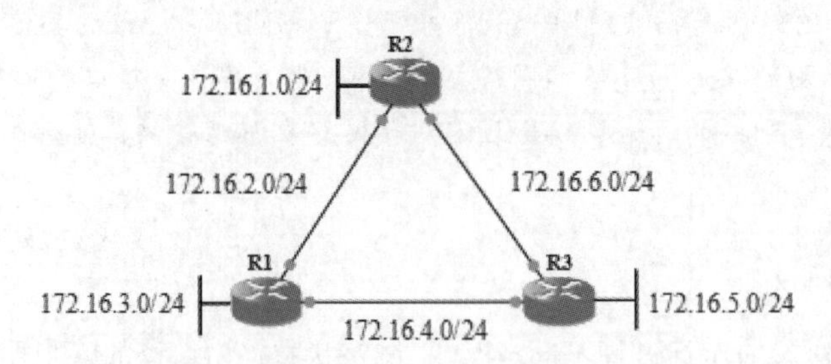

▲图 5-4　有类路由

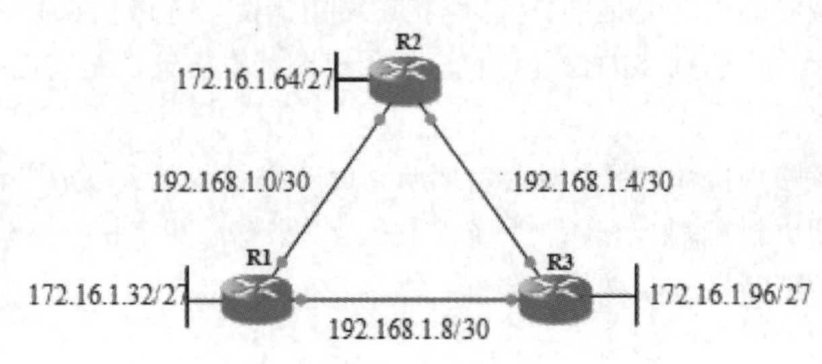

▲图 5-5　无类路由

5.3 VLSM 和 CIDR

5.3.1 发展历程

1981 年以前，IP 地址仅使用前 8 位来指定地址中的网络部分，因而 Internet（那时称为 ARPANET）的范围仅限于 256 个网络。很快，地址空间便不能满足人们的需求。

到 1981 年，RFC 791 对 IPv4 的 32 位地址进行了修改，将网络分为三种不同的类别：A 类、B 类和 C 类，每种类别的规模各不相同。A 类地址的网络部分使用 8 个位，B 类地址的网络部分使用 16 个位，C 类地址的网络部分则使用 24 个位。此格式就是人们所熟知的有类 IP 寻址。

最初发展形成的有类寻址方式在一段时间内解决了 256 个网络的限制问题。而十年之后，IP 地址空间再度面临快速耗尽的危险，而且形势越来越严峻。为此，IETF（Internet 工程工作小组）引入了 CIDR（无类域间路由）技术，使用 VLSM（可变长子网掩码）来节省地址空间。

通过使用 CIDR 和 VLSM，ISP 可以将一个有类网络划分为不同的部分，从而分配给不同的客户使用。随着 ISP 开始采用不连续编址方式，无类路由协议也随之产生。比较而言，有类路由协议总是在有类网络边界处汇总且其路由更新中不包含子网掩码信息，无类路由协议则在路由更新中包含子网掩码信息且不需要执行子网汇总。

随着 VLSM 和 CIDR 的应用，网络管理员必须要掌握和使用更多的子网划分技术。 VLSM 就是指对子网划分子网。通过本节可以了解到，子网可以在不同的层次上进一步划分子网。除了划分子网，还可以将多个有类网络汇总为一个聚合路由，即所谓的超网。本章节还将复习有关路由汇总方面的技巧。

5.3.2 有类寻址

1969 年，ARPANET 开始投入使用之初，没有人会预测到这个默默无闻的研究项目会发展为后来的 Internet。到了 1989 年，ARPANET 全面转型，成为今日人们所熟知的 Internet。在接下来的十年间，Internet 的主机数量呈几何级数激增，从 1989 年 10 月的 159000 台飙升至 2000 年末超过 72000000 台，截止到 2007 年 1 月，Internet 的主机数量已经超过 4.33 亿台。

如果不是先后采用了诸多新技术，如 1993 年的 VLSM 与 CIDR（RFC 1519）、1994 年的 NAT（名称地址转换）（RFC 1631）以及 1996 年的“私有地址”（RFC 1918），IPv4 的 32 位地址空间现在可能已经耗尽。

IPv4 地址起初是按类来分配的。在 1981 年发布的最初的 IPv4（RFC 791）规范中，制订者建立了类的概念，为大、中、小三种规模的组织提供三种不同规模的网络。使用特定格式的高位将地址分类为 A、B、C 三类。高位是指 32 位地址中靠近左边的位。

IP 编址方案如表 5-2 所示。

▲表 5-2　IP 编址方案

类	高位	开始	结束
A 类	0	0.0.0.0	127.255.255.255
B 类	10	128.0.0.0	191.255.255.255
C 类	110	192.0.0.0	223.255.255.255
组播	1110	224.0.0.0	239.255.255.255
实验用途	1111	240.0.0.0	255.255.255.255

A 类地址以一个 0 位开始，因此，所有 0.0.0.0 到 127.255.255.255 范围的地址都属于 A 类地址。地址 0.0.0.0 保留用于默认路由，地址 127.0.0.0 保留用于环回测试。B 类地址以 1 和 0 两个位开始，因此，所有 128.0.0.0 到 191.255.255.255 范围的地址都属于 B 类地址。C 类地址以两个 1 和一个 0 位开始，C 类地址的范围为 192.0.0.0 到 223.255.255.255。

余下的地址保留用于组播或备将来之需。组播地址以三个 1 和一个 0 开始，组播地址用于识别组播组中的主机，特别是在广播媒体中有助于减少主机的数据包处理量。在本章节中，你将了解到 RIPv2、EIGRP 和 OSPF 等路由协议都使用指定的组播地址。

以四个 1 位开始的 IP 地址保留用作将来之需，关于 IP 编址的内容在前面的章节中已经详细地介绍过了。

如图 5-6 所示，R1 知道子网 172.16.1.0 与外发接口属于同一有类主网络。因此，它将包含子网 172.16.1.0 的 RIP 更新信息发送到 R2。R2 接收到更新信息后，它对更新信息使用接收接口的子网掩码（/24），然后将 172.16.1.0 添加到其路由表。

如图 5-7 所示，R2 在向 R3 发送更新信息时，R2 将子网 172.16.1.0/24、172.16.2.0/24 和 172.16.3.0/24 总结为一个有类主网络 172.16.0.0。因为 R3 没有任何属于 172.16.0.0 的子网，它将应用 B 类网络的有类子网掩码（/16）。

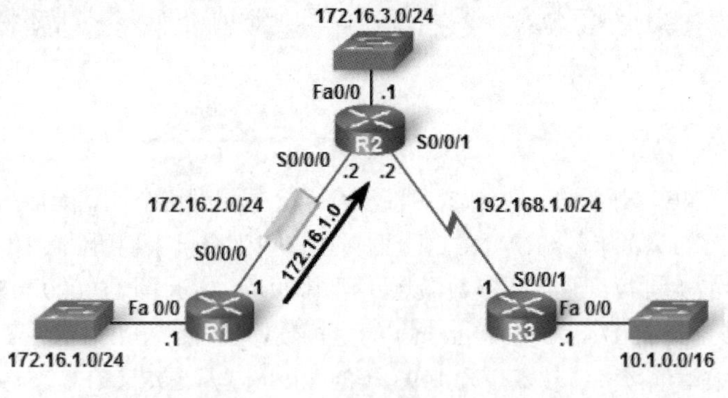

▲图 5-6　有类路由更新（1）

R3 对来自 R2 的路由更新 172.16.0.0 应用了有类/16 掩码

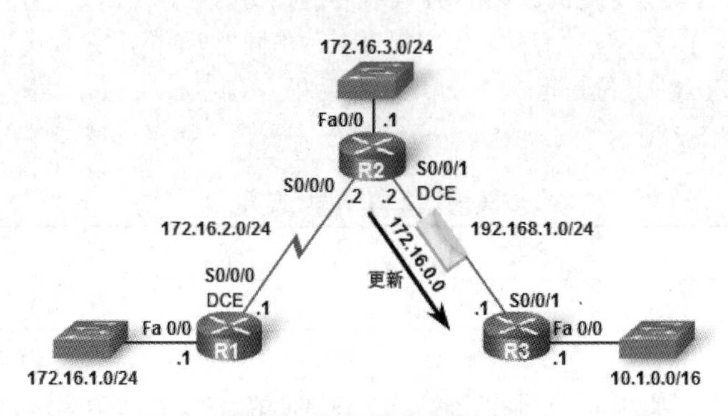

▲图 5-7　有类路由更新（2）

5.3.3　无类寻址

到了 1992 年，IETF（Internet 工程工作小组）面临着多个重要问题。首先，Internet 正呈几何级数的增长，但 Internet 路由表的扩展性却有限。此外，32 位的 IPv4 地址空间也存在最终耗尽的危险，对于 B 类地址空间尤其明显。当时人们可以预见，B 类地址在两年后将会全部耗尽（RFC 1519）。而原因就在于每个请求 IP 地址空间的公司或组织，所分配到的都是完整的有类网络地址——要么是包含 65534 个主机地址的 B 类地址，要么是包含 254 个主机地址的 C 类地址。导致这个问题的根本症结就是缺乏灵活性。对于那些需要数千个而不是 65000 个主机 IP 地址的中等规模的公司或组织来说，没有哪一类网络适合他们使用。

1993 年，IETF 引入了“无类域间路由”这一概念，即 CIDR（RFC 1517）。CIDR 有以下作用：

（1）允许更灵活地使用 IPv4 地址空间。

（2）允许前缀聚合，这样就减小了路由表。

对于采用 CIDR 概念的路由表来讲，地址类别就变得没什么意义了。地址的网络部分由网络子网掩码（也称网络前缀）或前缀长度（如/8、/19）来确定。网络地址不再由地址所属的类来确定。

如今，ISP 可以通过任意前缀长度（/8、/9、/10 依次递增等）更加有效地分配地址空间，而不必限于/8、/16 或/24 子网掩码。网络的 IP 地址段可以针对用户的具体需要加以分配——小到只有几台主机，大到拥有数百、上千台主机。

无类路由协议包括 RIPv2、EIGRP、OSPF、IS-IS 和 BGP 等。这些路由协议的路由信息更新中同时包含网络地址和子网掩码。在子网掩码不再由第一组二进制八位数值来假定或确定的情况下，必须要使用无类路由协议。

网络 172.16.0.0/16、172.17.0.0/16、172.18.0.0/16 和 172.19.0.0/16 可以汇总为 172.16.0.0/14，如图 5-8 所示。

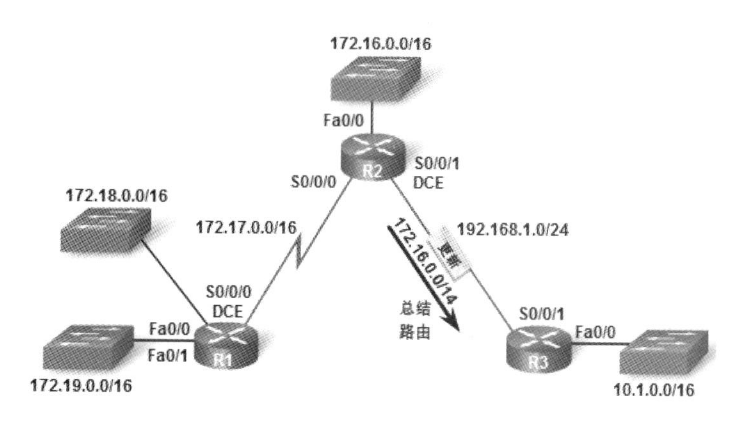

▲图 5-8 无类路由更新

如果 R2 发送了汇总的路由信息 172.16.0.0 但不包含掩码/14，R3 只能应用默认的有类掩码/16。在使用有类路由协议的情况下，R3 并不了解 172.17.0.0/16、172.18.0.0/16 和 172.19.0.0/16 网络。

注意： 在使用有类路由协议的情况下，R2 可以不进行汇总，而是分别发送这些网络的路由信息，但是这样也就无法利用汇总的好处。

有类路由协议不能发送超网路由信息，因为接收这些路由信息的路由器会对路由表中的网络地址使用默认的有类子网掩码。如果网络拓扑结构中使用了有类路由协议，那么 R3 只会将 172.16.0.0/16 安装到路由表中。

注意： 如果路由表中有超网路由信息，例如，将其作为静态路由使用，则有类路由协议默认在路由更新中不会包含该路由信息。

在使用无类路由协议的情况下，R2 会将 172.16.0.0 网络地址连带掩码/14 发送到 R3。随后，R3 就可以将超网路由 172.16.0.0/14 安装到其路由表中，这样，通过该路由就可以到达 172.16.0.0/16、172.17.0.0/16、172.18.0.0/16 和 172.19.0.0/16 网络。

5.3.4 VLSM

如果有一个 B 类或 C 类的标准子网，为了减少主机之间的广播通信量和隔离故障，将该标准子网分成若干个掩码一致的子网。在整个网络中将一致地使用这个掩码，因为子网在大小上可能差别很大，在许多情况下，这导致浪费了许多主机地址。例如，在一个子网上仅仅有两个主机，但是已经将整个子网分配给了这两个接口。

如果使用其中一个子网，并进一步将其划分为更小的子网，将有效地利用 IP 地址资源。这种改变固有的子网掩码长度来划分更多子网的方式叫做可变长子网掩码（Variable Length Subnet Mark，VLSM）技术。

VLSM 是为了有效地使用 CIDR（无类别域间路由）和路由汇总来控制路由表的大小，并可以对子网进行层次化编址，以便最有效地利用现有的地址空间。在使用 VLSM 时，所采用的路由协议必须能够支持它，这些路由协议包括 RIPv2、OSPF、EIGRP、IS-IS 和 BGPv4。如果在一个运行 RIPv1 或 IGRP 的网络中混合使用不同长度的子网掩码，那么这个网络将无法正常工作。

VLSM 的优点有以下 3 个：

（1）IP 地址的使用更加有效。

（2）应用路由汇总时有更好的性能。

（3）与其他路由器的拓扑变化隔离。

图 5-9 显示了使用子网掩码/16 对 10.0.0.0/8 网络划分子网的情况，它包含 256 个子网：

10.0.0.0/16

10.1.0.0/16

……

10.255.0.0/16

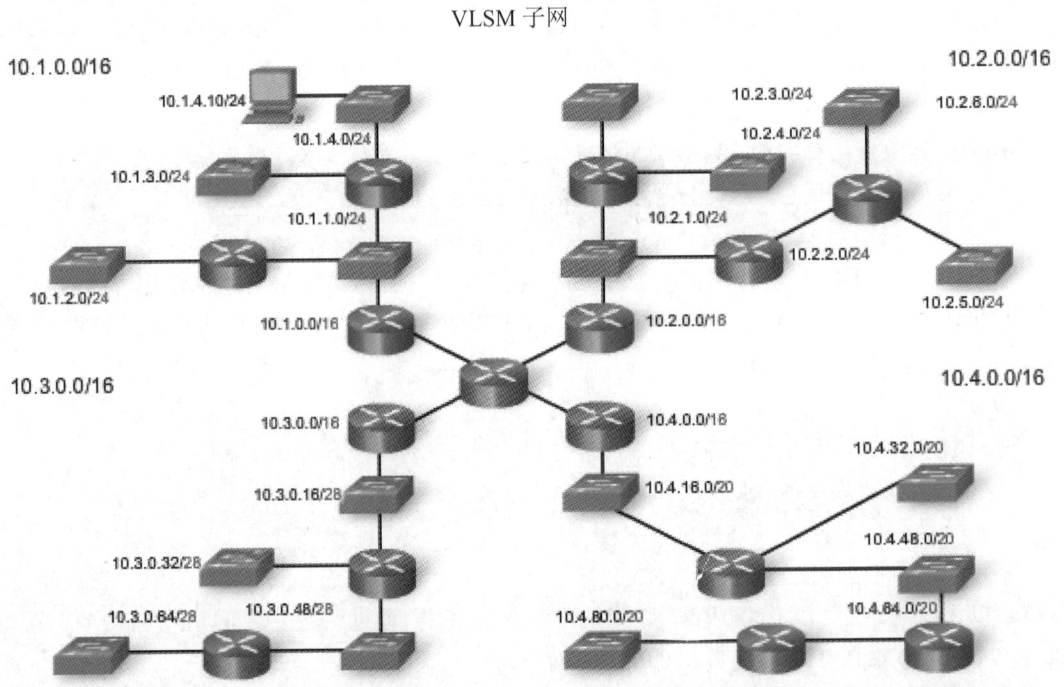

VLSM 子网

▲图 5-9　10.0.0.0/8 子网划分

这些/16 子网都可以进一步划分子网。例如，在图 5-9 中，使用/24 掩码对 10.1.0.0/16 做了进一步的划分，从而产生了下列子网：

10.1.1.0/24

10.1.2.0/24

10.1.3.0/24

……

10.1.255.0/24

10.2.0.0/16 子网使用/24 掩码进一步划分，10.3.0.0/16 子网和 10.4.0.0/16 子网也分别使用掩码/28 和/20 做了进一步的划分。

各台主机所分配到的地址分别属于不同“子网的子网”，例如，10.1.0.0/16 子网划分为多个/24 子网。地址 10.1.4.10 现在属于更具体的 10.1.4.0/24 子网。

查看 VLSM 子网的另一种方式是列出每个子网及其“子网的子网”。在图 5-10 中，10.0.0.0/8 网络是最初的地址空间。在第一轮划分子网时使用了掩码/16，我们已经知道，从主机地址借用 8 个位（从/8 变为/16）可以产生 256 个子网。在有类路由的情况下，只能到此为止，对于所有网络，只能使用一个掩码。在使用 VLSM 和无类路由的情况下，就具有了更多的灵活性，可以创造更多的网络地址，也可以使用适合自己需要的掩码。

对于子网 10.1.0.0/16，再从主机地址借用 8 个位，这样就可以使用/24 掩码创造 256 个子网，此掩码将允许每个子网存在 254 个主机地址。10.1.0.0/24 到 10.1.255.0/24 范围内的子网都属于子网 10.1.0.0/16，如图 5-10 所示。

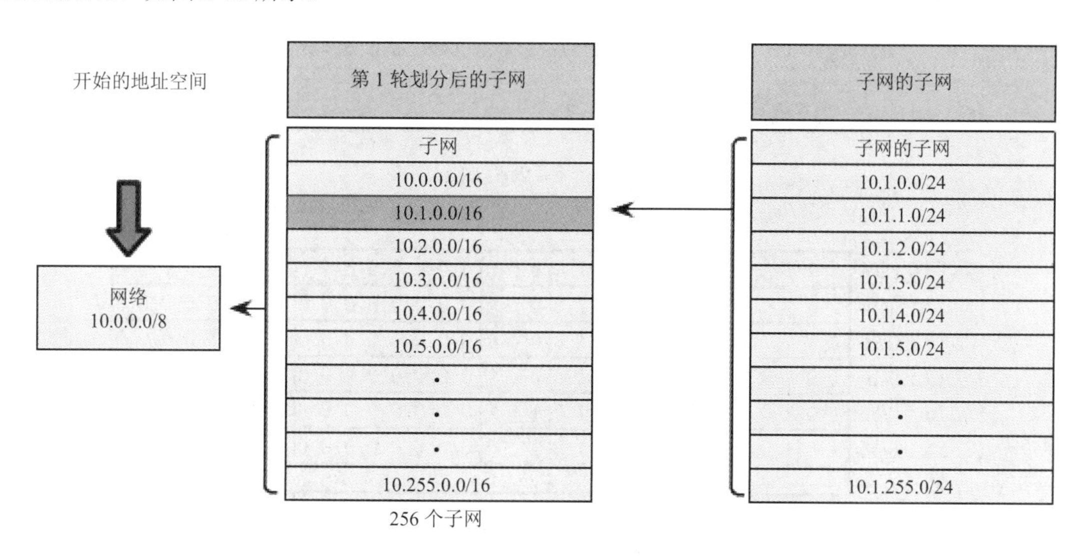

▲图 5-10　10.0.0.0/8 子网的子网

5.3.5　CIDR

CIDR（Classless Inter-Domain Routing，无类域间路由选择）消除了传统的 A 类、B 类和 C 类地址以及划分子网的概念，因而可以更加有效地分配 IPv4 的地址空间。它可以将好几个 IP 网络结合在一起，使用一种无类别的域际路由选择算法，使它们合并成一条路由从而减少路由表中的路由条目，进而减轻 Internet 路由器的负担。

CIDR 还使用“斜线记法”，又称为 CIDR 记法，即在 IP 地址后面加上一个斜线“/”，然后写上网络前缀所占的比特数（这个数值对应于三级编址中的子网掩码中比特 1 的个数）。我们已经知道，路由汇总也就是所谓的路由聚合，是指使用更笼统、相对更短的子网掩码将一组连续地址作为一个地址来传播。请记住，CIDR 是路由聚合的一种形式，它与术语“超网划分”同义。

对于由类似 RIPv1 这样的有类路由协议所执行的路由汇总，在通过属于另一个主网络的接口发送 RIPv1 更新时，会将子网总结为一个主网络有类地址。例如，RIPv1 将多个 10.0.0.0/24 子网（从 10.0.0.0/24 到 10.255.255.0/24）总结为 10.0.0.0/8。

CIDR 忽略有类边界的限制，允许使用小于默认有类掩码的掩码进行汇总。此类汇总有助于减少路由更新中的条目数量，以及降低本地路由表中的条目数量。它还可以帮助减少路由更新所需的带宽用量，加快路由表查询速度。图 5-11 显示了一条地址为 172.16.0.0、掩码为 255.248.0.0 的静态路由，它总结了所有从 172.16.0.0/16 到 172.23.0.0/16 的有类网络。虽然 172.22.0.0/16 和 172.23.0.0/16 没有显示在图中，但它们也包含在这个总结路由中。请注意，掩码/13（255.248.0.0）小于默认有类掩码/16（255.255.0.0）。如图 5-12 所示是 CIDR 的计算过程。

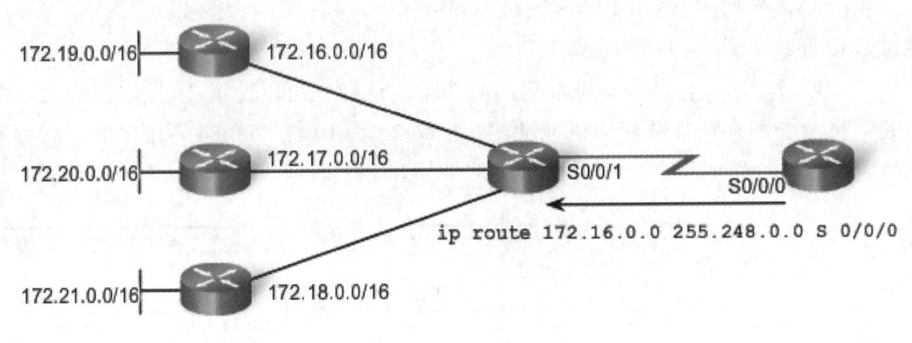

▲图 5-11　CIDR 路由汇总

172.16.0.0/16	1 0 1 0 1 1 0 0	0 0 0 1 0 0 0 0	0 0 0 0 0 0 0 0	0 0 0 0 0 0 0 0
172.17.1.0/16	1 0 1 0 1 1 0 0	0 0 0 1 0 0 0 1	0 0 0 0 0 0 0 0	0 0 0 0 0 0 0 0
172.18.1.0/16	1 0 1 0 1 1 0 0	0 0 0 1 0 0 1 0	0 0 0 0 0 0 0 0	0 0 0 0 0 0 0 0
172.19.1.0/16	1 0 1 0 1 1 0 0	0 0 0 1 0 0 1 1	0 0 0 0 0 0 0 0	0 0 0 0 0 0 0 0
172.20.1.0/16	1 0 1 0 1 1 0 0	0 0 0 1 0 1 0 0	0 0 0 0 0 0 0 0	0 0 0 0 0 0 0 0
172.21.1.0/16	1 0 1 0 1 1 0 0	0 0 0 1 0 1 0 1	0 0 0 0 0 0 0 0	0 0 0 0 0 0 0 0
汇总		汇总		
172.16.0.0/13	1 0 1 0 1 1 0 0	0 0 0 1 0 0 0 0	0 0 0 0 0 0 0 0	0 0 0 0 0 0 0 0
	网络位		主机位	

▲图 5-12　CIDR 计算过程

或许路由器有一条具体的静态路由条目，同时也存在覆盖同一网络的另一条汇总条目。假设路由器 X 有一条使用 Serial 0/0/1 且指向 172.22.0.0/16 的具体路由，还有一条使用 Serial0/0/0 的汇总路由 172.16.0.0/14。发往 IP 地址 172.22.n.n 的数据包与这两个路由条目都匹配。在实际发送时，这些发往 172.22.0.0 的数据包将使用 Serial0/0/1 接口发送，根据最长匹配原则与 14 位掩码的 172.16.0.0/14 汇总路由相比，16 位掩码要更为具体。

传递 VLSM 和超网路由信息需要使用无类路由协议，因为这些网络地址更新时需要附带子网掩码，无类路由协议的路由信息更新中同时包含网络地址和子网掩码。

5.4 路由环路

5.4.1 概述

在维护路由表信息时，如果在拓扑发生改变后，网络收敛缓慢产生了不协调或矛盾的路由选择条目，就会发生路由环路的问题。这种条件下，路由器会使用存在路由环路的条目对数据包进行转发，导致用户的数据包不停在网络上循环发送，最终造成网络资源的严重浪费。路由环路可能造成以下后果：

（1）环路内的路由器占用链路带宽来反复收发流量。

（2）路由器的 CPU 因不断循环数据包而不堪重负。

（3）路由器的 CPU 承担了无用的数据包转发工作，从而影响网络收敛。

（4）路由更新可能会丢失或无法得到及时处理，这些状况可能会导致更多的路由环路使情况进一步恶化。

（5）数据包可能丢失在“黑洞”（NULL0）中。

距离矢量的路由协议有多种机制可以消除路由环路。这些解决方法会使收敛的速度变慢，本书后面会介绍以下几种解决路由环路问题可能的实施方法：

（1）定义最大度量以防止计数至无穷大。

（2）抑制计时器和路由毒化。

（3）水平分割。

5.4.2 路由环路的产生

下面通过路由选择环路的实例，观察会出现什么样的问题，如图 5-13 所示。当前网络中路由表各项正常，显示如下：

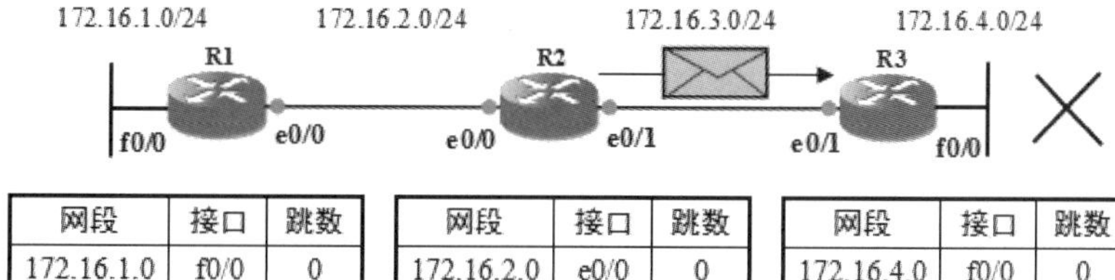

网段	接口	跳数
172.16.1.0	f0/0	0
172.16.2.0	e0/0	0
172.16.3.0	e0/0	1
172.16.4.0	e0/0	2

网段	接口	跳数
172.16.2.0	e0/0	0
172.16.3.0	e0/1	0
172.16.4.0	e0/1	1
172.16.1.0	e0/0	1

网段	接口	跳数
172.16.4.0	f0/0	0
172.16.3.0	e0/1	0
172.16.2.0	e0/1	1
172.16.1.0	e0/1	2

▲图 5-13　路由环路产生（1）

一段时间后 172.16.4.0 网络故障，在 R3 发送更新信息之前 R2 发送了更新信息，并告诉 R3 可以通过 R2 到达 172.16.4.0 网络，之后 R3 添加了错误路由，如图 5-14 所示。

如图 5-15 所示，在 R3 添加了错误路由之后，R1 收到了一个去往 172.16.4.0 网络的数据包，当该数据包到达 R2 时，R2 查询路由表从 e0/1 转发，R3 收到后查询路由表从 e0/1 转发，这时我们发现数据的传递出现了问题，R2 和 R3 这两台路由器会一直将这个数据包来回传递，直到 IP 数据包中的 TTL 字段从 255 减到 0 为止。

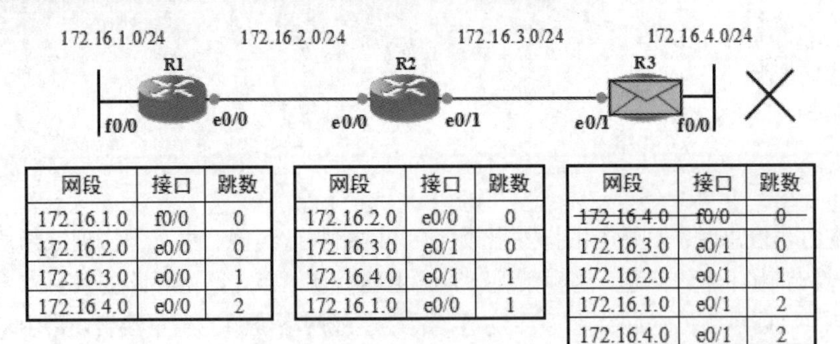

网段	接口	跳数
172.16.1.0	f0/0	0
172.16.2.0	e0/0	0
172.16.3.0	e0/0	1
172.16.4.0	e0/0	2

网段	接口	跳数
172.16.2.0	e0/0	0
172.16.3.0	e0/1	0
172.16.4.0	e0/1	1
172.16.1.0	e0/0	1

网段	接口	跳数
~~172.16.4.0~~	~~f0/0~~	~~0~~
172.16.3.0	e0/1	0
172.16.2.0	e0/1	1
172.16.1.0	e0/1	2
172.16.4.0	e0/1	2

▲图 5-14　路由环路产生（2）

R2 和 R3 的路由表中关于这条路由的跳数也会随着路由器不断发送更新而越来越大。因此，路由环路在较大型的网络中一旦出现，将有可能导致网络大面积瘫痪。

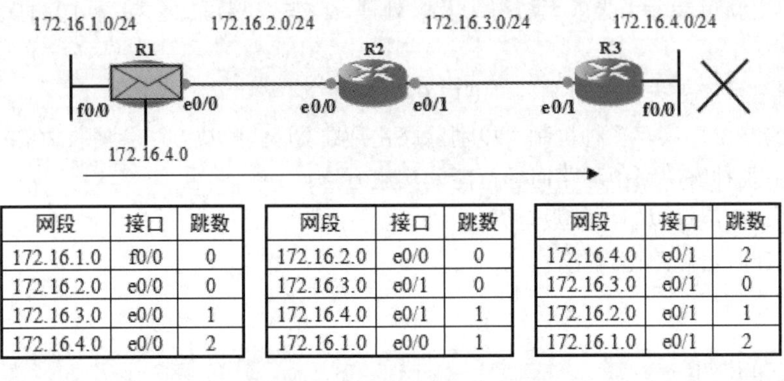

网段	接口	跳数
172.16.1.0	f0/0	0
172.16.2.0	e0/0	0
172.16.3.0	e0/0	1
172.16.4.0	e0/0	2

网段	接口	跳数
172.16.2.0	e0/0	0
172.16.3.0	e0/1	0
172.16.4.0	e0/1	1
172.16.1.0	e0/0	1

网段	接口	跳数
172.16.4.0	e0/1	2
172.16.3.0	e0/1	0
172.16.2.0	e0/1	1
172.16.1.0	e0/1	2

▲图 5-15　路由环路产生（3）

注意：IP 协议自身包含防止数据包在网络中无休止传输的机制。IP 设置了生存时间（TTL）字段，每经过一台路由器，该值都会减 1。如果 TTL 变为 0，则路由器将丢弃该数据包。

5.4.3 定义最大度量以防止计数至无穷大

路由环路的一个问题是计数到无穷大的故障现象。路由选择环路发生一个或多个分组套入环路时，它们不断沿着环路循环，浪费网段中的带宽和处理这些分组的路由器的 CPU 资源。为了避免这个延时的问题，RIP 协议定义了一个最大值，这个数字是指最大的度量值（最大值为 16），例如跳数。也就是说，路由更新信息可以向不可到达网络的路由中的路由器发送 15 次，一旦达到最大值 16，就视为网络不可到达、存在故障，将不再接收来自访问该网络的任何路由更新信息。如图 5-16 所示，一旦路由器计数达到“无穷大”值，该路由就会被标记为不可达。

对路由分组设置最大跳数限制没有解决路由环路的问题——环路依然存在。该解决方案仅仅是阻止分组陷入环路。对分组设置跳数限度的另一个问题是在某些情况下分组设法到达接收站超出了最大限制范围，检查 TTL 字段时，路由器无法辨别合法接收站和路由选择环路接收站，只要到达最大值就是丢弃。RIP 将跳数限度设为 15，分组进入路由接口时将减小 TTL 字段，如果跳数减为 0，路由器就会立即丢弃分组。

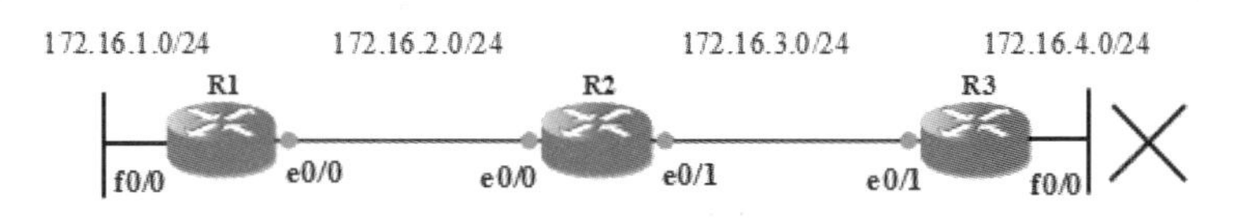

网段	接口	跳数
172.16.1.0	f0/0	0
172.16.2.0	e0/0	0
172.16.3.0	e0/0	1
172.16.4.0	e0/0	16

网段	接口	跳数
172.16.2.0	e0/0	0
172.16.3.0	e0/0	0
172.16.4.0	e0/1	16
172.16.1.0	e0/1	1

网段	接口	跳数
172.16.4.0	e0/1	16
172.16.3.0	e0/1	0
172.16.2.0	e0/1	1
172.16.1.0	e0/0	2

▲图 5-16　设置最大跳数

5.4.4　水平分割

防止由于距离矢量路由协议收敛缓慢而导致路由环路的另一种方法是水平分割。水平分割规则规定，路由器不能使用接收更新的同一接口来通告同一网络。

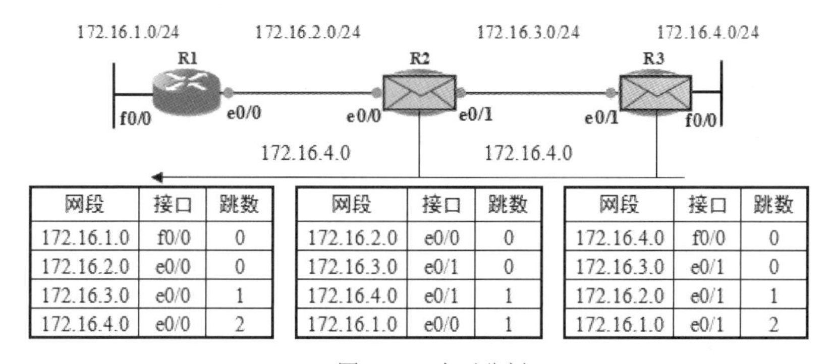

网段	接口	跳数
172.16.1.0	f0/0	0
172.16.2.0	e0/0	0
172.16.3.0	e0/0	1
172.16.4.0	e0/0	2

网段	接口	跳数
172.16.2.0	e0/0	0
172.16.3.0	e0/1	0
172.16.4.0	e0/1	1
172.16.1.0	e0/0	1

网段	接口	跳数
172.16.4.0	f0/0	0
172.16.3.0	e0/1	0
172.16.2.0	e0/1	1
172.16.1.0	e0/1	2

▲图 5-17　水平分割

如图 5-17 所示，对上面的示例路由 172.16.4.0 应用水平分割后将引发下面的一系列活动：

（1）R3 将 172.16.4.0 网络通告给 R2。

（2）R2 接收该信息并更新其路由表。

（3）R2 随后通过 e0/0 将 172.16.4.0 网络通告给 R1，R2 不会通过 e0/1 将 10.4.0.0 通告给 R3，因为该路由正是从该接口获得。

（4）R1 接收该信息并更新其路由表。

（5）因为使用了水平分割，所以 R1 也不会将关于网络 172.16.4.0 的信息通告给 R2。

通过上述活动，路由器相互交换了完整的路由更新（违反水平分割规则的路由除外）。结果如下：

R2 将网络 172.16.3.0 和 172.16.4.0 通告给 R1。

R2 将网络 172.16.1.0 和 172.16.2.0 通告给 R3。

R1 将网络 172.16.1.0 通告给 R2。

R3 将网络 172.16.4.0 通告给 R2。

5.4.5 路由毒化和抑制计时器

鉴于水平分割是用于解决小的路由选择环路问题的，RIP 协议使用两种机制来解决大的路由选择环路问题：路由毒化和抑制计时器。路由毒化是从水平分割派生的，路由器检测到其连接的路由中的一条断开时，通过给它分配一个无穷大的度量值，从而使该路由中毒。在 RIP 中，分配给路由的跳数为 16（最大值默认是 15），因此使之成为不可达网络。路由器向其相邻路由器通告中毒路由时，其相邻路由器会违反水平分割的规则，将相同的中毒路由送回始发站，这称为毒性逆转。这就确保了大家都接收到中毒路由的初始更新信息。

注意：中毒的路由被分配了一个无穷大的度量值。毒性逆转导致路由器违反水平分割的规则，将中毒的路由从其所有接口通告出去。

为了给路由器提供足够的时间来传播中毒路由，并确保进行传播时没有路由选择环路产生，路由器实施了抑制机制。在此期间，路由器将在抑制计时器期间冻结路由选择表中的中毒路由，抑制计时器通常是路由选择广播更新时间间隔的 3 倍。

要理解中毒路由和抑制计时器是如何工作的会很复杂。我们看一个实例来了解这两种机制是如何联手解决大的路由选择环路问题的。在本例中假设路由器运行 RIP，抑制计时器和路由中毒通过以下方式工作：

（1）路由器从邻居处接收到更新，该更新表明以前可以访问的网络现在已不可以访问且将不可达网络标记最大跳数 16，通过毒性更新通告给其他路由器，如图 5-18 所示。

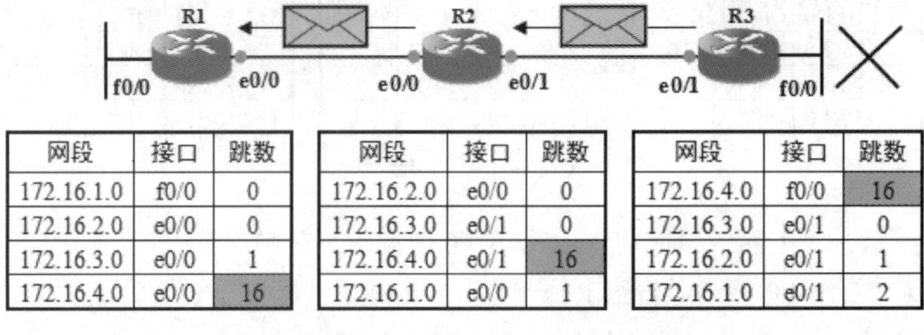

网段	接口	跳数
172.16.1.0	f0/0	0
172.16.2.0	e0/0	0
172.16.3.0	e0/0	1
172.16.4.0	e0/0	16

网段	接口	跳数
172.16.2.0	e0/0	0
172.16.3.0	e0/1	0
172.16.4.0	e0/1	16
172.16.1.0	e0/0	1

网段	接口	跳数
172.16.4.0	f0/0	16
172.16.3.0	e0/1	0
172.16.2.0	e0/1	1
172.16.1.0	e0/1	2

▲图 5-18 路由毒化与更新

（2）路由器将该网络标记为 possibly down 并启动抑制计时器。

（3）如果在抑制期间从原来的路由器接收到含有更小度量的有关该网络的更新，则恢复该网络并删除抑制计时器，如图 5-19 所示。

（4）如果在抑制期间从相邻路由器收到的更新包含的度量与之前相同或更大，则该更新将被忽略。如此一来，更改信息便可以继续在网络中传播一段时间。如果在抑制计时器结束后还是没有可达路径，路由器将会删除路由表中的不可达路由，如图 5-20 所示。

使用抑制计时器的问题之一是它们导致距离向量路由选择协议收敛缓慢——如果抑制周期为 180 秒，要等到抑制周期结束才可以使用具有更差度量值的有效替代路径。因此，用户至少有 3 分钟时间失去到该网络的连接。抑制计时器用于将中毒路由在路由选择表中保留足够长的时间，从而使中毒路由有机会传播到网络中所有其他的路由器上。

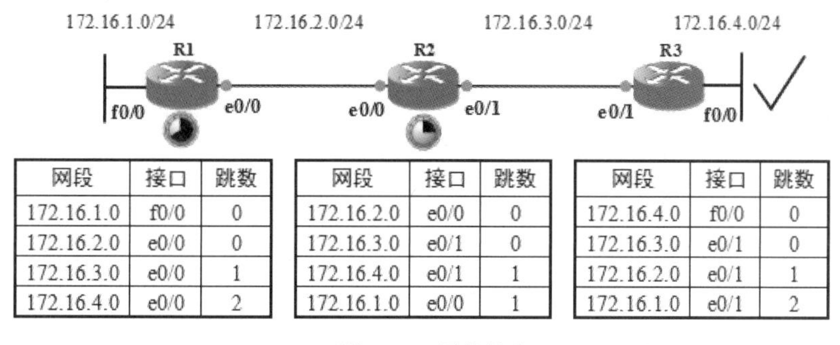

▲图 5-19　网络恢复

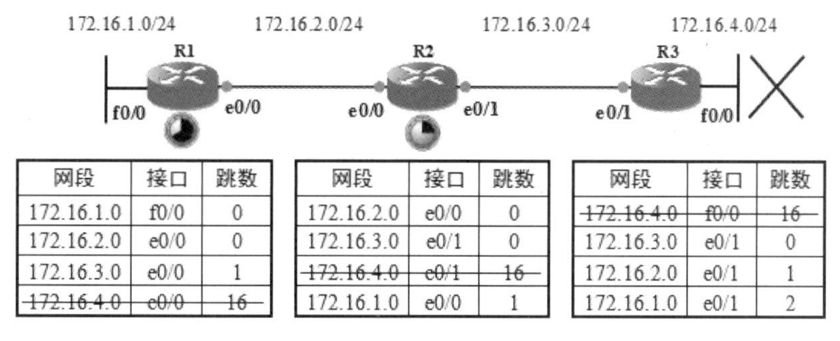

▲图 5-20　删除不可达路由

5.5　RIP

5.5.1　RIP 概述

许多距离矢量协议采用定期更新（周期更新）与其邻居交换路由信息，并在路由表中维护最新的路由信息。RIP 和 IGRP 均属于此类协议。

RIP（Routing Information Protocol，路由信息协议）是一个纯粹的距离矢量路由选择协议。RIP 每隔 30 秒就将自己完整的路由选择表从所有激活的接口上送出。RIP 只将跳计数作为度量值，并且在默认情况下允许最大跳计数为 15，也就是说，16 跳就被认为是不可达的。在小型的网络应用中，RIP 运行良好，但对于配备有慢速 WAN 链接的大型网络或安装有大量路由器的网络，它的运行效率就很低了。

5.5.2　RIP 定时器

路由器定期向邻居发送路由表。定期更新是指路由器以预定义的时间间隔向邻居发送完整的路由表。对于 RIP，无论拓扑结构是否发生变化，这些路由信息都将每隔 30 秒通过启用 RIP 的接口发送出去。这个 30 秒的时间间隔便是路由更新计时器来完成的，它还可以用于跟踪路由表中路由信息的驻留时间。

每次收到更新后，路由表中路由信息的驻留时间都会刷新。通过这种方法便可以在网络发生改变时维护路由表中的信息，网络发生变化的原因有多种，包括：

（1）链路故障。

（2）增加新链路。

（3）路由器故障。

（4）链路参数改变。

除更新计时器外，IOS 还针对 RIP 设置了另外 3 种计时器：

（1）无效计时器：用于路由器在最终认定一个路由为无效路由之前需要等待的时长（通常为 180 秒）。如果在这个认定等待的时间里，路由器没有得到任何关于该路由的更新消息，路由器将认定这个路由失效。出现这一情况时，路由器会给所有相邻设备发送关于此路由已经无效的更新。

（2）刷新计时器：用于设置将某个路由认定为无效路由起至将它从路由选择表中删除的时间间隔（通常为 240 秒）。在将此路由从路由选择表中删除之前，路由器会将此路由即将消亡通告给相邻设备。路由无效定时器的取值一定要小于路由刷新定时器的值，这就为路由器在更新本地路由选择表时先将这一无效路由通告给相邻设备保留了足够的时间。

（3）抑制计时器：该计时器用于稳定路由信息，并有助于在拓扑结构根据新信息收敛的过程中防止路由环路。在某条路由被标记为不可达后，它处于抑制状态的时间必须足够长，以便拓扑结构中所有路由器能在此期间获知该不可达网络。默认情况下抑制计时器设置为 180 秒。

5.5.3 RIP 的版本

RIP 版本 1 只支持有类的路由选择，即网络中的所有设备都必须使用相同的子网掩码。这是因为 RIP 版本 1 在其发送的更新数据中不携带子网掩码信息。RIP 版本 2 提供了前缀路由选择信息，并可以在路由更新中传送子网掩码信息，即支持无类的路由选择。

RIP 版本 2 与版本 1 是基本相同的，都属于距离矢量协议，也就是说，每个运行 RIP 的路由器都将定期从所有激活的接口发送其完整的路由选择表。此外，两个版本的 RIP 都具有相同的定时器和环路避免方案（如保持失效定时器和水平分割规则）。RIPvl 和 RIPv2 都可以被配置为使用有类的寻址方式（但是由于 RIPv2 的子网信息是随路由更新一同发送的，因此它被认为是无类的），并且两者有相同的管理距离（120），但是相比而言，RIPv2 比 RIPvl 具有更好的可扩展性，表 5-3 给出了 RIPvl 和 RIPv2 之间的区别。

▲表 5-3　RIPv1 和 RIPv2 的区别

RIPv1	RIPv2
距离矢量	距离矢量
最大跳数是 15	最大跳数是 15
有类的	无类的
基于广播的	使用组播 224.0.0.9
不支持 VLSM	支持 VLSM
无认证	支持 MD5 认证
不支持不连续的网络	支持不连续的网络

5.5.4 RIP 消息格式

RIP 有两种消息类型：request（请求消息）和 response（响应消息）。

RIP 的 request 消息在特殊情况下发送，当路由器需要时它可以提供即时的路由信息。它可以请求全部的路由条目也可以请求具体的某些路由条目，最常见的例子是当路由器第一次加入网络时，通常会发送 request 消息，以要求获取相邻路由器的最新路由信息。

RIP 接收到 request 消息后将处理并发送一个 response 消息，消息包括自己的整个路由表，RIP 也会每 30 秒发送一个 response 消息用于路由表的同步。

RIPv2 有两种报文传送方式，广播方式和组播方式。缺省将采用组播方式发送报文，使用的组播地址为 224.0.0.9。当接口运行 RIPv2 广播方式时，也可以接收 RIPv1 的报文，RIPv1 消息格式如表 5-4 所示。

▲表 5-4　RIPv1 消息的格式

8bit	8bit	16bit
命令（1/2）	版本	必须为 0
地址类型表示符（AFI）		必须为 0
IP 地址		
必须为 0		
必须为 0		
度量（Metric）		

表 5-4 中各字段的解释如下：

命令：标识报文的类型，值为 1 时表示 request 报文，值为 2 时表示 response 报文。

版本：RIP 的版本号，对于 RIPv1 来说其值为 0x01。

地址类型表示符（AFI）：地址族标识，其值为 2 时表示 IP 协议。

IP 地址：该路由的目的 IP 地址，可以是自然网段地址、子网地址或主机地址。

度量（Metric）：路由的度量值。

▲表 5-5　RIPv2 消息的格式

8bit	8bit	16bit
命令（1/2）	版本	未使用
地址类型表示符（AFI）		路由标识
IP 地址		
子网掩码		
下一跳		
度量（Metric）		

如表 5-5 所示是 RIPv2 的报文格式，其中与 RIPv1 不同的字段有：

版本：RIP 的版本号，对于 RIPv2 来说其值为 0x02。

路由标识：路由标记（Route Tag）。

子网掩码：目的地址的掩码。

下一跳：如果为 0.0.0.0，则表示发布此条路由信息的路由器地址就是最优下一跳地址，否则表示提供了一个比发布此条路由信息的路由器更优的下一跳地址。

5.5.5 RIPv1 和 RIPv2 的配置

启用 IP 路由选择协议一般包括两个步骤的过程。首先，从全局模式中执行“router+协议名”进入路由协议配置模式，同时此命令也决定将要运行的路由选择协议，命令如下：

```
Router (config)#router [ name_of_the_IP_routing_protocol ]
Router (config-router)#
```

router 命令用于访问要配置的路由选择协议，如果不能确定要启用的路由选择协议的名称，可以使用上下文相关的帮助特性：

```
Router (config)#router ?
bgp          Border Gateway Protocol (BGP)
eigrp        Enhanced Interior Gateway Routing Protocol (EIGRP)
isis         ISO IS-IS
iso-igrp     IGRP for OSI networks
mobile       Mobile routes
odr          On Demand stub Routes
ospf         Open Shortest Path First (OSPF)
rip          Routing Information Protocol (RIP)
Router (config)#
```

进入路由协议配置模式后，系统提示符变成(config-router)指示，这时就需要指定哪些接口参与路由选择进程。默认情况下，没有任何接口参与。要指定哪些接口将要参与，可以使用“network+接口所在的网络”将接口加入路由进程，同时该接口所在的网络号也会被加入到路由更新的报文中，命令如下：

```
Router (config-router)#network   [ IP_network ]
```

IOS 默认接收 RIPv1 和 RIPv2 的路由选择更新，发送 RIPv1 的更新。可以将路由器配置为如下模式：

- 只接收和发送 RIPv1。
- 只接收和发送 RIPv2。
- 根据接口配置，同时使用两者。

1．指定 RIPv1 或 RIPv2

如果需要指定 RIP 的版本，需要在 RIP 的路由模式中进行设置，指令格式如下：

```
Router (config)#router rip
Router (config-router)#version 1 | 2   ---通过 version 命令设置 RIP 的版本 1 或版本 2---
```

指定相应的版本后，RIP 路由选择进程只会收发该版本的 RIP 报文，也可以基于接口来设置运行哪个版本的 RIP。例如，所在地点也许有一些支持两个版本的新路由器和只能理解 RIPv1 的远程办公室路由器，在该情形下，可以配置路由器在所有 LAN 接口上生成 RIPv2 更新，但对于到公司总部的远程访问连接，则可以设置该接口只能运行 RIPv1。要控制哪个版本的 RIP 会在接口上处理生成的更新，可以使用下列配置：

```
Router(config)# interface type port      ---进入路由器接口---
Router(config-if)#ip rip send version ?
  1   RIP version 1
  2   RIP version 2
  <cr>
```

使用 ip rip send 命令可以控制在生成 RIP 更新时，路由器将会在特定接口上使用哪个版本的 RIP。可以指定版本 1 或版本 2，或者同时指定两者。要控制在特定接口上接收到 RIP 更新时使用哪个版本的RIP，可以使用下列配置：

```
Router(config)# interface type port    ---进入路由器接口---
Router(config-if)#ip rip receive version ?
  1    RIP version 1
  2    RIP version 2
  <cr>
```

2．配置实例

在三台设备之间运行RIP路由协议，其中R1和R3分别使用loopback0模拟192.168.1.0/24和192.168.4.0/24网络，如图5-21所示。

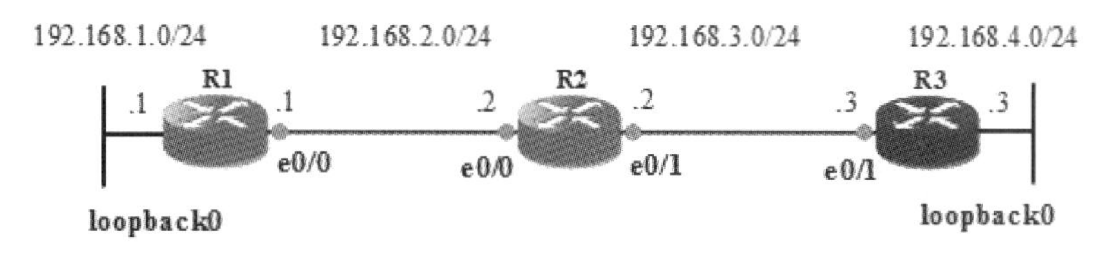

▲图5-21　RIPv2配置实例

```
R1(config)#router rip
R1(config-router)#version 2
R1(config-router)#network 192.168.1.0
R1(config-router)#network 192.168.2.0
R2(config)#router rip
R2(config-router)#version 2
R2(config-router)#network 192.168.2.0
R2(config-router)#network 192.168.3.0
R3(config)#router rip
R3(config-router)#version 2
R3(config-router)#network 192.168.4.0
R3(config-router)#network 192.168.3.0
```

5.5.6 RIP的验证

下面是常用的一些命令，用来验证RIP的配置或排除故障。

1．clear ip route

clear ip route *是特权EXEC模式命令，该命令清除并重建IP路由选择表。任何时候对路由选择协议作了更改，都需要使用该命令清除并重建路由选择表。可以用特定网络号代替星号（*），这只会从路由选择表中清除被指定的路由。注意，clear 命令只清除从路由选择协议获得的路由（动态路由），静态路由和直连路由无法利用该命令从路由选择表中清除。静态路由必须使用no ip route命令手动清除，而直连路由是持久的且无法从路由选择表中移除，除非与它们关联的接口不运行了。

2．show ip protocols

show ip protocols显示在路由器上已配置并运行的IP路由选择协议，包括RIP。下面是本次试验R2路由器信息的过程。

```
R2#show ip protocols
Routing Protocol is "rip"
  Outgoing update filter list for all interfaces is not set
  Incoming update filter list for all interfaces is not set
```

```
Sending updates every 30 seconds, next due in 24 seconds
Invalid after 180 seconds, hold down 180, flushed after 240
Redistributing: rip
Default version control: send version 2, receive version 2
  Interface              Send  Recv  Triggered RIP  Key-chain
  Ethernet0/0            2     2
  Ethernet0/1            2     2
Automatic network summarization is in effect      ---默认进行路由汇总---
Maximum path: 4
Routing for Networks:
  192.168.2.0
  192.168.3.0
Routing Information Sources:
  Gateway          Distance        Last Update
  192.168.3.3         120          00:00:01
  192.168.2.1         120          00:00:16
Distance: (default is 120)
```

在该实例中，RIPv2 正在路由器上运行。路由选择更新的时间间隔是 30 秒，下一次更新将在 24 秒后开始，可以看到有 Ethernet0/0 和 Ethernet0/1 两个接口参与。在这些接口上，RIPv2 用于生成和接收在这两个接口上的更新，可以看到用 network 命令指定的两个网络 192.168.2.0 和 192.168.3.0。在该例中，该路由器 1 秒前从相邻路由器接收到一个更新 192.168.3.3。最后，RIP 的默认管理距离是 120。

注意：要修改默认的 RIPv2 自动汇总行为，可以在路由器配置模式下使用 no auto-summary 命令，但此命令对 RIPv1 无效。尽管 Cisco IOS 允许对 RIPv1 配置 no auto-summary，但此命令不起作用，必须将版本配置为第 2 版，Cisco IOS 才能更改发送 RIP 更新的方式。

3. show ip route

查看路由表可以使用 show ip route 命令，下面是路由器 R2 的路由表信息。

```
R2#show ip route
Codes: C - connected, S - static, R - RIP, M - mobile, B - BGP
       D - EIGRP, EX - EIGRP external, O - OSPF, IA - OSPF inter area
       N1 - OSPF NSSA external type 1, N2 - OSPF NSSA external type 2
       E1 - OSPF external type 1, E2 - OSPF external type 2
       i - IS-IS, su - IS-IS summary, L1 - IS-IS level-1, L2 - IS-IS level-2
       ia - IS-IS inter area, * - candidate default, U - per-user static route
       o - ODR, P - periodic downloaded static route
Gateway of last resort is not set

R     192.168.4.0/24 [120/1] via 192.168.3.3, 00:00:09, Ethernet0/1
R     192.168.1.0/24 [120/1] via 192.168.2.1, 00:00:27, Ethernet0/0
C     192.168.2.0/24 is directly connected, Ethernet0/0
C     192.168.3.0/24 is directly connected, Ethernet0/1
```

路由表中有两种类型的路由：R 代表 RIP 路由协议，C 代表直连网络路由。我们发现 R2 通过 RIP 学习到了 192.168.4.0 和 192.168.1.0 网络的路由，[120/1]分别是管理距离和度量值，最后的接口代表给路由信息是从本地的那个接口学习到的。

4. debug ip rip

使用 debug ip rip 来验证 RIP 报文的更新，如下：

```
R2#debug ip rip
RIP protocol debugging is on
R2#
*Mar   1 00:53:55.423: RIP: sending v2 update to 224.0.0.9 via Ethernet0/1 (192.168.3.2)
    ---发送 RIPv2 更新到组播地址 224.0.0.9---
*Mar   1 00:53:55.423: RIP: build update entries      ---创建更新条目---
*Mar   1 00:53:55.423:      192.168.1.0/24 via 0.0.0.0, metric 2, tag 0
*Mar   1 00:53:55.423:      192.168.2.0/24 via 0.0.0.0, metric 1, tag 0
R2#
*Mar   1 00:54:01.783: RIP: received v2 update from 192.168.3.3 on Ethernet0/1
*Mar   1 00:54:01.783:      192.168.4.0/24 via 0.0.0.0 in 1 hops      ---收到的路由更新---
R2#
*Mar   1 00:54:14.763: RIP: sending v2 update to 224.0.0.9 via Ethernet0/0 (192.168.2.2)
*Mar   1 00:54:14.763: RIP: build update entries
*Mar   1 00:54:14.763:      192.168.3.0/24 via 0.0.0.0, metric 1, tag 0
*Mar   1 00:54:14.767:      192.168.4.0/24 via 0.0.0.0, metric 2, tag 0
R2#
*Mar   1 00:54:19.655: RIP: received v2 update from 192.168.2.1 on Ethernet0/0
*Mar   1 00:54:19.655:      192.168.1.0/24 via 0.0.0.0 in 1 hops
```

5.5.7 路由汇总

RIPvl 在汇总路由上的局限性，如图 5-22 所示。R2 和 R3 设置了多个 172.16.0.0/16 的子网，中间被非 172.16.0.0/16 的子网隔开了，我们把这种网络格局叫做不连续子网。在向 R1 通告路由信息时，R2 和 R3 都会在边界汇总路由信息，由于是有类路由协议，所以 R2 和 R3 都会向 R1 通告主类网络 172.16.0.0，这样 R1 上会有两条到达 172.16.0.0 的等价路由。

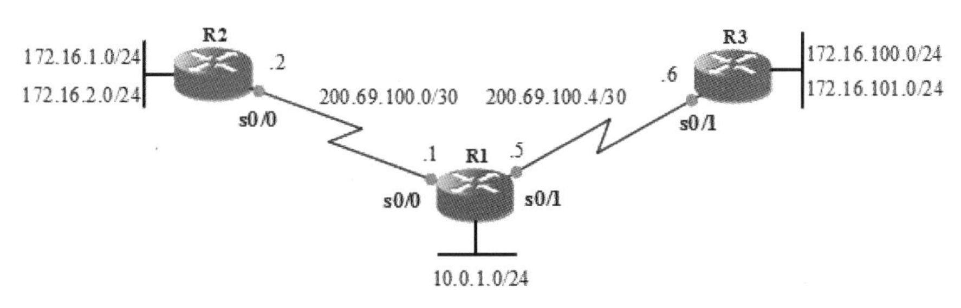

▲图 5-22　RIPv1 在不连续子网的允许情况

当从 R1 上 ping R2 或 R3 上的 172.16.0.0 的某个子网时，R2 会将 ping 包分摊在两条链路上，造成 ping 包的成功率约为 50%。当 R2 ping R3 上 172.16.0.0/16 的某个子网 IP 时，因为 R2 只有到达自己子网的路由，没有到达 R3 所连子网的路由，所以不能 ping 通。

```
R2#show ip route
[output cut]
Gateway of last resort is not set
        200.69.100.0/30 is subnetted, 2 subnets
C           200.69.100.0 is directly connected, Serial0/0
R           200.69.100.4 [120/1] via 200.69.100.1, 00:00:22, Serial0/0
```

```
        172.16.0.0/24 is subnetted, 2 subnets
C          172.16.1.0 is directly connected, Loopback0
C          172.16.2.0 is directly connected, Loopback1
```

默认情况下，RIPv2 和 RIPv1 都会在主网的边界自动汇总，而且汇总的是有类的 IP 主网地址，但是针对以上情况，我们可以将 RIP 的版本升级到 RIPv2，并且需要关闭自动汇总功能，配置如下：

```
R1(config)#router rip
R1(config-router)#version 2
R1(config-router)#no auto-summary
R2(config)#router rip
R2(config-router)#version 2
R2(config-router)#no auto-summary
R3(config)#router rip
R3(config-router)#version 2
R3(config-router)#no auto-summary
```

这时再来查看 R2 的路由表，观察发生了哪些变化：

```
R2#show ip route
[output cut]
Gateway of last resort is not set
        200.69.100.0/30 is subnetted, 2 subnets
C          200.69.100.0 is directly connected, Serial0/0
R          200.69.100.4 [120/1] via 200.69.100.1, 00:00:11, Serial0/0
        172.16.0.0/24 is subnetted, 4 subnets
C          172.16.1.0 is directly connected, Loopback0
C          172.16.2.0 is directly connected, Loopback1
R          172.16.100.0 [120/2] via 200.69.100.1, 00:00:11, Serial0/0
R          172.16.101.0 [120/2] via 200.69.100.1, 00:00:11, Serial0/0
```

在 RIPv1 中是无法学习到本次案例中 R3 的子网，我们在 RIPv2 中关闭主类网络的自动汇总（no auto-summary），这样 RIP 路由协议在进行更新时，会将网络号和子网掩码同时放入报文中发送出去，从而实现了路由间的正常通信。

重要总结：RIPv1 是有类的路由协议，更新路由时不携带子网掩码信息，只能用于连续子网且定长子网掩码的环境；RIPv2 是无类的路由协议，更新路由时携带子网掩码信息，可以用于不连续子网或变长子网掩码的环境，但是在网络的边界会自动汇总，所以在不连续子网中应用 RIPv2 时应该关闭自动汇总的功能。

5.6 EIGRP

5.6.1 EIGRP 概述

Cisco 于 1985 年开发出专有的 IGRP，IGRP 的问世解决了 RIPv1 的某些局限性，如使用跳数度量以及网络的最大跳数为 15 跳等。IGRP 和 EIGRP 不再使用跳数为度量值，而是使用由带宽、延迟、可靠性和负载组成的综合度量。默认情况下，这两种协议仅使用带宽和延迟。然而，因为 IGRP 是使用贝尔曼－福特（Bellman-Ford）算法和定期更新的一种有类路由算法，所以其应用在当今的许多网络中都受到了限制。因此，Cisco 使用新算法 DUAL（扩散更新算法）以及其他功能使 IGRP 得到增强。IGRP 和 EIGRP 的命令相似，甚至在很多情况下相同，这便于从 IGRP 过渡到 EIGRP，Cisco 从 IOS 12.2（13）T 和 12.2（R1s4）S 开始不再支持 IGRP，如图 5-23 所示。

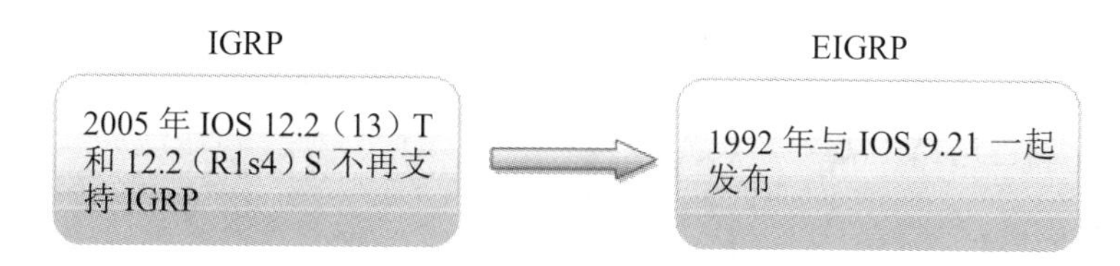

▲图 5-23　IGRP 向 EIGRP 过渡

增强的 IGRP（EIGRP）是一个无类的增强的距离矢量协议。协议中使用了自治系统的概念来描述相邻路由器的集合，处于自治系统中的路由器使用相同的路由选择协议并共享相同的路由选择信息。EIGRP 在其路由更新中包含了子网掩码，因为它被认为是无类的协议。正如我们现在所知道的，对子网掩码信息进行通告将使我们可以在设计网络时使用可变长子网掩码（Variable Length Subnet Mask，VLSM）及手工汇总，特性如表 5-6 所示。

▲表 5-6　协议特性

传统距离矢量路由协议	EIGRP
使用 Bellman-Ford 或 Ford-Fulkerson 算法	使用扩散更新算法（DUAL）
路由条目会过期，使用定期更新	路由条目不会过期，使用触发更新
仅跟踪到达目标网络的最佳路径	增加拓扑表，包含最佳路径和次优路径
路由不可用时等待新的路由更新	最佳路径不可用时选用次优路径
抑制计时器，降低了收敛速度	没有抑制计时器，加快了收敛速度

5.6.2　EIGRP 特点

由于 EIGRP 同时拥有距离矢量和链路状态两种协议的特性，因此它有时也被称为混合型路由选择协议。例如，EIGRP 不会像 OSPF 那样发送链路状态数据包，相反，它所发送的是传统的距离矢量更新，在此更新中包含有网络信息以及从发出通告的路由器达到这些网络的开销。此外，EIGRP 也拥有链路状态的特性，它会在启动时同步相邻路由器上的路由表，并在每次拓扑结构发生改变时发送特定的更新数据，这使 EIGRP 适用于特大型的网络应用。EIGRP 的最大跳计数为 255（其默认设置为 100）。EIGRP 不会像 RIP 那样使用跳计数作为度量，对于 EIGRP 来说，跳计数只是用来限定路由更新数据包在被抛弃之前可以经过的路由器个数。同样，这个数值用于限定 AS 的大小，而与如何计算度量无关。

EIGRP 拥有许多强大的功能，主要功能如下：

- 快速收敛，减少网络开销。
- 无环路拓扑。
- 支持 VLSM/CDIR 和路由汇总。
- 支持组播和增量更新。
- 支持负载均衡（等价或非等价）。

- 支持复杂的度量值结构（带宽、延迟、负载、可靠性、MTU）。
- 基于扩散更新算法（DUAL）的最佳路径选择。

EIGRP 的一个重要特性是它可以支持多种网络层协议，如 IP、IPX、AppleTalk 和 Novell NetWare。EIGRP 可以同时为这些网络层协议进行路由，如果在某种环境中运行了这些网络层协议，只需要为这些协议运行一种路由协议即可，而不用为每种路由协议运行一个单独的路由选择协议，从而显著地减轻了路由选择开销。

5.6.3 EIGRP 报文格式

EIGRP 被设置成一个网络层协议，所使用的协议号为 88。EIGRP 在传送和接收分组时使用 RTP 保证传输过程，RTP 全拼为 Reliable Transport Protocol（可靠传输协议）。

1. RTP

RTP 属于传输层协议，它的作用在于保证 EIGRP 分组有序地发送给所有的邻居。在 TCP/IP 协议模型中，终端主机会使用 TCP 来保证传输，但是 EIGRP 被设计为与网络层无关的路由协议，因此，它无法使用 UDP 或 TCP 的服务，原因在于 IPX 和 AppleTalk 不使用 TCP/IP 协议簇中的协议。

尽管其名称中有“可靠”的字眼，RTP 其实包括 EIGRP 数据包的可靠传输和不可靠传输两种方式，它们分别类似于 TCP 和 UDP。可靠的 RTP 数据包需要接收方向发送方返回的一个确认，不可靠的 RTP 数据包不需要确认。RTP 能以单播或组播的方式发送数据包，组播 EIGRP 数据包使用保留的组播地址 224.0.0.10。

2. EIGRP 消息

EIGRP 的消息格式如图 5-24 所示。

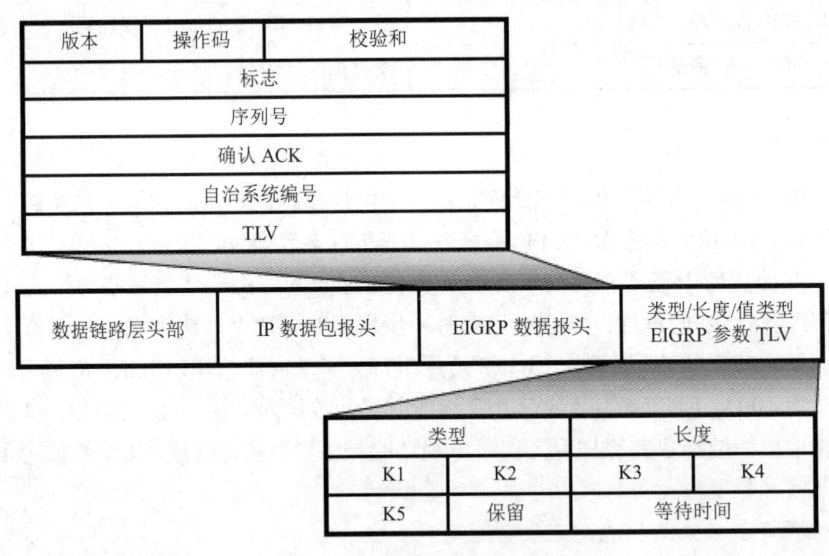

▲图 5-24　封装的 EIGRP 消息

- 数据链路层头部：EIGRP 使用的是组播 IP 地址 224.0.0.10，每个组播地址都有对应的 MAC 地址，组播 MAC 地址的厂商编号部分固定为“01-00-5E”，编号部分从组播地址的 IP 计算出来，224.0.0.10 对应的 MAC 地址为“01-00-5E-00-00-0A”。
- IP 数据包报头：报头中的源 IP 地址是始发路由器的 IP 地址，其中目的 IP 地址是 224.0.0.10。

- EIGRP 数据报头：每一条 EIGRP 消息中都包含该报头，其中比较重要的字段包括操作码（Opcode）和自治系统编号（Autonomous System Number）。操作码用于指定 EIGRP 数据包类型，自治系统（AS）编号用于指定 EIGRP 路由进程。Cisco 路由器可以运行多个 EIGRP 进程，这一点与 RIP 不同，AS 编号用于跟踪不同的 EIGRP 进程。
- EIGRP 参数 TLV：其中包含 EIGRP 用于计算其复合度量的权重，EIGRP 使用五个 K 及它们的组合值来表征不同度量值的权重。默认情况下，仅对带宽和延迟计权。它们的权重相等，因此，用于带宽的 K1 字段和用于延迟的 K3 字段都被设为 1，其他 K 值则被设为 0。保留时间是收到此消息的 EIGRP 邻居在认为发出通告的路由器发生故障之前应该等待的时长。

EIGRP 工作时使用 5 种不同的数据包报文，如表 5-7 所示是 EIGRP 的数据包名称及其注释。

▲表 5-7　EIGRP 的数据包类型

数据包类型	注释
Hello	用于发现邻居并与所发现的邻居建立邻接关系，同时监控与邻居的连接状态
更新	用于传播路由信息，触发更新，仅包含必要的路由信息
确认	EIGRP 路由器在交互期间使用确认数据包表示收到 EIGRP 分组
查询	当需要从邻居得到指定信息时，使用查询数据包
应答	对邻居的查询信息进行回复

EIGRP 工作时同时使用单播和组播两种更新方式，表 5-8 中列举对比了这 5 种类型的数据包的更新方式和是否是可靠传输。

▲表 5-8　EIGRP 的数据包对照

对照	Hello	更新	确认	查询	应答
组播/单播	组播	组播或单播	单播	组播或单播	单播
是否可靠（需确认）	否	是	否	是	是

5.6.4　EIGRP 维护的数据结构

EIGRP 中有 3 张表，分别是邻居表（Neighbor Table）、拓扑表（Topology Table）和路由表（Routing Table）。它们存储了路由器的邻居信息以及各个网络的路由信息和拓扑信息，对于路由器之间的通信和网络的快速收敛起着重要的作用。接下来我们详细介绍一下这些内容。

1. 邻居表

每个路由器都将保存邻居的状态信息。当知道又发现了一个新邻居时，该邻居的地址和接口信息将被记录下来，这些信息就保存在邻居表中，而邻居表存储在 RAM 中。每个协议的独立模块（IP、IPX 和 AppleTalk）都有一个邻居表。

为了让 EIGRP 路由器建立邻接关系，在路由器发送的 hello 包中包含相同的 EIGRP 自治系统号（AS）和匹配的 K 值。

虽然 EIGRP 在路由分类上是距离矢量路由协议，但是它和链路状态路由协议一样需要使用 hello 消息来建立邻接关系。由于 EIGRP 是触发更新，所以需要有一种机制来让路由器之间知道彼此的存在。为了维持这一关系，EIGRP 的路由器需要不断地发送和接收 hello 消息，EIGRP 建立邻接关系和交换路由信息的过程如图 5-25 所示。

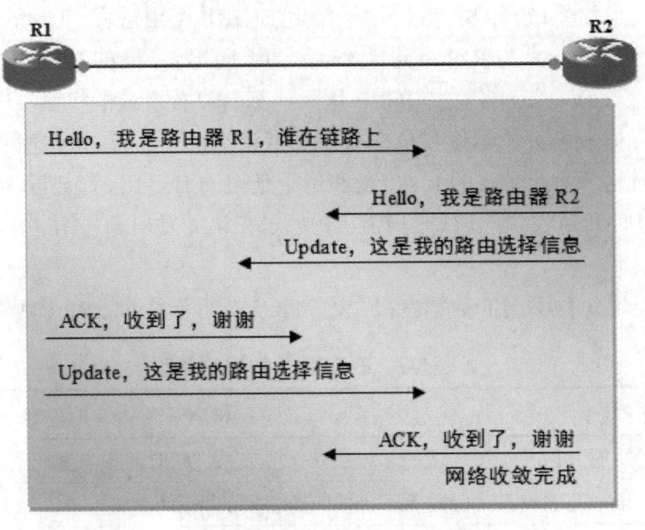

▲图 5-25　EIGRP 建立邻接关系并交换路由信息

路由器 R1 生成带有配置信息的 hello 包，如果 EIGRP 的 AS 号和 K 值匹配，那么路由器 R2 就会将本地拓扑信息作为更新包发送给 R1；路由器 R1 收到更新后，将会使用 ACK 消息回复给 R2，确认接收到 R2 发来的更新包，与此同时，R1 也会将自身的拓扑信息作为更新数据包发送给邻居 R2，同理，R2 收到来自 R1 的更新之后也会使用 ACK 消息回复 R1。到此为止，两台路由器之间的邻居关系就建立起来了。

邻居表的摘要信息如表 5-9 所示，包括：

- Next-Hop Router：当前路由器的下一跳路由器。
- Interface：本地路由器与 EIGRP 邻居相连的接口。

▲表 5-9　邻居表摘要信息

IP EIGRP Neighbor Table	
Next-Hop Router	Interface

2. 拓扑表

EIGRP 的拓扑表是由协议相关模块根据扩散更新算法（DUAL）生成的。在拓扑表中包含所有由邻近的路由器通告的目标信息，以及每个被记录的目标地址和通告这些目标的邻居列表。对于每个邻居，相应路径的度量值一样被记录在这里。

路由器会根据邻居表和拓扑表提供的信息计算出到达每个目的地的最优路径，同时也会试图计算出一条备份路径，一旦最优路径出现故障，路由器可以很快地确定并切换到备份路径。EIGRP 为其支持的每一个网络层协议（IP、IPX 和 AppleTalk）维护一个拓扑表，这张表包含了去往每个目的网络的所有路径。

拓扑表的摘要信息如表 5-10 所示，包括：

- Destination Network：目的网络。

- Next-Hop Address：下一跳路由器 IP 地址。

FD 和 AD 的概念在后面小节中会有介绍。

▲表 5-10 拓扑表摘要信息

IP EIGRP Topology Table			
Destination Network	FD	AD	Next-Hop Address

3．路由表

EIGRP 的路由表和其他路由协议的查看方式是相同的，不同的是在 EIGRP 的路由条目前有特定的标识 D。EIGRP 的路由表中存放着去往目的网络的最优路径，也可以看到 EIGRP 的管理距离（90）。

路由表的摘要信息如表 5-11 所示，Outbound Interface 是当前路由器和邻居相连的出接口。

▲表 5-11 路由表摘要信息

IP EIGRP Routing Table			
Destination Network	FD	Outbound Interface	Next-Hop Address

注意：拓扑表记录了到每个目的网络的所有路径，包含最优路径和备份路径，但只有最优路径被提交给路由表，所以路由表里面记录的都是到不同网络的最优路径。

5.6.5 DUAL 算法相关术语

EIGRP 使用扩散更新算法（Diffusing Update Algorithm，DUAL）来更新路由表。该算法通过在本地拓扑表中存储邻居的路由选择信息来实现快速收敛。如果路由选择表中的最优路由失效，不需要与其他相邻运行 EIGRP 的路由器交换路由信息来寻找代替路径，DUAL 可以从本地拓扑表中找出备份路由，并将其加入路由选择表中。

有关 DUAL 算法的相关术语及含义如表 5-12 所示。

▲表 5-12 DUAL 术语

术语	描述和说明
后继（S）	拓扑表中（或路由表中）到达目标网络最佳路径的下一跳路由器
可行后继（FS）	拓扑表中到达目标网络备份路径的下一跳路由器（可能有多个备份）
通告距离（AD）	下一跳路由器到达目标网络的开销
可行距离（FD）	当前路由器到达目标网络的开销
可行条件（FC）	可行后继（FS）的通告距离（AD）必须小于当前后继可行距离（FD）

并非所有的路由都可以被选作可行后继，要想成为当前路由器的可行后继，必须要满足上表中的可行条件。如果路由表中的后继路由失效，并且 EIGRP 的拓扑表中存在可行后继，路由器会从拓扑表中立即取出可行后继放入路由表中。如果运行 EIGRP 的路由器在拓扑表中没有找到可行后继，那么路由器就会为失效路由生成一个查询分组，将该分组送往所有的邻居路由器，同时将该路

由信息置于活跃状态（Active Statu）。对其他路由器的依赖和对它们所提供信息的充分利用，就是 DUAL 的特性，也就是“扩散”特性。

EIGRP 的核心就是 DUAL 以及 DUAL 的 EIGRP 路由计算引擎。此技术的确切名称为 DUAL 有限状态机（FSM），有限状态机包含用于在 EIGRP 网络中计算和比较路由的所有逻辑，如图 5-26 所示是 DUAL FSM 的简化版。

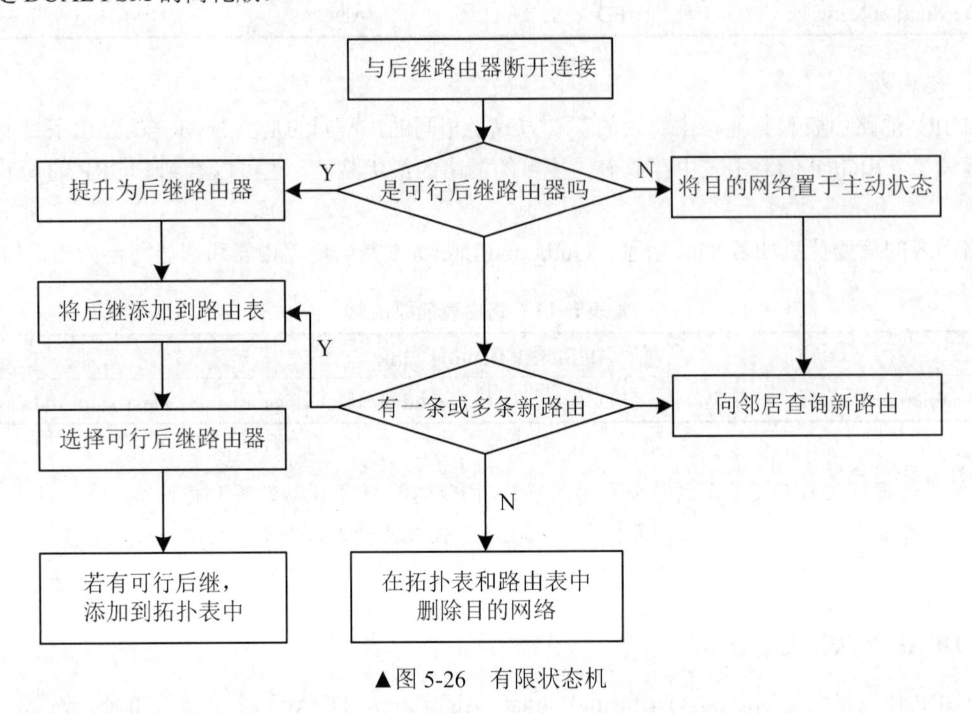

▲图 5-26　有限状态机

5.6.6　DUAL 算法实例解析

本节主要是以 EIGRP 网络收敛为例介绍 DUAL 的工作原理。表 5-13 是图 5-27 中每条路径的 Metric 值，拓扑结构如图 5-27 所示，其中表格分别是 R3、R4、R5 到网络 X 拓扑表的信息并且处于收敛状态。

▲表 5-13　Metric 值

路由器	Metric	路由器	Metric
R1←→R2	1	R4←→R3	2
R2←→R3	2	R4←→R5	1
R2←→R4	1	R3←→R5	1

路由器 R3 到达网络 X 的 FD（可行距离）是 3，通过相比 R2 和 R4 的路径，R2 到达 X 的路径更优，因此 R2 为 R3 的后继路由器。此外 R4 的路径满足可行性条件（AD of R4 < FD of R3），所以 R4 为 R3 的可行后继路由器。在此拓扑中 R5 对于 R3 来说不能满足可行性条件，所以它既不是后继也不是可行后继。

路由器 R4 到达网络 X 的 FD 为 2，后继路由器为 R2，由于 R3 不满足可行条件，所以 R4 没有可行后继。R4 的拓扑表中之所以没有 R5 的信息，是因为 R4 是 R5 的后继路由器。

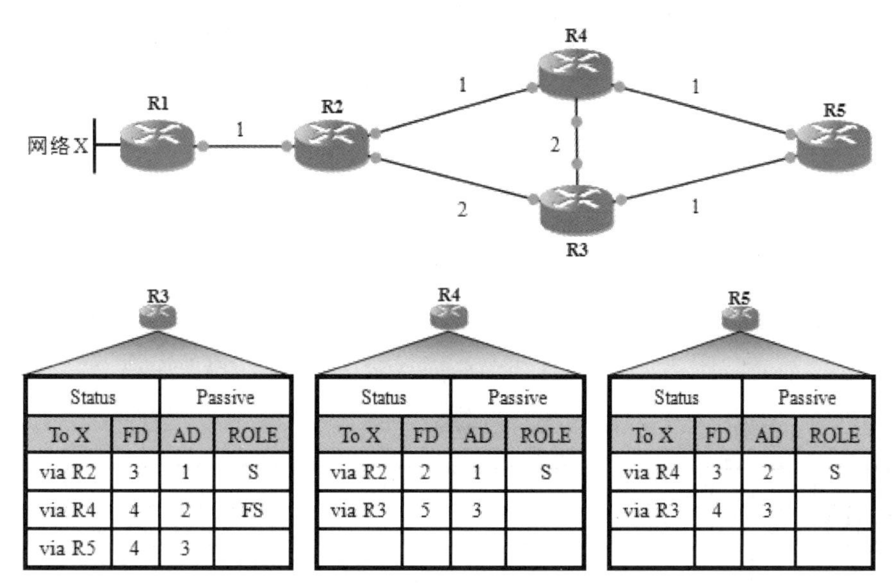

R3:

Status		Passive	
To X	FD	AD	ROLE
via R2	3	1	S
via R4	4	2	FS
via R5	4	3	

R4:

Status		Passive	
To X	FD	AD	ROLE
via R2	2	1	S
via R3	5	3	

R5:

Status		Passive	
To X	FD	AD	ROLE
via R4	3	2	S
via R3	4	3	

备注：S 代表后继（Successor）　FS 代表可行后继（Feasible Successor）

▲图 5-27　网络收敛状态

路由器 R5 到达网络 X 的 FD 为 3，后继路由器为 R4，R5 没有可行后继。

如图 5-28 所示，假设 R2 和 R4 之间的链路发生故障，我们可以观察路由器之间会发生哪些变化。路由器 R4 在发现 R2 和自身之间的链路断开之后，首先将自己的后继在拓扑表中删除，由于 R4 没有到达网络 X 的后继路由器，于是它就会向所有的邻居路由器发送查询报文，同时将关于网络 X 的路由置于 Active 状态，一直等到所有相邻路由器都对此相应作出答复，路由器 R4 才重新使用 DUAL 算法计算到网络 X 的新路径。

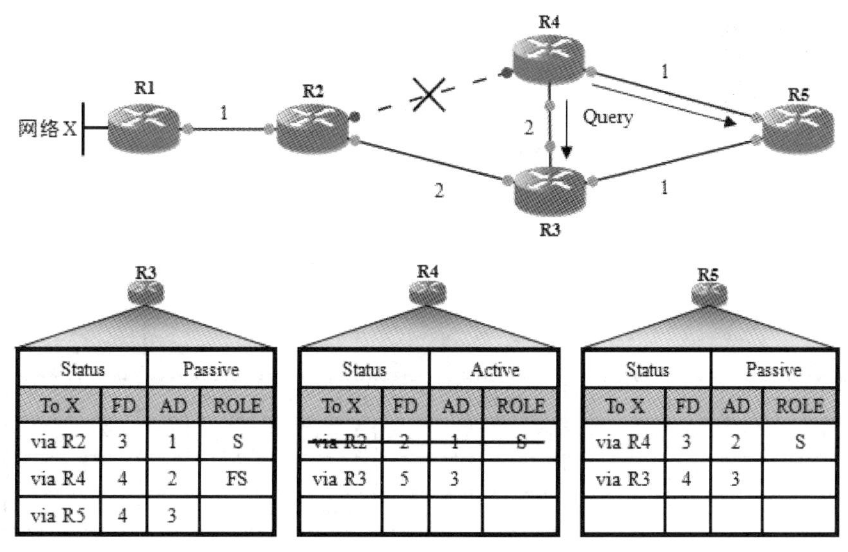

R3:

Status		Passive	
To X	FD	AD	ROLE
via R2	3	1	S
via R4	4	2	FS
via R5	4	3	

R4:

Status		Active	
To X	FD	AD	ROLE
~~via R2~~	~~2~~	~~1~~	~~S~~
via R3	5	3	

R5:

Status		Passive	
To X	FD	AD	ROLE
via R4	3	2	S
via R3	4	3	

备注：S 代表后继（Successor）　FS 代表可行后继（Feasible Successor）

▲图 5-28　网络拓扑发生改变后

此时 R3 收到 R4 的查询报文后可以确定通过 R4 已经不能到达网络 X，就会将自身拓扑表中的有关 R4 的条目删除，如图 5-29 所示。R5 收到来自自身后继发来的关于网络 X 的查询报文后，同样会将后继路由在拓扑表中删除。

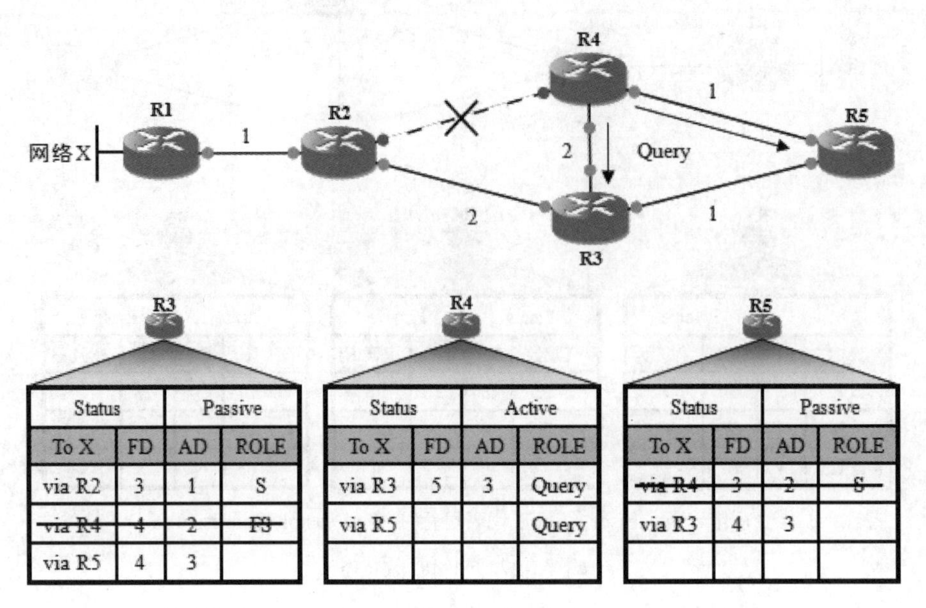

Status		Passive	
To X	FD	AD	ROLE
via R2	3	1	S
~~via R4~~	~~4~~	~~2~~	~~FS~~
via R5	4	3	

Status		Active	
To X	FD	AD	ROLE
via R3	5	3	Query
via R5			Query

Status		Passive	
To X	FD	AD	ROLE
~~via R4~~	~~3~~	~~2~~	~~S~~
via R3	4	3	

备注：S 代表后继（Successor）　FS 代表可行后继（Feasible Successor）

▲图 5-29　R3 和 R5 收到查询报文

当 R3 收到查询网络 X 的报文后会把自己知道的路径信息回复给 R4，R4 收到回复后会更新拓扑表信息，此时路由器 R4 并没有收到全部的回复报文，因此这条路由状态仍然为 Active。R5 在丢失后继信息后，会向相邻的路由器（即 R3）发送查询报文，同时也会将这条路由置为 Active 状态，如图 5-30 所示。

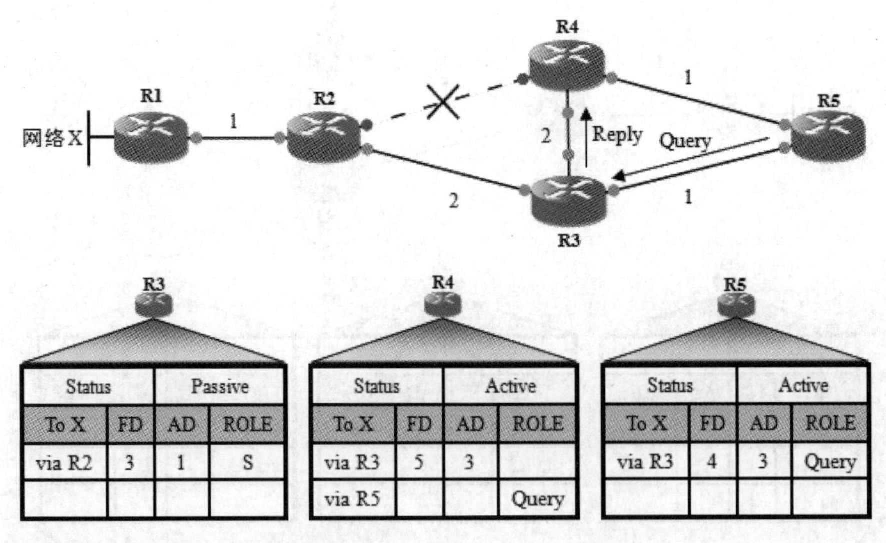

Status		Passive	
To X	FD	AD	ROLE
via R2	3	1	S

Status		Active	
To X	FD	AD	ROLE
via R3	5	3	
via R5			Query

Status		Active	
To X	FD	AD	ROLE
via R3	4	3	Query

备注：S 代表后继（Successor）

▲图 5-30　查询和恢复过程

R3 收到 R5 发来的查询报文后将自己通往 X 网络的路径信息回复给 R5，R5 收到后会转发给 R4，此时 R5 会更新自己的拓扑信息并将此路由状态置为 Passive。同理，R4 收到了所有的回复报文，在更新完拓扑表后也将状态置为 Passive，最终整个网络拓扑又重新回到收敛状态，如图 5-31 所示。

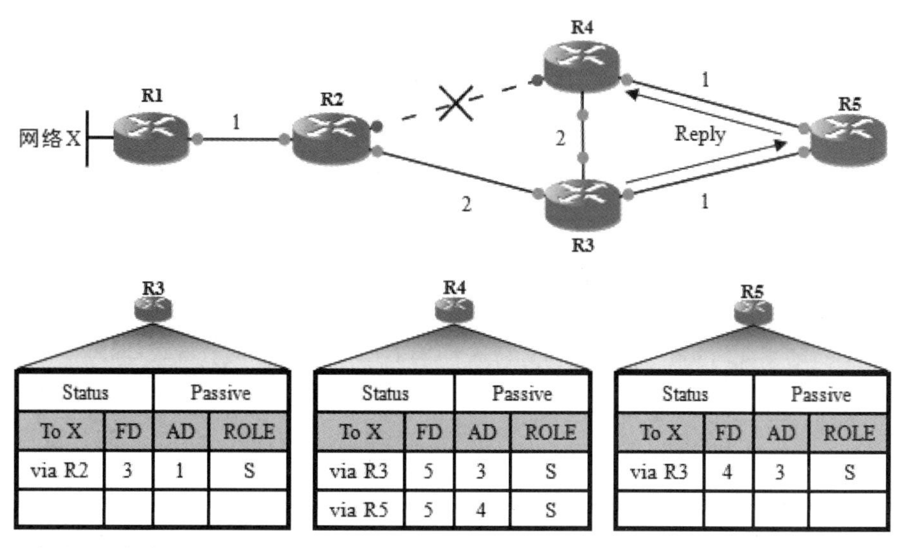

R3

Status		Passive	
To X	FD	AD	ROLE
via R2	3	1	S

R4

Status		Passive	
To X	FD	AD	ROLE
via R3	5	3	S
via R5	5	4	S

R5

Status		Passive	
To X	FD	AD	ROLE
via R3	4	3	S

▲图 5-31　重新收敛状态

再次重新收敛后，我们发现 R4 通过 R3 和 R5 到达网络 X 途径的 Metric 值是相同的，换句话说，R4 去往 X 产生了两条负载均衡的链路。

5.6.7　EIGRP 的配置过程

EIGRP 使用自治系统编号来唯一标识当前的 EIGRP 进程。虽然 Cisco 路由设备将 EIGRP 的参数称为自治系统编号（Autonomous System Number），但是这一参数只用来标识 EIGRP 运行的域，它与互联网运营商（ISP）的路由器所使用的 AS 编号是没有关系的。

EIGRP 的配置命令如下：

```
Router#configure terminal                              ---进入全局模式---
Router(config)#router eigrp ?
  <1-65535> Autonomous system number                   ---EIGRP 进程号的范围---
Router(config)#router eigrp 100                        ---以 100 为例，进入 EIGRP 配置模式---
Router(config-router)#network [IP_ network_number] [subnetwork]     ---加入进程的网络---
```

本节关于 EIGRP 的配置环境如图 5-32 所示。

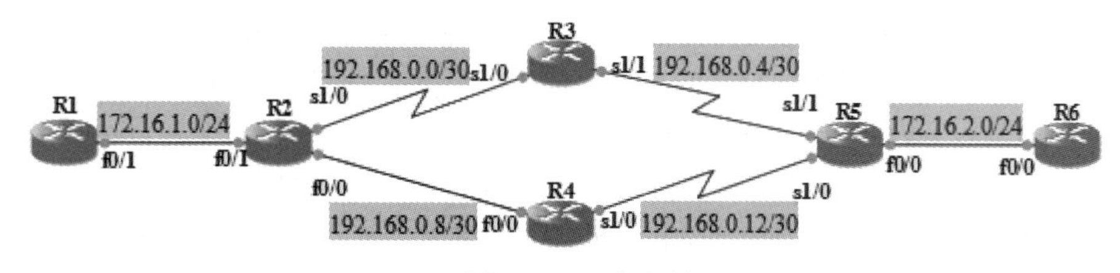

▲图 5-32　网络拓扑

网络拓扑的配置参数如表 5-14 所示。

▲表 5-14　各接口的 IP 地址和子网掩码

设备	接口	IP 地址	子网掩码
R1	f0/1	172.16.1.1	255.255.255.0
R2	f0/0	192.168.0.9	255.255.255.252
	f0/1	172.16.1.2	255.255.255.0
	s1/0	172.168.0.1	255.255.255.252
R3	s1/0	192.168.0.2	255.255.255.252
	s1/1	192.168.0.5	255.255.255.252
R4	f0/0	192.168.0.10	255.255.255.252
	s1/0	192.168.0.13	255.255.255.252
R5	s1/0	192.168.0.14	255.255.255.252
	s1/1	192.168.0.6	255.255.255.252
	f0/0	172.16.2.2	255.255.255.0
R6	f0/0	172.16.2.1	255.255.255.0

在各台路由器上启动 EIGRP 进程，过程如下：

```
R1(config)#router eigrp 100
R1(config-router)#network 172.16.0.0
R2(config)#router eigrp 100
R2(config-router)#network 172.16.0.0
R2(config-router)#network 192.168.0.0
R3(config)#router eigrp 100
R3(config-router)#network 192.168.0.0
R4(config)#router eigrp 100
R4(config-router)#network 192.168.0.0
R5(config)#router eigrp 100
R5(config-router)#network 192.168.0.0
R5(config-router)#network 172.16.0.0
R6(config)#router eigrp 100
R6(config-router)#network 172.16.0.0
```

在 EIGRP 进程中宣告各个网络时，我们可以选择只宣告主类网络的网络号（如上所示），也可以使用子网掩码进行精确的匹配（如 network 172.16.1.0 255.255.255.0），这样路由器就会将一个 B 类地址按照无类的方式更新。对于一些新的 IOS 版本，可能不支持配置子网掩码，这时需要用到通配符掩码（如 network 172.16.1.0 0.0.0.255）。

其实在路由器看来后两种配置方法是没有区别的，即使配置了子网掩码，在查看配置时就会更正为通配符掩码，我们只需要针对不同的网络拓扑选择合适的方式即可。例如，一台路由器可能运行在两种不同的路由协议中（EIGRP 和 OSPF），我们只希望将特定的子网加入到 EIGRP 进程并通过 EIGRP 将该网络的信息通告给邻居，这样选择后者是比较合适的。

在接下来的章节中，我们会基于本节拓扑展开详细讨论，包括使用 EIGRP 的验证命令解决拓扑中的问题，以及使用路由汇总和负载均衡来优化拓扑结构。

注意：本小节使用的拓扑属于不连续子网，和 RIPv2 一样，EIGRP 会在主网络的边界自动汇总，在不连续子网中应用时应该关闭自动汇总的功能，后面会有介绍。

5.6.8 EIGRP 的验证命令

下面是常用的一些命令，用来验证 EIGRP 的配置或排除故障。

- show ip route
- show ip eigrp neighbors
- show ip eigrp topology
- show ip eigrp interfaces
- show ip protocols

接下来我们结合上一章节中配置完成的拓扑，介绍这些命令并排除相关错误。

1. show ip route

查看 R2 的路由表，我们发现了两条 Null0 路由，这是因为 EIGRP 在发送路由更新时，默认情况下会在主类网络边界进行自动汇总。EIGRP 向外发送一条汇总路由就会在本地的路由表中产生一条指向 Null0 的路由，这是为了避免路由器使用路由表中存在的默认路由而产生转发黑洞。

```
R2#show ip route
[output cut]
     172.16.0.0/16 is variably subnetted, 2 subnets, 2 masks
D        172.16.0.0/16 is a summary, 01:23:52, Null0
C        172.16.1.0/24 is directly connected, FastEthernet0/1
     192.168.0.0/24 is variably subnetted, 5 subnets, 2 masks
C        192.168.0.8/30 is directly connected, FastEthernet0/0
D        192.168.0.12/30
            [90/2172416] via 192.168.0.10, 01:16:13, FastEthernet0/0
C        192.168.0.0/30 is directly connected, Serial1/0
D        192.168.0.0/24 is a summary, 01:23:52, Null0
D        192.168.0.4/30 [90/2681856] via 192.168.0.2, 01:16:14, Serial1/0
```

试想一下，如果 R2 没有指向 Null0 的路由，它收到一个目的地到 172.16.3.0 这一网络的数据包，R2 就是使用默认路由将该报文转发给下一跳路由器，下一跳的邻居路由器同样有可能会使用默认路由转发该数据包，形成路由转发的黑洞造成资源的浪费。如果有指向 Null0 的路由，根据最长匹配原则，R2 就会将这个数据包丢到 Null0 中，从而避免使用默认路由转发数据包时造成的不必要的资源浪费。

查看 R3 路由表，同样会发现当路由器 R3 转发去往 172.16.1.0/24 和 172.16.2.0/24 的数据包时，有一条去往 172.16.0.0/16 负载均衡的链路，却没有明细路径。

```
R3#show ip route
[output cut]
D     172.16.0.0/16 [90/2172416] via 192.168.0.6, 01:35:38, Serial1/1
                    [90/2172416] via 192.168.0.1, 01:35:38, Serial1/0
     192.168.0.0/30 is subnetted, 4 subnets
D        192.168.0.8 [90/2172416] via 192.168.0.1, 01:35:50, Serial1/0
D        192.168.0.12 [90/2681856] via 192.168.0.6, 01:35:50, Serial1/1
```

```
C        192.168.0.0 is directly connected, Serial1/0
C        192.168.0.4 is directly connected, Serial1/1
```

解决这个问题只需要关闭 EIGRP 的自动汇总功能即可，命令如下：

```
R1(config)#router eigrp 100
R1(config-router)#no auto-summary
R2(config)#router eigrp 100
R2(config-router)#no auto-summary
R3(config)#router eigrp 100
R3(config-router)#no auto-summary
R4(config)#router eigrp 100
R4(config-router)#no auto-summary
R5(config)#router eigrp 100
R5(config-router)#no auto-summary
R6(config)#router eigrp 100
R6(config-router)#no auto-summary
```

这时使用 show ip route 命令来查看 R2 和 R3 的路由表，我们会发现汇总的路由条目消失了，取而代之的是各个网络的明细路由。

2. show ip eigrp neighbors

show ip eigrp neighbors 是用来查看路由器已经建立的邻居关系，接下来我们以路由器 R2 为例来介绍相关字段的含义，过程如下：

```
R2#show ip eigrp neighbors
IP-EIGRP neighbors for process 100
H   Address          Interface   Hold   Uptime     SRTT   RTO    Q     Seq
                                        (sec)             (ms)   Cnt   Num
2   192.168.0.10     Fa0/0       10     01:55:10   17     200    0     31
1   192.168.0.2      Se1/0       13     01:57:34   29     200    0     29
0   172.16.1.1       Fa0/1       10     02:01:32   23     200    0     18
```

如表 5-15 所示是关于 EIGRP 邻居表的关键字段和描述。

▲表 5-15　邻居表的关键字段

字段	描述
Process	邻居的进程号，如果有多个进程就会显示每个 EIGRP 进程的信息
H（Handle）	Cisco 路由器内部用来跟踪邻居的编号
Address	邻居的 IP 地址
Interface	连接邻居的本地接口
Hold	此段倒计时的时间内没有收到 hello 消息，就会将邻居状态标记为 down
Uptime	首次收到邻居分组经过的时间
SRTT	平滑往返时间，是将分组发送给邻居和收到 ACK 之间的时间间隔（单位：ms）
RTO	路由器将来自重传队列的分组重新发送给邻居前需要等待的时间（单位：ms）
Q Cnt（Queue Count）	队列中等待发送的更新/查询/确认分组的数目
Seq Num	序列号是从邻居接收到的最后一个更新/查询/确认分组的号码

3. show ip eigrp topology

EIGRP 的拓扑表是用来存储当前路由器到达各个网络的路径，其中包括后继路由器（最优路径的下一跳）和可行后继路由器（备份路径的下一跳），可行后继路由需要满足一定的条件才能存放到拓扑表中。这个已经在前面的 DUAL 算法章节中介绍过了，下面以路由器 R2 为例介绍 EIGRP 拓扑表中的相关字段，过程如下：

```
R2#show ip eigrp topology
IP-EIGRP Topology Table for AS(100)/ID(192.168.0.9)
Codes: P - Passive, A - Active, U - Update, Q - Query, R - Reply,
       r - reply Status, s - sia Status
P 192.168.0.8/30, 1 successors, FD is 28160
        via Connected, FastEthernet0/0
P 192.168.0.12/30, 1 successors, FD is 2172416
        via 192.168.0.10 (2172416/2169856), FastEthernet0/0
P 192.168.0.0/30, 1 successors, FD is 2169856
        via Connected, Serial1/0
P 192.168.0.4/30, 1 successors, FD is 2681856
        via 192.168.0.2 (2681856/2169856), Serial1/0
P 172.16.1.0/24, 1 successors, FD is 28160
        via Connected, FastEthernet0/1
P 172.16.2.0/24, 1 successors, FD is 2174976
        via 192.168.0.10 (2174976/2172416), FastEthernet0/0
        via 192.168.0.2 (2684416/2172416), Serial1/0
```

如表 5-16 所示是对 EIGRP 拓扑表关键字段的解读。

▲表 5-16　拓扑表字段

字段	描述	字段	描述
AS/ID	EIGRP 进程号/路由器 ID	Q-Query	查询被发送到邻居路由器
P-Passive	消极状态，路由稳定可用	U-Update	更新被发送到邻居路由器
A-Active	活动状态，正在计算路由，不可用	R-Reply	应答被发送到邻居路由器

从拓扑表信息中不难看出，路由器 R2 在去往 192.168.0.0 网络的路径中，除了直连网络外，其他两条路由都只有一条后继路由。在 R2 去往 172.16.2.0 网络时我们发现拓扑表中存在一条可行后继路由，过程如下：

```
P 172.16.2.0/24, 1 successors, FD is 2174976
        via 192.168.0.10 (2174976/2172416), FastEthernet0/0
        via 192.168.0.2 (2684416/2172416), Serial1/0
```

其中 via 192.168.0.10 表示通过 RouterID 为 192.168.0.10 的路由器学习到的这条路由，（2174976/2172416）表示 R2 到达目的网络的（FD/AD），FastEthernet0/0 表示从本地的这个接口学习到的信息。这条可行后继路由是从连接着本地接口 S1/0 的 RouterID 为 192.168.0.2 的路由器学到的，可行后继路由既然存在于拓扑表中，其必然满足可行条件 2172416<2174976。

另外，我们也可以使用扩展命令：

```
Router#show ip eigrp topology all-links
```

此命令可以查看所有去往目的地的路径，包括不满足可行条件的路径。

4. show ip protocols

通过 show ip protocols 可以查看路由器上正在运行的 IP 路由选择协议，下面以路由器 R2 为例介绍以下信息中包含的信息，我们使用数字对关键信息作了标识。

```
R2#show ip protocols
  Routing Protocol is "eigrp 100" -----------①
  Outgoing update filter list for all interfaces is not set
  Incoming update filter list for all interfaces is not set -----------②
  Default networks flagged in outgoing updates
  Default networks accepted from incoming updates
  EIGRP metric weight K1=1, K2=0, K3=1, K4=0, K5=0 -----------③
  EIGRP maximum hopcount 100 -----------④
  EIGRP maximum metric variance 1 -----------⑤
  Redistributing: eigrp 100 -----------⑥
  EIGRP NSF-aware route hold timer is 240s
  Automatic network summarization is not in effect -----------⑦
  Maximum path: 4 -----------⑧
  Routing for Networks: -----------⑨
     172.16.0.0
     192.168.0.0
  Routing Information Sources: ----------⑩
     Gateway          Distance      Last Update
     (this router)       90           02:13:0031
     192.168.0.10        90           01:39:38
     192.168.0.2         90           01:39:38
     172.16.1.1          90           01:39:38
  Distance: internal 90 external 170 -----------⑪
```

针对上面所标识的关键信息，我们给出了相关描述，如表 5-17 所示。

▲表 5-17　关键描述

<table>
<tr><th colspan="2">show ip protocols 的描述</th></tr>
<tr><td>①当前运行的协议</td><td>②没有过滤路由信息</td></tr>
<tr><td colspan="2">③当前路由器的 K 值，K1 代表带宽，K2 代表负载，K3 代表延时，K4 和 K5 代表可靠性</td></tr>
<tr><td>④最大跳数为 100</td><td>⑤变化因子默认为 1（只能进行等价负载均衡）</td></tr>
<tr><td>⑥EIGRP 再发布信息（当前无）</td><td>⑦自动汇总被关闭（默认为开启）</td></tr>
<tr><td colspan="2">⑧代表等价负载均衡链路，默认为 4 条，可以使用以下命令修改上限：
Router(config-router)#maximum-paths number（不同版本的 IOS 会有差异）</td></tr>
<tr><td>⑨加入路由进程的网络号</td><td>⑩从以下源接收到的更新</td></tr>
<tr><td colspan="2">⑪EIGRP 内部的管理距离为 90，外部的管理距离为 170</td></tr>
</table>

5. show ip eigrp interfaces

我们可以使用 show ip eigrp interfaces 命令来查看 EIGRP 的接口信息，同样以路由器 R2 为例来进行介绍，过程如下：

```
R2#show ip eigrp interfaces
IP-EIGRP interfaces for process 100
                        Xmit Queue    Mean     Pacing Time    Multicast     Pending
Interface     Peers     Un/Reliable   SRTT     Un/Reliable    Flow Timer    Routes
Fa0/1           1          0/0         23          0/1           96            0
Fa0/0           1          0/0         21          0/1           96            0
Se1/0           1          0/0         19          0/15          103           0
```

通过这条命令可以知道有关 EIGRP 接口的摘要信息，其中每一个接口都会有其相应的对等体，也就是邻居的数量，接下来通过一个表格来归纳整理这些信息，这样可以更加直观地了解这些信息的内容。

对 show ip eigrp interfaces 所显示的内容中关键字的描述如表 5-18 所示。

▲表 5-18 关键字描述

字段	描述
Interface	表示启用 EIGRP 协议的接口
Peers	表示这个接口下建立了几个邻居对等体
Xmit Queue Un/Reliable	在 Unreliable 和 Reliable 队列中剩余的分组数
Mean SRTT	从该接口到达邻居的平均平滑往返时间（单位：ms）
Pacing Time Un/Reliable	决定 Unreliable 和 Reliable 分组何时从接口发出
Multicast Flow Timer	组播数据包被发送前最长的等待时间
Pending Routes	将要从该接口发送的路由条目数量

5.6.9 EIGRP 的路由汇总

EIGRP 允许管理员关闭自动汇总并创建一个或更多手动汇总，汇总路由的度量值等于具体路由度量值中最小的值。如果明细路由消失，汇总也会随之消失。当配置手动汇总后，Cisco IOS 会在路由表中创建一个去往 Null0 接口的路由。例如，当路由器收到一个数据包，它的目的网段在汇总路由的范围内却匹配不到明细路由时，路由器会将其丢弃，防止路由环路的产生。

配置命令是在接口模式下输入“ip summary-address eigrp AS 号 IP 地址 子网掩码”，过程如下：

```
Router(config-if)#ip summary-address eigrp AS_number IP_address network_mask
```

路由汇总的优点如下：

- 减少路由条目。
- 减少正常数据的延时。
- 减少内存和 CPU 资源的占用。
- 降低拓扑变化带来的影响。

继续优化在 EIGRP 配置章节使用的拓扑环境如图 5-33 所示，在没有汇总前可以先查看 R1 的路由表信息，其中关于 192.168.0.0 网络有 4 个路由条目，因此在 R2 的 f0/1 接口进行 EIGRP 手动汇总可以明显简化 R1 的路由表信息，同理，在路由器 R5 上也是一样的。

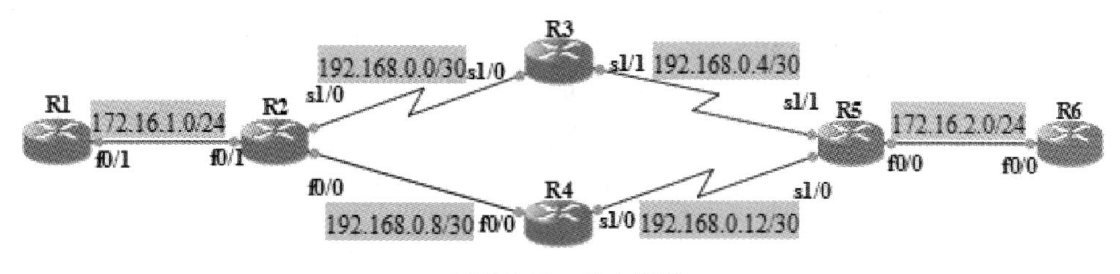

▲图 5-33 路由汇总

```
R1#show ip route        ---汇总前 R1 的路由表---
     172.16.0.0/24 is subnetted, 2 subnets
```

```
C          172.16.1.0 is directly connected, FastEthernet0/1
D          172.16.2.0 [90/2177536] via 172.16.1.2, 00:57:58, FastEthernet0/1
       192.168.0.0/30 is subnetted, 4 subnets
D          192.168.0.8 [90/30720] via 172.16.1.2, 00:59:15, FastEthernet0/1
D          192.168.0.12 [90/2174976] via 172.16.1.2, 00:59:15, FastEthernet0/1
D          192.168.0.0 [90/2172416] via 172.16.1.2, 00:59:15, FastEthernet0/1
D          192.168.0.4 [90/2684416] via 172.16.1.2, 00:59:15, FastEthernet0/1
```

配置 EIGRP 汇总命令如下：

```
R2(config)#interface f0/1
R2(config-if)#ip summary-address eigrp 100 192.168.0.0 255.255.255.240
R5(config)#interface f0/0
R5(config-if)#ip summary-address eigrp 100 192.168.0.0 255.255.255.240
```

汇总后的 R1 路由表如下：

```
R1#show ip route
       172.16.0.0/24 is subnetted, 2 subnets
C          172.16.1.0 is directly connected, FastEthernet0/1
D          172.16.2.0 [90/2177536] via 172.16.1.2, 01:03:10, FastEthernet0/1
       192.168.0.0/28 is subnetted, 1 subnets
D          192.168.0.0 [90/30720] via 172.16.1.2, 00:00:05, FastEthernet0/1
```

5.6.10 EIGRP 的负载均衡

之前的章节曾提到过，在 EIGRP 的进程下默认支持 4 条等价的负载均衡链路，根据 IOS 版本的不同会有所差异，我们可以使用 Router(config-router)#maximum-paths *number* 来修改上限，在本实验环境中最多支持 16 条。在出现等价负载均衡的情况下，一台路由器就会存在两个相同度量的后继路由器。当然，我们同样也可以让运行 EIGRP 的路由器支持非等价的负载均衡，接下来会介绍到 variance 参数，在路由进程中配置完成后就可以启用 EIGRP 路由的非等价负载均衡。

为了更直观地观察两种负载均衡的情况，我们对之前的拓扑作一个拓展，如图 5-34 所示，在 R2 和 R5 之间添加一条与 R4 相同的新链路，并将 192.168.0.16/30 和 192.168.0.20/30 分配给两条新链路。

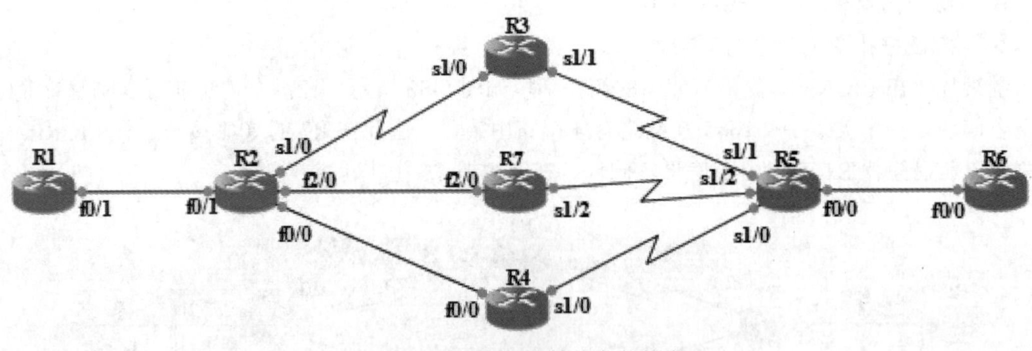

▲图 5-34 等价/非等价负载均衡

查看 R2 的路由表观察去往 172.16.2.0/24 的路由如下（show ip route 后面跟某个网段可以查看特定路由条目）：

```
R2#show ip route 172.16.0.0
Routing entry for 172.16.0.0/24, 2 known subnets
```

```
    Attached (1 connections)
    Redistributing via eigrp 100
C          172.16.1.0 is directly connected, FastEthernet0/1
D          172.16.2.0 [90/2174976] via 192.168.0.18, 00:05:21, FastEthernet2/0
                      [90/2174976] via 192.168.0.10, 00:05:21, FastEthernet0/0
```

从路由表中不难发现，去往 172.16.2.0 网络有两条等价负载均衡的路径分别是 R2→R7→R5 和 R2→R4→R5，其中[90/2174976]是管理距离和可行距离，由此可以看出 R2 存在两个去往目的网络 172.16.2.0 的后继路由器。

关于非等价的负载均衡，首先介绍参数 variance，要启动 EIGRP 的非等价负载均衡，可以在 EIGRP 子进程下使用如下命令：

```
Router(config)#router eigrp AS_number_#
Router(config-router)#variance ?
  <1-128>    Metric variance multiplier
```

variance 参数的默认值为 1，表示只支持等价负载均衡，可变化的范围是<1-128>。非等价负载均衡的目的是将次优路径从拓扑表中添加到路由表，从而达到数据负载分流的作用，在使用这条命令之前我们需要掌握 variance 参数的计算方法，下面通过一个简单的例子来讲解其计算方法。

如表 5-19 所示，当前路由器想去往 10.1.1.0 网络有一个后继路由器和两个可行后继路由器，如果想让 A 和 B 进行非等价的负载均衡而 C 依然作为可行后继路由器的话，需要满足条件 B 的 FD 小于 2 倍的 A 的 FD，即 30<25×2。这个倍数 2 就表示需要设定的 variance 参数值，同时 C 的 FD 依然大于 25×2，因此通过 C 的这条链路不能作为负载均衡的链路。

▲表 5-19 某路由器的拓扑表

目的网络	邻居路由器	可行距离（FD）	通告距离（AD）
10.1.1.0/24	A	25	10
	B	30	15
	C	60	20

注意：variance 参数在计算时满足需求即可，不宜设置太高，否则容易人为地制造 EIGRP 环路，从而引起不必要的麻烦。

回到起初的配置案例中，当前拓扑中 R1 想去往 172.16.2.0 网络已经存在了两条负载均衡的链路，为了让 R2→R3→R5 作为非等价负载均衡的链路加入到 R2 的路由表中，我们需要查看 R2 的拓扑表计算出合适的 variance 参数值，过程如下：

```
R2#show ip eigrp topology | begin 172.16.2.0
P 172.16.2.0/24, 2 successors, FD is 2174976
         via 192.168.0.10 (2174976/2172416), FastEthernet0/0
         via 192.168.0.18 (2174976/2172416), FastEthernet2/0
         via 192.168.0.2 (2684416/2172416), Serial1/0
```

注释：管道符“| begin”用来显示需要从哪个关键字开始输出。

从以上的输出结果来看，可行后继路由的 FD=2684416，后继路由的 FD=2174976，由此计算出 variance 参数值为 2 较为合适，过程如下：

```
R2#conf t
R2(config)#router eigrp 100
R2(config-router)#variance 2
```

下面通过查看 R2 的路由表来验证命令是否生效：

```
R2#show ip route 172.16.0.0
Routing entry for 172.16.0.0/24, 2 known subnets
  Attached (1 connections)
  Redistributing via eigrp 100
C        172.16.1.0 is directly connected, FastEthernet0/1
D        172.16.2.0 [90/2174976] via 192.168.0.18, 00:01:15, FastEthernet2/0
                    [90/2174976] via 192.168.0.10, 00:01:15, FastEthernet0/0
                    [90/2684416] via 192.168.0.2, 00:01:15, Serial1/0
```

从以上输出结果中可以看出，R2→R3→R5 这条路径也被放进了路由表中。到此为止非等价负载均衡的配置方法就介绍完了。

注意：如果一条路径不能成为可行后继（FS），那么这条路径就无法成为负载均衡的链路。

5.7 OSPF

5.7.1 OSPF 简介

OSPF（Open Shortest Path First，开放最短路径优先）是一个公有的路由选择协议，它被应用于各大路由设备厂商，其中包括 Cisco。OSPF 一般用于同一个路由域内，路由域是指一个自治系统 AS（Autonomous System），在这个 AS 中，所有的 OSPF 路由器都维护一个相同的描述这个 AS 结构的数据库，该数据库中存放的是路由域中相应链路的状态信息，OSPF 路由器正是通过这个数据库计算出其 OSPF 路由表的。

OSPF 是一种典型的链路状态型协议，链路状态路由协议是复杂的、可扩展的路由选择协议，它采用了 Dijkstra 算法也被称为最短路径优先（Shortest Path First，SPF）算法。OSPF 的工作方式是构建一个最短路径树，然后使用最佳路径的计算结果来组建成路由表。OSPF 收敛速度很快，也同样支持等价负载均衡。

距离矢量路由协议就像是交通标志，仅仅给出方向和距离，根据指引一步一步地接近目的地，但并不知道整个网络的拓扑是什么样的。而链路状态路由协议更像是一幅地图，在地图中可以看到所有的潜在路线，并确定最优的路径。

OSPF 的优缺点如表 5-20 所示。

▲表 5-20 OSPF 的优缺点

优点	缺点
使用 SPF 算法，提供无环路拓扑	额外的 CPU 处理 SPF 算法
基于开放标准，适用于大规模网络	更多的内存维持邻居、拓扑和路由表
属于无类路由协议，支持 VLSM/CIDR	对大型网络的设计要求更加严格
触发更新和增量更新，收敛速度较快	配置相对复杂，排错比较困难

5.7.2 OSPF 的相关术语

1. 链路（Link）

当一个接口加入 OSPF 进程，它就被当作是 OSPF 的一条链路。

2. 链路状态（Link-State）

链路状态信息包括接口的 IP、子网掩码、接口的网络类型（如广播式的以太网、串行的点对点或其他链路）、链路花费、链路上的邻居等。

3. 链路状态通告（LSA）

LSA 是一个 OSPF 的数据包，它包含在 OSPF 路由器中共享的链路状态和路由信息。有多种不同类型的 LSA 数据包，OSPF 路由器只与建立了邻接关系的路由器交换 LSA 数据包。

4. 路由器 ID（RID）

RID（Router ID）是用来标识路由器的 IP 地址，可以在 OSPF 路由进程中手工指定；如果没有指定，路由器默认选择回环接口中最高的 IP 作为 RID；如果没有回环地址，路由器使用所有激活的物理接口中最高的 IP 作为 RID。

5. 邻居（Neighbor）

两台或多台运行 OSPF 的路由器在一个公共的网络上形成的基本关系。例如，两台路由通过串行线路相连，多台路由通过以太网接口相连。

6. 邻接（Adjacency）

邻接是两台邻居路由器之间进一步的关系，OSPF 只与建立了邻接关系的邻居共享路由信息。并不是所有的邻居都可以成为邻接，这取决于网络的类型和路由器的配置。

7. 区域边界路由器（ABR）

OSPF 是一种 IGP 的路由器协议，运行在自治系统的内部，OSPF 工作时将一个自治系统分成多个区域。如果一个运行 OSPF 的路由器的不同的接口连接着不同的区域，这个路由器就称为区域边界路由器 ABR（Area Border Router）。

8. 自治系统边界路由器（ASBR）

ASBR（Autonomous System Border Router）位于 OSPF 自治系统和非 OSPF 网络之间，ASBR 可以运行 OSPF 和另一路由选择协议（如 RIP、EIGRP 等）。

9. 域内路由器（IR）

如果一台 OSPF 路由器属于单个区域，即该路由器所有接口都属于同一个区域，那么这台路由器称为 IR（Internal Router）。

10. 指定路由器（DR）

当 OSPF 链路被连接到多路访问的网络中时，需要选择一台指定路由器 DR（Designated

Router），每台路由器都把拓扑变化发给 DR 和 BDR，然后由 DR 通知该多路访问网络中的其他路由器。

11. 备用的指定路由器（BDR）

当 DR 发生故障的时候，BDR（Backup Designated Router）转变成 DR 接替 DR 的工作。既不是 DR 也不是 BDR 的路由器称为 DR other，事实上，DR other 除了和 DR 互换 LSA 之外，同时还会和 BDR 互换 LSA。

12. Cost 值

Cost 值指的是到达某个路由所指的目的地址的代价，可以通过手动或自动设置，也是 OSPF 使用的度量值。

5.7.3 OSPF 的网络类型

OSPF 支持多种网络链路类型，能够建立邻接关系，会根据网络类型的不同而有所差异，我们需要明确 OSPF 能在哪些网络类型上正常运行，在 RFC 中明确定义了 OSPF 支持的 3 种链路类型，如表 5-21 所示。

▲表 5-21 链路类型

链路类型	描述
点到点（Point-to-Point）	两台路由器直接相连，如 WAN 中的 HDLC、PPP 和帧中继点到点子接口
广播（Broadcast）	广播多路访问网络，如以太网、令牌环网、光纤分布式数据接口（FDDI）
非广播多路访问（NBMA）	连接的路由器超过两台，没有广播功能，如帧中继、ATM 和 X.25 等网络

注意：NBMA 网络不是没有广播的能力，而是广播针对每一条 VC 发送，这样就使得一台路由器在不是 Full-Mesh 的 NBMA 拓扑中，发送的广播或组播分组可能无法到达其他所有路由器。这些知识我们会在广域网的部分中进行介绍。

在这 3 种链路类型的基础上，Cisco 拓展出了 4 种网络类型，如下：

- 广播网络
- 非广播多路访问网络
- 点到多点网络
- 点到点网络

广播网络（Broadcast）：当链路层协议是 Ethernet 或 FDDI 时，OSPF 缺省认为网络类型是 Broadcast。在该类型的网络中，通常以组播形式（224.0.0.5 和 224.0.0.6）发送 Hello、LSU 和 LSAck 协议报文。组播 224.0.0.5 会将数据发送到网络中所有运行 OSPF 的路由器，组播 224.0.0.6 将发送到多路访问网络中 DR 和 BDR 路由器。

在多路访问的网络中，如果每对路由器间都两两建立邻接关系去交换 LSA，这将导致大量 LSA 在该网络内的路由器间传输，造成太多的资源损耗也会影响网络的收敛。为了解决这一问题，在多路访问网络中，OSPF 会选举出一个指定路由器（DR）负责收集和分发 LSA，还会选举出一个备用指定路由器（BDR）以防指定路由器发生故障。其他所有路由器变为 DR other，如图 5-35 所示，多路访问网络中 DR other 仅与网络中的 DR 和 BDR 建立完全的相邻关系，两个 DR other 之间只是普通的邻居关系，无需泛洪 LSA，最终结果是多路访问网络中仅有一台路由器负责泛洪所有 LSA。

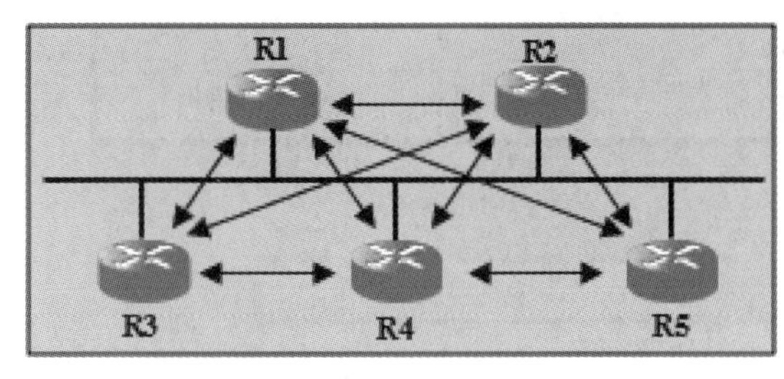

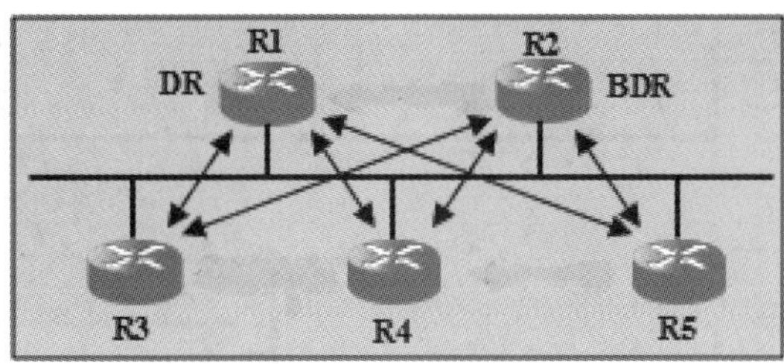

没有 DR/BDR 的多路访问网络　　有 DR/BDR 的多路访问网络

备注：　—— 物理链路　←→ 邻接关系

▲图 5-35　多路访问网络

非广播多路访问网络（Non-Broadcast Multi-Access，NBMA）：当链路层协议是帧中继、ATM 或 X.25 时，OSPF 缺省认为网络类型是 NBMA。在该类型的网络中，同样需要进行 DR 和 BDR 的选举，帧中继网络模型如图 5-36 所示。

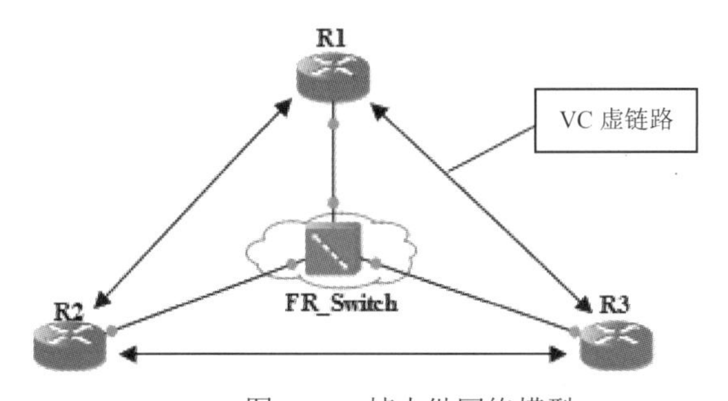

▲图 5-36　帧中继网络模型

在帧中继的网络中，OSPF 还有以下两种工作模式，这两种模式不需要 DR 或 BDR 的选举：

点到多点（Point-to-Multipoint，P2MP）：没有一种链路层协议会被缺省认为是 P2MP 类型，点到多点必须是由其他网络类型强制更改的。常用的做法是将 NBMA 改为点到多点网络。在该类网络中，以组播形式（224.0.0.5）发送 Hello 报文，单播发送其他报文。

点到点（Point-to-Point，P2P）：当链路层是 PPP 或 HDLC 时，OSPF 缺省认为网络类型是 P2P。在该类型的网络中，以组播形式（224.0.0.5）发送协议报文。

点到点网络模型如图 5-37 所示，OSPF 能自动侦测出这种链路类型并形成邻接，这种类型的网络不需要 DR 或 BDR 的选举。

▲图 5-37　点到点网络

5.7.4　OSPF 的报文格式

OSPF 和 EIGRP 一样，也被设计成一个网络层协议，协议号为 89。我们以 Hello 包为例介绍数据包的构成，包格式如图 5-38 所示。

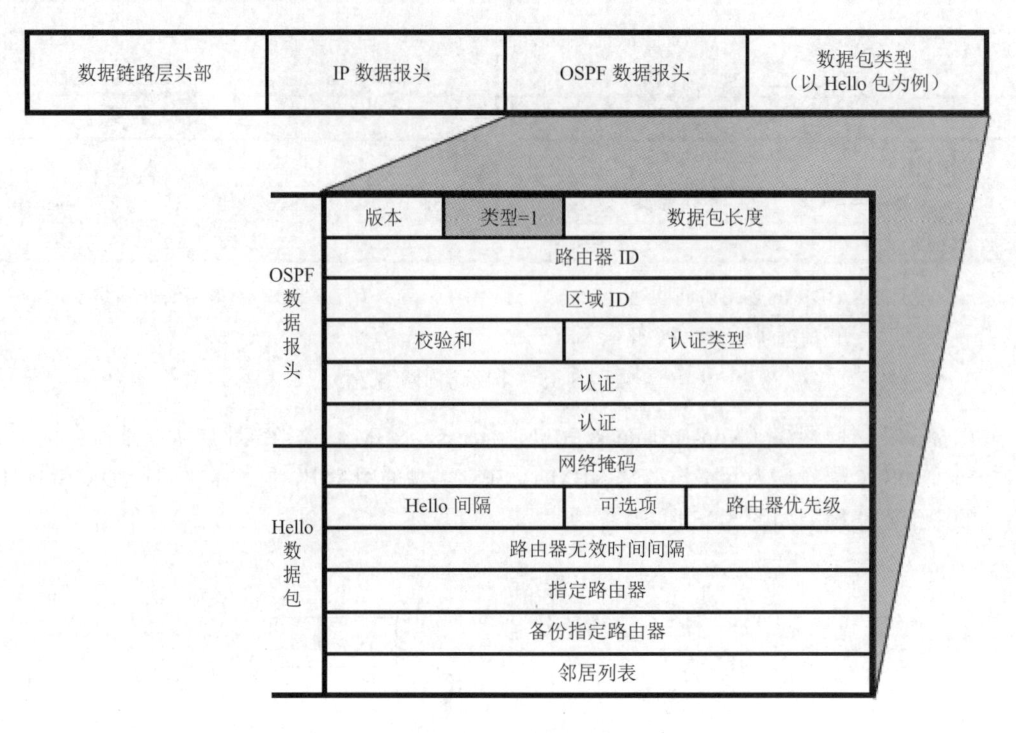

▲图 5-38　数据包结构

- 数据链路层头部：OSPF 使用的组播 IP 地址是 224.0.0.5（发送给所有的路由器）和 224.0.0.6（发送给 DR/BDR），每个组播地址都有对应的 MAC 地址，它们分别为 01-00-5E-00-00-05 和 01-00-5E-00-00-06。
- IP 数据报头：协议号是 89，源 IP 是始发路由器的 IP 地址，目的 IP 是组播 IP 地址 224.0.0.5 或 224.0.0.6。
- OSPF 数据报头：包括路由 ID 和所在的区域 ID，其中类型代码有 5 种，它们分别是 1（Hello）、2（DBD）、3（LSR）、4（LSU）、5（LSAck）。
- OSPF 数据包类型：它对应的数据中每种包都有具体的内容，图中以 Hello 为例。

从以上的数据包格式中可以了解到，在 OSPF 中存在 5 种包，并且以类型（Type）字段标识，下面简单介绍一下它们的作用。

1. Hello

Hello 报文用来建立和维护 OSPF 路由器间的邻接关系，它的主要作用是通过在 OSPF 协议的接口上发送 Hello 报文，从而判断是否有其他 OSPF 路由器运行在相同的链路上，进而建立和维护邻接关系；在多路访问中选择 DR 和 BDR。OSPF 只有在建立邻接关系后，才能泛洪链路状态通告（LSA）给其他路由器。

2. DBD

数据库描述（Database Description，DBD）包是发送端对自己链路状态数据库的一个简短描述，接收路由器根据接收到的 DBD 包对比自己的链路状态数据库，检测发送端和接收端的链路状态数据库是否同步。

3. LSR

链路状态请求（Link-State Request，LSR），接收方如果想知道某些详细的数据库描述中的信息，就可以向发送方发送 LSA 来实现。

4. LSU

链路状态更新包（Link-State Update，LSU）是用来更新 OSPF 路由信息，回复 LSR 请求。

5. LSAck

链路状态确认（Link-State Acknowledgement，LSAck）当收到一个 LSU，路由器发送 LSAck 确认。

如表 5-22 所示是对以上信息进行的综合性描述。

▲表 5-22　5 种数据包

类型	名称	描述
1	Hello	Hello 报文用来建立和维护 OSPF 路由器间的邻接关系
2	数据库描述（DBD）	描述本地 LSDB 摘要信息，用来同步两台设备的数据库
3	链路状态请求（LSR）	向对方请求所需的 DBD 详细信息
4	链路状态更新（LSU）	发送对方所需的 LSA
5	链路状态确认（LSAck）	对收到的 LSA 进行确认

链路状态更新（LSU）数据包用于 OSPF 路由更新。一个 LSU 数据包可能包含多种类型的链路状态通告（LSA），链路状态更新（LSU）和链路状态通告（LSA）之间的差异有时较难分清。一个 LSU 包含一个或多个 LSA，如表 5-23 所示是几种常见的 LSA。

▲表 5-23　LSA 类型

LSA 类型	描述
1	路由器 LSA（Router LSA）：每个路由器都会发出的一种最基本的 LSA，用于描述路由器连接的网络状态信息，只在区域内部传递
2	网络 LSA（Network LSA）：多路访问的网络中由 DR 发出的一种 LSA，用于描述这个网络连接的网络状态信息，只在区域内部传递
3	汇总 LSA（Network Summary LSA）：由 ABR 发出的用于向自治系统内部其他的区域通告本区域的路由信息，在自治系统内部所有的区域中传递
4	ASBR 汇总 LSA（ASBR Summary LSA）：由 ASBR 所在区域的 ABR 发出用于向整个自治系统内部的路由器通告 ASBR 的可达性
5	自治系统外部 LSA（AS-External LSA）：ASBR 注入的自治系统外部的路由信息，此类 LSA 将传递到整个自治系统所有的区域
6	NSSA 外部 LSA：NSSA 特殊区域内 ASBR 注入的外部路由信息

5.7.5　OSPF 的路由器角色

OSPF 在一个自治系统内部运行时可以支持两层的网络架构，即骨干区域（Backbone Area）和非骨干区域（Non Backbone Area），工作时路由器的角色大致可以分为以下几种：

- 内部路由器（Internal Router，IR）

- 区域边界路由器（Area Border Router，ABR）
- 自治系统边界路由器（Autonomous System Border Router，ASBR）

下面我们通过如图 5-39 所示来描述这 5 种路由器。

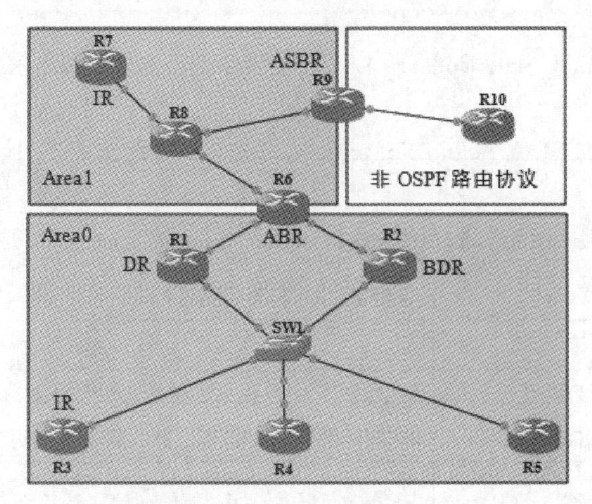

▲图 5-39　路由器角色

从图中我们可以看出，同时属于两个 OSPF 区域（Area0 和 Area1）边界的路由器是 R6，我们称为 ABR；在整个 OSPF 自治系统边界的路由器是 R9，我们称为 ASBR；所有接口都属于同一个区域的路由器有 R1、R2、R3、R4、R5、R7 和 R8，它们都可以称为 IR，其中 R1 和 R2 只是说在此拓扑中作为 DR 和 BDR 较为合适，并不意味着其他路由器不能成为 DR 或 BDR。关于这一概念，我们会在本章节继续介绍。

注意：需要说明的是，指定路由器（DR）与备份指定路由器（BDR）的定义与前面所定义的几种路由器是不同的。它们的选择是通过 OSPF 的 Hello 数据包来完成的，它是针对某个特定的网络而言的。

其实，DR 与 BDR 并没有任何本质与功能的区别，只有在多路访问的网络环境，才需要 DR 和 BDR。DR 与 BDR 是在一个网段内选举的，与 OSPF 区域没有任何关系，一个区域可能有多个多路访问网段，那么就会存在多个 DR 和 BDR，但一个多路访问网段只能有一个 DR 和 BDR。DR 和 BDR 的选举规则如下：

- 比较接口优先级：接口优先级最高的就会被选举成为 DR，接口优先级数字越大，表示优先级越高，次优先级的成为 BDR，优先级范围是<0-255>，默认为 1，如果手动将接口优先级调为 0 则表示没有资格选举 DR 和 BDR。修改优先级的命令是在接口模式下输入 ip ospf priority <0-255>。
- 比较 RouterID 大小：如果在优先级都相同的情况下，RouterID 最大的成为 DR，其次是 BDR。RouterID 的概念在 OSPF 术语中介绍过，可以手动指定，默认情况使用环回口地址最大的，其次使用本地物理接口地址最大的。

如图 5-40 所示，图中列举出了每个路由器在选举时需要考虑的重要参数，经过选举规则的考量之后，R1 和 R4 分别成为了 DR 和 BDR。

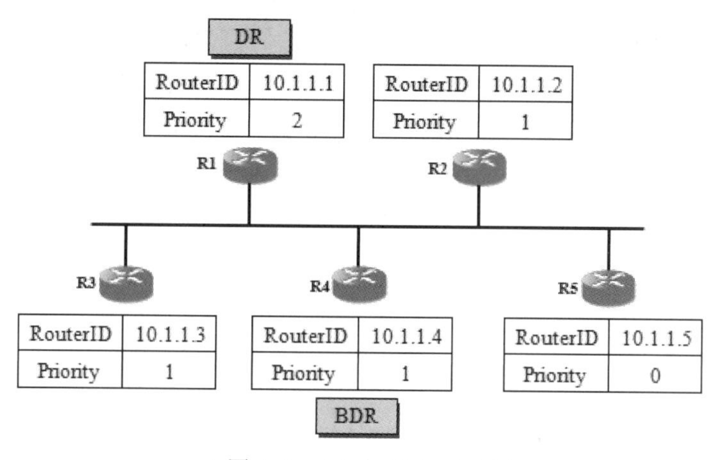

▲图 5-40　DR 与 BDR 的选举

当一个多路访问网络中选举出 DR 与 BDR 之后，在 DR 与 BDR 没有失效的情况下，不会进行重新选举，即使有更高优先级的路由器加入网络，也不会影响当前 DR 与 BDR 的角色，只有 DR 与 BDR 失效后，才会重新选举。

DR、BDR 和 DR other 在处理数据包时会有所不同，包括 DR 与 BDR 在内的所有 OSPF 路由器都能够接收和传递目标地址为 224.0.0.5 的数据包，但是只有 DR 和 BDR 才能接收和传递目标地址为 224.0.0.6 的数据包。由此可见，DR other 路由器在将数据包发往目标地址为 224.0.0.6 时，只能被 DR 和 BDR 接收，其他路由器不能接收，而 DR 和 BDR 将数据包发向目标地址为 224.0.0.5，可以被所有路由器接收。

在此强调一点，所有的 DR other 都能与 DR 和 BDR 互换 LSA 信息，是因为所有的 DR other 都与 DR 和 BDR 是邻接关系，而 DR other 与 DR other 之间只能建立邻居关系，所以不能互换 LSA 信息。

5.7.6 OSPF 的数据结构

OSPF 和 EIGRP 一样，它也拥有 3 张表，分别是邻居表（Neighbor Table）、链路状态数据库表（LSDB）和路由表（Routing Table），这三张表相互联系共同维护着整个网络拓扑。它们存储了路由器的邻居信息以及各个网络的路由信息和链路状态信息，对于路由器之间的通信和网络的快速收敛起着重要的作用。接下来我们详细介绍一下这些内容。

1. 邻居表

每个 OSPF 路由器都保存有邻居的状态信息。当知道又发现了一个新邻居时，该邻居的地址和接口信息将被记录下来，这些信息就保存在邻居表中。OSPF 是通过 Hello 包来建立邻居关系的，默认的情况下 OSPF 路由器会每 10 秒钟生成一个 Hello 消息，在形成邻居关系后，邻居路由器之间会设置一个失效的时间间隔（Dead Interval），如果在 40 秒内没有收到邻居发来的消息，那么就会断开邻接关系，并且路由器会生成一条关于拓扑变化的 LSA 通告给其他邻居路由器。

为了让两台路由器称为邻居，每台路由器上的以下信息必须匹配：

- 区域标识和类型
- 认证类型和密钥

接下来，我们将详细介绍一下 OSPF 邻居建立的过程以及状态分析，如图 5-41 至图 5-43 所示。

Down：OSPF 初始状态，还没有开始交换信息。由于当前没有发现任何邻居，因此它的邻居表项是空的，并且 DR 字段设置为 0.0.0.0。

INIT：交换信息初期，表示 R2 已经收到了 R1 的 Hello 报文，同时将 R1 添加到自己的邻居表中。

Two-way：双向阶段，R1 和 R2 都收到了彼此发送的 Hello 报文，建立了邻居关系。在多路访问的网络中，如果两个接口状态都是 DR other，那么路由器将停留在此状态，在此状态下的路由器是不能共享路由信息的，想共享路由信息必须建立邻接关系（注意邻居关系和邻接关系的区别），其他情况将继续转入高级状态。图 5-41 中，由于 R2 的 Router ID 大于 R1 的 Router ID，所以在发送的 Hello 报文中，将 DR 字段设置为 R2 的 Router ID。

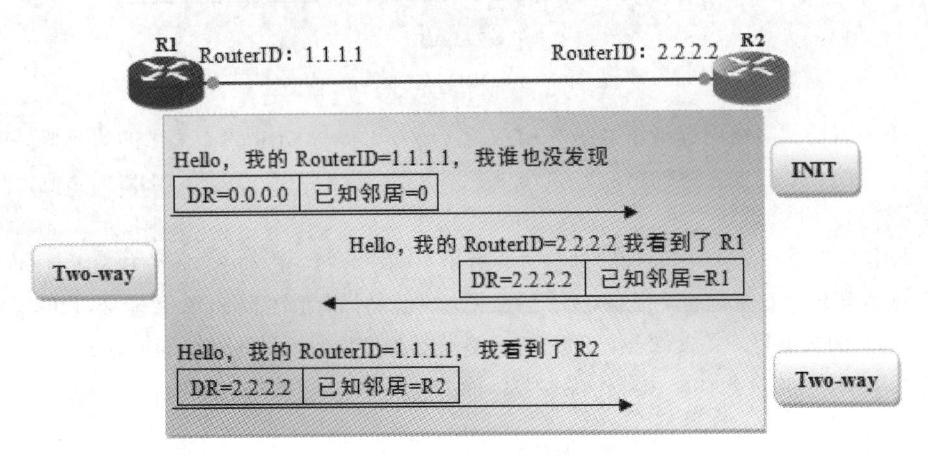

▲图 5-41　邻居建立过程（1）

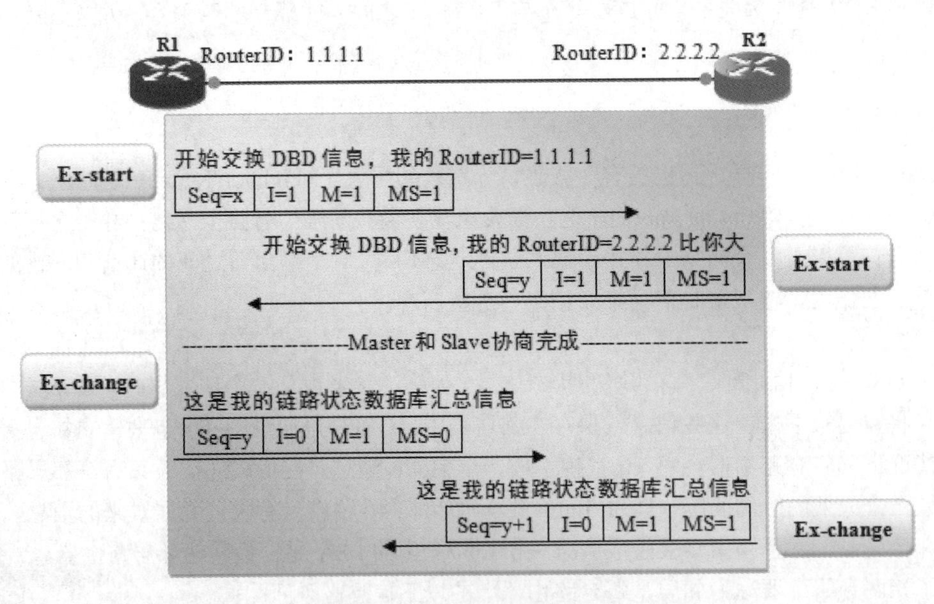

▲图 5-42　邻居建立过程（2）

Ex-start：准备开始交换阶段，双方通过此阶段决定主从关系，即 Master 和 Slave，RouterID 最高的路由将成为 Master（MS）。在交换初期，它们会彼此发送一个不包含 LSA 的数据库摘要（DBD），开始主从关系的协商，其中包含字段 Seq（序列号）、I（初始化报文）、M（为 0 代表最后报文）、MS（为 1 代表 Master）。

Ex-change：开始交换阶段，双方选举完成，R2 为 Master 路由器，接下来将会使用 R2 的序列号交换信息。它们将本地的路由状态数据库（LSDB）汇总成数据库描述（DBD）报文，然后发给邻居路由。这个阶段中，如果 R1 发现 LSDB 中缺少部分 LSA 信息，那么在下一个阶段中将请求对方发送该路由条目的完整信息。

Loading：加载阶段，路由器 R1 通过发送链路状态请求（LSR）来向邻居 R2 请求一些路由条目的详细信息。邻居 R2 则会使用链路状态更新包（LSU）来回复 LSR 请求，收到邻居 R2 发回的 LSU 后，R1 再发送 LSAck 向发送 LSU 的路由进行确认。

FULL：完全邻接状态，Loading 结束后，路由器之间就变成了“Full adjacency”。

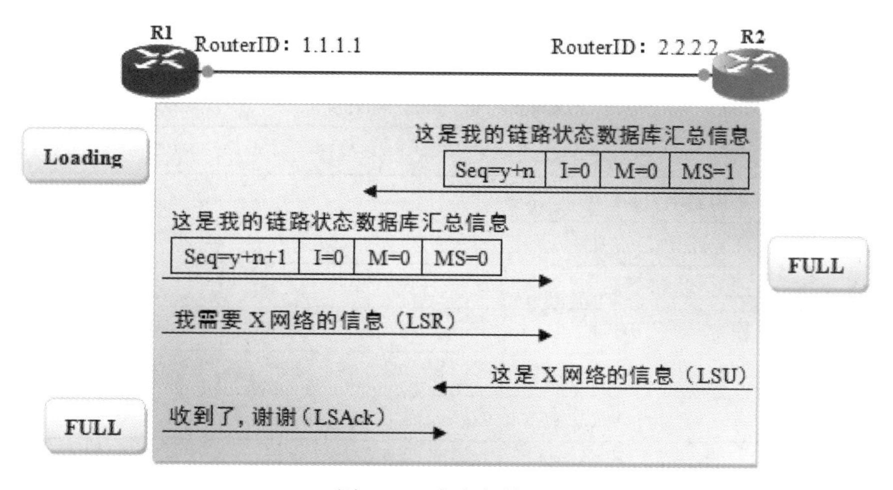

▲图 5-43　完全邻接（3）

OSPF 邻居表的摘要信息如表 5-24 所示，其中各项分别表示：

- Neighbor ID：邻居的路由器 ID。
- Status：本地路由器的状态。
- Neighbor Address：邻居与自身相连接口的 IP。
- Interface：本地与邻居相连的接口。

▲表 5-24　邻居表摘要

IP OSPF Neighbor Table			
Neighbor ID	Status	Neighbor Address	Interface

2. 链路状态数据库

我们知道在 OSPF 路由选择协议中是使用链路状态通告（Link State Advertisement，LSA）来描述网络拓扑信息的。链路状态数据库就是用来存储这些不同类型的 LSA，从链路状态数据库中可以很直观地查看这些 LSA，查看的命令为 show ip ospf database。本节的案例中，在链路状态数据库中只存在两种 LSA：

- Router LSA：Router Link States（Area 0），由域内路由器产生，描述了路由器所有接口、

链路和 Cost 值，并且只能在本区域内泛洪。

- Network LSA：Net Link States（Area 0），由广播网或 NBMA 网络中的 DR 产生，Network LSA 中记录了这一网络上所有路由器的 Router ID，描述本网段的链路状态，并且只能在本区域内泛洪。

```
Router#show ip ospf database
              OSPF Router with ID (1.1.1.1) (Process ID 1)
                   Router Link States (Area 0)
Link ID        ADV Router      Age        Seq#           Checksum     Link count
1.1.1.1        1.1.1.1         832        0x80000008     0x00AC59     1
2.2.2.2        2.2.2.2         913        0x80000008     0x006E8E     1
                Net Link States (Area 0)
Link ID        ADV Router      Age        Seq#           Checksum
12.1.1.1       1.1.1.1         832        0x80000007     0x003ED6
```

关键参数的描述如表 5-25 所示。

▲表 5-25　关键字描述

关键字	描述
Link ID	路由器 ID
ADV Router	通告路由器的 ID
Age	连接状态时间
Seq#	连接状态序列号
Checksum	连接状态通告完整内容的校验和
Link count	直接连接的链路总数（该 LSA 包含的链路状态信息数量）

3. 路由表

OSPF 的路由表跟其他路由协议的查看方式是相同的，不同的是在 OSPF 的路由条目前有特定的标识，则标记为 O；OSPF 的管理距离是 110，路由表的摘要信息如表 5-26 所示，其中各项分别表示：

- Destination Network：目的网络。
- AD/Cost：管理距离和路径开销。
- Outbound Interface：与邻居相连的本地出接口。
- Next-Hop Address：下一跳路由器 IP 地址。

▲表 5-26　路由表摘要信息

IP OSPF Routing Table			
Destination Network	AD/Cost	Outbound Interface	Next-Hop Address

5.7.7　OSPF 的区域类型

OSPF 在一个自治系统内部运行时可以支持两层的网络架构，即骨干区域（Backbone Area）和非骨干区域（Non Backbone Area）。OSPF 网络中的区域是以区域 ID 进行标识的，区域 ID 为 0（或 0.0.0.0）即 Area0 的区域规定为骨干区域。所有的非骨干区域都必须和骨干区域的路由器直接相连，它们通常是根据职能和地理位置来划分的。默认情况下，非骨干区域不允许另一个区域通过自己连接并将数据传输到其他区域，所有的非骨干区域的数据流都需要通过骨干区域 Area0 转发，所以骨干区域也叫做转发区域。骨干区域和非骨干区域默认情况下都属于 OSPF 的常规区域（又叫做标准区域），此外非骨干区域还包括 4 种特殊的区域，分别是末节区域（Stub Area）、绝对末节区域（Totally Stub Area）、次末节区域（No Stotal Stub Area，NSSA）和绝对次末节区域（Totally NSSA）。

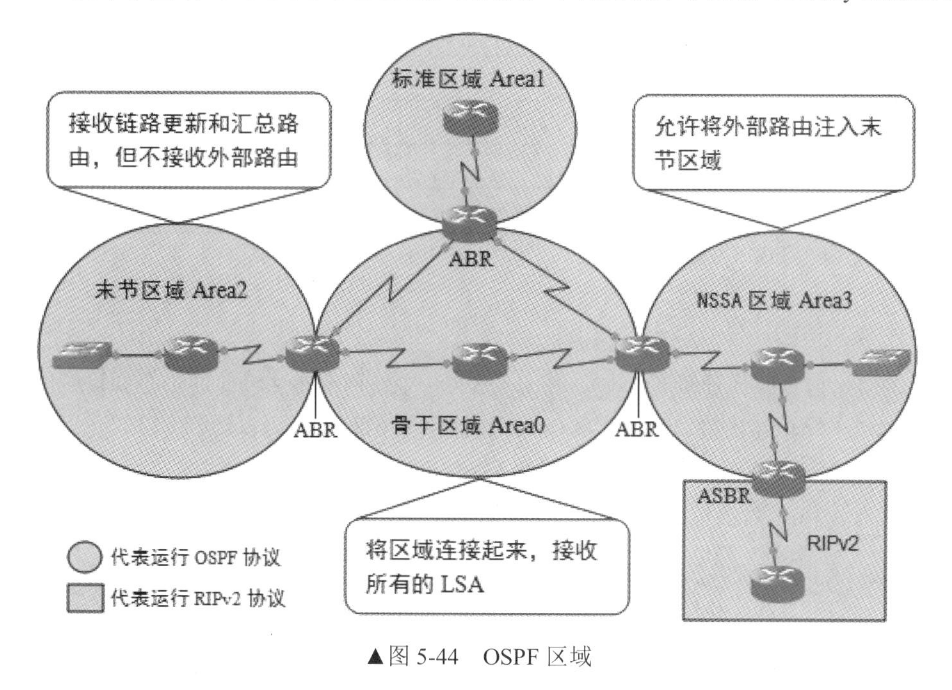

▲图 5-44　OSPF 区域

如图 5-44 所示，OSPF 的区域类型决定了它能接收什么样的 LSA，OSPF 各种区域类型的特性如下：

- 标准区域：这是默认的区域类型，它能够接收除 LSA7 之外所有其他类型的 LSA。
- 末节区域：这种区域不接收关于自治系统外部的路由的信息，如来自非 OSPF 路由器的路由。需要路由到自治系统外部的网络时，路由器使用默认路由（用 0.0.0.0 表示）。末节区域不能包含 ASBR（除非 ABR 也是 ASBR）。
- 绝对末节区域：这种 Cisco 专用的区域不接收来自自治系统外部的路由以及来自自治系统中其他区域的汇总路由。需要将分组发送到区域外的网络时，路由器使用默认路由。绝对末节区域中不能有 ASBR（除非 ABR 也是 ASBR）。
- NSSA：具有末节区域的优点，它们不接收有关自治系统外部（其他 ASBR 产生）的路由的信息，使用默认路由前往外部网络，但 NSSA 可以包含 ASBR，并且可以通过 LSA7 注入外部路由。
- 绝对末节 NSSA：Cisco 路由器也允许将区域配置为绝对末节 NSSA，这种区域可包含 ASBR，但不接收外部路由和来自其他区域的汇总路由。它使用默认路由前往区域外的网络。

表 5-27 总结了 OSPF 区域类型。在该表中，有 3 个列标题指出了在路由表中如何标识各种路由，即 O、O IA 和 O E1/O E2。通过这张表我们能更加直观地了解 OSPF 区域对不同类型的路由会采取的措施。

▲表 5-27　区域类型与路由

区域类型	是否接收区域内路由（O）	是否接收其他区域的路由（O IA）	是否接收外部路由（O E1/O E2）	是否可包含 ASBR	Cisco 专有
标准	是	是	是	是	否
骨干	是	是	是	是	否
末节	是	是	否①	否	否
绝对末节	是	否①	否①	否	是
NSSA	是	是	否①	是	否
绝对 NSSA	是	否①	否①	是	是

备注：①ABR 会向区域内下放默认路由

5.7.8　OSPF 度量值的计算

OSPF 的度量值是路径开销（Cost），在 Cisco IOS 中使用的是从当前路由器到目的网络的路径中，沿途所经过的路由器出接口累积带宽作为开销值。有两种方法可以影响 OSPF 在路由表中最佳路径的度量值：一种是直接在接口模式下修改 Cost 值；另一种是通过修改接口带宽来实现。

OSPF 度量值 Cost 的计算方法如下，参考带宽的单位为 b/s：

$$\text{Cost} = \frac{10^8}{\text{（出接口参考带宽）}}$$

由于在网络中存在不同的接口类型，因此每种接口类型的开销值也不尽相同，如表 5-28 所示列出了几种常见的接口及开销（Cost 值根据计算公式得出，注意单位为 bps）。

▲表 5-28　接口和开销

接口类型	开销（Cost）10^8/bps
56Kbps 串行链路	1785
64Kbps 串行链路	1562
T1=1.544Mbps	64
以太网	10
快速以太网和 FDDI	1

在了解完以上内容后，我们来介绍一下 Cisco 设备中手动修改 Cost 值的方法，可以使用以下命令在接口模式下修改 Cost 值，过程如下：

```
Router(config)#interface s1/0
Router(config-if)#ip ospf cost ?
  <1-65535>    Cost
```

如图 5-45 所示，在 R1 和 R2 之间使用 T1 链路相连，通过在路由器的接口中手动修改 Cost 值来达到预期要求，图中显示了 R1 的路由表。

我们已经知道 T1 的开销值是 64，而在路由表中[110/65]显示为 65，这是因为在去往 R2 的环回口 lo0 还需要经过一跳，所示累加得到的 65。使用以下命令修改 Cost，结果如图 5-46 所示。

```
R1(config)#interface s1/0
R1(config-if)#ip ospf cost 1
```

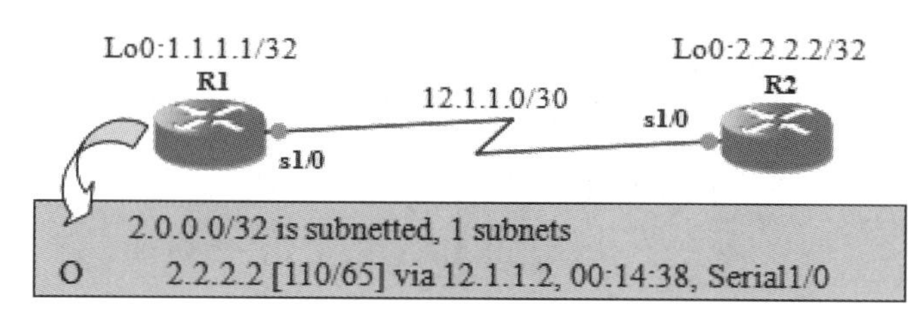

▲图 5-45　修改 Cost 前

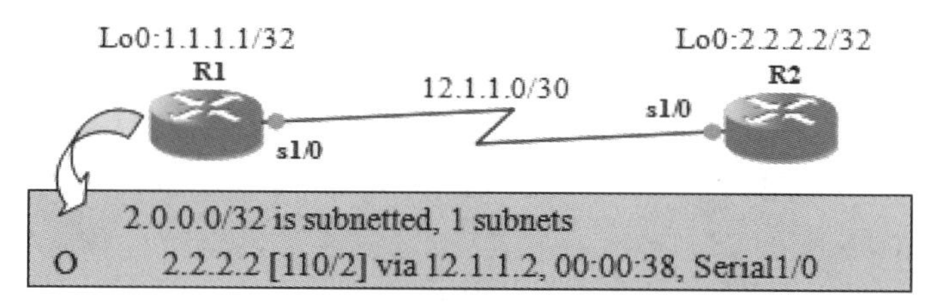

▲图 5-46　修改 Cost 后

通常情况下不需要在接口下更改默认的 Cost 值，由于我们已经知道了开销 Cost 的计算方法，因此也可以使用以下命令修改接口的参考带宽来影响 Cost 值：

```
Router(config)#interface s1/0
Router(config-if)#bandwidth ?
  <1-10000000>    Bandwidth in kilobits
```

如果在同一接口下同时存在这两条命令，直接修改 Cost 的优先级会较高。所以在刚才修改完的拓扑中测试时，我们需要删除之前的命令。假设带宽修改为 64Kb/s，串行链路需要进行如下操作：

```
R1(config)#interface s1/0
R1(config-if)#no ip ospf cost 1
R1(config-if)#bandwidth 64
```

根据计算公式 Cost=10^8/64000bps=1562，所以配置完成后的结果如图 5-47 所示。

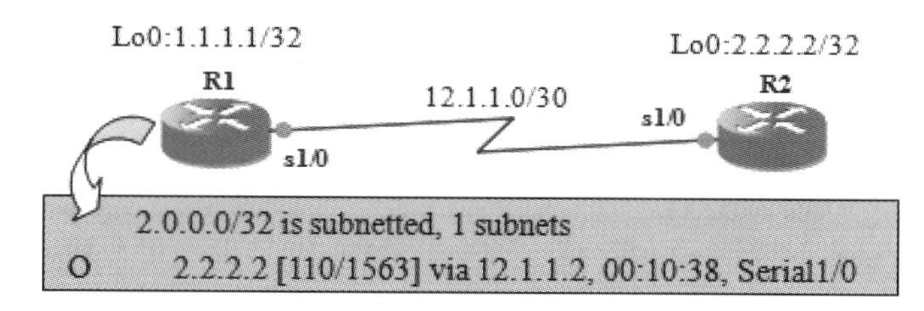

▲图 5-47　修改 bandwidth 后

5.7.9　OSPF 的配置过程

OSPF 也有进程的概念，只不过 OSPF 的进程 ID（Process_ID）只具有本地意义，这一点跟 EIGRP 的配置有所不同，它只是用来区分同一台路由器上不同的 OSPF 进程，并且不需要在不同的路由器之间匹配。

OSPF 的配置方式有三种，首先都需要进入 OSPF 子进程下，后面输入 network 参数可以跟某个网段加通配符验码，或者某个具体的 IP 地址加 0.0.0.0，再或者可以用 0.0.0.0 加 255.255.255.255 全匹配。这 3 种配置方式的演示过程如图 5-48 所示。

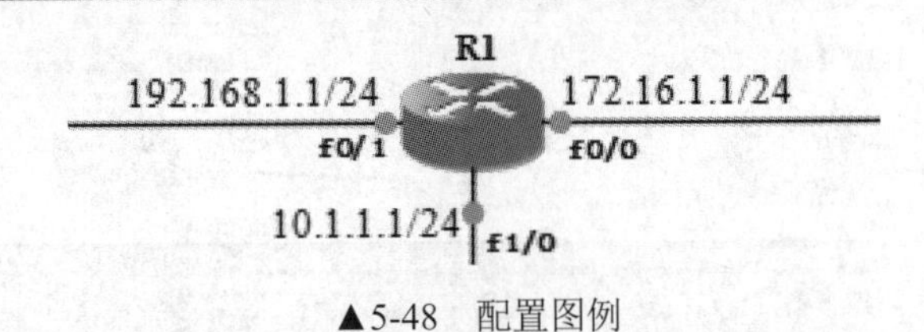

▲5-48　配置图例

```
R1(config)#router ospf 1
R1(config-router)#network 192.168.1.0 0.0.0.255 area 0
R1(config-router)#network 172.16.0.0 0.0.255.255 area 0
R1(config-router)#network 10.0.0.0 0.255.255.255 area 0
```

或者

```
R1(config)#router ospf 1
R1(config-router)#network 192.168.1.1 0.0.0.0 area 0
R1(config-router)#network 172.16.1.1 0.0.0.0 area 0
R1(config-router)#network 10.1.1.1 0.0.0.0 area 0
```

再或者

```
R1(config)#router ospf 1
R1(config-router)#network 0.0.0.0 255.255.255.255 area 0
```

使用通配符掩码 0.0.0.0，说明为了将某个接口地址加入 OSPF 的相应区域，该接口的地址必须与配置中的地址完全匹配。如果某路由器的所有接口都属于同一区域，那么可以使用第三种方法。由此可见，OSPF 在配置过程中是十分灵活的。

我们来了解一下通配符掩码的概念，在子网掩码中，将二进制掩码的一位设成 1 表示 IP 地址对应的位属于网络地址部分。在通配符掩码中，将二进制掩码的一位设成 1 表示对于该位 IP 地址不进行匹配，可将其称作“无关”位；若二进制掩码的一位设成 0 表示 IP 地址中相对应的位必须精确匹配。

如表 5-29 所示，例如 192.168.1.4 和 192.168.1.12 这两个地址可以使用 192.168.1.4 0.0.0.8 来表示，在这两个 IP 地址中只有第 29 位是不同的，根据通配符的匹配规则，只有第 29 位不匹配而其他位全匹配，这样将 IP 地址中匹配的字节按位写下来，不匹配的位用 0 代替，最后就是 192.168.1.4 0.0.0.8。第 29 位是不匹配的，所以可 0 可 1，如果是 1 代表 192.168.1.12，反之代表 192.168.1.4。

▲表 5-29　通配符示例

IP 地址	192.168.1.4	192	168	1	0	0	0	0	0	1	0	0
	192.168.1.12	192	168	1	0	0	0	0	1	1	0	0
通配符	0.0.0.8	0	0	0	0	0	0	0	1	0	0	0

接下来通过一个简单的试验进一步熟悉 OSPF 的配置过程，如图 5-49 所示。

在各台路由器上启动 OSPF 路由进程如下：

```
R1(config)#router ospf 1
R1(config-router)#router-id 1.1.1.1
R1(config-router)#network 1.1.1.1 0.0.0.0 area 0
R1(config-router)#network 172.16.123.0 0.0.0.255 area 0
R1(config-router)#network 192.168.23.0 0.0.0.255 area 0
R2(config)#router ospf 2
R2(config-router)#router-id 2.2.2.2
```

```
R2(config-router)#network 2.2.2.2 0.0.0.0 area 0
R2(config-router)#network 192.168.23.0 0.0.0.255 area 0
R2(config-router)#network 172.16.123.0 0.0.0.255 area 0
R3(config)#router ospf 3
R3(config-router)#router-id 3.3.3.3
R3(config-router)#network 3.3.3.3 0.0.0.0 area 0
R3(config-router)#network 172.16.123.0 0.0.0.255 area 0
R3(config-router)#network 192.168.23.0 0.0.0.255 area 0
```

在配置完成后，我们通过下一章节的验证命令来查看当前拓扑的各个数据表项并详细分析其表项的含义。

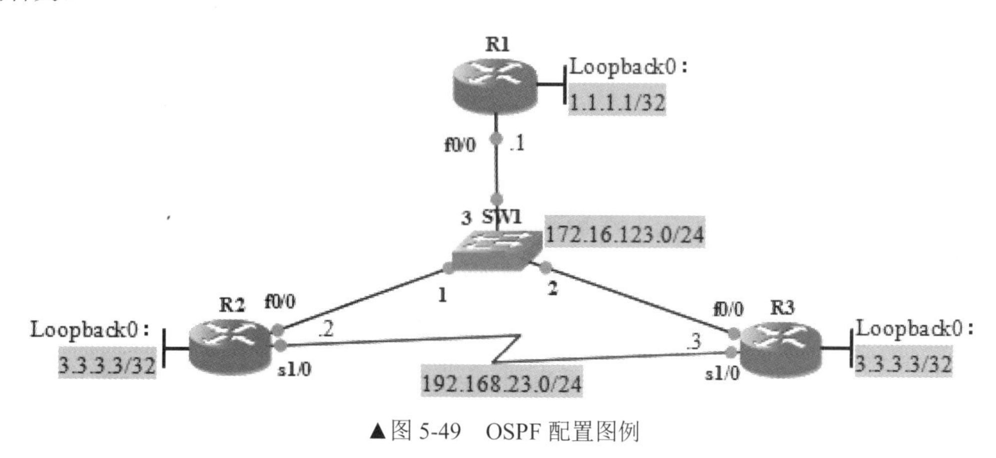

▲图 5-49　OSPF 配置图例

5.7.10　OSPF 的验证命令

本小节利用 5.7.9 节中的网络环境进行演示说明，下面是一些常用的命令，用来验证 OSPF 的配置或排除故障。

- show ip route
- show ip ospf neighbor
- show ip ospf database
- show ip ospf interface

1. show ip route

路由器在路由选择表中维持了一份到达接收站的最佳路径列表，要查看路由表可以使用 show ip router 命令，下面以 R1 为例。

```
R1#show ip router
[output cut]
Gateway of last resort is not set
     1.0.0.0/32 is subnetted, 1 subnets
C        1.1.1.1 is directly connected, Loopback0
     2.0.0.0/32 is subnetted, 1 subnets
O        2.2.2.2 [110/2] via 172.16.123.2, 00:35:32, FastEthernet0/0
     3.0.0.0/32 is subnetted, 1 subnets
O        3.3.3.3 [110/2] via 172.16.123.3, 00:35:12, FastEthernet0/0
     172.16.0.0/24 is subnetted, 1 subnets
C        172.16.123.0 is directly connected, FastEthernet0/0
```

```
O       192.168.23.0/24 [110/65] via 172.16.123.3, 00:37:10, FastEthernet0/0
                        [110/65] via 172.16.123.2, 00:37:11, FastEthernet0/0
```

从输出结果中看到，其中存在三条 OSPF 路由（标记 O），在去往路由器 R2 和 R3 时，由于我们使用的是快速以太网链路，因此到达 2.2.2.2 和 3.3.3.3 两个网络的路由器出接口累加 Cost 为 2，另外去往 192.168.23.0 网络有两条等价负载均衡的链路，并且在 R2 和 R3 的路由器出接口为 T1 链路，因此 Cost 为 65。

2. show ip ospf neighbor

查看 OSPF 的所有邻居列表可以使用 show ip ospf neighbor 命令，下面以 R1 和 R2 为例。

```
R1#show ip ospf neighbor
Neighbor ID   Pri   State            Dead Time   Address        Interface
2.2.2.2         1   FULL/BDR         00:00:30    172.16.123.2   FastEthernet0/0
3.3.3.3         1   FULL/DR          00:00:36    172.16.123.3   FastEthernet0/0
R2#show ip ospf neighbor
Neighbor ID   Pri   State            Dead Time   Address        Interface
1.1.1.1         1   FULL/DROTHER     00:00:30    172.16.123.1   FastEthernet0/0
3.3.3.3         1   FULL/DR          00:00:31    172.16.123.3   FastEthernet0/0
3.3.3.3         0   FULL/  -         00:00:38    192.168.23.3   Serial1/0
```

对于这个广播网络来说，通过 R1 可以看出 RouterID 为 3.3.3.3 的 R3 是 DR，RouterID 为 2.2.2.2 的 R2 是 BDR，通过 R2 可以知道 R1 是 DR other。另外在 R2 中发现了有两个相同 RouterID 的邻居，这是因为 R2 和 R3 是通过不同的链路建立的邻居关系。如表 5-30 所示是对 OSPF 邻居表中关键字段的描述。

▲表 5-30　关键字段和描述

关键字段	描述
Neighbor ID	这个字段记录了和当前路由器建立邻居关系的 RouterID
Pri	OSPF 邻居接口的优先级，用于 DR 和 BDR 的选举
State	邻居路由器的状态，FULL 代表建立了完全邻接关系
Dead Time	死亡时间是一个倒计时，是 Hello 时间的 4 倍（40s），为 0 时该邻居被删除
Address	与本地路由器直连的邻居路由器接口 IP 地址
Interface	本地路由器的出接口

3. show ip ospf database

想要查看链路状态数据库的摘要信息，可以使用 show ip ospf database 命令，链路状态数据库中存放着 LSA 的头部信息，对于单区域的 OSPF 来说只存放着 1 类和 2 类 LSA，过程如下：

```
R1#show ip ospf database
            OSPF Router with ID (1.1.1.1) (Process ID 1)
                Router Link States (Area 0)
Link ID       ADV Router    Age     Seq#         Checksum    Link count
1.1.1.1       1.1.1.1       1172    0x80000005   0x00DEBE    2
2.2.2.2       2.2.2.2       1006    0x80000005   0x008C56    4
3.3.3.3       3.3.3.3       1424    0x80000007   0x00B81E    4
                Net Link States (Area 0)
Link ID       ADV Router    Age     Seq#         Checksum
172.16.123.3  3.3.3.3       1424    0x80000004   0x007261
```

有关 LSDB 的内容在前面的小节中介绍过，其中 Link ID 代表 RouterID，ADV Router 代表通告路由器的 RouterID，Link count 表示与当前路由器直连的网络数量（此数值在串口的网络上累计为 2，其他的情况累计为 1，数据库的具体内容不在本书的介绍范围之内）。

4. show ip ospf interface

如果想在 OSPF 进程中跟踪一个接口的信息，包括属于哪个区域，以及哪些邻居连接到该接口，可以使用 show ip ospf interface 命令，过程如下：

```
R1#show ip ospf interface
[output cut]
FastEthernet0/0 is up, line protocol is up
  Internet Address 172.16.123.1/24, Area 0
  Process ID 1, Router ID 1.1.1.1, Network Type BROADCAST, Cost: 1
  Transmit Delay is 1 sec, State DROTHER, Priority 1
  Designated Router (ID) 3.3.3.3, Interface address 172.16.123.3
  Backup Designated router (ID) 2.2.2.2, Interface address 172.16.123.2
  Timer intervals configured, Hello 10, Dead 40, Wait 40, Retransmit 5
    oob-resync timeout 40
    Hello due in 00:00:09
  Supports Link-local Signaling (LLS)
  IETF NSF helper support enabled
  Index 1/1, flood queue length 0
  Next 0x0(0)/0x0(0)
  Last flood scan length is 0, maximum is 1
  Last flood scan time is 0 msec, maximum is 4 msec
  Neighbor Count is 2, Adjacent neighbor count is 2
    Adjacent with neighbor 2.2.2.2   (Backup Designated Router)
    Adjacent with neighbor 3.3.3.3   (Designated Router)
  Suppress hello for 0 neighbor(s)
```

从输出结果汇总可以看到，路由器的 RouterID、DR 和 BDR 的 ID，以及各自的接口 IP 地址、Hello 计时器（10s）、失效时间间隔（40s）、邻居数目和邻接关系数量等。

5.7.11 OSPF 的路由汇总

RIPv2 和 EIGRP 这两种路由协议可以在任意路由器的接口中进行路由汇总，OSPF 的路由汇总不像 RIPv2 和 EIGRP 那么灵活，它只能在 ABR 或 ASBR 上对区域间的路由或外部路由进行汇总。如图 5-50 所示，在没有进行路由汇总设置之前，R1 的路由表显示如下：

```
R1#show ip route
[ouput cut]
      10.0.0.0/24 is subnetted, 3 subnets
O IA     10.1.23.0 [110/128] via 172.16.12.2, 00:08:56, Serial1/0
O IA     10.1.35.0 [110/129] via 172.16.12.2, 00:05:39, Serial1/0
O IA     10.1.34.0 [110/129] via 172.16.12.2, 00:05:49, Serial1/0
```

现在在 R2（ABR）中将 Area1 的网络进行汇总并通告给 Area 0，操作过程如下：

```
R2(config)#router ospf 2
R2(config-router)#area 1 range 10.1.0.0 255.255.0.0
```

再次观察 R1 的路由表。

```
R1#show ip route
[ouput cut]
```

```
        10.0.0.0/16 is subnetted, 1 subnets
O IA       10.1.0.0 [110/128] via 172.16.12.2, 00:00:06, Serial1/0
```

从中可以看到，之前的三条路由被汇总为一条，并且开销值（Cost）取其中最小的。

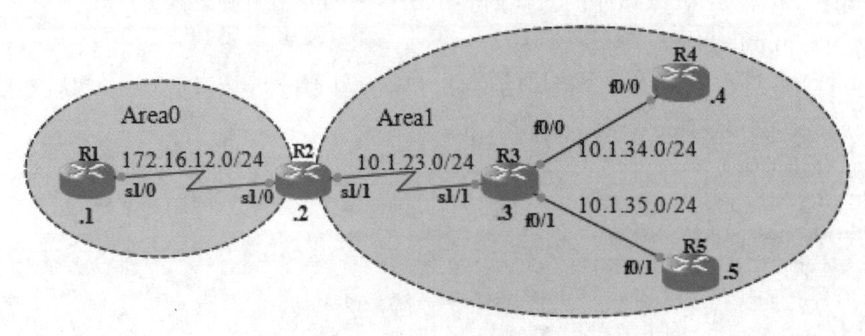

▲图 5-50　OSPF 路由汇总

5.7.12　OSPF 默认路由的发布

本小节介绍 OSPF 在发布默认路由时的具体方法。

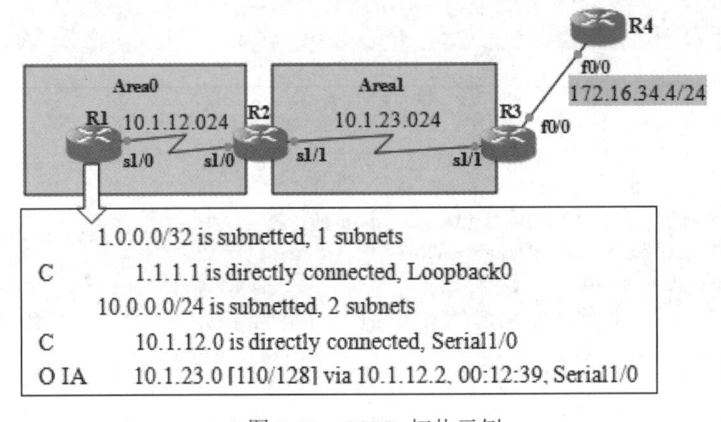

▲图 5-51　OSPF 拓扑示例

根据如图 5-51 所示的拓扑和路由表信息，如果 R1 收到去往 172.16.34.0/24 网络的数据包，R1 就直接将其丢弃，因为 R1 没有到该网络的路由信息。而在实际中为了能使 R1 访问未知网络，我们需要在 OSPF 的自治系统边界路由器 ASBR 上设置默认路由，具体配置如下：

```
R3(config)#ip route 0.0.0.0 0.0.0.0 172.16.34.4
R3(config)#router ospf 3
R3(config-router)#default-information originate
```

注意，仅当 R3 的路由表中存在默认路由时，default-information originate 命令才能向 OSPF 的自治系统内部传递一条默认路由，等到 OSPF 网络收敛之后，再去查看 R1 的路由表，如图 5-52 所示。

在 R1 的路由表中，可以看到标记为 O*E2 的路由，这个路由是由 R3 产生的，它属于域外路由。这样当 R1 再次收到去往 172.16.34.0/24 网络或其他未知网络时，就会将数据包按照此路径传递。

提示：域外路由分为 O*E1 和 O*E2 两种，它们的区别在于 O*E1 累加链路的 Metric 值，而 O*E2 不会累加。

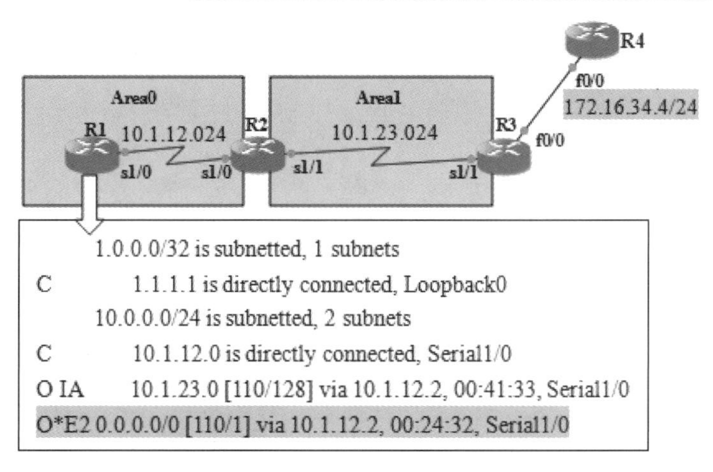

1.0.0.0/32 is subnetted, 1 subnets
C 1.1.1.1 is directly connected, Loopback0
10.0.0.0/24 is subnetted, 2 subnets
C 10.1.12.0 is directly connected, Serial1/0
O IA 10.1.23.0 [110/128] via 10.1.12.2, 00:41:33, Serial1/0
O*E2 0.0.0.0/0 [110/1] via 10.1.12.2, 00:24:32, Serial1/0

▲图 5-52　OSPF 传递默认路由

如果在 default-information originate 命令后面加上 always 字段，无论路由表里有没有默认路由，路由器都会生成一条默认路由，并且以五类 LSA 的形式传遍到除了特殊区域外的整个自治系统。

5.8 路由再发布

路由再发布就是将一种路由协议再注入进另一种路由协议的过程，也叫做路由重分发。通过路由再发布可以使不同的动态路由协议之间共享路由信息，理论上来讲，任何两种不同的路由协议之间都可以进行再发布。

5.8.1 向网络内部传递默认路由

如图 5-53 所示，R1 和 R4 是两个路由协议的边界路由器。一般情况下，我们需要在这两台路由器上配置默认路由，这样自治系统内部的路由器如果收到了去往未知网络的数据包，路由器可以根据默认路由的路径进行转发。在本次实例中，路由协议的配置过程已经省略，接下来我们对关键技术点进行讲解。

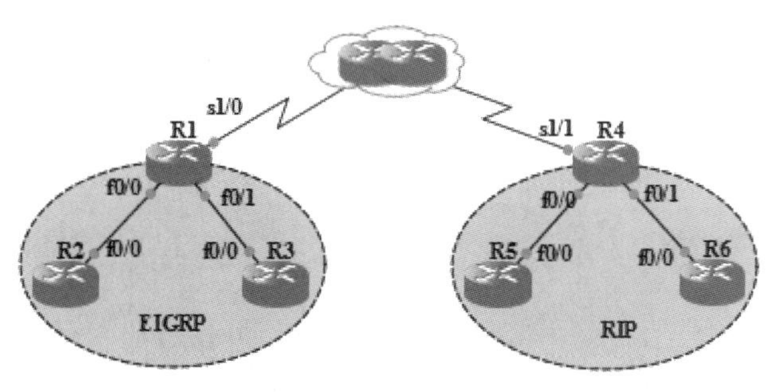

▲图 5-53　拓扑示例

（1）在 R1 上需要进行如下配置：

```
R1(config)#ip route 0.0.0.0 0.0.0.0 s1/0
R1(config)#router eigrp 100
R1(config-router)#network 0.0.0.0
```

在 EIGRP 进程下输入 network 0.0.0.0 表示将默认路由宣告进 EIGRP 进程下，其他路由就会学到这条默认路由。

（2）查看 R2 的路由表。

```
R2#show ip route
[output cut]
     172.16.0.0/24 is subnetted, 2 subnets
C        172.16.12.0 is directly connected, FastEthernet0/0
D        172.16.13.0 [90/30720] via 172.16.12.1, 00:12:17, FastEthernet0/0
D     192.168.1.0/24 [90/2172416] via 172.16.12.1, 00:00:05, FastEthernet0/0
D*    0.0.0.0/0 [90/2172416] via 172.16.12.1, 00:00:04, FastEthernet0/0
```

其中标记 D*的路由条目就是通过 R1 宣告进来的默认路由，同样在 RIP 路由协议中也进行相同的操作。

（3）在 R4 上进行如下配置：

```
R4(config)#ip route 0.0.0.0 0.0.0.0 s1/1
R4(config-if)#router rip
R4(config-router)#network 0.0.0.0
```

在 RIP 进程下输入 network 0.0.0.0 表示将默认路由宣告进 RIP 进程下，其他运行 RIP 的路由就会学到这条默认路由。

（4）查看 R6 的路由表。

```
R6#show ip route
[output cut]
     172.16.0.0/24 is subnetted, 2 subnets
R        172.16.45.0 [120/1] via 172.16.46.4, 00:00:16, FastEthernet0/0
C        172.16.46.0 is directly connected, FastEthernet0/0
R     192.168.2.0/24 [120/1] via 172.16.46.4, 00:00:16, FastEthernet0/0
R*    0.0.0.0/0 [120/1] via 172.16.46.4, 00:00:00, FastEthernet0/0
```

其中标记 R*的路由条目就是通过 R4 宣告进来的默认路由。

5.8.2 RIP 和 EIGRP 路由再发布

当一个网络中同时运行两种不同的路由协议时，这些运行不同协议的路由器之间同样需要交换路由信息，这样整个网络才能互相通信。如图 5-54 所示，拓扑中同时运行着 EIGRP 和 RIP，接下来我们一起学习一下配置过程。

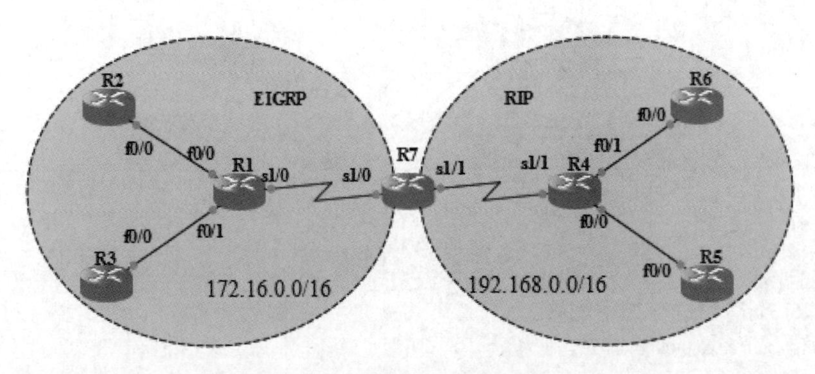

▲图 5-54　RIP 和 EIGRP 再发布

关于这两种路由协议的配置过程在这里不再介绍，在拓扑中的路由器R7上运行着两种路由协议，同时也是EIGRP和RIP的边界，这时可以在R7上执行路由再发布，过程如下：

（1）查看R7的路由表。

```
R7#show ip route
[output cut]
R       192.168.46.0/24 [120/1] via 192.168.47.4, 00:00:21, Serial1/1
C       192.168.47.0/24 is directly connected, Serial1/1
R       192.168.45.0/24 [120/1] via 192.168.47.4, 00:00:21, Serial1/1
        172.16.0.0/24 is subnetted, 3 subnets
C           172.16.17.0 is directly connected, Serial1/0
D           172.16.12.0 [90/2172416] via 172.16.17.1, 00:27:11, Serial1/0
D           172.16.13.0 [90/2172416] via 172.16.17.1, 00:27:11, Serial1/0
```

从以上的输出中可以看到，R7可以学习到来自RIP和EIGRP的路由条目。

（2）查看R1的路由表。

```
R1#show ip route
[output cut]
        172.16.0.0/24 is subnetted, 3 subnets
C           172.16.17.0 is directly connected, Serial1/0
C           172.16.12.0 is directly connected, FastEthernet0/0
C           172.16.13.0 is directly connected, FastEthernet0/1
```

从输出结果上看，R1除了和自己直连的网络外，不能学习到来自RIP的路由条目，为了使运行EIGRP的路由器能够学到RIP的路由，需要进行下面的操作。

（3）在路由器R7上进行配置。

```
R7(config)#router eigrp 100
R7(config-router)#redistribute rip metric 1000 100 255 1 1500
```

这条命令的意思是将RIP路由协议再发布到EIGRP中，其中Metric后面的参数分别为带宽（kb/s）、延迟（10us）、可靠性（取值<0-255>，255是100%可靠）、负载（取值<1-255>，255是100%负载）、最大传输单元（MTU，单位为8比特字节）。因为RIP里路由的度量值都是通过跳数计算的，和EIGRP计算路由的度量值不一样，所以将RIP的路由注入到EIGRP时需要给这些路由设置一个初始的度量值参数，也叫做种子度量值。

（4）查看R1的路由表，观察发生了哪些变化。

```
R1#show ip route
[output cut]
D EX 192.168.46.0/24 [170/2195456] via 172.16.17.7, 00:00:10, Serial1/0
D EX 192.168.47.0/24 [170/2195456] via 172.16.17.7, 00:00:10, Serial1/0
D EX 192.168.45.0/24 [170/2195456] via 172.16.17.7, 00:00:10, Serial1/0
         172.16.0.0/24 is subnetted, 3 subnets
C           172.16.17.0 is directly connected, Serial1/0
C           172.16.12.0 is directly connected, FastEthernet0/0
C           172.16.13.0 is directly connected, FastEthernet0/1
```

从中可以看到R1学习到了来自RIP协议的路由条目，标记为D EX，代表此路由条目是EIGRP的外部路由。如果想让运行RIP路由协议的路由器学习到EIGRP的路由条目，请继续下面的操作。

（5）在R7上进行配置。

```
R7(config)#router rip
R7(config-router)#redistribute eigrp 100 metric ?
```

```
  <0-16>          Default metric
  transparent     Transparently redistribute metric
R7(config-router)#redistribute eigrp 100 metric 5
```

最后一条命令将 EIGRP 路由信息注入到 RIP 时种子度量值设置为 5，范围是<0-16>。

（6）查看 R4 的路由表。

```
R4#show ip route
[output cut]
C       192.168.46.0/24 is directly connected, FastEthernet0/1
C       192.168.47.0/24 is directly connected, Serial1/1
C       192.168.45.0/24 is directly connected, FastEthernet0/0
        172.16.0.0/24 is subnetted, 3 subnets
R           172.16.17.0 [120/5] via 192.168.47.7, 00:00:01, Serial1/1
R           172.16.12.0 [120/5] via 192.168.47.7, 00:00:01, Serial1/1
R           172.16.13.0 [120/5] via 192.168.47.7, 00:00:01, Serial1/1
```

从 R4 的路由表中学习到了 EIGRP 的路由条目，并且 Metric 值为 5（再发布时的预设值）。到此为止，EIGRP 与 RIP 之间的路由再发布就配置完成了。

5.8.3 OSPF 和 EIGRP 路由再发布

上一节我们介绍了 EIGRP 和 RIP 的路由再发布，在本节中将会介绍 EIGRP 和 OSPF 的路由再发布。如图 5-55 所示，在图中 EIGRP 的 IP 地址属于 172.16.0.0/16 的网络，OSPF 的 IP 地址属于 192.168.0.0/16 的网络，路由器 R7 上同样运行着两种路由协议。另外为了规范 OSPF 的路由器标识（RouterID），我们在运行 OSPF 的路由器上配置了环回口（loopback0），每个环回口的 IP 地址为 Rx：x.x.x.x/32。

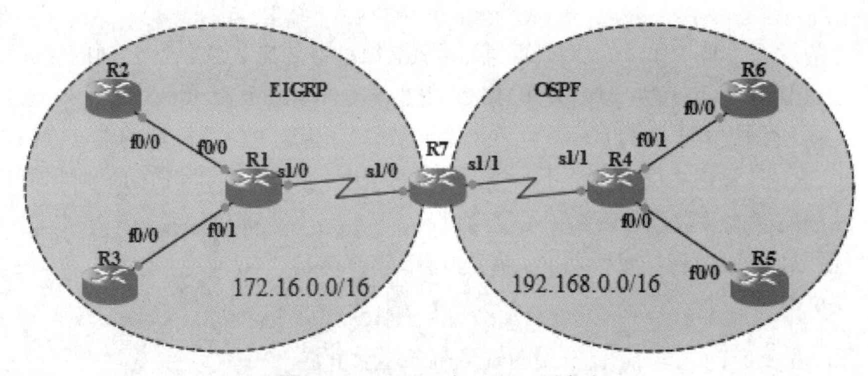

▲图 5-55　EIGRP 与 OSPF 再发布

在配置再发布前，首先查看 OSPF 区域内路由器 R4 的路由表。

（1）查看 R4 的路由表。

```
R4#show ip route
[output cut]
C       192.168.46.0/24 is directly connected, FastEthernet0/1
C       192.168.47.0/24 is directly connected, Serial1/1
C       192.168.45.0/24 is directly connected, FastEthernet0/0
        4.0.0.0/32 is subnetted, 1 subnets
C           4.4.4.4 is directly connected, Loopback0
```

EIGRP 和 OSPF 在路由再发布前两个区域是无法交换路由信息的，因此我们执行路由再发布需要进行下面的操作。

（2）在路由器 R7 上配置。

```
R7(config)#router ospf 7
R7(config-router)#redistribute eigrp 100 metric ?
  <0-16777214>    OSPF default metric
R7(config-router)#redistribute eigrp 100 metric 5
R7(config-router)#redistribute eigrp 100 metric 5 metric-type ?
  1   Set OSPF External Type 1 metrics
  2   Set OSPF External Type 2 metrics
R7(config-router)#redistribute eigrp 100 metric 5 metric-type 1 subnets
```

以上命令是将 EIGRP 100 学到的路由重新分配进入 OSPF 进程中。在配置重分布的 Metric 值时，可选范围为<0-16777214>，表示被重分布进入 OSPF 的路由的 Metric 值是多少，示例中以 5 为例；metric-type 表示 OSPF 的域外路由，配置参数 1 表示累加域外路由的 Metric，2 表示不累加域外路由的 Metric，示例中以 1 为例；subnets 表示将 EIGRP 的路由的子网重分布进来，如果没有此字段，OSPF 路由器只能学到主类网络地址。

（3）再次查看 R4 的路由表。

```
R4#show ip route
[output cut]
C       192.168.46.0/24 is directly connected, FastEthernet0/1
C       192.168.47.0/24 is directly connected, Serial1/1
C       192.168.45.0/24 is directly connected, FastEthernet0/0
        4.0.0.0/32 is subnetted, 1 subnets
C          4.4.4.4 is directly connected, Loopback0
        172.16.0.0/24 is subnetted, 3 subnets
O E1       172.16.17.0 [110/69] via 192.168.47.7, 00:00:12, Serial1/1
O E1       172.16.12.0 [110/69] via 192.168.47.7, 00:00:10, Serial1/1
O E1       172.16.13.0 [110/69] via 192.168.47.7, 00:00:10, Serial1/1
```

在配置完成后，从路由器 R4 的路由表中学习到了标记为 O E1 的路由条目，这说明将 EIGRP 的路由成功地再发布到 OSPF 中。如果想将 OSPF 的路由再发布到 EIGRP 中，请进行下面的操作。

（4）在路由器 R7 上配置。

```
R7(config)#router eigrp 100
R7(config-router)#redistribute ospf 7 metric 10000 100 255 1 1500
```

以上命令将 OSPF 协议学到的路由重新分配进入 EIGRP 100 中，并且指明 EIGRP 对应的度量值，依次为带宽、延迟、可靠性、负载和最大传输单元。

（5）查看 R1 的路由表。

```
R1#show ip route
[output cut]
D EX 192.168.46.0/24 [170/2195456] via 172.16.17.7, 00:00:03, Serial1/0
D EX 192.168.47.0/24 [170/2195456] via 172.16.17.7, 00:00:03, Serial1/0
D EX 192.168.45.0/24 [170/2195456] via 172.16.17.7, 00:00:03, Serial1/0
        172.16.0.0/24 is subnetted, 3 subnets
C          172.16.17.0 is directly connected, Serial1/0
C          172.16.12.0 is directly connected, FastEthernet0/0
C          172.16.13.0 is directly connected, FastEthernet0/1
```

从以上输出中可以看到，通过 EIGRP 学到的 OSPF 再发布的路由，管理距离为 170。到此为止，EIGRP 和 OSPF 的网络之间就可以相互访问了。

5.9 实训案例

5.9.1 实验环境

实验拓扑：本次实验使用的拓扑通过 GNS3 搭建，如图 5-56 所示。

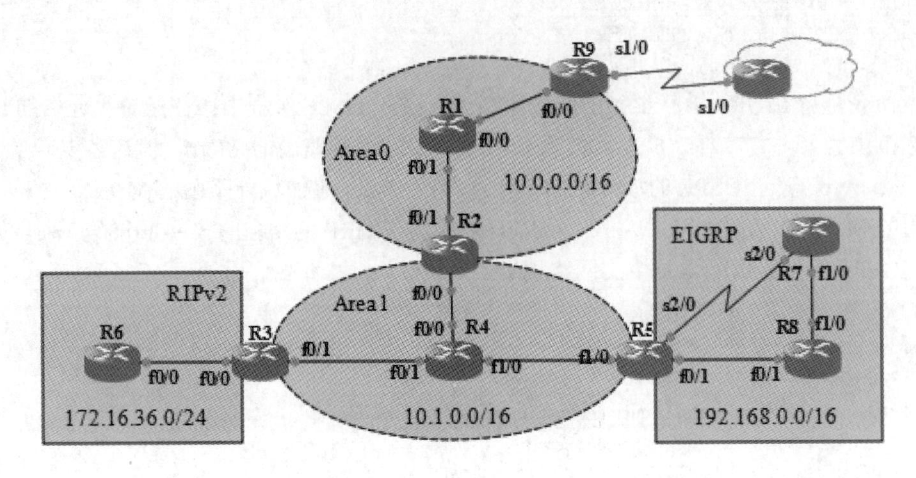

▲图 5-56　动态路由协议综合拓扑

地址分配：本次实验的地址分配如表 5-31 所示。

▲表 5-31　动态路由协议地址分配

设备	接口	IP 地址	子网掩码
R1	f0/0	10.0.19.1	255.255.255.0
	f0/1	10.0.12.1	255.255.255.0
R2	f0/1	10.0.12.2	255.255.255.0
	f0/0	10.1.24.2	255.255.255.0
R3	f0/1	10.1.34.3	255.255.255.0
	f0/0	172.16.36.3	255.255.255.0
R4	f0/1	10.1.34.4	255.255.255.0
	f0/0	10.1.24.4	255.255.255.0
	f1/0	10.1.45.4	255.255.255.0
R5	f1/0	10.1.45.5	255.255.255.0
	s2/0	192.168.57.5	255.255.255.0
	f0/1	192.168.58.5	255.255.255.0
R7	loopback0	192.168.77.7	255.255.255.0
	s2/0	192.168.57.7	255.255.255.0
	f1/0	192.168.78.7	255.255.255.0

续表

设备	接口	IP 地址	子网掩码
R8	f1/0	192.168.78.8	255.255.255.0
	f0/1	192.168.58.8	255.255.255.0
R9	s1/0	202.100.169.9	255.255.255.0
Rx（1~5）	loopback0	x.x.x.x	255.255.255.255

5.9.2 实验目的

- 掌握 RIP 协议的配置。
- 掌握 EIGRP 协议的配置。
- 掌握 OSPF 协议的配置。
- 掌握多协议的再发布。
- 掌握 OSPF 路由汇总。
- 掌握 OSPF 默认路由的配置。
- 掌握 EIGRP 非等价负载均衡。

5.9.3 实验过程

任务一：完成路由协议的配置

Step 1 在 R3 和 R6 上配置 RIP 路由协议。

```
R3(config)#router rip
R3(config-router)#version 2
R3(config-router)#no auto-summary
R3(config-router)#network 172.16.0.0
R6(config)#router rip
R6(config-router)#version 2
R6(config-router)#no auto-summary
R6(config-router)#network 172.16.0.0
```

Step 2 在 R5、R7 和 R8 上配置 EIGRP 路由协议。

```
R5(config)#router eigrp 100
R5(config-router)#no auto-summary
R5(config-router)#network 192.168.57.0 0.0.0.255
R5(config-router)#network 192.168.58.0 0.0.0.255
R7(config)#router eigrp 100
R7(config-router)#no auto-summary
R7(config-router)#network 192.168.57.0 0.0.0.255
R7(config-router)#network 192.168.78.0 0.0.0.255
R7(config-router)#network 192.168.77.0 0.0.0.255
R8(config)#router eigrp 100
R8(config-router)#no auto-summary
R8(config-router)#network 192.168.58.0 0.0.0.255
R8(config-router)#network 192.168.78.0 0.0.0.255
```

Step 3 配置 OSPF 路由协议。

```
R9(config)#router ospf 9
R9(config-router)#network 10.0.19.0 0.0.0.255 area 0
R1(config)#router ospf 1
R1(config-router)#network 10.0.0.0 0.0.255.255 area 0
R2(config)#router ospf 2
R2(config-router)#network 10.0.12.0 0.0.0.255 area 0
R2(config-router)#network 10.1.24.0 0.0.0.255 area 1
R3(config)#router ospf 3
R3(config-router)#network 10.1.34.0 0.0.0.255 area 1
R4(config)#router ospf 4
R4(config-router)#network 10.1.0.0 0.0.255.255 area 1
R5(config)#router ospf 5
R5(config-router)#network 10.1.45.0 0.0.0.255 area 1
```

任务二：多协议的再发布

Step 1 RIP 和 OSPF 的双向再发布。

```
R3(config)#router ospf 3
R3(config-router)#redistribute rip metric 33 metric-type 2 subnets
R3(config-router)#exit
R3(config)#router rip
R3(config-router)#redistribute ospf 3 metric 3
```

通过以上命令完成了 OSPF 和 RIP 的双向再发布，其中将 RIP 再发布到 OSPF 中指定了 Metric 为 33，并且采用不累加的方式；将 OSPF 再发布到 RIP 中指定了跳数为 3。接下来通过查看 R4 和 R6 路由器来验证配置是否生效。

Step 2 查看 R4 和 R6 的路由表（“show ip route + 路由协议”可以查看指定路由表）。

```
R4#show ip route ospf
     172.16.0.0/24 is subnetted, 1 subnets
O E2     172.16.36.0 [110/33] via 10.1.34.3, 00:08:09, FastEthernet0/1
     10.0.0.0/24 is subnetted, 5 subnets
O IA     10.0.12.0 [110/2] via 10.1.24.2, 00:19:28, FastEthernet0/0
O IA     10.0.19.0 [110/3] via 10.1.24.2, 00:19:28, FastEthernet0/0
R6#show ip route rip
     10.0.0.0/24 is subnetted, 5 subnets
R        10.0.12.0 [120/3] via 172.16.36.3, 00:00:18, FastEthernet0/0
R        10.1.24.0 [120/3] via 172.16.36.3, 00:00:18, FastEthernet0/0
R        10.0.19.0 [120/3] via 172.16.36.3, 00:00:18, FastEthernet0/0
R        10.1.45.0 [120/3] via 172.16.36.3, 00:00:18, FastEthernet0/0
R        10.1.34.0 [120/3] via 172.16.36.3, 00:00:18, FastEthernet0/0
```

通过在 R4 上查看路由表，我们发现 R4 学习到了一条 O E2 的域外路由，并且 Metric 为 33。在 R6 的路由表中我们看到，OSPF 的各个网络可以正常被路由器 R6 学习到，这说明 OSPF 与 RIP 的再发布没有问题。

Step 3 OSPF 和 EIGRP 的双向再发布。

```
R5(config)#router ospf 5
R5(config-router)#redistribute eigrp 100 metric 55 metric-type 2 subnets
R3(config-router)#ex
R5(config)#router eigrp 100
R5(config-router)#redistribute ospf 5 metric 10000 100 255 1 1500
```

我们将EIGRP再发布到OSPF中，指定了Metric为55，并且不累加Metric值；将OSPF重发布到EIGRP中时，指定了其带宽、延迟、可靠性、负载和MTU。下面通过验证R4和R7来验证配置是否生效。

Step 4 查看R4和R7的路由表。

```
R4#show ip route ospf
O E2 192.168.58.0/24 [110/55] via 10.1.45.5, 00:08:43, FastEthernet1/0
O E2 192.168.77.0/24 [110/55] via 10.1.45.5, 00:08:43, FastEthernet1/0
O E2 192.168.57.0/24 [110/55] via 10.1.45.5, 00:08:43, FastEthernet1/0
O E2 192.168.78.0/24 [110/55] via 10.1.45.5, 00:08:43, FastEthernet1/0
      172.16.0.0/24 is subnetted, 1 subnets
O E2      172.16.36.0 [110/33] via 10.1.34.3, 00:24:36, FastEthernet0/1
      10.0.0.0/24 is subnetted, 5 subnets
O IA      10.0.12.0 [110/2] via 10.1.24.2, 00:35:56, FastEthernet0/0
O IA      10.0.19.0 [110/3] via 10.1.24.2, 00:35:56, FastEthernet0/0
```

从输出结果上看，EIGRP路由协议中的192.168.0.0网络已经学习到了，这说明EIGRP再发布到OSPF的配置已生效。

```
R7#show ip route eigrp
D       192.168.58.0/24 [90/30720] via 192.168.78.8, 00:55:58, FastEthernet1/0
        172.16.0.0/24 is subnetted, 1 subnets
D EX      172.16.36.0 [170/286720] via 192.168.78.8, 00:10:45, FastEthernet1/0
        10.0.0.0/24 is subnetted, 5 subnets
D EX      10.0.12.0 [170/286720] via 192.168.78.8, 00:10:45, FastEthernet1/0
D EX      10.1.24.0 [170/286720] via 192.168.78.8, 00:10:45, FastEthernet1/0
D EX      10.0.19.0 [170/286720] via 192.168.78.8, 00:10:45, FastEthernet1/0
D EX      10.1.45.0 [170/286720] via 192.168.78.8, 00:10:45, FastEthernet1/0
D EX      10.1.34.0 [170/286720] via 192.168.78.8, 00:10:45, FastEthernet1/0
```

通过查看R7的路由表，其中标记为D EX的路由全部是OSPF再发布进来的，因此OSPF再发布到EIGRP的命令也生效了。

任务三：OSPF路由汇总

OSPF的汇总方式有两种：一种是在OSPF的ABR上对域内路由进行汇总，另一种是域外路由汇总，它是在OSPF的ASBR上对域外路由进行汇总。

Step 1 查看路由器R1的路由表。

```
R1#show ip route ospf
O E2 192.168.58.0/24 [110/55] via 10.0.12.2, 00:30:48, FastEthernet0/1
O E2 192.168.77.0/24 [110/55] via 10.0.12.2, 00:30:48, FastEthernet0/1
O E2 192.168.57.0/24 [110/55] via 10.0.12.2, 00:30:48, FastEthernet0/1
O E2 192.168.78.0/24 [110/55] via 10.0.12.2, 00:30:48, FastEthernet0/1
      172.16.0.0/24 is subnetted, 1 subnets
O E2      172.16.36.0 [110/33] via 10.0.12.2, 00:46:41, FastEthernet0/1
      10.0.0.0/24 is subnetted, 5 subnets
O IA      10.1.24.0 [110/2] via 10.0.12.2, 01:01:45, FastEthernet0/1
O IA      10.1.45.0 [110/3] via 10.0.12.2, 00:52:46, FastEthernet0/1
O IA      10.1.34.0 [110/3] via 10.0.12.2, 00:58:05, FastEthernet0/1
```

通过以上的输出结果可以看到，Area0区域的路由器R1中有许多来自区域间和区域外部的明细路由，设想如果网络足够大的话，这些路由条目将对 R1 造成很大负担，对此我们将对其进行优化。

Step 2 域间汇总在 R2 上操作，域外汇总在 R3 和 R5 上操作（R3 的设置略）。

```
R2(config)#router ospf 2
R2(config-router)#area 1 range 10.1.0.0 255.255.0.0
R5(config)#router ospf 5
R5(config-router)#summary-address 192.168.0.0 255.255.0.0
```

通过以上命令对 OSPF 中 Area1 区域的路由条目汇总为 10.1.0.0，将 EIGRP 再发布到 OSPF 中的域外路由汇总为 192.168.0.0。下面我们查看 R1 和 R4 的路由表。

Step 3 查看 R1 和 R4 的路由表。

```
R1#show ip route ospf
     172.16.0.0/24 is subnetted, 1 subnets
O E2     172.16.36.0 [110/33] via 10.0.12.2, 01:08:20, FastEthernet0/1
     10.0.0.0/8 is variably subnetted, 3 subnets, 2 masks
O IA     10.1.0.0/16 [110/2] via 10.0.12.2, 00:15:02, FastEthernet0/1
O E2 192.168.0.0/16 [110/55] via 10.0.12.2, 00:09:45, FastEthernet0/1
R4#show ip route ospf
     172.16.0.0/24 is subnetted, 1 subnets
O E2     172.16.36.0 [110/33] via 10.1.34.3, 00:15:33, FastEthernet0/1
     10.0.0.0/24 is subnetted, 5 subnets
O IA     10.0.12.0 [110/2] via 10.1.24.2, 00:15:33, FastEthernet0/0
O IA     10.0.19.0 [110/3] via 10.1.24.2, 00:15:33, FastEthernet0/0
O E2 192.168.0.0/16 [110/55] via 10.1.45.5, 00:10:04, FastEthernet1/0
```

通过汇总结果可以知道，R1 的路由表中域间路由汇总成了一条 O IA，来自 EIGRP 的域外路由汇总成了一条 O E2。对于 R4 来说，只是汇总了 EIGRP 路由。

任务四：发布 OSPF 默认路由

在拓扑中可以看到，R9 连接着一段未知网络，针对这种情况可以采用向 OSPF 路由协议中下放默认路由的方法，这样当网络中现有的路由条目无法去往目的网络时，可以通过默认路由转发。

Step 1 在路由器 R9 中进行配置。

```
R9(config)#ip route 0.0.0.0 0.0.0.0 s1/0
R9(config)#router ospf 9
R9(config-router)#default-information originate
```

Step 2 查看 R1 的路由表。

```
R1#show ip route ospf
     172.16.0.0/24 is subnetted, 1 subnets
O E2     172.16.36.0 [110/33] via 10.0.12.2, 01:24:15, FastEthernet0/1
     10.0.0.0/8 is variably subnetted, 3 subnets, 2 masks
O IA     10.1.0.0/16 [110/2] via 10.0.12.2, 00:30:57, FastEthernet0/1
O*E2 0.0.0.0/0 [110/1] via 10.0.19.9, 00:05:46, FastEthernet0/0
O E2 192.168.0.0/16 [110/55] via 10.0.12.2, 00:25:40, FastEthernet0/1
```

通过下放默认路由之后，其他区域的路由器都可以学习到这条默认路由，包括 RIP 和 EIGRP 的区域在内。

任务五：EIGRP 非等价负载均衡

在拓扑中，路由器 R7 有一个环回口，我们用它来模拟一个网络。路由器 R5 到达这个网络有两条非等价路径，之前在介绍 EIGRP 的时候，我们了解到 EIGRP 可以支持非等价负载均衡，所以我们可以通过以下配置达到这个目的。

Step 1 查看 R5 的拓扑表。

```
R5#show ip eigrp topology
IP-EIGRP Topology Table for AS(100)/ID(192.168.58.5)
[output cut]
P 192.168.77.0/24, 1 successors, FD is 158720
        via 192.168.58.8 (158720/156160), FastEthernet0/1
        via 192.168.57.7 (2297856/128256), Serial2/0
[output cut]
```

为了查看方便，我们省略了部分输出，从中可以看到去往 192.168.77.0 网络的可行路径（FS），下面我们计算参数 variance 的取值，因为 2297856/158720≈14.4，并且需要满足可行后继的 FD 小于后继乘以 variance 取值，所以 variance 取 15。

Step 2 配置非等价负载均衡。

```
R5(config)#router eigrp 100
R5(config-router)#variance 15
```

Step 3 配置完成后在路由器 R5 上查看 EIGRP 的路由表。

```
R5#show ip route eigrp
D     192.168.77.0/24 [90/158720] via 192.168.58.8, 00:00:22, FastEthernet0/1
                      [90/2297856] via 192.168.57.7, 00:00:22, Serial2/0
D     192.168.78.0/24 [90/30720] via 192.168.58.8, 00:00:22, FastEthernet0/1
```

到此为止，所有的实验都已经完成了。

5.10 习题

1．关于下面的输出各项中描述正确的是________。

```
04:06:16:  RIP:  received v1 update from 192.168.40.2 on  SerialO/1
04:06:16:  192.168.50.0 in 16 hops (inaccessible)
04:06:40:  RIP:  sending v1 update to 255.255.255.255  via
FastEthernetO/O  (192.168.30.1)
04:06:40:  RIP:  build update entries
04:06:40:  network 192.168.20.0 metric 1
network  192.168.40.0 metric 1
network  192.168.50.0 metric 16
04:06:40:  RIP:  sending v1 update to 255.255.255.255  via  SerialO/1
(192.168.40.1)
```

A．此路由器上有 3 个接口参与了这一更新

B．此路由器可以成功地 ping 192.168.50.1

C．至少有 3 个路由器在交换信息

D．此路由器可以成功地 ping 192.168.40.22

2．关于水平分割操作，下面描述最佳的是________。

A．关于某路由的信息，不能被发送回原更新数据送来的方向

B．当拥有一个大型的总线（水平）物理网络时，这一操作可以分割流量

C．对于失效的链路，它可以保持常规更新而非广播

D．它可以阻止常规更新消息对已经失效的路由重新进行构建

3．关于无类路由选择协议，下面描述正确的是________。

A．不连续网络的使用是不被允许的

B．可变长度的子网掩码的使用是被允许的

C．RIPv1 是一种无类路由选择协议

D．IGRP 在同一个自治系统中支持无类路由选择

4．下列命令可以用于显示 RIP 路由选择更新的是________。

A．show ip route　　B．debug ip rip

C．show protocols　　D．debug ip route

5．RIPv2 将用来阻止路由选择环路的是________。

A．CIDR　　B．水平分割　　C．认证　　D．无类掩码遮盖

6．某个网络管理员在查看由 show ip route 命令给出的输出时，发现某个 RIP 和 EIGRP 通告的网络在其路由表中都被标识为 EIGRP 路由，原因是________。

A．EIGRP 拥有更快的更新定时器　　B．EIGRP 拥有更低的管理距离

C．RIP 的路由拥有更高的度量值　　D．EIGRP 路由拥有更低的跳计数

7．你在路由器的控制台上输入了 debug ip rip 命令，并发现正在通告的 172.16.10.0 的度量值为 16，这意味着________。

A．这个路由为 16 跳远　　B．这个路由具有 16 微秒的延迟

C．这个路由不可达　　D．这个路由排在第二个 16 条消息处

8．某路由器到达目的网络有三个可用的路由。第一个是度量值为 782 的 OSPF 路由，第二个是度量值为 4 的 RIPv2 路由，第三个是复合度量值为 20514560 的 EIGRP 路由。其中会被路由器放置的是________路由。

A．EIGRP　　B．RIPv2　　C．OSPF　　D．以上三个

9．可以显示路由器已知的 EIGRP 所有可行后继路由的选项是________。

A．show ip routes*　　B．show ip eigrp summary

C．show ip eigrp topology　　D．show ip eigrp adjacencies

10．公司的两个路由器间通过公共的以太网链路建立 OSPF 邻接关系。根据以下输出，导致这一问题的原因是________。

```
RouterA#
EthernetO/O is up, line protocol is up
Internet Address 172.16.1.2/16, Area 0
Process 10 2, Router 10 172.126.1.2, Network Type BROADCAST, Cost: 10
Transmit Oelay is 1 sec, State OR, Priority 1
Oesignated Router (10) 172.16.1.2, interface address 172.16.1.1
No backup designated router on this network
Timer intervals configured, Hello 5, Oead 20, Wait 20, Retransmit 5
RouterB#
EthernetO/O is up, line protocol is up
```

Internet Address 172.16.1.1/16, Area 0
Process 10 2, Router 10 172.126.1.1, Network Type BROADCAST, Cost: 10
Transmit Oelay is 1 sec, State OR, Priority 1
Oesignated Router (ID) 172.16.1.1, interface address 172.16.1~2
No backup designated router on this network
Timer intervals configured, Hello 10, Oead 40, Wait 40, Retransmit 5

A．OSPF 区域配置不正确
B．RouterA 的优先级应该被设置得更高
C．RouterA 的开销应该被设置得更高
D．Hello 和 Dead 定时器配置不正确

习题答案

1．D　2．A　3．B　4．B　5．B　6．B　7．C　8．A　9．C　10．D

6

局域网

对中小型企业而言，基于数据、语音和视频的数字通信至关重要。因此，正确设计局域网是企业日常运营的基本需求。我们必须能够判断什么是设计优良的局域网并能选择合适的设备来满足中小型企业的网络需求。

本章主要介绍思科的分层体系架构和局域网中的组网设备，包括集线器、网桥、交换机。同时还介绍了设备的广播域和冲突域以及交换机的基本设置。

本章主要内容：

- 网络的分层设计
- 分层设计的原则
- 局域网组网设备
- 广播域和冲突域
- 交换机的基本配置

6.1 局域网设计

6.1.1 网络的分层设计

在第 1 章我们介绍过，企业园区网采用分层设计的思想更容易管理和扩展，排除故障也更迅速。分层网络设计可以将一个复杂的网络问题分解为多个小的问题，更容易管理问题。通过分层的思想将网络分成互相分离的层，每层提供特定的功能，这些功能界定了该层在整个网络中扮演的角色。通过对网络的各种功能进行分离，可以实现模块化的网络设计，这样有利于提高网络的可扩展性和其他性能。如图 6-1 所示是一个典型的分层设计模型，我们将这个网络大致分为三层：接入层、汇聚层和核心层，前面我们已经介绍过每层的职能。

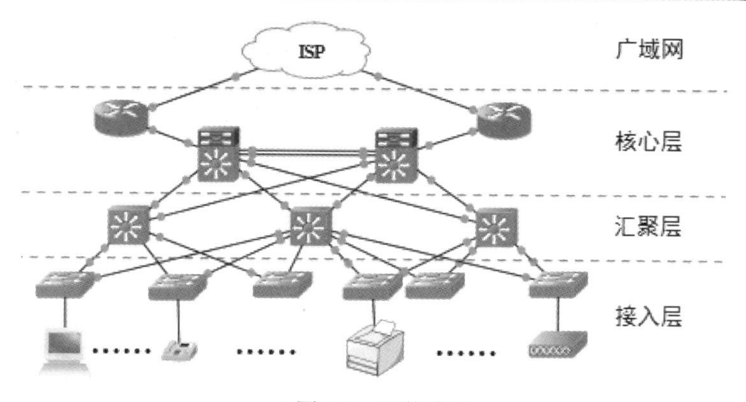

▲图 6-1　网络分层

6.1.2　分层设计的优点

分层设计的优点有 6 个方面：可扩展性、冗余性、高性能、高安全性、可管理性和易维护性。

1. 可扩展性

分层网络具有很好的可扩展性。模块化的网络设计允许跟随网络的扩展同步复制设计元素，由于模块的每个实例都是一致的，因此很容易计划和实施网络扩展。

2. 冗余性

为了增加网络可用性，可以利用分层网络实现冗余。每台接入层交换机都连接到两台不同的汇聚层交换机上，借以确保路径的冗余性。如果其中一台汇聚层交换机出现故障，接入层交换机可以切换到另一台汇聚层交换机上。此外，每台汇聚层交换机也都连接到两台或多台核心层交换机上，借以确保在核心层交换机出现故障时的路径可用性。

3. 高性能

改善通信性能的方法是避免数据通过低性能的中间设备传输。汇聚层可以利用其高性能的交换功能将此流量上传到核心层，再在核心层将此流量发送到最终目的地。由于核心层和汇聚层的运行速度很高，因此不存在竞争网络带宽的问题。所以，正确设计的分层网络可以在所有设备之间实现接近线速的速度。

4. 高安全性

分层网络设计可以提高网络的安全性并且便于管理。接入层交换机有各种端口安全选项可供配置，通过这些选项可以控制允许哪些设备连接到网络，在汇聚层还可以灵活地选用更高级的安全策略。

5. 可管理性

相对而言，分层网络更容易管理。分层设计的每一层都执行特定的功能，并且整层执行的功能都相同。因此，如果需要更改接入层交换机的功能，则可以在该网络中的所有接入层交换机上重复此更改，因为所有的接入层交换机在该层上执行的功能都相同。由于几乎无须修改，即可以在不同设备之间复制交换机配置，因此还可以简化新交换机的部署。

6. 易维护性

由于分层网络在本质上是模块化的，并且扩展非常方便，因此维护起来也很容易。在某些网络设计模型中，对网络的成长规模有一定的限制，以免网络过于复杂导致维护成本过于高昂。对于为实现最佳性能而采用的全网状网络拓扑，所有的交换机都必须是高性能的交换机，这是因为每台交换机都必须能够执行网络的全部功能。但在分层模型中，每层交换机的功能并不相同。因此，可以在接入层上使用较便宜的接入层交换机，而在分布层和核心层上使用较昂贵的交换机来实现高性能的网络，这样可以节省资金。

6.1.3 分层设计的原则

网络的设计原则有 3 个方面：网络直径、带宽聚合、冗余。

1. 网络直径

在设计分层网络拓扑时，首先要考虑的就是网络直径。网络直径是指从源设备到目标设备之间经过的设备数量。将网络直径保持在较低的水平可以确保设备之间的延时，也保持在较低且可预测的水平上。如图 6-2 所示，网络直径为 6。

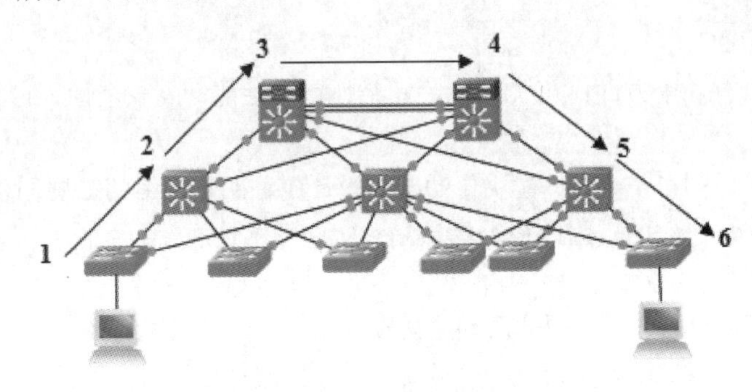

▲图 6-2 网络直径

2. 带宽聚合

带宽聚合是综合考虑分层网络各部分特定带宽需求的方法。在已知网络带宽需求的情况下，可以将特定交换机之间的链路汇聚在一起，叫做链路聚合。链路聚合允许将多个交换机端口链路组合在一起，从而在交换机之间实现更高的吞吐量，如图 6-3 所示。

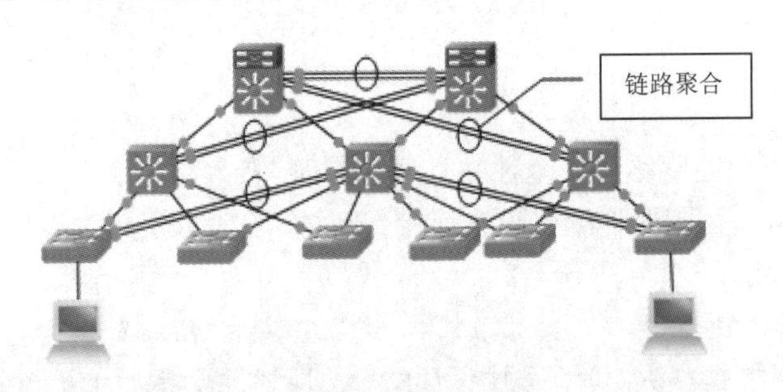

▲图 6-3 带宽聚合

3. 冗余

构建高可用网络必须采用冗余机制，冗余分为链路冗余和设备冗余。例如，在设备之间使用双线连接实现链路冗余，另外一个接入层交换机连接两个汇聚层交换机或一个汇聚层交换机连接两个核心层交换机都属于设备冗余，两种冗余类型如图 6-4 所示。

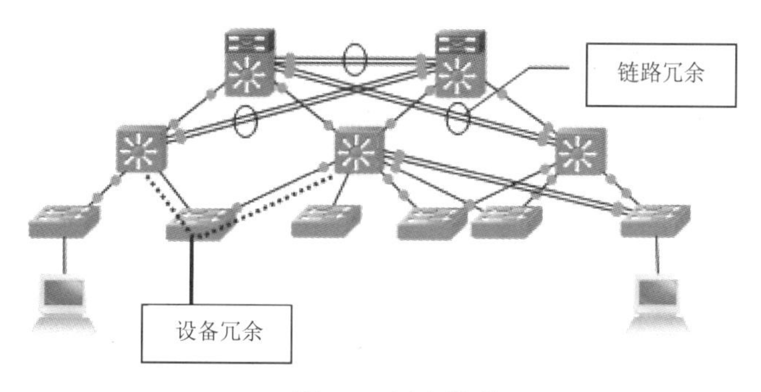

▲图 6-4　冗余类型

6.2　局域网组网设备

6.2.1　集线器

集线器又称为 HUB，集线器的主要功能是对接收到的信号进行放大，以扩大网络的传输距离，同时把所有节点集中在以它为中心的节点上，它工作在 OSI 参考模型的物理层上。集线器与网卡、网线等传输介质一样，属于局域网中的基础设备，采用 CSMA/CD（载波监听多路访问/冲突检测）介质访问控制机制。

集线器属于纯硬件网络底层设备，基本上不具有类似于交换机的智能记忆能力和学习能力。它也不具备交换机所具有的 MAC 地址表，所以它发送数据时都是没有针对性的，而是采用广播方式发送。也就是说，当集线器要向某节点发送数据时，不是直接把数据发送到目的节点，而是把数据包发送到与集线器相连的所有节点。实际中集线器的实例图片如图 6-5 所示。

▲图 6-5　集线器

集线器连接的网络是一个大的冲突域，如图 6-6 所示，在集线器 HUB1 上，Host1 要跟 Host2 通信时，虽然有明确的数据帧目标 MAC 地址和源 MAC 地址，但是集线器还是将该数据帧扩散到所有的端口，这样就有可能会与集线器上其他的节点的数据相撞，这种现象叫做冲突，产生冲突的范围叫做冲突域。因此集线器连接的网络是一个冲突域，为了避免冲突应该在冲突域启用 CSMA/CD（载波监听多路访问/冲突检测），相应的概念我们在后面还会介绍。

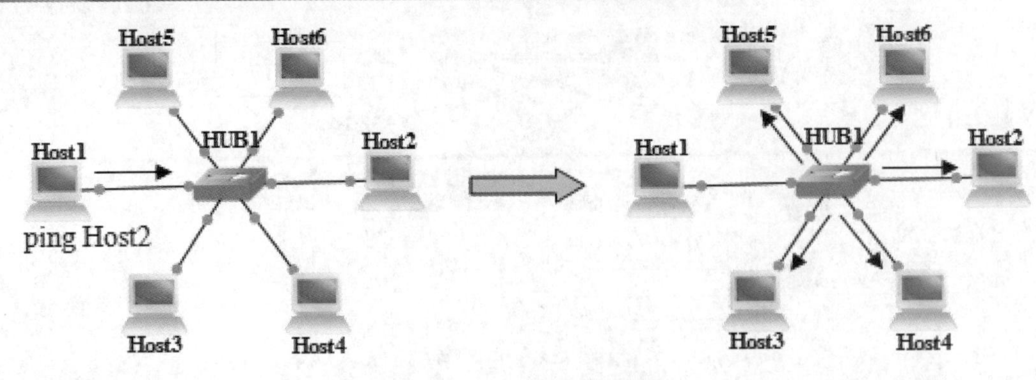

▲图 6-6　集线器连接的网络

6.2.2　网桥

网桥最开始是用来解决冲突和带宽的，网桥的每个接口属于一个冲突域，当网桥的某个接口接收到一个数据帧时，如果它的校验和（FCS）没有问题，那么网桥就会从相应的接口转发出去。网桥的主要功能是桥接，它工作在 OSI 网络参考模型的数据链路层，是一种以 MAC 地址作为判断依据来将网络划分成两个不同物理段的技术，其被广泛应用于早期的计算机网络当中。

我们都知道，以太网是一种共享网络传输介质的技术。在这种技术下，如果一台计算机发送数据的时候，在同一物理网络介质上的计算机都需要接收，在接收后分析目的 MAC 地址。如果目的 MAC 地址和自己的 MAC 地址相同，那么将其进行封装并提供给网络层；如果目的 MAC 地址不是自己的 MAC 地址，那么就将数据包丢弃。

桥接的工作机制是将物理网段（就是常说的冲突域）进行分隔，根据 MAC 地址来判断连接两个物理网段上计算机的数据包发送。网桥的 3 个主要功能分别是学习设备的 MAC 地址和转发接口；将数据流量智能地转发到具体的端口或泛洪广播和组播；清除数据链路层环路。

1. 学习功能

学习过程如图 6-7 所示。

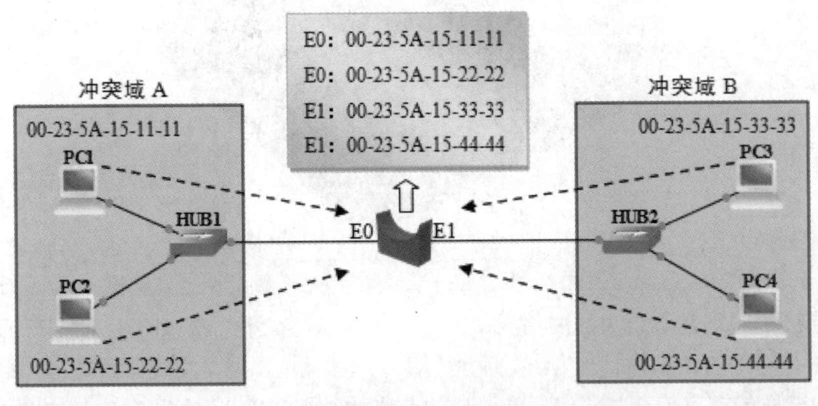

▲图 6-7　学习过程

网桥的功能之一是学习网桥所连接设备的 MAC 地址，学习到之后将其对应到所连接的接口上，这样就形成了网桥的端口地址表。每当网桥接收到一个数据帧时，就会将数据帧中的 MAC 地址提取出来，并与端口地址表中的条目进行匹配。如果表中没有此 MAC 地址，网桥就会将此 MAC

地址与接收端口一起存储在这张表中；如果表中已经存在此 MAC 地址，那么这个条目的计时器就会被刷新。

2. 转发功能

网桥的另一个功能是可以智能地转发流量。通过学习之后，网桥有了用来寻址的端口地址表，当某一个接口收到了一个数据帧后，首先执行学习功能，之后再检验数据帧中的 MAC 地址，并根据表中的条目进行匹配。如果可以匹配到该条目，执行转发功能并从相应的接口转发，如果正好是从此接口接收的该数据帧，那么网桥就会丢弃。如果网桥收到了一个广播或组播（如 FF-FF-FF-FF-FF-FF），网桥将会把这个数据帧从除了接收接口之外的所有的其他接口泛洪出去。如图 6-8 所示，当网桥收到去往 PC4 的数据帧时，会从 E1 接口转发。

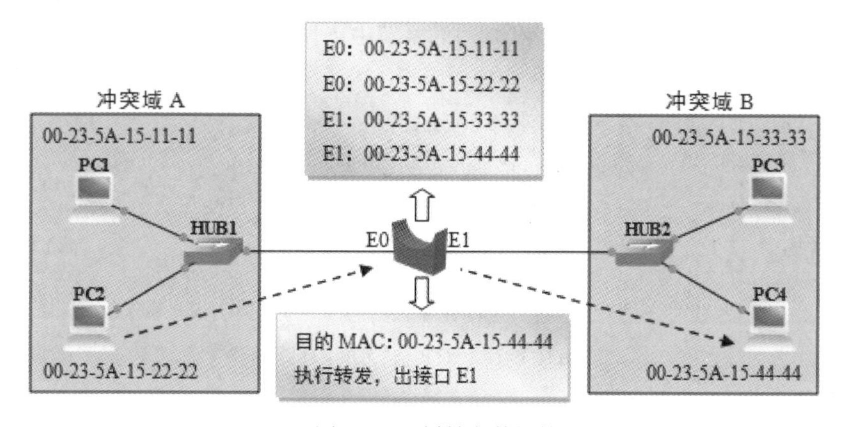

▲图 6-8 网桥转发数据帧

当网桥收到了一个广播数据帧后，执行转发的示意图如图 6-9 所示。

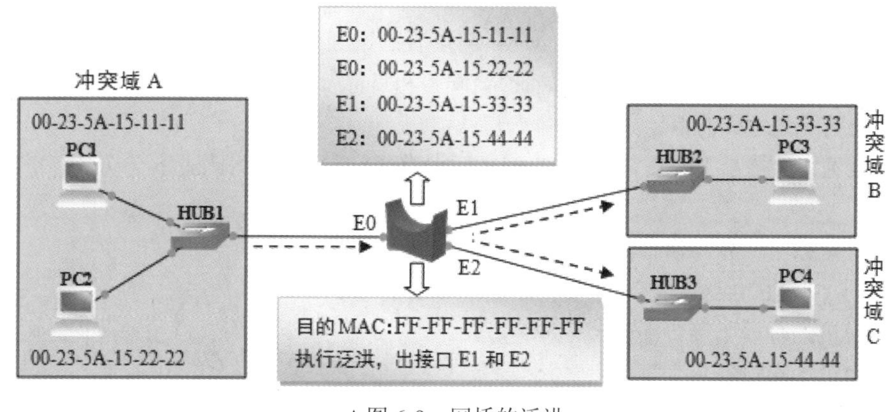

▲图 6-9 网桥的泛洪

3. 阻塞环路

网桥的第三个功能是阻塞环路，我们可以通过使用两个网桥来实现二层的冗余，但是带来的问题是可能造成二层设备出现环路。如图 6-10 所示，当冲突域中的 PC1 发出一个广播时，两个网桥同时转发，并向另外的接口泛洪。等到达 HUB2 时，会继续泛洪广播，这样两个广播数据包会继续传递到网桥上，因此这个过程会一直持续下去。

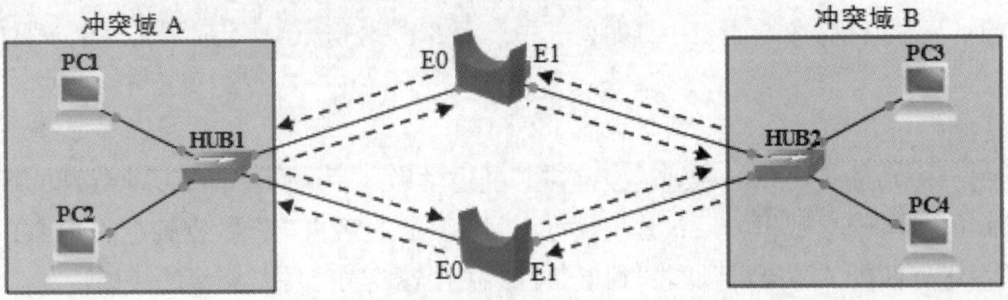

▲图 6-10　网桥泛洪产生环路

为了解决这个问题，通常在网桥上运行生成树协议（Spanning Tree Protocol，STP），这个协议可以阻塞不必要的端口，这里提到的阻塞属于逻辑上的阻塞，而并非物理上的阻塞，如图 6-11 所示。更多关于 STP 的防环机制，我们会在之后的章节中进行介绍。

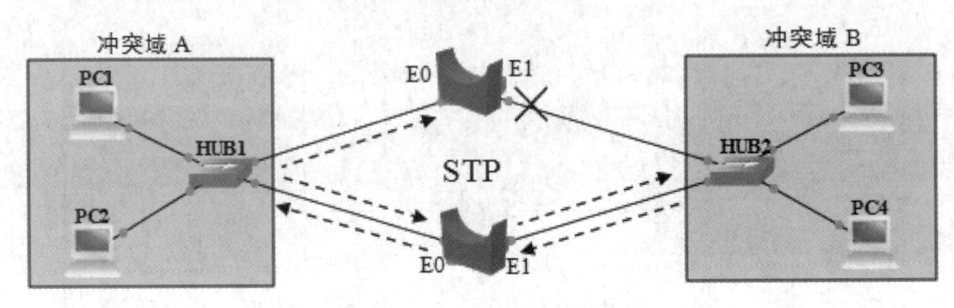

▲图 6-11　STP 协议防止环路

6.2.3　交换机

交换机（Switch）是高性能的网桥，也可以看作是多端口的网桥。网桥基于软件，而交换机基于硬件，因为交换机使用 ASIC 芯片来帮助它做出数据帧转发的决定。在交换机中存在着与网桥中类似的表叫做 MAC 地址表，交换机构建 MAC 地址表的过程和网桥一样，交换机将学习到的 MAC 地址保存到 MAC 地址表中，通过在数据帧的始发者和目标接收者之间建立临时的交换路径，使数据帧直接由源地址到达目的地址。

虽然交换机和网桥都工作在第 2 层，它们之间也有一定的区别，相比之下交换机有更多的优势，其中包括：

- 支持全双工，允许设备同时发送数据。
- 不同类型的交换机端口可以支持不同的以太网速度。
- 交换机的每一个接口都是一个冲突域。
- 交换机的端口独享带宽。

典型的交换机通常都有多个接口，实际上每个接口都是一个冲突域，如图 6-12 所示。当连接到交换机接口的计算机要发送数据包时，所有的端口都会判断这个数据包是否是发给自己的，如果不是就将其丢弃，这样就将冲突域的概念扩展到每个交换机端口上。

交换机与网桥之间在交换数据帧的时候存在一些差异，网桥在转发数据帧时只支持存储转发的方式，而交换机可以支持 3 种方式，分别是直通转发、存储转发、碎片隔离。下面我们来详细介绍一下这 3 种转发方式。

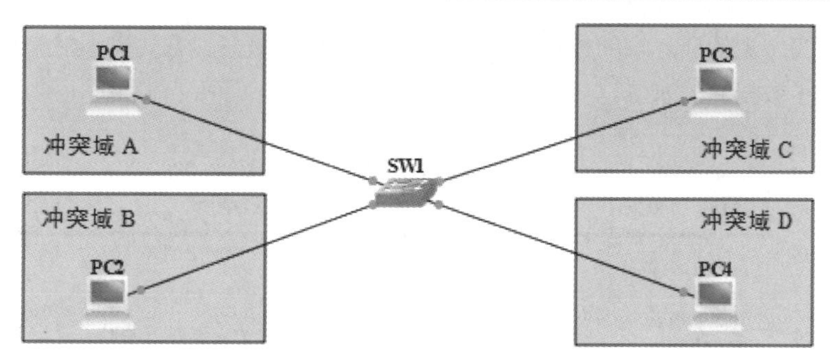

▲图 6-12　一个接口是一个冲突域

1. 直通转发（Cut Through）

直通转发方式的以太网交换机可以理解为各端口间纵横交叉的线路矩阵电话交换机。在这种方式下，交换机在做出决策前只会读取数据帧的一部分（目的 MAC 前 6 个字节），就开始转发数据帧。直通转发不需要存储，它的优点是延迟非常小、交换非常快，它的缺点是数据包的内容并没有被以太网交换机保存下来，所以无法检查所传送的数据包是否有误，不能提供错误检测能力。

如图 6-13 所示，对以下的几种数据包采用直通转发模式时，测试其过滤能力。

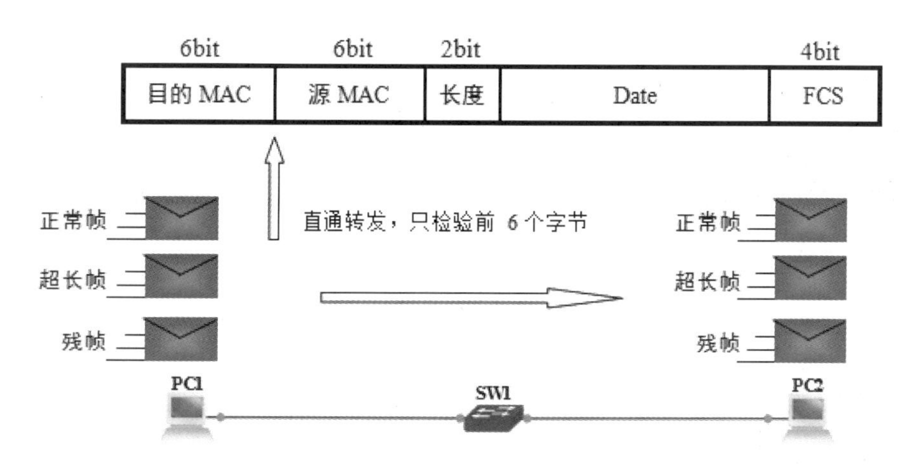

▲图 6-13　直通转发

2. 存储转发（Store and Forward）

使用这种方式的交换机在接收到一个数据帧时，需要将完整的数据帧放入缓冲区中并对这个数据帧进行检验，通常称为 CRC 冗余校验。经过对数据包检验，如果出现错误的数据包，交换机就会将其丢弃。正因如此，存储转发方式在数据处理时的不足之处是延时比较大，但是它可以对进入交换机的数据包进行错误检测，有效地改善网络性能。尤其重要的是它可以支持不同速度的端口间的转换，保持高速端口与低速端口间的协同工作。

如图 6-14 所示，对以下的几种数据包采用存储转发模式时，测试其过滤能力。

3. 碎片隔离（Fragment Free）

碎片隔离是基于直通转发的优化版本，直通转发在转发数据帧前读取目的 MAC 地址字段，而碎片隔离是对收到的一个数据帧进行长度检验，至少需要保证一个数据帧有 64 个字节（在正常的情况下，冲突信号应该在 64 个字节之内出现，交换机坚持到前 64 个字节再转发数据，目的是减少以太网中由于冲突产生的残片帧的数量），然而即使采用碎片隔离的方式也不能完全过滤残片帧，因为冗余校验位于数据帧的末尾。

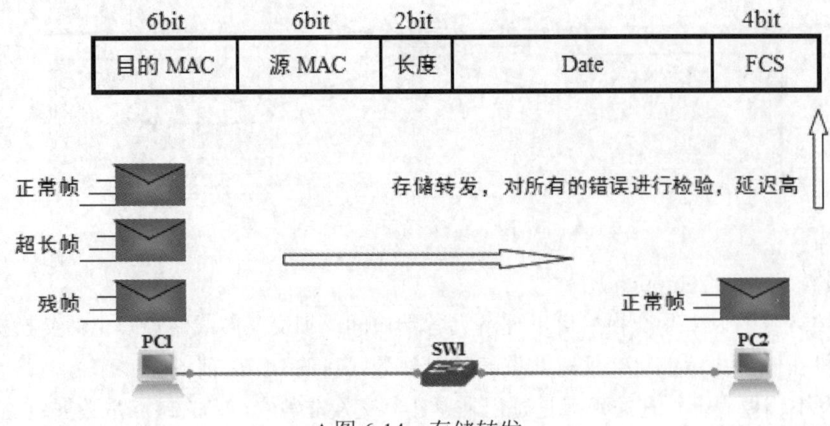

▲图 6-14　存储转发

如图 6-15 所示，对以下的几种数据包采用碎片隔离模式时，测试其过滤能力。

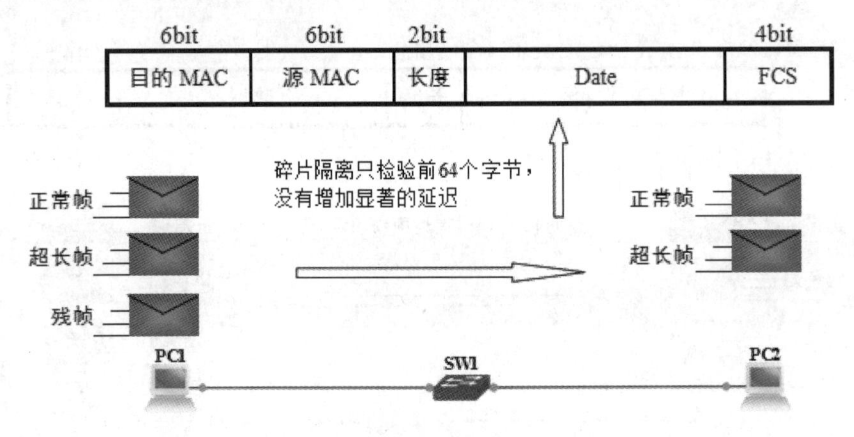

▲图 6-15　碎片隔离

虽然网桥和交换机之间存在很多不同之处，但是本质上它们都是二层设备，并且执行以下 3 种相同的网络功能：

- 学习功能：对于交换机而言，它会将学习到的 MAC 地址构建出一张 MAC 地址表，表中的一个 MAC 地址对应一个交换机接口。
- 转发功能：虽然在转发方式上网桥和交换机有所不同，但是它们都会将数据帧智能转发到相应的接口上。
- 防止环路：在二层网络设备中，基本上都是采用生成树协议（STP）来处理网络中可能产生的环路问题，所以可以杜绝数据帧不断地在网络中传输。

6.3　广播域和冲突域

广播是一种信息的传播方式，指网络中的某一设备同时向网络中所有的其他设备发送数据，这个数据所能广播到的范围即为广播域（Broadcast Domain）。换句话说，广播域是指网络中所有能接收到同样广播消息的设备的集合。通常来说一个局域网就是一个广播域，广播域内所有的设备都必须监听所有的广播数据包。如果广播域太大了，用户的带宽就小了，并且需要处理更多的广播，网络响应时间将会长到让人无法容忍的地步。

在以太网中，如果某个 CSMA/CD 网络上的两台计算机在同时通信时就会发生冲突，那么这个 CSMA/CD 网络就是一个冲突域。使用交换机可以有效避免冲突，而集线器则不行。因为交换机可以利用物理地址进行选路，它的每一个端口就为一个冲突域。而集线器不具有选路功能，只是将接收到的数据以广播的形式发出，极其容易产生冲突，因此它的所有端口为一个冲突域。

在同一个网络上两个比特同时进行传输则会产生冲突，从网络内部数据分组开始产生到发生冲突的这样一个区域称为冲突域，所有的共享介质环境都是一个冲突域，在共享介质环境中有一定类型的冲突域是正常行为。总的来说，冲突域就是连接在同一导线上的所有工作站的集合，或者是同一物理网段上所有节点的集合，或者是以太网上竞争同一带宽的节点的集合。

集线器（HUB）设备不能识别 MAC 地址和 IP 地址，对接收到的数据都会以广播的形式发送，它的所有端口是一个冲突域同时也是一个广播域，如图 6-16 所示。

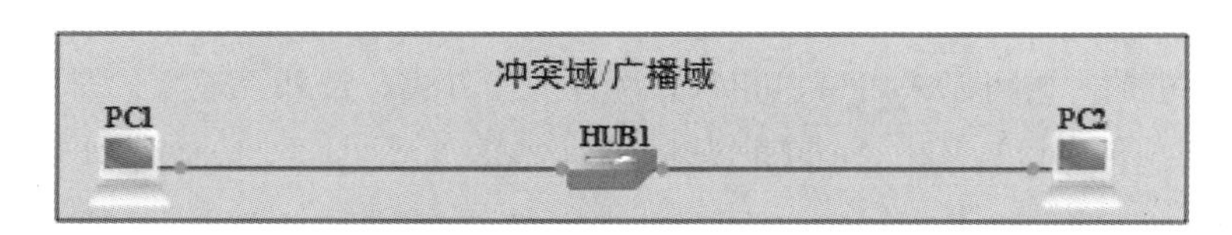

▲图 6-16　HUB 中的冲突域和广播域

交换机设备具有学习 MAC 地址的功能，通过查找 MAC 地址表将接收到的数据传送到相应的端口中，相比集线器而言，交换机可以分割冲突域，它的每一个相应的端口称为一个冲突域。交换机虽然能够分割冲突域，但是交换机下连接的设备依然在一个广播域中，如图 6-17 所示。

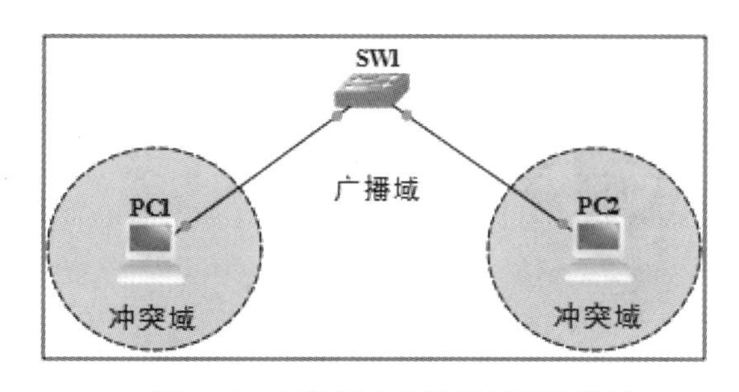

▲图 6-17　交换机中的冲突域和广播域

当交换机收到广播数据包时，默认会将该广播报文转发到除接受端口之外所有其他的端口，在某些情况下会导致网络拥塞以及安全隐患。如图 6-18 所示，为了避免因不可控制的广播导致的网络故障风险，通信网络中使用路由器设备来分割广播域。路由器通过 IP 地址将连接到其端口的设备划分为不同的网络，每个端口下连接的网络即为一个广播域，广播数据不会扩散到该端口以外，因此我们说路由器隔离了广播域。

与交换机相比，路由器并不通过 MAC 地址来确定转发数据的目的地址。路由器工作在网络层，利用不同的网络 IP 地址来确定数据转发的目的 IP 地址。MAC 地址通常由设备硬件出厂自带，不能更改，IP 地址一般由网络管理员手工配置或系统自动分配。

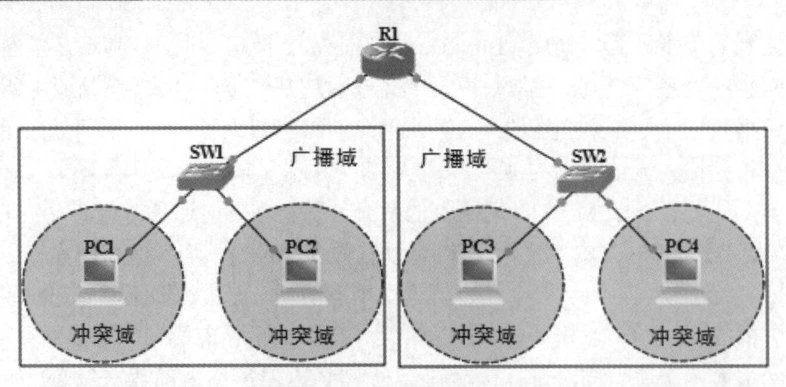

▲图 6-18　路由器隔离广播域

6.4　交换机的基本设置

6.4.1　管理方式

在配置交换机的时候可以采用带内和带外两种管理方式。带外管理方式需要通过交换机的 Console 口与计算机的串口直接相连后才能实现，首次配置交换机的时候需要采用这种方式，如图 6-19 所示。

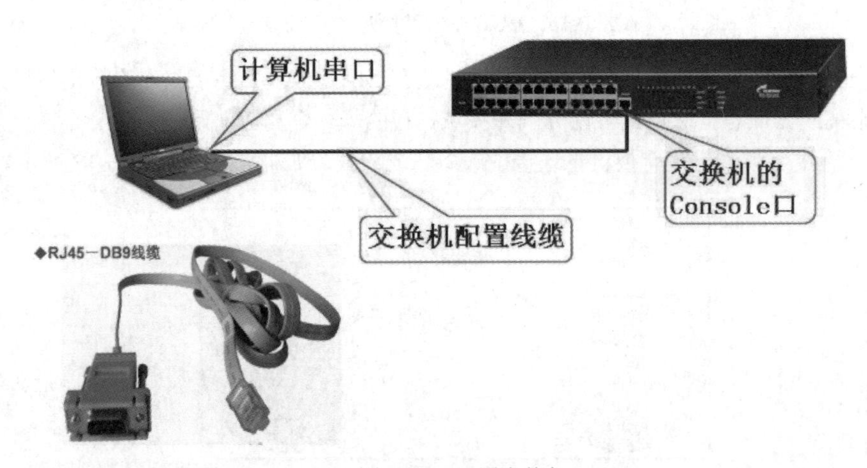

▲图 6-19　配置交换机

当给交换机设置了初始的工作参数后，就可以使用带内管理的方式管理交换机了，带内的管理方式有以下 3 种：

- 采用 Telnet 的方式对交换机进行远程管理。
- 通过 Web 访问的方式对交换机进行管理。
- 使用 SNMP 工作站对交换机进行管理。

6.4.2　配置模式及命令

在配置交换机之前，我们来了解一下交换机都有哪些基本的配置模式，交换机的操作模式、帮助机制和路由器基本一致。交换机基本的配置模式有以下4种：

- 用户执行模式
- 特权执行模式
- 全局配置模式
- 接口配置模式

交换机启动后首先进入用户执行模式，要从用户执行模式切换到特权执行模式，请输入enable命令。要从特权执行模式切换到用户执行模式，请输入disable命令，过程如下：

```
Switch>enable
Switch#            ---特权执行模式---
Switch#disable
Switch>            ---用户执行模式---
```

要想进入交换机的全局配置模式需要在特权执行模式下输入configure terminal，提示符将更改为(config)#，退出可以使用exit进入特权执行模式。在全局配置模式下可以配置的参数有很多，如可以配置交换机的主机名或进入各种配置的子模式等，过程如下：

```
Switch#configure terminal
Enter configuration commands, one per line.   End with CNTL/Z.
Switch(config)#exit
Switch#
```

配置交换机的接口是常见的任务，要从全局配置模式下访问接口配置模式，请输入interface <interface name>命令，提示符将更改为(config-if)#。在这里我们可以设置交换机接口的双工模式和速率，一般采用默认自动协商的方式即可。要退出接口配置模式，请使用exit命令，提示符恢复为(config)#，提醒你已处于全局配置模式。要退出全局配置模式，请再次使用exit命令，提示符切换为#，表示已进入特权执行模式，过程如下：

```
Switch(config)#interface f1/0
Switch(config-if)#duplex ?
  auto    Enable AUTO duplex configuration
  full    Force full duplex operation
  half    Force half-duplex operation
Switch(config-if)#speed
Switch(config-if)#speed ?
  10      Force 10 Mbps operation
  100     Force 100 Mbps operation
  auto    Enable AUTO speed configuration
Switch(config-if)#exit
Switch(config)#exit
Switch#
```

和路由器不一样的是，交换机不能直接在二层物理接口上设置三层IP地址，事实上交换机在工作时也不需要IP地址，如果想给交换机设置一个地址以在带内管理使用，可以使用以下方式：

```
Switch(config)#interface vlan 1
Switch(config-if)#ip address 192.168.1.100 255.255.255.0
Switch(config-if)#exit
```

关于VLAN的概念在下一章节再详细介绍，我们设置了VLAN1的地址后，默认的情况下，交换机所有接口连接的终端设备只要设置了同一网段的地址，就可以对该交换机进行远程带内管理。如果想跨网段对交换机进行管理，还需要给交换机设置一个默认网关，方法如下：

```
Switch(config)#ip default-gateway 192.168.1.1
```

如果想配置交换机的主机名，需要在全局模式下输入 hostname，后面加上特定的主机名称，过程如下：

```
Switch(config)#hostname SW1
SW1(config)#
```

如果想要保存当前的配置，需要退出到特权模式中输入 copy running-config startup-config，也可以在其他模式下输入 do copy running-config startup-config，过程如下：

```
SW1#copy running-config startup-config
Destination filename [startup-config]?    ---按回车键---
Building configuration...
[OK]
```

使用 line console 0 命令可以从全局配置模式切换到控制台 0 的线路配置模式，控制台 0 是 Cisco 交换机的控制台端口。提示符更改为(config-line)#，表示交换机现在处于线路配置模式。在线路配置模式下，可以通过输入 password 命令来设置控制台口令。要确保控制台端口的用户必须输入口令才能访问，请使用 login 命令。如果不发出 login 命令，即使定义了口令，交换机仍不会要求用户输入口令，过程如下：

```
SW1#configure terminal
Enter configuration commands, one per line.    End with CNTL/Z.
SW1(config)#line console 0
SW1(config-line)#password cisco        ---配置密码为 cisco---
SW1(config-line)#login                 ---login 使配置命令生效---
SW1(config-line)#end                   ---使用 end 命令可以直接退到特权模式---
```

Cisco 交换机的 VTY 端口用于远程访问设备。使用 VTY 终端端口可以执行所有配置选项，访问 VTY 端口不需要实际接触交换机，因此保护 VTY 端口非常重要。能从网络上访问交换机的任何用户都可以建立 VTY 远程终端连接，如果 VTY 端口保护不当，恶意用户就可能破坏交换机配置，过程如下：

```
SW1#configure terminal
Enter configuration commands, one per line.    End with CNTL/Z.
SW1(config)#line vty 0 4
SW1(config-line)#password cisco
SW1(config-line)#login
SW1(config-line)#end
```

全局配置命令 enable password 用于指定口令以限制对特权执行模式的访问。但是 enable password 命令存在的一个问题是它将口令以明文的形式存储在 startup-config 和 running-config 中，如果有人获得了存储的 startup-config 文件，或者以特权执行模式登录到 Telnet 或控制台会话进行临时访问，他们则可能看到口令。因此，Cisco 引入了一个新的口令选项来控制对特权执行模式的访问，该选项以加密格式存储口令。在全局配置模式提示符下输入 enable secret 命令以及所要的口令，这样即可指定加密形式的使能口令，也就是所谓的使能加密口令。

```
SW1#configure terminal
Enter configuration commands, one per line.    End with CNTL/Z.
SW1(config)#enable password cisco
SW1(config)#enable secret cisco123
SW1(config)#end
```

下面我们对交换机常用的查看配置进行汇总，如表 6-1 所示。

▲表 6-1 交换机常用的查看配置

查看命令	描述
show interfaces [interface-id]	显示交换机上单个或全部可用接口的状态和配置
show startup-config	显示启动配置的内容
show running-config	显示当前运行的配置
show flash:	显示关于 flash: 文件系统的信息
show version	显示系统硬件和软件状态
show history	显示会话命令历史记录
show mac-address-table	显示 MAC 转发表

6.5 实训案例

6.5.1 实验拓扑

实验拓扑：本次实验使用的拓扑通过 GNS3 搭建，如图 6-20 所示。

▲图 6-20 实验拓扑

实验设备：本次实验的设备如表 6-2 所示。

▲表 6-2 实验设备

设备名称	设备类型	平台版本	实现方式
R1	路由器	C7200-JK9O3S-M , 12.4（25g）	GNS3 1.3.9
IOU1	交换机	I86BI_LINUXL2-ADVENTERPRISEK9-M ,15.1	IOU 1.3.9
Host1	PC 机	VPCS （version 0.6.1）	GNS3 1.3.9

地址分配：本次实验的地址分配如表 6-3 所示。

▲表 6-3 地址分配

设备	接口	IP 地址	子网掩码	网关
R1	f0/0	10.1.1.1	255.255.255.0	——
IOU1	VLAN 1	10.1.1.10	255.255.255.0	10.1.1.1
Host1	E0	10.1.1.20	255.255.255.0	10.1.1.1

6.5.2 实验目的

- 掌握交换机的基本配置。
- 掌握交换机的基本安全配置。

- 掌握交换机配置的保存。

6.5.3 实验步骤

任务一：交换机的基本配置

Step 1 使用 enable 命令进入特权执行模式。

```
IOU1>enable
IOU1#
```

Step 2 在特权执行模式下键入“？”，注意查看可用命令列表。

```
IOU1#?
Exec commands:
  access-enable     Create a temporary Access-List entry
  access-profile    Apply user-profile to interface
  access-template   Create a temporary Access-List entry
  alps              ALPS exec commands
  archive           manage archive files
  audio-prompt      load ivr prompt
  auto              Exec level Automation
[output cut]
```

与用户执行模式相比，现在有更多可用的命令。除了基本监控命令外，还可以使用配置命令和管理命令。

Step 3 变更到全局配置模式。

```
IOU1#configure terminal
IOU1 (config)#
```

Step 4 将交换机的主机名配置为 S1。

```
IOU1 (config)#hostname S1
S1(config)#
```

Step 5 设置交换机 VLAN1 接口的 IP 地址。

```
S1(config)#interface vlan 1
S1(config-if)#ip address 10.1.1.10 255.255.255.0
S1(config-if)#no shutdown
S1(config-if)#exit
```

Step 6 设置交换机的网关（在本次实验中不涉及跨网段通信）。

```
S1(config)#ip default-gateway 10.1.1.1
```

Step 7 退出到特权模式查看最近输入的命令。

```
S1#show history
  configure terminal
  show history
S1#
```

任务二：交换机的安全配置

Step 1 配置虚拟终端和控制台的口令并要求用户通过口令“cisco”登录。

```
S1(config)#line console 0
S1(config-line)#password cisco
S1(config-line)#login
```

```
S1(config-line)#line vty 0 15
S1(config-line)#password cisco
S1(config-line)#login
S1(config-line)#exit
S1(config)#
```

Step 2 变更到全局配置模式配置特权执行模式口令“class”。

```
S1#configure terminal
Enter configuration commands, one per line. End with CNTL/Z.
S1(config)#enable secret class
```

Step 3 配置口令加密。

```
S1(config)#service password-encryption
S1(config)#
```

任务三：对交换机进行带内管理

Step 1 设置路由器 fas0/0 接口的 IP 地址并将其 MAC 地址设置为 0001.0001.0001。

```
R1(config)#interface fastEthernet 0/0
R1(config-if)#ip address 10.1.1.1 255.255.255.0
R1(config-if)#mac-address 1.1.1
R1(config-if)#no shutdown
R1(config-if)#end
R1#show run interface fastEthernet 0/0
Building configuration...
Current configuration : 109 bytes
!
interface FastEthernet0/0
mac-address 0001.0001.0001
ip address 10.1.1.1 255.255.255.0
duplex half
end
```

Step 2 设置 PC 的主机名、IP 地址和网关信息并进行验证。

```
PC1> set pcname Host1
Host1> ip 10.1.1.20 255.255.255.0 10.1.1.1
Checking for duplicate address...
PC1 : 10.1.1.20 255.255.255.0 gateway 10.1.1.1
Host1> show ip all
NAME    IP/MASK       GATEWAY     MAC                  DNS
Host1   10.1.1.20/24  10.1.1.1    00:50:79:66:68:00
```

Step 3 从 Host1 测试到网关的连通性。

```
Host1> ping 10.1.1.1
84 bytes from 10.1.1.1 icmp_seq=1 ttl=255 time=19.001 ms
84 bytes from 10.1.1.1 icmp_seq=2 ttl=255 time=9.001 ms
84 bytes from 10.1.1.1 icmp_seq=3 ttl=255 time=9.001 ms
84 bytes from 10.1.1.1 icmp_seq=4 ttl=255 time=9.000 ms
84 bytes from 10.1.1.1 icmp_seq=5 ttl=255 time=9.000 ms
```

Step 4 查看交换机的 MAC 表。

```
S1#show mac address-table
          Mac Address Table
Vlan    Mac Address         Type          Ports
```

```
  ----      -----------      --------     -----
   1     0001.0001.0001    DYNAMIC     Et0/1    ---对应网关的 MAC 地址---
   1     0050.7966.6800    DYNAMIC     Et0/0    ---对应 PC 的 MAC 地址---
  Total Mac Addresses for this criterion: 2
S1#
```

提示：MAC 地址表存放于交换机的缓存中，记录每一个接口和相应终端设备 MAC 地址的映射关系，是交换机进行智能数据帧转发的依据。

Step 5 从路由器上 Telnet 到交换机进行带内管理（VPCS 不支持 Telnet，我们用路由器来模拟这个过程）。

```
R1#telnet 10.1.1.10
Trying 10.1.1.10 ... Open
User Access Verification
Password:
S1>enable
Password:
S1#
```

Step 6 查看交换机的运行配置文件，之后保存到 nvram。

```
S1#show running-config
---输出省略---
S1#copy running-config startup-config
Destination filename [startup-config]?
Building configuration...
[OK]
```

实验完毕。

6.6 习题

1．当交换机的某个接口接收到一个目的 MAC 未知地址或过滤表中不存在的地址的数据帧时，它的处理方式是________。

A．转发给交换机上的第一个可用链路

B．丢弃此数据帧

C．将此数据帧泛洪到此网络以查找目标设备

D．向源站点回送一条请求进行解析

2．如果某台交换机接收到一个帧，其源 MAC 地址不在 MAC 地址表而目的地址在 MAC 地址表中，交换机执行的操作是________。

A．丢弃它并向源主机回送一个出错消息

B．将此帧泛洪到这个网络

C．将此源地址和端口加入 MAC 地址表并将此帧转发出目的端口

D．将目的地址加入 MAC 地址表中，然后再转发此帧

3．________命令可以产生下列输出：

Vlan Mac Address Type Ports

1　OOOa.f467.ge8c　DYNAMIC　Fa0/3
1　0010.7b7f.c2bO　DYNAMIC　Fa0/3

A．show vlan　　B．show ip route
C．show mac address-filter　　D．show mac address-table

4．第 2 层交换机提供的功能不包括________。

A．防止环路　　B．MAC 地址学习
C．线速转发　　D．路由选择

5．在交换机上输入 show mac address-table 命令，得到如下输出：

Vlan	Mac Address	Type	Ports
1	0005.dccb.d74b	DYNAMIC	Fa0/1
1	000a.f467.ge80	DYNAMIC	Fa0/3
1	000a.f467.ge8b	DYNAMIC	Fa0/4
1	000a.f467.ge8c	DYNAMIC	Fa0/3
1	0010.7b7f.c2bO	DYNAMIC	Fa0/3
1	0030.80dc.460b	DYNAMIC	Fa0/3

假设上面这个交换机接收到一个带有下列 MAC 地址的数据帧：源 MAC 为 0005.dccb.d74b，目的地 MAC 为 000a.f467.ge8c。交换机执行的操作是________。

A．只从 Fa0/3 端口转发出这个帧
B．丢弃这个帧
C．只从 Fa0/1 端口转发出这个帧
D．从除 Fa0/1 端口的所有端口转发出这个帧

习题答案

1．C　2．C　3．D　4．D　5．A

7

虚拟局域网 VLAN

虚拟局域网（VLAN）是一组逻辑上的设备和用户，这些设备和用户并不受物理位置的限制，可以根据功能、部门及应用等因素将它们组织起来，相互之间的通信就好像它们在同一个网段中一样，由此得名虚拟局域网。VLAN 是一种能够极大改善网络性能的技术，它部署在交换机上将大型的广播域细分成较小的广播域。较小的广播域能够限制参与广播的设备数量，并允许将设备分成各个工作组并在这些工作组之间提供安全的隔离。与传统的局域网技术相比，VLAN 技术更加灵活，交换技术的发展也加速了 VLAN 的应用。通过将企业网络划分为虚拟网络 VLAN 网段，可以强化网络管理和网络安全，控制不必要的数据广播。本章开始介绍 VLAN 的概念、特征及部署等。

本章主要内容:

- VLAN 的概念及优点
- TRUNK 链路的类型
- VLAN 的配置方法
- VLAN 间的数据通信
- VTP 的作用及配置
- 链路聚合的作用及配置

7.1 VLAN 概述

7.1.1 概念介绍

虚拟局域网（Virtual Local Area Network，VLAN）技术的出现，可以解决交换机在进行局域网互连时无法限制广播的问题。这种技术可以把一个局域网（LAN）划分成多个逻辑上的 LAN——VLAN，每个 VLAN 是一个广播域，VLAN 内的主机在同一子网内通信就和在一个 LAN 内一样，而 VLAN 间则不能直接互通，广播报文被限制在一个 VLAN 内。交换机用于创建 VLAN 或分割广播域，如图 7-1 所示。

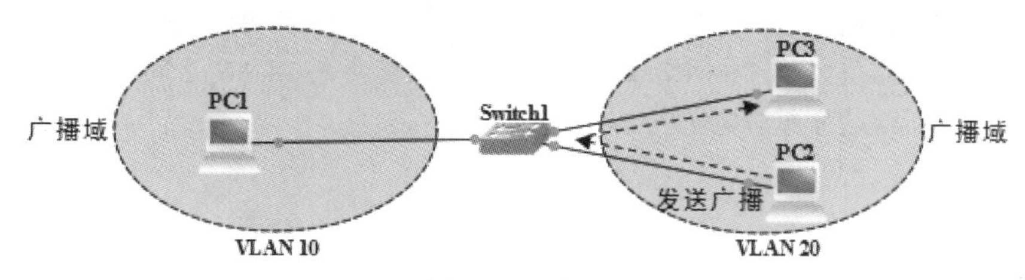

▲图 7-1　隔离广播

一个 VLAN 可以跨越多台交换机，也可以位于相同的交换机上，如图 7-2 所示。在图中有 VLAN10、VLAN20 和 VLAN30 三个 VLAN，PC1 和 PC2 属于同一个 VLAN，但是连接在两个不同的交换机上，PC3 和 PC4 属于相同的 VLAN 并且在同一个交换机上。如果 Switch1 上的 PC1 生成了一个广播报文，交换机之间会确保只有 PC2 可以看到这个广播报文。

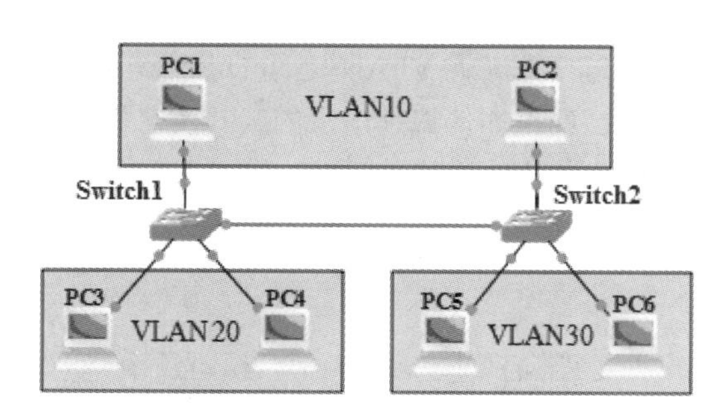

▲图 7-2　VLAN 拓扑示例

7.1.2　防范广播风暴

限制网络上的广播，将网络划分为多个 VLAN 可以减少参与广播风暴的设备数量和范围。LAN 分段可以防止广播风暴波及整个网络。使用 VLAN 可以将某个交换端口或用户赋予某一个特定的 VLAN 组，该 VLAN 组可以在一个交换网中跨接多个交换机，在一个 VLAN 中的广播不会送到 VLAN 之外。同样，相邻的端口不会收到其他 VLAN 产生的广播，这样可以减少广播流量，释放带宽给用户应用，减少广播的产生。

鉴于交换机日益便宜，很多公司都对其使用集线器的平面型网络进行了改进，将其改成纯粹的交换型网络和 VLAN 环境。在同一个 VLAN 中，所有设备都属于同一个广播域，接收其他设备发送的所有广播，这些广播不会通过连接到其他 VLAN 的交换机端口转发出去，避免了所有用户属于同一个广播域带来的所有问题。

7.1.3　安全性

为了增强局域网中的安全性，我们可以将含有敏感数据的用户组与网络的其余部分进行 VLAN 隔离，从而降低泄露机密信息的可能性。不同 VLAN 内的报文在传输时是相互隔离的，即一个 VLAN 内的用户不能和其 VLAN 内的用户直接通信。

通过使用 VLAN 创建广播域，可以完全控制所有端口和用户，这样任何人都不能仅仅只通过工作站连接到交换机端口便可以访问网络资源，因为可以控制每个端口以及通过该端口可访问的资源。不仅如此，还可以根据用户需要访问的网络资源来创建 VLAN 并对交换机进行配置，使其在有人未经授权访问网络资源时告知网络管理工作站。如果需要在 VLAN 之间进行通信，可以在路由器上实施限制，确保这种通信是安全的。

7.2 TRUNK 链路

7.2.1 标识 VLAN

我们都知道两台交换机上所连接的设备如果属于同一个 VLAN，那么这两台设备就可以通信。在设备间通信时，交换机是怎么做的呢？在交换机之间连接时，一个 VLAN 使用一条线路还是所有 VLAN 公用一条线路呢？如果使用的是一条线路，那么在进行数据交换时，它又是如何做出标记的呢？

很显然交换机之间连接多条链路来满足 VLAN 之间的通信是不现实的，因此我们来了解一下在两台交换机上相同的 VLAN 之间是如何识别出来的。其实交换机在转发数据的时候，会根据 VLAN 的不同给每一个数据帧打上相应的标签或标识，如图 7-3 所示。

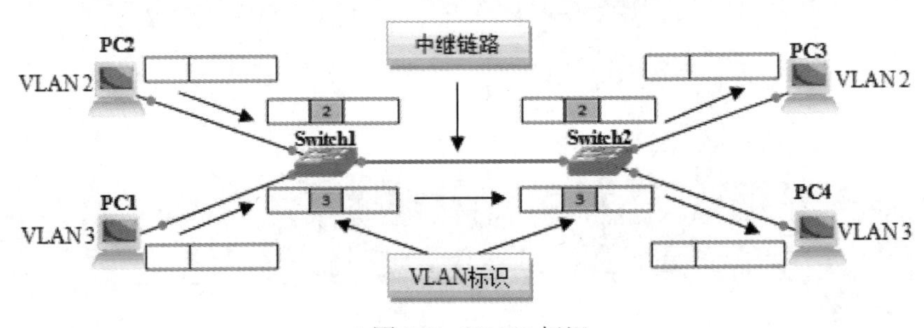

▲图 7-3 VLAN 标识

如图 7-3 所示，这种打标签的方式给两台交换机制造了一个假象，好像是它们之间并不是用相同的链路连接的，而是每个 VLAN 都有自己专有的通道。这个过程是交换机将源端口所属的 VLAN 标识添加到数据帧中，这样当数据帧到达目的设备并区分出它是来自哪个 VLAN 的数据后，交换机就移除相应的标签，还原成最初的以太网帧的形式并转发给终端设备，交换机加入 VLAN 标识、传递带有 VLAN 标识的数据帧、移除 VLAN 标识的过程只在交换机及它们之间互连的链路上进行，其中传递带有多个 VLAN 标识数据帧的链路叫做中继链路（TRUNK），VLAN 标识的加入和移除对于终端设备是透明的。

VLAN 标签是在原始的以太网数据帧中添加的，中继链路工作时需要在两端的交换机接口配置相同的中继协议，Cisco 可以支持两种以太网中继链路如下：

- ISL：Cisco 专有协议，用于以太网的内部交换链路（Inter Switch Link，ISL）协议。
- 802.1Q：用于以太网的 IEEE 802.1Q，通常习惯称为 dot1q 协议。

一般只有在 Cisco 的高端交换机上才会支持 ISL，例如，在 Catalyst 6500 中可以支持这两种中继协议，但是低端机一般只能支持 dot1q 协议，ISL 正在被 Cisco 所淘汰。

7.2.2　ISL

思科内部交换链路（Inter Switch Link，ISL）协议是思科的私有协议，主要用于维护交换机和路由器间的通信流量等 VLAN 信息。ISL 帧标签采用一种低延迟（Low-Latency）机制为单个物理路径上的多个 VLAN 流量提供复用技术。ISL 主要用于实现交换机、路由器以及各节点（如服务器所使用的网络接口卡）之间的连接操作。为了支持 ISL 的功能特征，每台连接设备都必须采用 ISL 配置。ISL 标签的帧格式是在原始的以太网数据帧前面加入 26 个 ISL 头部，后面加入 4 个字节的 CRC 校验，其中头部信息中 VLAN ID 字段包含数据帧的所属 VLAN 的 ID，如图 7-4 所示。

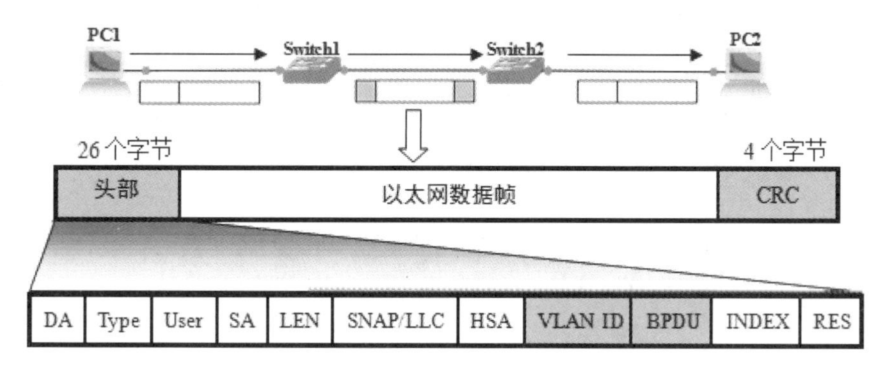

▲图 7-4　ISL 工作原理和帧格式

ISL 作用于 OSI 模型第二层，协议头和协议尾封装了整个第二层的以太帧，它被认为是一种能在交换机间传送第二层任何类型的帧或上层协议的独立协议，其封装的帧可以是令牌环（Token Ring）或快速以太网（Fast Ethernet）。

7.2.3　802.1Q

IEEE 802.1Q 是一个中继标准，与 ISL 中继不同，ISL 对每个穿过中继线的帧都作标记（用 ISL 报头和报尾封装）。802.1Q 中继支持两种帧：标记帧和未标记帧。未标记的帧中不携带任何 VLAN 标识信息，基本上就是一个普通的以太网帧，这样的帧属于 VLAN 的成员取决于交换机的接口配置，默认的情况下，未标记的帧就属于 VLAN 1，该 VLAN 通常称为本征 VLAN。

802.1Q 标记过程需要修改原始的以太网帧，并将 4 个字节的标记字段插入原始的以太网帧中，并且原始帧的 FCS（检验和）也根据这些变化而重新计算，这些数据帧一旦被标记，那么中继上只有其他理解 802.1Q 的设备才能处理该数据帧。进行标记的目的是帮助其相连的交换机识别源 VLAN，链路封装 802.1Q 时，数据帧交换如图 7-5 所示。

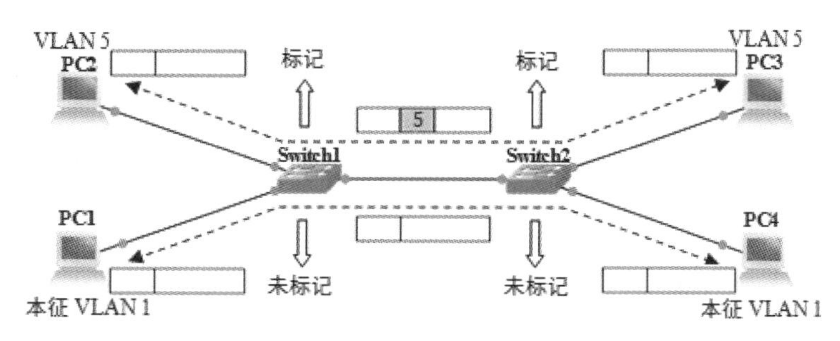

▲图 7-5　标记帧和未标记帧的转发

如图 7-6 所示是从数据帧的产生到被标记的过程中以太网数据帧的格式变化，通过这个过程可以发现，被标记前是一个普通的数据帧，经过交换机后被打上标签，并且重新计算数据帧校验序列（FCS）的值。从图中可以看到，标记字段被插入了以太网报头中的源 MAC 地址和目的 MAC 地址之后。

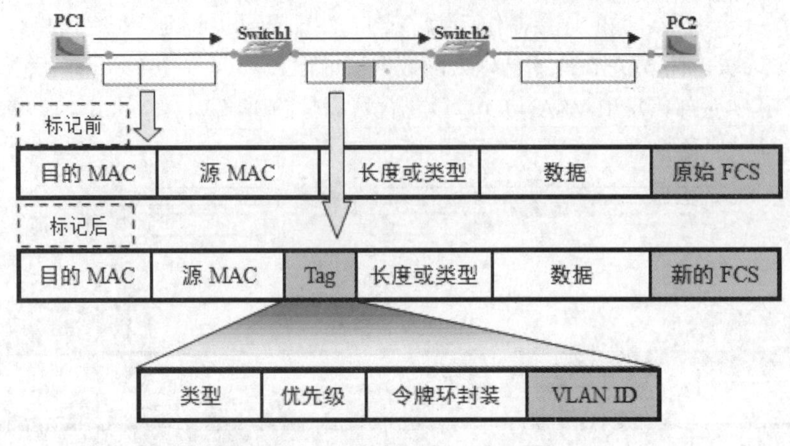

▲图 7-6　标记帧和未标记帧的格式

使用这样一个标记机制有一个优点，那就是在以太网数据帧中只添加了 4 个字节，所以整个数据帧的大小可以保证在 1518 个字节内。因为交换机可以把这样的数据帧看作是普通的数据帧进行转发，所以实际上交换机在转发数据时也可以通过自身的接入模式接口转发 802.1Q 数据帧。

7.3　VLAN 的操作

7.3.1　创建 VLAN

在 Cisco 的交换机中，一般出厂时都会有默认的一些配置，如交换机中会有一些预先配置好的 VLAN 信息，其中包括系统本征 VLAN，标号为 1；标号为 1002～1005 是用于 FDDI 和令牌环的默认 VLAN，不能删除；另外还有标号为 1006～1005 的 VLAN 属于系统保留的 VLAN，用户不能查看；最后标号为 2～1001 的 VLAN 是用于以太网的 VLAN，用户可以自己创建。

根据 Cisco 交换机的 IOS 版本的不同，VLAN 的配置方法可以有两种。一种是在特权模式下输入 vlan database：

```
Switch#vlan database
Switch(vlan)#vlan ?
  <1-1005>    ISL VLAN index              ---VLAN 标号---
Switch(vlan)#vlan 10 name VlanTest        ---配置 VLAN 名称为 VlanTest---
VLAN 10 added:                            ---VLAN 添加成功的提示信息---
    Name: VlanTest
Switch(vlan)#
```

这种配置 VLAN 的方法已经被逐渐淘汰，除此之外，从 IOS 12.1（9）EA1 和之后的版本开始就可以在全局模式下配置 VLAN。执行 vlan 命令后会进入 VLAN 配置子模式，可以在该模式下输入 VLAN 配置参数，示例中演示了配置 VLAN 的自定义标识，如下：

```
Switch(config)#vlan 10                          ---创建 id=10 的 VLAN---
Switch(config-vlan)#name VlanTest               ---给创建的 VLAN 命名，默认名称是 VlanTest---
```

如果在配置完成后发现有配置错误的 VLAN 信息，可以使用以下命令删除错误的 VLAN，在全局模式下操作如下：

```
Switch(config)#no vlan 10                       ---删除 VLAN10---
```

7.3.2　将接口分配到指定的 VLAN

在介绍分配 VLAN 接口之前先来了解两个接口类型，一个是接入（Access）接口，另一个是中继（Trunk）接口。接入接口只属于一个 VLAN，并且只为该 VLAN 传输数据流。这种接口以本征格式发送和接收数据流，而不进行 VLAN 标记，用于连接终端设备。而中继接口用来封装某种中继协议，交换机可以让一个中继接口同时转发众多不同的 VLAN 数据，中继链路则是所有 VLAN 的公共通道，两种端口的图例如图 7-7 所示。

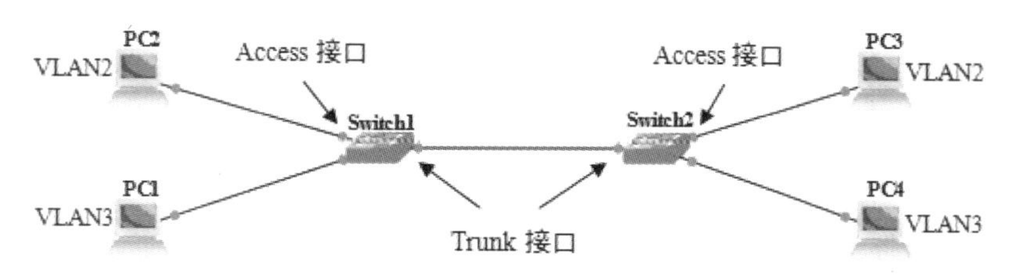

▲图 7-7　接入接口和中继接口

在将交换机的接口划进某个 VLAN 之前，需要确定其接口模式以及所属 VLAN 的编号。可以使用如下配置命令将交换机的接口配置为接入（Access）模式：

```
Switch(config)#interface e0/0                   ---进入交换机的接口---
Switch(config-if)#switchport mode access        ---更改接口类型---
```

之后需要将交换机接口分配给特定的 VLAN，可以在接口模式下使用如下命令：

```
Switch(config-if)#switchport access vlan 10     ---将接口划到指定的 VLAN，以 10 为例---
```

如果想要同时将多个接口设置为接入接口并划入某个特定的 VLAN，可以使用命令 interface range，具体的配置如下：

```
Switch(config)#interface range e0/0 - 3
Switch(config-if-range)#switchport mode access
Switch(config-if-range)#switchport access vlan 10
```

如果不小心将接口划入了错误的 VLAN 中，我们可以使用 no+相关命令进行擦除：

```
Switch(config)#interface e0/0
Switch(config-if)#no switchport mode access
Switch(config-if)#no switchport access vlan 10
```

也可以在全局模式中使用 default 命令将接口恢复成最初的设置：

```
Switch(config)#default interface e0/0
```

7.3.3　设置 TRUNK 链路

如果想在两台交换设备之间的中继链路所连接的接口上将其接口模式配置成 Trunk 接口，Cisco 的交换机可能会支持两种中继的封装方式。例如，对于高版本的 IOS 来说，可能支持 ISL 和 802.1Q 这两种协议，低版本的 IOS 就只能支持 802.1Q 协议。

因此如果是低版本的 IOS，可以使用如下命令来封装 TRUNK 链路：

```
Switch(config)#int e0/1
Switch(config-if)#switchport mode trunk
```

对于高版本的 IOS 来说，默认情况下在配置中继接口之前，首先需要在中继链路中选择使用 ISL 封装还是使用 802.1Q 封装，再使用上面的配置命令，如下：

```
Switch(config-if)#switchport trunk encapsulation ?
  dot1q       Interface uses only 802.1q trunking encapsulation when trunking
  isl         Interface uses only ISL trunking encapsulation when trunking
  negotiate   Device will negotiate trunking encapsulation with peer on interface
Switch(config-if)#switchport trunk encapsulation dot1q
Switch(config-if)#switchport mode trunk
```

现在很少使用 ISL 封装类型了，思科正逐渐放弃 ISL，在此大家对 ISL 内容有所了解即可。在前面讲述 802.1Q 协议时说过，中继接口发送和接收来自所有 VLAN 的信息，并将未标记的帧作为本征 VLAN（默认为 VLAN1）进行转发。然而，如果考虑到安全因素，有时需要修改本征 VLAN，可以使用如下命令：

```
Switch(config-if)#switchport trunk native vlan ?
  <1-4094>   VLAN ID of the native VLAN when this port is in trunking mode
Switch(config-if)#switchport trunk native vlan 99
*Jan 19 00:00:25.433: %CDP-4-NATIVE_VLAN_MISMATCH: Native VLAN mismatch discovered on Ethernet0/1 (99), with Switch2 Ethernet0/1 (1).
```

如果只在中继链路的一端修改了本征 VLAN 的信息，就会出现如上所示的消息“NATIVE_VLAN_ MISMATCH”，意思是在中继链路另一端的中继接口上发现了跟自己的本征 VLAN 不匹配的信息（对面是 VLAN1，自己是 VLAN99）。因此在修改本征 VLAN 时需要注意中继链路两端交换机端口的本征 VLAN 应该一致。

在中继链路中还可以指定允许或拒绝转发 VLAN 的信息，当各个 VLAN 的数据帧被发送到 Switch1 中，可以根据实际情况在 e0/1 接口上配置相应的限制策略，如图 7-8 所示。

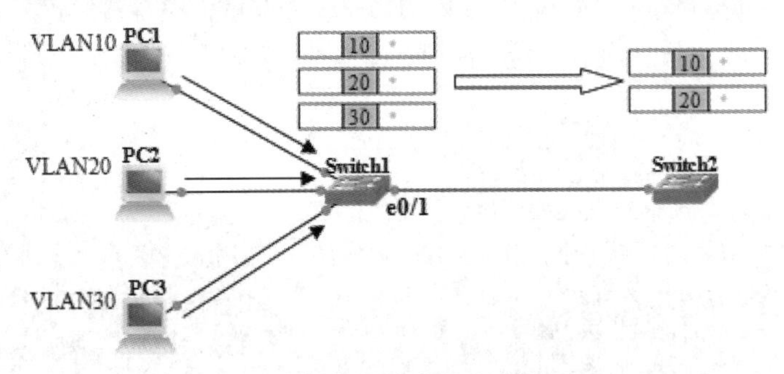

▲图 7-8　限制中继链路上通过的 VLAN

如图 7-8 所示，当 VLAN10、VLAN20 和 VLAN30 的数据发送到交换机 Switch1 时，Switch1 限制了 VLAN30 的数据转发到 Switch2 中，在 Switch1 接口 e0/1 上配置命令如下：

```
Switch1#configure terminal
Switch1(config)#interface e0/1
Switch1(config-if)#switchport trunk allowed vlan ?
  WORD    VLAN IDs of the allowed VLANs when this port is in trunking mode
  add     add VLANs to the current list
  all     all VLANs
```

```
    except      all VLANs except the following
    none        no VLANs
    remove      remove VLANs from the current list
Switch1(config-if)#switchport trunk allowed vlan remove 30
```

限制某些 VLAN 之后，如果想要恢复到默认设置，可以使用如下命令：

```
Switch1(config)#interface e0/1
Switch1(config-if)#switchport trunk allowed vlan all
```

7.3.4　VLAN 配置实例

通过这几章节有关 VLAN 基本配置的学习，接下来我们将围绕图 7-9 完成有关 VLAN 的一系列配置，包括创建 VLAN、更改接口模式、将接口划进相应的 VLAN 和配置 TRUNK 链路。通过这些配置将 PC 划到相应的交换机 VLAN 中，测试 VLAN 之间的通信情况。

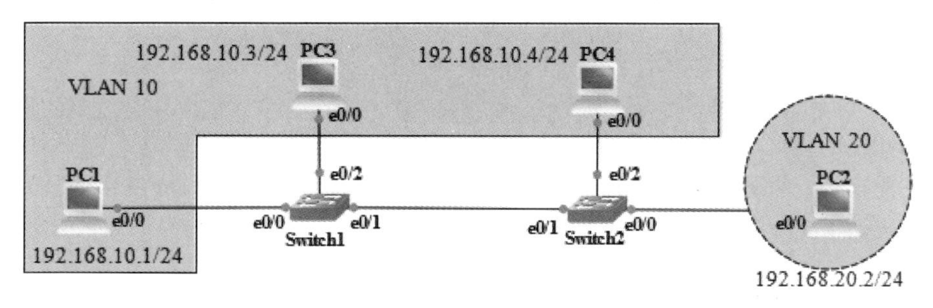

▲图 7-9　VLAN 配置图例

在交换机 Switch1 上创建 VLAN10，在交换机 Switch2 上创建 VLAN10 和 VLAN20，其中将创建的 VLAN10 命名为 Vlan_10，将 VLAN20 命名为 Vlan_20，过程如下：

```
Switch1(config)#vlan 10
Switch1(config-vlan)#name Vlan_10
Switch2(config)#vlan 10
Switch2(config-vlan)#name Vlan_10
Switch2(config-vlan)#vlan 20
Switch2(config-vlan)#name Vlan_20
```

在两台交换机中分别将 PC1、PC3、PC4 这三台设备所连接的接口划入 VLAN10，将 PC2 划入 VLAN20，过程如下：

```
Switch1(config)#interface e0/0
Switch1(config-if)#switchport mode access
Switch1(config-if)#switchport access vlan 10
Switch1(config-if)#exit
Switch1(config)#interface e0/2
Switch1(config-if)#switchport mode access
Switch1(config-if)#switchport access vlan 10
Switch2(config)#interface e0/2
Switch2(config-if)#switchport mode access
Switch2(config-if)#switchport access vlan 10
Switch2(config-if)#exit
Switch2(config)#interface e0/0
Switch2(config-if)#switchport mode access
Switch2(config-if)#switchport access vlan 20
```

（3）配置 TRUNK 链路。

```
Switch1(config)#interface e0/1
Switch1(config-if)#switchport trunk encapsulation dot1q
Switch1(config-if)#switchport mode trunk
Switch2(config)#interface e0/1
Switch2(config-if)#switchport trunk encapsulation dot1q
Switch2(config-if)#switchport mode trunk
```

有关创建 VLAN 和划分 VLAN 的操作就配置完成了，在下一章节我们需要验证 VLAN 间的通信，包括同一交换机和不同交换机之间，还有不同 VLAN 之间是否可以通信。

7.3.5 验证 VLAN 的操作

下面是常用的一些命令，用来验证 VLAN 的配置或排除故障。

- show vlan
- show interfaces *type_interface#* switchport
- show interface trunk

1．show vlan

之前在交换机上的所有 VLAN 配置信息都可以通过 show vlan 命令查看，结合上一节的配置信息，查看结果如下：

```
Switch1#show vlan
VLAN   Name                         Status        Ports
---------- ------------------------------------------- ----------------- -----------------------------
1      default                      active        Et0/3, Et1/0, Et1/1, Et1/2
                                                  Et1/3, Et2/0, Et2/1, Et2/2
                                                  Et2/3, Et3/0, Et3/1, Et3/2
                                                  Et3/3
10     Vlan_10                      active        Et0/0, Et0/2
1002   fddi-default                 act/unsup
1003   token-ring-default           act/unsup
1004   fddinet-default              act/unsup
1005   trnet-default                act/unsup
[output cut]
Switch2#show vlan
VLAN   Name                         Status        Ports
---------- ------------------------------------------- ----------------- -----------------------------
1      default                      active        Et0/3, Et1/0, Et1/1, Et1/2
                                                  Et1/3, Et2/0, Et2/1, Et2/2
                                                  Et2/3, Et3/0, Et3/1, Et3/2
                                                  Et3/3
10     Vlan_10                      active        Et0/2
20     Vlan_20                      active        Et0/0
[output cut]
```

从上面的输出结果可以看到，在 Switch1 中配置的 VLAN10 的信息包含了 PC1 和 PC3 所连接的接口。从 Switch2 中可以看到 VLAN10 和 VLAN20 的信息，以及 VLAN 的成员接口。由 show vlan 延伸出来的命令 show vlan id *vlan_id* 可以查看所有 VLAN 中的某一个 VLAN 的信息，过程如下：

```
Switch1#show vlan id 10
VLAN   Name                         Status        Ports
```

```
---------- ------------------------------------------------- ------------------ -------------------------------
10        Vlan_10                              active    Et0/0, Et0/1, Et0/2
VLAN   Type    SAID     MTU   Parent   RingNo   BridgeNo   Stp    BrdgMode    Trans1    Trans2
-------  -------  --------  -------  --------  ----------  ------------  ------  --------------  ----------  ----------
10        enet    100010  1500   ---       ---         ---         ---      ----          0           0
```

使用命令 show vlan 所显示的信息中关键字段的相关描述，如表 7-1 所示。

▲表 7-1 VLAN 信息的关键字段和描述

关键字段	描述
VLAN	交换机中当前的所有 VLAN 编号
Name	与 VLAN 相对应的 VLAN 名称
Status	当前 VLAN 的状态
Ports	当前 VLAN 中的成员

2. show interfaces *type_interface#* switchport

通过这条命令可以显示交换接口的管理和运行状态，同时这条命令可以显示一个接口是路由还是交换模式，过程如下：

```
Switch1#show interfaces e0/1 switchport
Name: Et0/1
Switchport: Enabled
Administrative Mode: trunk                            ---接口的管理模式为中继模式---
Operational Mode: trunk
Administrative Trunking Encapsulation: dot1q          ---封装为 IEEE 802.1Q 协议---
Operational Trunking Encapsulation: dot1q
Negotiation of Trunking: On
Access Mode VLAN: 1 (default)
Trunking Native Mode VLAN: 1 (default)                ---本征 VLAN 为 1---
Administrative Native VLAN tagging: enabled
Voice VLAN: none
[output cut]
Administrative private-vlan trunk mappings: none
Operational private-vlan: none
Trunking VLANs Enabled: ALL                           ---允许交换机转发的 VLAN---
Pruning VLANs Enabled: 2-1001
Capture Mode Disabled
Capture VLANs Allowed: ALL
Appliance trust: none
```

3. show interface trunk

show interface trunk 命令可以查看中继接口的状态信息，其中包括了这个接口所封装的协议，以及本征 VLAN，还有在这个接口可以转发出去的 VLAN 等。

```
Switch2#show interface trunk
Port        Mode          Encapsulation     Status        Native vlan
Et0/1       on              802.1q          trunking          1

Port        Vlans allowed on trunk
Et0/1       1-4094
```

```
Port        Vlans allowed and active in management domain
Et0/1       1,10,20

Port        Vlans in spanning tree forwarding state and not pruned
Et0/1       1,10,20
```

从输出结果可以知道，Trunk 端口只有一个 E0/1，Vlans allowed on trunk 表示允许在 TRUNK 运行的 VLAN 可以是<1-4094>，Vlans allowed and active in management domain 表示目前在 TRUNK 中有 VLAN1、VLAN10、VLAN20 这 3 个 VLAN，Vlans in spanning tree forwarding state and not pruned 表示在生成树转发状态下 E0/1 接口可以转发的 VLAN。

测试同一 VLAN 中主机之间的网络连通性，过程如下：

```
PC1#ping 192.168.10.3
Type escape sequence to abort.
Sending 5, 100-byte ICMP Echos to 192.168.10.3, timeout is 2 seconds:
!!!!!
Success rate is 100 percent (5/5), round-trip min/avg/max = 1/1/2 ms
PC1#ping 192.168.10.4
Type escape sequence to abort.
Sending 5, 100-byte ICMP Echos to 192.168.10.4, timeout is 2 seconds:
!!!!!
Success rate is 100 percent (5/5), round-trip min/avg/max = 1/1/2 ms
```

PC1 可以 ping 通相同交换机上属于同一 VLAN 的主机，也可以 ping 通不同交换机上属于同一 VLAN 的主机，但是不能 ping 通不同 VLAN 的主机。如果要在不同的 VLAN 之间进行通信，需要借助于路由技术，接下来的章节会介绍到相关知识。

7.4 VLAN 间通信

7.4.1 单臂路由

前面的路由知识已经学过：路由选择是当路由器的一个物理接口收到数据以后，经过处理会从另外一个物理接口转发出去。假如有 10 个 VLAN 之间需要通信，如果按照前面的介绍在交换机和路由器之间就需要使用 10 条链路进行连接，这会造成大量的路由器接口浪费，现在我们已经学习了一个中继接口可以允许多个 VLAN 的数据通过，路由器也有这样类似的功能，只需要在交换机和路由器之间建立一条中继链路就可以实现多个 VLAN 之间的通信。

默认情况下，路由器每个物理接口都属于特定的一个网络或子网。如果想要改变这种状况，允许多个不同的 VLAN 之间可以相互通信，我们需要将路由器的物理接口划分为多个逻辑接口，这些逻辑接口称为子接口。

如图 7-10 所示是一个单臂路由的概念示意图，其中路由器的物理接口 e0/0 可以划分出 3 个逻辑接口：e0/0.10、e0/0.20、e0/0.30，分别为不同的 VLAN 转发流量。

结合图 7-10，我们来学习一下如何在路由器的物理接口上创建子接口，命令如下：

```
R1(config)#interface e0/0.10
R1(config-subif)#
```

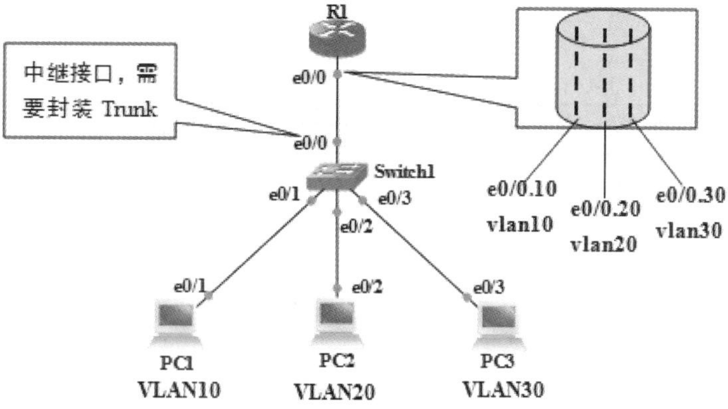

R1
中继接口，需要封装 Trunk
e0/0
e0/0
Switch1
e0/1　e0/2　e0/3
e0/0.10 vlan10　e0/0.20 vlan20　e0/0.30 vlan30
PC1 VLAN10　PC2 VLAN20　PC3 VLAN30

▲图 7-10　单臂路由示意图

在正常输入完 interface e0/0 之后，紧接着输入（.）和子接口号，一旦创建了子接口，就会进入路由器子接口的配置模式，如果让该路由器执行 VLAN 间路由的任务，则必须让该接口支持中继，即在子接口上封装 802.1Q 或 ISL。在路由器的子接口模式下封装中继协议的命令如下所示（以 802.1Q 为例）：

```
R1(config-subif)#encapsulation dot1Q 10        ---10 为 VLAN 编号---
```

使用 encapsulation 命令指定中继的类型和子接口相关联的 VLAN ID 编号，此 VLAN 编号必须跟交换机上相应的 VLAN 号相符，如果 vlan10 是本征 vlan，还需要在上面的指令后面加上 native 参数，即 encapsulation dot1Q 10 native。除此之外，与路由器相连的交换机接口也必须要封装相同的中继协议，这样交换机在向路由器发送标记帧时，可以保证路由器能正常读取该信息。然后路由器根据数据中的 VLAN ID 编号，使与之匹配的路由器子接口处理该数据并做相应的转发。当整个网络中的设备通过 ARP 学习完达到稳定状态之后，PC1 和 PC3 两个 VLAN 之间的通信情况如图 7-11 所示。

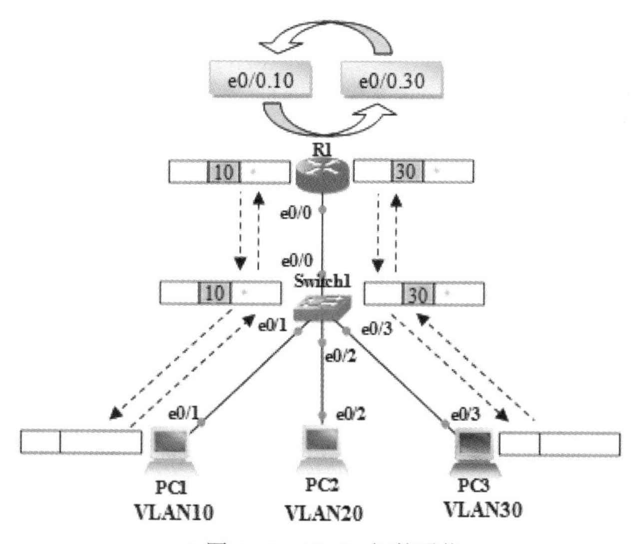

▲图 7-11　VLAN 间的通信

如图 7-11 所示的拓扑可以作为实例进行配置，终端设备 PC1、PC2 和 PC3 分别属于 VLAN10、VLAN20、VLAN30，在路由器的 e0/0 接口划分出 3 个逻辑接口：e0/0.10、e0/0.20、e0/0.30，各个接口的 IP 地址、网关信息如表 7-2 所示。

▲表 7-2　设备接口配置信息

设备	接口	IP 地址	子网掩码	网关
R1	e0/0.10	192.168.10.254	255.255.255.0	----
	e0/0.20	192.168.20.254	255.255.255.0	----
	e0/0.30	192.168.30.254	255.255.255.0	----
PC1	----	192.168.10.1	255.255.255.0	192.168.10.254
PC2	----	192.168.20.1	255.255.255.0	192.168.20.254
PC3	----	192.168.30.1	255.255.255.0	192.168.30.254

（1）在交换机中划分 VLAN 并配置中继。

```
Switch1(config)#vlan 10
Switch1(config-vlan)#name Vlan_10
Switch1(config)#vlan 20
Switch1(config-vlan)#name Vlan_20
Switch1(config)#vlan 30
Switch1(config-vlan)#name Vlan_30
Switch1(config-vlan)#exit
Switch1(config)#interface e0/1
Switch1(config-if)#switchport mode access
Switch1(config-if)#switchport access vlan 10
Switch1(config-if)#exit
Switch1(config)#interface e0/2
Switch1(config-if)#switchport mode access
Switch1(config-if)#switchport access vlan 20
Switch1(config-if)#exit
Switch1(config)#interface e0/3
Switch1(config-if)#switchport mode access
Switch1(config-if)#switchport access vlan 30
Switch1(config-if)#exit
Switch1(config)#interface e0/0
Switch1(config-if)#switchport trunk encapsulation dot1q
Switch1(config-if)#switchport mode trunk
```

（2）配置路由器 R1。

```
R1(config)#interface e0/0
R1(config-if)#no shutdown                          ---切记将主接口打开，否则配置不会生效---
R1(config)#interface e0/0.10
R1(config-subif)#encapsulation dot1Q 10
R1(config-subif)#ip address 192.168.10.254 255.255.255.0
R1(config-subif)#exit
R1(config)#interface e0/0.20
R1(config-subif)#encapsulation dot1Q 20
R1(config-subif)#ip address 192.168.20.254 255.255.255.0
R1(config-subif)#exit
R1(config)#interface e0/0.30
R1(config-subif)#encapsulation dot1Q 30
R1(config-subif)#ip address 192.168.30.254 255.255.255.0
```

（3）ping 测试。

```
PC1#ping 192.168.20.1        ---与 VLAN20 的主机通信---
Type escape sequence to abort.
Sending 5, 100-byte ICMP Echos to 192.168.20.1, timeout is 2 seconds:
!!!!!
Success rate is 100 percent (5/5), round-trip min/avg/max = 1/1/2 ms
PC1#ping 192.168.30.1        ---与 VLAN30 的主机通信---
Type escape sequence to abort.
Sending 5, 100-byte ICMP Echos to 192.168.30.1, timeout is 2 seconds:
!!!!!
Success rate is 100 percent (5/5), round-trip min/avg/max = 1/2/4 ms
```

到此为止，单臂路由的所有配置就完成了，可以使用查看 VLAN 的命令进行其他验证。

注意：interface 后面的子接口（如 e0/0.10 中的 10）不需要跟 VLAN 的 ID 编号进行匹配，它仅代表路由器子接口的唯一标识。

7.4.2　SVI

上一章节讲解了 VLAN 间的通信可以使用单臂路由的方法，这种方法是使用一台路由器来实现的。其实 VLAN 间的通信还可以使用多层交换机来实现，使用多层交换机实现 VLAN 间通信的这种技术称为多层交换机虚拟接口技术。

多层交换机虚拟接口（Switch Virtual Interface，SVI）其实就是在多层交换机中创建一个 VLAN，这个 VLAN 作为一个虚拟接口来使用，也就是通常所说的 VLAN 接口，通过这个接口以便于实现系统中路由和桥接的功能。

如图 7-12 所示是一个使用 SVI 路由的概念示意图，多层交换机的构造大致如此，它分为交换模块和路由模块，两个模块都是使用 ASIC 硬件处理数据，它们之间使用内部链接，可以确保相当大的带宽，因此多层交换机是带有路由功能的交换机。多层交换处理 VLAN 间的路由时，设备之间相连的接口需要封装 TRUNK 协议。

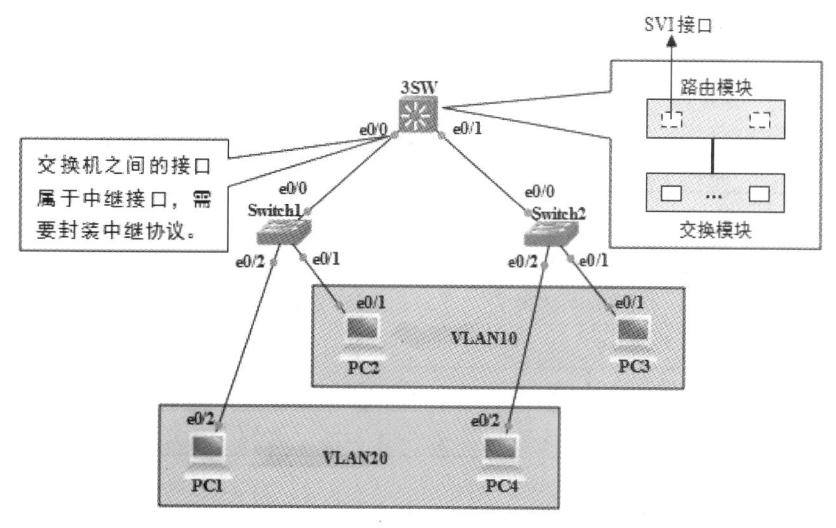

▲图 7-12　SVI 路由概念模型

结合图 7-12 我们来讲解一下如何在多层交换机上创建 SVI 接口，命令如下：

```
3SW(config)#vlan 10
3SW(config-vlan)#name Vlan_10
3SW(config)#interface vlan 10
3SW(config-if)#ip address 192.168.10.254 255.255.255.0
3SW(config-if)#no shutdown
```

如上所示，在创建 SVI 时需要先创建相应的 VLAN，之后进入 VLAN 虚拟接口的配置模式，在此所配置的 IP 地址实际上是每个 VLAN 的网关，最后记得开启 VLAN 接口（默认为关闭状态）。

当整个网络中的设备通过 ARP 学习完达到稳定状态之后，PC1 和 PC3 两个 VLAN 之间的通信情况如图 7-13 所示。

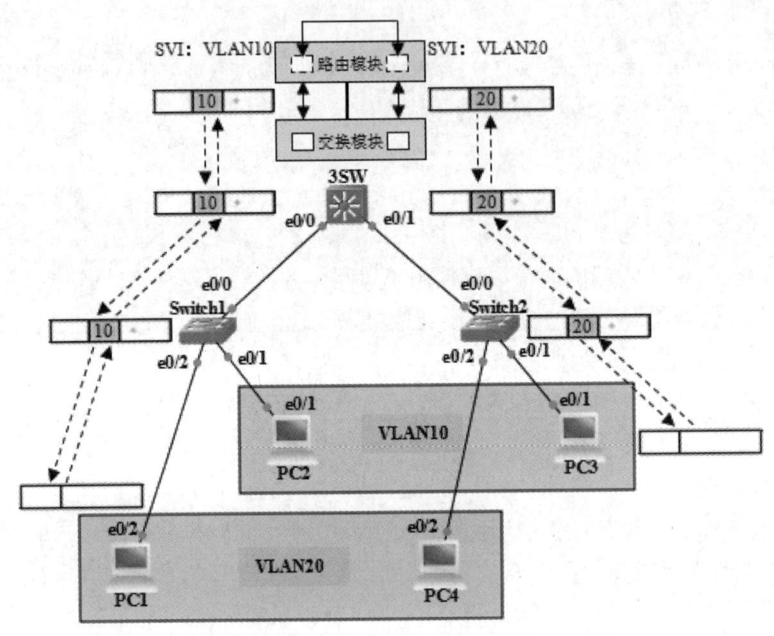

▲图 7-13　SVI 处理 VLAN 间的通信

以图 7-13 为例介绍 SVI 实现 VLAN 间通信的具体配置，在拓扑中 PC1 和 PC4 属于 VLAN20，PC2 和 PC3 属于 VLAN10，三层交换机中有两个 SVI，各个接口配置信息如表 7-3 所示。

▲表 7-3　设备接口配置信息

设备	接口	IP 地址	子网掩码	网关
3SW	vlan10	192.168.10.254	255.255.255.0	----
	vlan20	192.168.20.254	255.255.255.0	----
PC1	----	192.168.20.1	255.255.255.0	192.168.20.254
PC2	----	192.168.10.2	255.255.255.0	192.168.10.254
PC3	----	192.168.10.3	255.255.255.0	192.168.10.254
PC4	----	192.168.20.4	255.255.255.0	192.168.20.254

（1）三层交换机的配置如下：

```
3SW(config)#vlan 10
```

```
3SW(config-vlan)#name Vlan_10
3SW(config)#interface vlan 10
3SW(config-if)#ip address 192.168.10.254 255.255.255.0
3SW(config-if)#no shutdown
3SW(config-if)#exit
3SW(config)#vlan 20
3SW(config-vlan)#name Vlan_20
3SW(config-vlan)#exit
3SW(config)#interface vlan 20
3SW(config-if)#ip address 192.168.20.254 255.255.255.0
3SW(config-if)#no shutdown
```

以上是创建拓扑中的两个 SVI，由于三层交换默认不支持路由功能，所以需要手动开启，命令如下：

```
3SW(config)#ip routing          ---开启路由功能---
```

接下来需要将三层交换和二层交换所连接的接口（e0/0 和 e0/1）封装 Trunk 协议，命令如下：

```
3SW(config)#interface e0/1
3SW(config-if)#switchport trunk encapsulation dot1q
3SW(config-if)#switchport mode trunk
3SW(config-if)#exit
3SW(config)#interface e0/0
3SW(config-if)#switchport trunk encapsulation dot1q
3SW(config-if)#switchport mode trunk
```

（2）在 Switch1 上的配置如下：

```
Switch1(config)#vlan 10
Switch1(config-vlan)#name Vlan_10
Switch1(config-vlan)#exit
Switch1(config)#vlan 20
Switch1(config-vlan)#name Vlan_20
Switch1(config-vlan)#exit
Switch1(config)#interface e0/1
Switch1(config-if)#switchport mode access
Switch1(config-if)#switchport access vlan 10
Switch1(config-if)#exit
Switch1(config)#interface e0/2
Switch1(config-if)#switchport mode access
Switch1(config-if)#switchport access vlan 20
```

划分完 VLAN 之后还需要将接口 e0/0 封装 Trunk 协议，命令如下：

```
Switch1(config)#interface e0/0
Switch1(config-if)#switchport trunk encapsulation dot1q
Switch1(config-if)#switchport mode trunk
```

（3）在 Switch2 上的配置如下：

```
Switch2(config)#vlan 10
Switch2(config-vlan)#name Vlan_10
Switch2(config-vlan)#exit
Switch2(config)#vlan 20
Switch2(config-vlan)#name Vlan_20
Switch2(config-vlan)#exit
Switch2(config)#interface e0/1
```

```
Switch2(config-if)#switchport mode access
Switch2(config-if)#switchport access vlan 10
Switch2(config-if)#exit
Switch2(config)#interface e0/2
Switch2(config-if)#switchport mode access
Switch2(config-if)#switchport access vlan 20
Switch2(config)#interface e0/0
Switch2(config-if)#switchport trunk encapsulation dot1q
Switch2(config-if)#switchport mode trunk
```

（4）测试 VLAN 间的连通性。

```
PC1#ping 192.168.10.2
Type escape sequence to abort.
Sending 5, 100-byte ICMP Echos to 192.168.10.2, timeout is 2 seconds:
.!!!!
PC1#ping 192.168.10.3
Type escape sequence to abort.
Sending 5, 100-byte ICMP Echos to 192.168.10.3, timeout is 2 seconds:
.!!!!
Success rate is 80 percent (4/5), round-trip min/avg/max = 1/1/3 ms
PC1#ping 192.168.20.4
Type escape sequence to abort.
Sending 5, 100-byte ICMP Echos to 192.168.20.4, timeout is 2 seconds:
.!!!!
Success rate is 80 percent (4/5), round-trip min/avg/max = 1/1/2 ms
```

由于设备间是第一次通信，ARP 解析过程会有延迟，所有第一个 ICMP 包的响应超时。通过以上测试可以实现相同或不同交换机上的 VLAN 间的通信。

7.5 VTP

7.5.1 VTP 概述

VLAN 中继协议（VLAN Trunk Protocol，VTP）是运行在中继链路上的一种数据链路层协议，用来同步或共享 VLAN 信息并确保网络中有一致的 VLAN 配置。例如，在网络中有 3 台交换机，我们可以很容易地完成配置。如果网络中有 1000 台以太网交换机，若还是手动地去添加 VLAN 的话，可想而知，管理员的工作量是多么庞大。

基于上述的情况，我们可以采用 VLAN 中继协议（VTP）来大大减少工作量，并且还可以减少由于人为的原因在某些交换机中配置错误的 VLAN 信息。使用 VTP 配置 VLAN，即使想要修改或删除某一个 VLAN 信息，在同一个域内只需要一条命令就能搞定。

如图 7-14 所示是传统配置 VLAN 和使用 VTP 配置 VLAN 的一个对比。使用 VTP 可以将一台交换机配置成 VTP Server，将其余的交换机配置成 VTP Client，那么作为 VTP Client 的交换机会自动学习 VTP Server 交换机上面配置的 VLAN 信息，这样就不需要在每一台交换机上配置相同的 VLAN 信息。对 VTP Server 上 VLAN 的添加、删除、重命名等操作会自动同步到 VTP Client，确保整个网络配置的一致性。

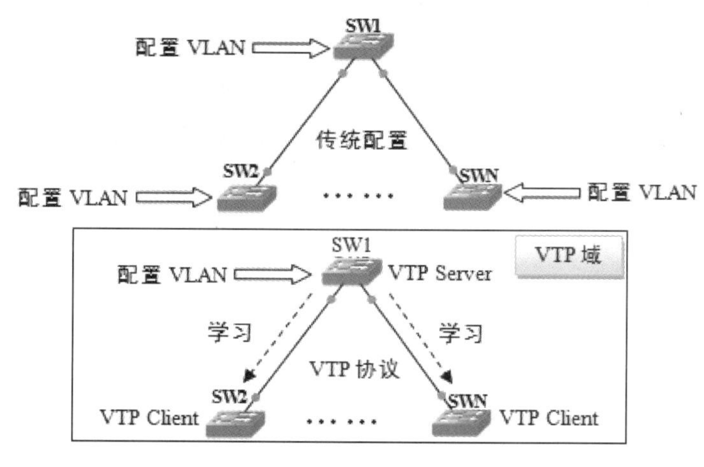

▲图 7-14 传统配置和 VTP 配置的对比

运行 VTP 协议之后，VTP 的消息只能在中继链路中传播，因此需要在交换机之间设置中继，才能共享 VLAN 信息。VTP 使用的是二层组播帧来传递的，因此路由器可以分割 VTP 的消息传递。

VTP 存在域的概念是如果想要 VTP 正常工作，相关的交换机必须处在同一个 VTP 域中。VTP 域和路由选择协议中的域有些类似，VTP 消息也只能在同一个域中传递，在传递的过程中 VTP 消息中会包含域的信息。如果域的信息不匹配，那么交换机将不能共享 VLAN 信息，VTP 域的示意图如图 7-15 所示。

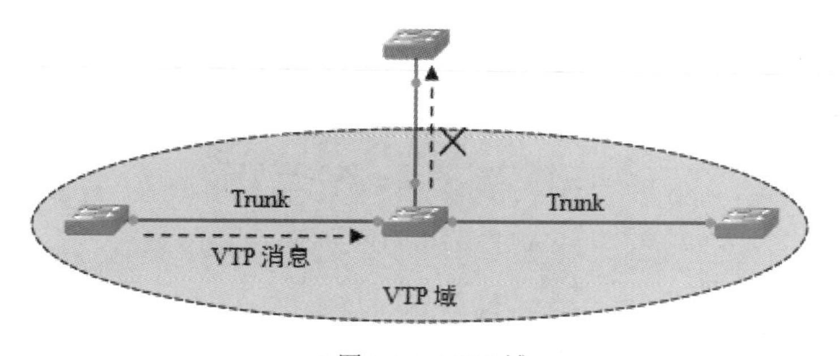

▲图 7-15 VTP 域

7.5.2 VTP 模式

VLAN 中继协议（VTP）可以在交换机中配置以下 3 种模式：

- 服务器模式（Server）
- 客户端模式（Client）
- 透明模式（Transparent）

1. 服务器模式

一般情况下，VTP 的服务器模式是交换机的默认模式。为了将 VLAN 消息传遍整个 VTP 域，至少需要有一台服务器。另外，只有处于服务器模式的交换机才能在 VTP 域中创建、修改、添加和删除 VLAN。在处于服务器模式下的交换机对 VLAN 所做的任何操作，都会被通告给 VTP 域中的每一台交换机。在 VTP 服务器模式下，所有的 VLAN 配置信息都存储在交换机的 NVRAM 中，VTP Server 可以生成 VTP 消息，域名不同时不学习也不转发，如图 7-16 所示。

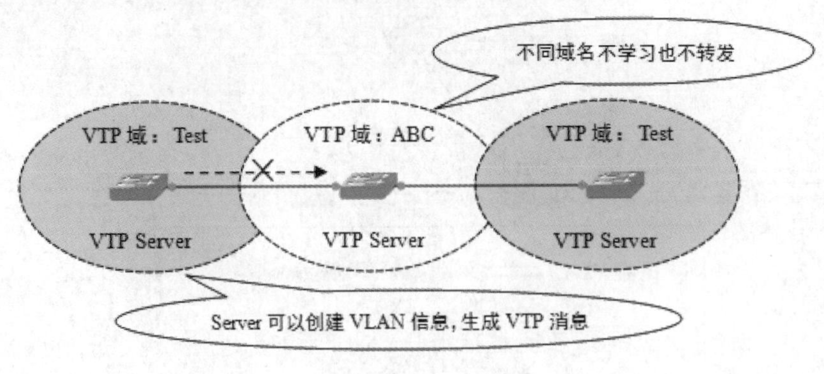

▲图 7-16　VTP Server

2. 客户端模式

客户端模式的交换机可以接收来自 VTP 服务器的信息，也接收并转发更新，但它们不能创建、修改或删除 VLAN 信息，处于客户端模式的交换机只能将其接口加入到已有的 VLAN 中。还需要知道的是，客户端交换机不会将来自 VTP 服务器的 VLAN 信息存储到 NVRAM 中，这一点很重要，它意味着如果交换机重置或重启，VLAN 信息将丢失。处于 VTP 客户端模式的交换机只能接收并转发服务器发送的 VTP 信息，如图 7-17 所示。

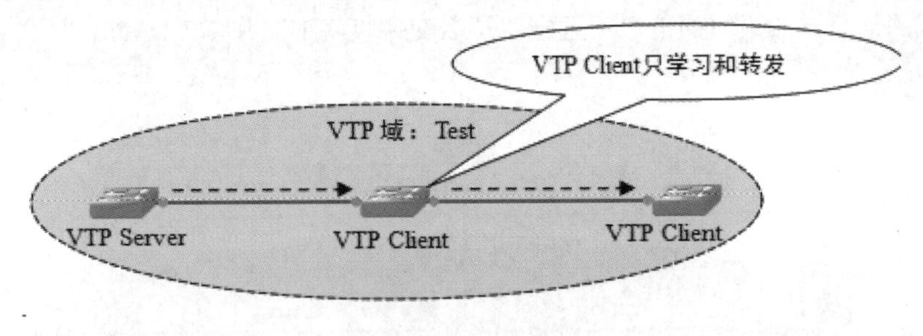

▲图 7-17　VTP Client

3. 透明模式

处于透明模式的交换机不会参与到 VTP 域的活动中，也不会分享其自身创建的 VLAN 数据库信息，而只通过中继链路转发 VTP 通告。它们可以创建、修改和删除本地的 VLAN 信息，因为它们只是保存自己的数据库，并且不会将其通告给其他的交换机。虽然处于透明模式的交换机将其 VLAN 数据库保存到 NVRAM 中，但这种数据库只在本地有意义。设计透明模式的唯一目的是让远程交换机能够通过当前未加入域的交换机获取 VTP 服务器的 VLAN 数据库信息，透明模式的示意图如图 7-18 所示。

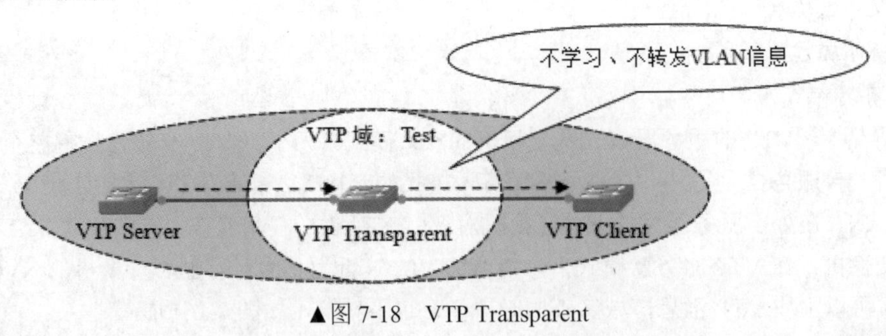

▲图 7-18　VTP Transparent

表 7-4 总结了关于 VTP 三种模式之间的一些区别。

▲表 7-4　三种模式的 VTP 特征

特征	服务器模式	客户端模式	透明模式
是否可以添加、修改、删除 VLAN	是	否	是
是否可以生成 VTP 消息	是	否	否
是否可以传播 VTP 消息	是	是	是
是否可以接收 VTP 消息	是	是	否
是否为默认的 VTP 模式	是	否	否
是否将 VLAN 保存到 NVRAM	是	否	是

7.5.3　配置 VTP

我们已经知道了 VTP 有 3 种模式，分别是服务器模式（Server）、客户端模式（Client）和透明模式（Transparent）。除了这些模式以外，在配置 VTP 的时候还包括其他几个成员，如下：

- 域名（domain）
- 模式（mode）
- 密码（password）

VTP 的域名定义了交换机所处的域环境，为了让交换机可以共享 VTP 信息，它们必须在相同的域中，如果忘记配置域的相关信息，那么交换机就会从服务器发出的通告中去学习。我们可以使用相关命令定义 VTP 的模式，如果没有配置 VTP 的信息，默认为服务器模式。另外，在配置 VTP 信息的时候，可以为它配置密码，VTP 的密码和消息通过 MD5 创建散列签名。在同一个域中的密码必须完全匹配，因为交换机会使用密码来验证来自其他交换机的 VTP 的消息，如果 VTP 消息中密码的散列值不相同，那么交换机会忽略该消息。

基于上述的几个成员，我们来介绍一下具体的 VTP 配置命令，命令如下：

```
Switch(config)#vtp domain [VTP_domain_name]
Switch(config)#vtp mode [server/client/transparent]
Switch(config)#vtp password [VTP_password]
```

通过以上三个命令就可以配置 VTP 的域名、模式和密码，下面我们通过一个简单的实例来练习一下 VTP 的配置过程，配置实例如图 7-19 所示。这 5 台交换机都属于名为 Cisco 的域中，VTP 域的密码预设为 Cisco123，其中交换机 SW1 为 VTP Server，交换机 SW2 为 VTP Transparent，交换机 SW3、SW4、SW5 均为 VTP Client。具体配置如下：

（1）交换机 SW1 的配置如下：

```
SW1(config)#vtp mode server
Device mode already VTP Server for VLANs.          ---提示：VTP 的模式配置为 Server---
SW1(config)#vtp domain Cisco
Changing VTP domain name from NULL to Cisco        ---提示：域名由空设置为 Cisco---
SW1(config)#vtp password Cisco123
Setting device VTP password to Cisco123            ---提示：将 VTP 的密码设置成 Cisco123---
SW1(config)#interface e0/0
SW1(config-if)#switchport trunk encapsulation dot1q   ---封装中继协议---
SW1(config-if)#switchport mode trunk
```

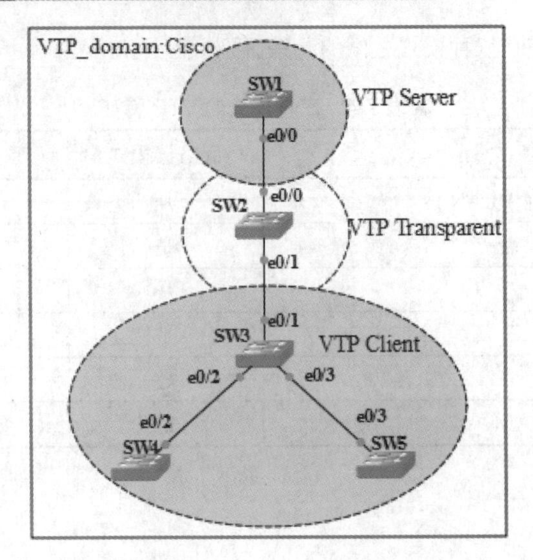

▲图 7-19 VTP 配置实例

（2）交换机 SW2 的配置如下：

```
SW2(config)#vtp mode transparent
Setting device to VTP Transparent mode for VLANs.
SW2(config)#vtp domain Cisco
Changing VTP domain name from NULL to Cisco
SW2(config)#vtp password Cisco123
Setting device VTP password to Cisco123
SW2(config)#interface range e0/0 - 1
SW2(config-if)#switchport trunk encapsulation dot1q
SW2(config-if)#switchport mode trunk
```

（3）交换机 SW3 的配置如下：

```
SW3(config)#vtp mode client
Setting device to VTP Client mode for VLANs.
SW3(config)#vtp domain Cisco
Domain name already set to Cisco.   ---在配置该交换机前，已经从 Server 上学习到了---
SW3(config)#vtp password Cisco123
Setting device VTP password to Cisco123
SW3(config)#interface range e0/1 - 3
SW3(config-if)#switchport trunk encapsulation dot1q
SW3(config-if)#switchport mode trunk
```

（4）交换机 SW4 和 SW5 的配置如下：

```
SW4#conf t
SW4(config)#vtp mode client
SW4(config)#vtp domain Cisco
SW4(config)#vtp password Cisco123
SW4(config)#int e0/2
SW4(config-if)#switchport trunk encapsulation dot1q
SW4(config-if)#switchport mode trunk
SW5(config)#vtp mode client
SW5(config)#vtp domain Cisco
SW5(config)#vtp password Cisco123
```

```
SW5(config)#int e0/3
SW5(config-if)#switchport trunk encapsulation dot1q
SW5(config-if)#switchport mode trunk
```

到此为止，所有 VTP 的配置就完成了，下一节会介绍如何查看 VTP 的信息，以及在 VTP Server 创建 VLAN 后其他设备的学习情况。

注意：在配置任何密码时，空格也会被计算到密码组合中，密码末位谨慎使用空格，并且要注意大小写一致，以免排错比较困难。

7.5.4 验证 VTP

上一节完成了一个 VTP 的简单实例，在验证 VTP 的配置结果时常用的一些验证命令如下：

- show vtp status
- show vtp counters
- show vlan

1. show vtp status

使用命令 show vtp status 可以查看当前配置的 VTP 信息，结合上一节中的配置情况，我们进行如下验证（不同版本的 IOS 可能显示的结果不尽相同）：

```
SW1#show vtp status
VTP Version Capable                 : 1 to 3
VTP Version Running                 : 1
VTP Domain Name                     : Cisco
VTP Pruning Mode                    : Disabled
VTP Traps Generation                : Disabled
Device ID                           : aabb.cc00.0700
[output cut]
Feature VLAN:
--------------------------------------------------------------
VTP Operating Mode                  : Server
Maximum VLANs supported locally     : 1005
Number of existing VLANs            : 5
Configuration Revision              : 0
MD5 digest                          : 0x35 0x72 0xC1 0xAA 0xC6 0xC6 0xDD 0x73
                                      0x94 0x02 0x62 0x9C 0xAE 0xE8 0x3A 0xB9
```

从 SW1 的输出结果来分析一下各行的含义，如表 7-5 所示。

▲表 7-5　VTP 配置实例

关键字段	描述
VTP Version Capable	可以支持的版本
VTP Version Running	当前运行的版本
VTP Domain Name	VTP 域名
VTP Pruning Mode	VTP 修剪是否启用
VTP Traps Generation	主要用来为 SNMP 服务器发送消息，默认没有开启

续表

关键字段	描述
Device ID	设备标识
VTP Operating Mode	VTP 模式
Maximum VLANs supported locally	本地最大支持的 VLAN 数量
Number of existing VLANs	当前存在的 VLAN 数量
Configuration Revision	版本修正号，VLAN 信息改变时，修正号自动加 1
MD5 digest	VTP 计算出的散列值，随着 VLAN 信息的改变而改变

2. show vtp counters

使用命令 show vtp counters 可以查看 VTP 的消息和 VTP 的统计数据，验证如下：

```
SW1#show vtp counters
VTP statistics:
Summary advertisements received      : 7     ---接收汇总通告的数量---
Subset advertisements received       : 0     ---接收子集通告的数量---
Request advertisements received      : 1     ---接收查询通告的数量---
Summary advertisements transmitted   : 8     ---发送出去的汇总通告的数量---
Subset advertisements transmitted    : 2     ---发送出去的子集通告的数量---
Request advertisements transmitted   : 0     ---发送出去的查询通告的数量---
Number of config revision errors     : 0
Number of config digest errors       : 1
Number of V1 summary errors          : 0
[output cut]
```

VTP 的通告有以下 3 种类型：

- 汇总通告（Summary Advertisements）：汇总通告包括 VTP 域名、配置修正号以及配置的一些细节。汇总通告有两种发送方式：周期性发送，每隔 5 分钟被 VTP Server 或 VTP Client 发送；触发发送，如果 VTP 配置发生变化，VTP 通告立即发送。
- 子集通告（Subset Advertisements）：在创建或删除 VLAN、挂起或激活 VLAN、更改 VLAN 名称等操作时会发送子集通告。
- 查询通告（Request Advertisements）：当 VTP 服务器收到一个查询通告时，会发送一个 VTP 汇总通告和一个 VTP 子集通告。当 VTP 域名发生变化时，交换机收到一个汇总通告，通告中的配置修正号高于本交换机的配置修正号，或者因为某些原因子集通告丢失、交换机重启，这些情况会发送查询通告。

3. show vlan

VTP 的目的是方便管理 VLAN，在验证 VTP 客户端是否可以学习到 VTP 服务器上创建的 VLAN 之前，我们先在 VTP 服务器上创建一个信息的 VLAN 如下所示：

```
SW1(config)#vlan 100
SW1(config-vlan)#name Test
```

（1）查看处于透明模式的交换机是否学习到该信息。

```
SW2#show vlan brief
VLAN  Name                                  Status     Ports
---------- ---------------------------------------------- ------------------ ------------------------------
1     default                               active     Et0/2, Et0/3, Et1/0, Et1/1
```

```
                                                          Et1/2, Et1/3, Et2/0, Et2/1
                                                          Et2/2, Et2/3, Et3/0, Et3/1
                                                          Et3/2, Et3/3
1002    fddi-default                           act/unsup
1003    token-ring-default                     act/unsup
1004    fddinet-default                        act/unsup
1005    trnet-default                          act/unsup
```

（2）查看处于客户端模式的交换机是否学习到该信息。

```
SW3#show vlan brief
VLAN    Name                                   Status        Ports
---------- ---------------------------------------- -------------- ----------------------------
1       default                                active        Et0/0, Et1/0, Et1/1, Et1/2
                                                             Et1/3, Et2/0, Et2/1, Et2/2
                                                             Et2/3, Et3/0, Et3/1, Et3/2
                                                             Et3/3
100     Test                                   active        ---学习到该 VLAN 信息---
1002    fddi-default                           act/unsup
1003    token-ring-default                     act/unsup
1004    fddinet-default                        act/unsup
1005    trnet-default                          act/unsup
```

（3）再看看对于跨越 VTP 客户端的 SW4 是否可以从 SW3 学习到 VLAN 信息。

```
SW4#show vlan brief
VLAN    Name                                   Status        Ports
---------- ---------------------------------------- -------------- ----------------------------
1       default                                active        Et0/0, Et0/1, Et0/3, Et1/0
                                                             Et1/1, Et1/2, Et1/3, Et2/0
                                                             Et2/1, Et2/2, Et2/3, Et3/0
                                                             Et3/1, Et3/2, Et3/3
100     Test                                   active      ---学习到该 VLAN 信息---
1002    fddi-default                           act/unsup
1003    token-ring-default                     act/unsup
1004    fddinet-default                        act/unsup
1005    trnet-default                          act/unsup
```

通过查看 SW4 的 VLAN 信息，我们可以知道对于 VTP 客户端来说，它可以对 VTP 消息进行转发。

7.5.5 VTP 常见问题

在配置 VTP 的过程中可能会出现以下几种问题，针对如下情况我们以两个实例进行说明：

- VTP 客户端的修正号大于 VTP 服务器的修正号
- md5 digest checksum mismatch

VTP 信息中的 Configuration Revision 就是修正号，当每次创建和删除 VLAN 时，修正号就加 1。如果 VTP Client 的修正号大于 VTP Server 的修正号，那么将导致 VTP 反向学习 VLAN 的信息，也就是 Server 端会反过来向 Client 端学习。下面通过一个例子来解释这种现象和解决方法：之前有两台交换机 SW1 和 SW2，它们的 VTP 信息如图 7-20 所示，其中 SW1 为 VTP Server，SW2 为

VTP Client，并且当前的修正号信息都为 10。此时为了拓展网络拓扑，又新加入了一台交换机 SW3，其 VTP 信息如图 7-20 所示，但是当前的修正号信息为 11。

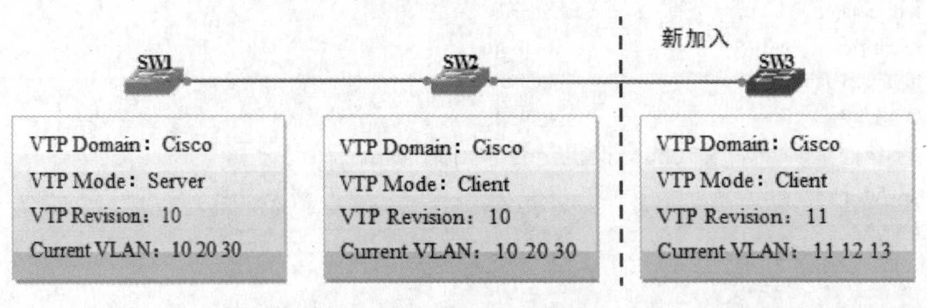

▲图 7-20　VTP 常见问题（1）

由于新加入的 SW3 版本修正号高于其他两台设备，因此其 VLAN 信息将会被覆盖，如图 7-21 所示。可想而知，在不知情的情况下会对 VLAN 信息造成不可挽回的后果。

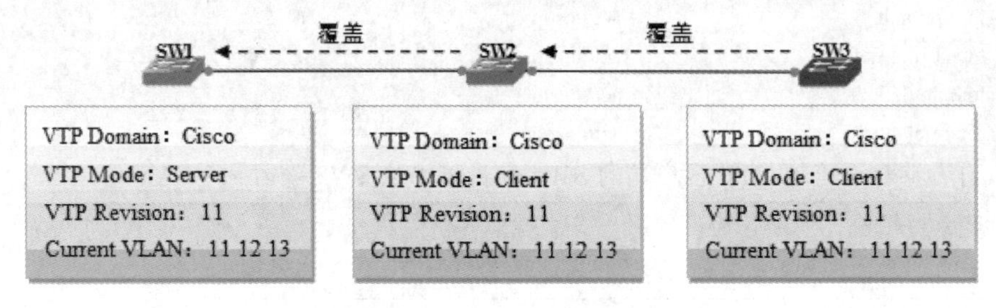

▲图 7-21　VTP 常见问题（2）

针对上述情况，如果想在原有的网络拓扑上加入新的交换机，一定要检查其 VTP 信息，最好将 VTP 的版本修正号更改为 0 再加入当前域，修改方法有两种：一种是将其配置为透明模式；另一种是修改 VTP 的域名，再重新加入当前域中。

如果在配置 VTP 时出现“md5 digest checksum mismatch”信息，这是由于 VTP 协议会根据 VTP 的信息计算出一个散列值，散列值不相同就会出现这个提示，可能会造成 VLAN 间的信息不能同步，如图 7-22 所示。

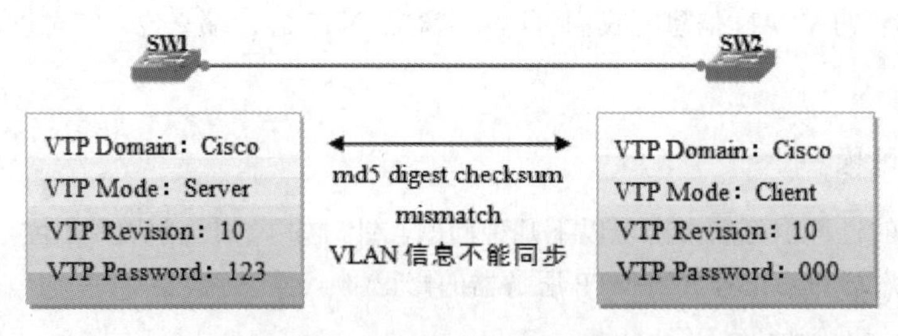

▲图 7-22　VTP 常见问题（3）

在出现此信息之后，需要及时排查 VTP 的配置信息，更正错误配置，以免影响 VTP 客户端的同步。

7.6 链路聚合

7.6.1 EtherChannel 概述

EtherChannel（以太通道）是由 Cisco 研发的应用于交换机之间的多链路捆绑技术。它的基本原理是将两个设备间多条相同特性的快速以太或千兆位以太物理链路捆绑在一起，组成一条逻辑链路，从而达到带宽倍增的目的。除了增加带宽外，EtherChannel 还可以在多条链路上均衡地分配流量，起到负载均衡的作用。当一条或多条链路故障时，只要还有一条可以正常通信的链路，那么所有的流量将转移到这条链路上，整个过程在几毫秒内完成，从而起到冗余的作用，增强了网络的稳定性和安全性。

如图 7-23 所示是一个应用 EtherChannel 的概念模型，其中两个三层交换之间使用两条链路进行聚合。Cisco 的交换机不仅可以支持第二层 EtherChannel，还可以支持第三层 EtherChannel。

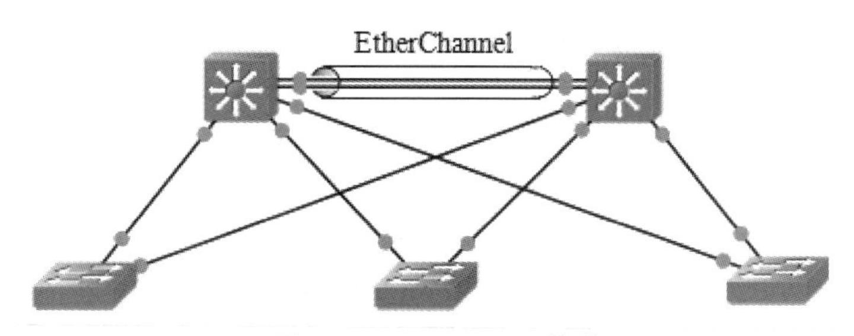

▲图 7-23　EtherChannel 模型

1. 负载

在 EtherChannel 中，负载在各个链路上的分布可以根据源 IP 地址、目的 IP 地址、源 MAC 地址、目的 MAC 地址、源 IP 地址和目的 IP 地址组合，以及源 MAC 地址和目的 MAC 地址组合等来进行分布。

2. 配置方式

两台交换机之间是否形成 EtherChannel 可以是手动配置，也可以用协议自动协商，目前有两个协商协议：PAgP 和 LACP。这两个协议会在下一节介绍。

EtherChannel 有如下几个优点：

- 提供冗余：如果聚合的某条链路出现故障，可以使用其他链路进行传输。
- 增加带宽：可以使用聚合的所有链路同时传输数据。
- 简化管理：在逻辑接口上进行配置可以简化操作。

EtherChannel 的所有接口必须以同样的方式配置，包括速度、双工模式、同一 VLAN。另外，EtherChannel 最多支持 8 个接口绑定在一起，如果接口速率为 100Mbps，汇聚后可达 800Mbit/s；如果接口速率为 1000Mbps，汇聚后可达 8Gbit/s。二层聚合和三层聚合的区别在于聚合链路中是否支持 IP 地址的配置。

7.6.2 PAgP 和 LACP 协议

端口聚合协议（Port Aggregation Protocol，PAgP）是 Cisco 私有的协议，而链路聚合控制协议

（Link Aggregation Control Protocol，LACP）是基于 IEEE 802.3ad 的国际标准的协议。

1．PAgP 协议

PAgP 可以用来自动创建快速 EtherChannel 链路。在使用 PAgP 配置 EtherChannel 链路时，PAgP 数据包就会在启用了 EtherChannel 的端口之间发送，以此来协商建立起这条通道。在 PAgP 识别出匹配的以太网链路之后，它就会将这些聚合的链路放入一个 EtherChannel 组中。

PAgP 可以检测两端的配置并确保这些配置是兼容的，通过这种方式，PAgP 就能够建立起 EtherChannel 链路，这些配置包括端口速率、双工模式、本征 VLAN 等。并且能够让符合条件的端口自动加入到 PortChannel，然后让故障的端口剥离 PortChannel，而不影响 EtherChannel 口的正常工作。PAgP 数据包每 30 秒发送一次，PAgP 会通过这些数据包来查看两端的配置是否一致，并以此管理交换机两端添加链路及链路失效的问题。

2．LACP 协议

在某端口启用 LACP 协议后，该端口将通过发送 LACPDU（Link Aggregation Control Protocol Data Unit）向对端通告自己的系统优先级、系统 MAC 地址、端口优先级、端口号和操作 Key。对端接收到这些信息后，将这些信息与其他端口所保存的信息进行比较，从而选择能够汇聚的端口，双方也可以对端口加入或退出某个动态汇聚组达成一致。

操作 Key 是在端口汇聚时 LACP 协议根据端口的配置（即速率、双工、基本配置、管理 Key）生成的一个配置组合。动态汇聚端口在启用 LACP 协议后，其管理 Key 默认为 0。静态汇聚端口在启用 LACP 协议后，端口的管理 Key 与汇聚组 ID 相同。对于动态汇聚组而言，同组成员一定有相同的操作 Key，而手工和静态汇聚组中，处于 Active 的端口具有相同的操作 Key。端口汇聚是将多个端口汇聚在一起形成一个汇聚组，以实现出入负荷在汇聚组各个成员端口中的分担，同时也提供了更高的连接可靠性。

7.6.3 使用 EtherChannel 配置链路聚合

每种实现 EtherChannel 的协议都有自己的协商模式，其中手动配置方式模式为 on；自动配置方式有 PAgP 的两种模式和 LACP 的两种协商模式。通过表 7-6 们来了解一下手动配置方式、PAgP 和 LACP 各自的特点。

▲表 7-6 EtherChannel 的协商模式

模式	协议	描述
auto	PAgP	被动监听来自 desirable 模式的 PAgP 请求
desirable	PAgP	产生 PAgP 查询，以此来建立 EtherChannel
on	手动	强制和对端建立 EtherChannel，而不用经过 PAgP 进行协商
active	LACP	主动向对端发送 LACPDU 报文进行 LACP 协议的计算
passive	LACP	被动监听 LACP 消息，便于和 Active 端口建立 EtherChannel

在使用强制 on 生成端口聚合组时，EtherChannel 的两端都必须为 on 模式。由于汇聚是手工配置触发的，如果端口的 VLAN 信息不一致导致汇聚失败，汇聚组会一直停留在没有汇聚的状态，直到 VLAN 信息都一致后，通过向该 group 组增加和删除端口来触发端口再次汇聚，端口才能汇聚成功。

动态协商有两种协议，每种协议有两种模式。在使用 PAgP 配置 EtherChannel 时，如果 EtherChannel 的一端模式配置为 desirable，另一端就只能是 desirable 或 auto 模式。使用 LACP 配置 EtherChannel 时，只有一种方法，那就是一端使用 active，另一端使用 passive 模式。

针对这 5 种模式的配置命令如下（EtherChannel 命令组合如下，首先需要进入所有聚合接口的配置模式）：

如果想把端口配置为 on：

```
Switch(config-if-range)#channel-group 1 mode on
```

如果想把端口配置为 PAgP 的 desirable：

```
Switch (config-if-range)#channel-protocol pagp
Switch (config-if-range)#channel-group 1 mode desirable
```

如果想把端口配置为 PAgP 的 auto：

```
Switch (config-if-range)#channel-protocol pagp
Switch (config-if-range)#channel-group 1 mode auto
```

如果想把端口配置为 LACP 的 active：

```
Switch (config-if-range)#channel-protocol lacp
Switch (config-if-range)#channel-group 1 mode active
```

如果想把端口配置为 LACP 的 passive：

```
Switch (config-if-range)#channel-protocol lacp
Switch (config-if-range)#channel-group 1 mode passive
```

除了上述的命令外，还可以手动选择负载均衡的模式，链路聚合隧道中的负载均衡模式有 6 种，如下：

```
SW1(config)#port-channel load-balance ?
  dst-ip          Dst IP Addr                 ---基于目的 IP---
  dst-mac         Dst Mac Addr                ---基于目的 MAC---
  src-dst-ip      Src XOR Dst IP Addr         ---基于源或目的 IP---
  src-dst-mac     Src XOR Dst Mac Addr        ---基于源或目的 MAC---
  src-ip          Src IP Addr                 ---基于源 IP---
  src-mac         Src Mac Addr                ---基于源 MAC，默认交换机选择基于源 MAC---
SW1(config)#port-channel load-balance src-dst-mac
```

如图 7-24 所示的拓扑通过配置 SW1、SW2 和 SW3 来实现交换机之间的链路聚合，EtherChannel 两端使用的模式如图所示。

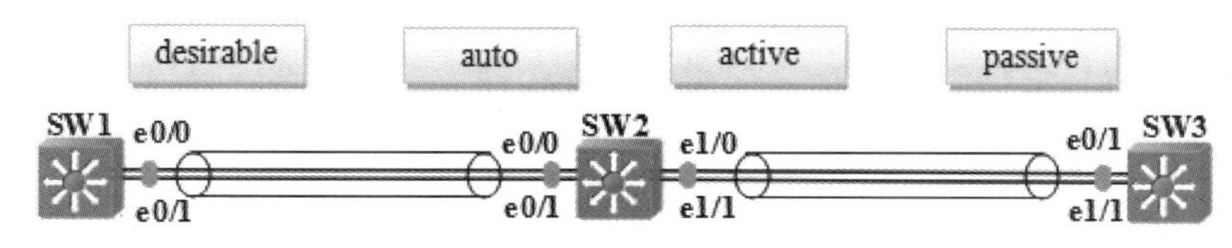

▲图 7-24　EtherChannel 实例

（1）交换机 SW1 的配置如下：

```
SW1(config)#interface range e0/0 - 1
SW1(config-if-range)#switchport trunk encapsulation dot1q        ---封装 Trunk---
SW1(config-if-range)#switchport mode trunk
SW1(config-if-range)#channel-protocol pagp
SW1(config-if-range)#channel-group 1 mode desirable
Creating a port-channel interface Port-channel 1                 ---提示创建了一个隧道---
```

```
SW1(config)#port-channel load-balance src-dst-mac         ---负载基于源或目的 MAC---
```

（2）交换机 SW2 的配置如下：

```
SW2(config)#interface range e0/0 - 1
SW2(config-if-range)#switchport trunk encapsulation dot1q
SW2(config-if-range)#switchport mode trunk
SW2(config-if-range)#channel-protocol pagp
SW2(config-if-range)#channel-group 1 mode auto
Creating a port-channel interface Port-channel 1
SW2(config)#interface range e1/0 – 1
SW2(config-if-range)#switchport trunk encapsulation dot1q
SW2(config-if-range)#switchport mode trunk
SW2(config-if-range)#channel-protocol lacp
SW2(config-if-range)#channel-group 2 mode active
Creating a port-channel interface Port-channel 2
SW2(config)#port-channel load-balance src-dst-mac
```

（3）交换机 SW3 的配置如下：

```
SW3(config)#interface range e1/0 – 1
SW3(config-if-range)#switchport trunk encapsulation dot1q
SW3(config-if-range)#switchport mode trunk
SW3(config-if-range)#channel-protocol lacp
SW3(config-if-range)#channel-group 2 mode passive
Creating a port-channel interface Port-channel 2
SW3(config)#port-channel load-balance src-dst-mac
```

7.6.4 验证 EtherChannel

根据上一章节的配置，我们结合拓扑来查看一下 EtherChannel 的配置情况，可以使用如下命令：

- show etherchannel summary
- show etherchannel load-balance
- show etherchannel protocol

1．show etherchannel summary

使用 show etherchannel summary 命令可以查看 EtherChannel 的基本信息，下面以 SW2 上的聚合情况为例。

```
SW2#show etherchannel summary
[output cut]
Number of channel-groups in use: 2
Number of aggregators: 2

Group    Port-channel    Protocol      Ports
------------+---------------------+----------------+---------------------------------------------
1        Po1(SU) PAgP    Et0/0(P)      Et0/1(P)
2        Po2(SU) LACP    Et1/0(P)      Et1/1(P)
```

从 SW2 的查看结果上看，当前已经创建的隧道数量为 2 个，链路聚合的数量为 2 个，Group 对应的是 EtherChannel 的组号，Port-channel 对应的 Po1（SU）表示当前 EtherChannel 为正常状态，如果为（SD）表示不正常，Protocol 表示当前使用的是哪种协议，Port 则表示 EtherChannel 中包含哪些接口。

2. show etherchannel load-balance

这条命令可以查看当前 EtherChannel 的负载均衡方式，同样以 SW2 为例：

```
SW2#show etherchannel load-balance
EtherChannel Load-Balancing Configuration:
        src-dst-mac
EtherChannel Load-Balancing Addresses Used Per-Protocol:
Non-IP: Source XOR Destination MAC address
  IPv4: Source XOR Destination IP address
  IPv6: Source XOR Destination IP address
```

由于配置了基于源或目的 MAC 的负载均衡方式，所以在此显示的是 src-dst-mac。

3. show etherchannel protocol

这条命令可以直接查看当前交换机中的 EtherChannel 使用的是哪种类型的协议。

```
SW1#show etherchannel protocol
                Channel-group listing:
                -----------------------------------
Group: 1
----------------
Protocol:   PAgP
SW2# show etherchannel protocol
                Channel-group listing:
                -----------------------------------
Group: 1
----------------
Protocol:   PAgP
Group: 2
----------------
Protocol:   LACP
```

在 SW1 中只有一个聚合链路分组 Channel-group 1，显示其使用的协议为 PAgP。在 SW2 中有两个聚合链路分组：Group 1 和 Group 2，Group 1 使用的是 PAgP，Group 2 使用的是 LACP。

7.7 私有 VLAN

1. VLAN 的局限性

随着网络的迅速发展，用户对于网络数据通信的安全性提出了更高的要求，如防范黑客攻击、控制病毒传播等，都要求保证网络用户通信的相对安全性。传统的解决方法是给每个客户分配一个 VLAN 和相关的 IP 子网，通过使用 VLAN，每个客户从第 2 层被隔离开，可以防止任何恶意的行为和 Ethernet 的信息探听。然而，这种分配每个客户单一 VLAN 和 IP 子网的模型造成了巨大的可扩展方面的局限。这些局限主要体现在以下几个方面：

- VLAN 的限制：交换机固有的 VLAN 数目的限制。
- 复杂的 STP：与每个 VLAN 相关的 Spanning Tree 都需要管理。
- IP 地址的紧缺：普通 VLAN 占用大量 IP 资源，私有 VLAN 节省子网。
- 路由的限制：每个子网都需要相应的默认网关的配置。

2. 私有 VLAN 的应用

私有 VLAN（PVLAN）的应用对于保证接入网络的数据通信的安全性是非常有效的，用户只需要与自己的默认网关连接，一个 PVLAN 不需要多个 VLAN 和 IP 子网就能提供具备二层数据通信安全性的连接，所有的用户都接入 PVLAN，从而实现了所有的用户与默认网关的连接，而与 PVLAN 内的其他用户没有任何访问。PVLAN 功能可以使同一个 VLAN 中的各个端口相互之间不能通信，但可以穿过 Trunk 端口。这样即使同一 VLAN 中的用户相互之间也不会受到广播的影响。

7.7.1 私有 VLAN 概述

私有 VLAN（Private VLAN，PVLAN）可以理解为使用了两层 VLAN 隔离的技术，在这两层中只有上层 VLAN 全局可见，下层 VLAN 相互隔离。如果将交换机的每个接口划为一个下层 VLAN，那么所有接口都会相互隔离。PVLAN 通常用于 ISP 主机托管、小区宽带等业务，用来防止连接到某些接口或接口组的网络设备之间的相互通信，但却允许它们之间通过默认网关进行通信。虽然各个设备被划分到不同的 PVLAN 中，但是它们可以使用相同的 IP 子网。

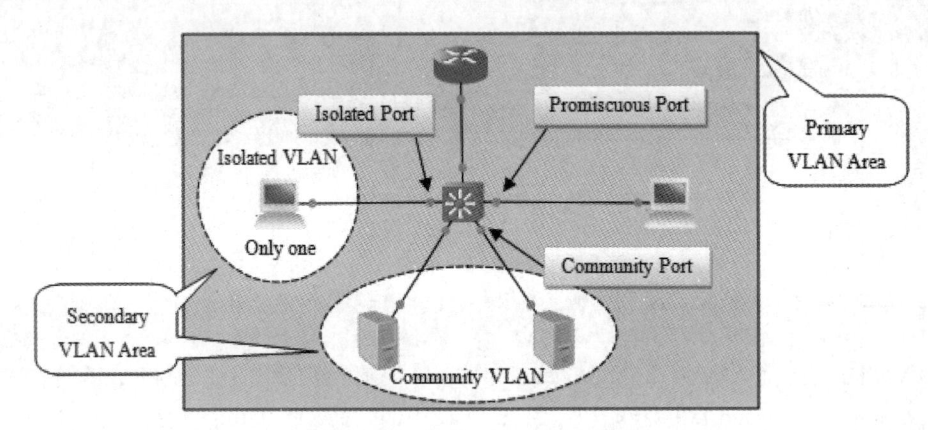

▲图 7-25　私有 VLAN 概念模型

如图 7-25 所示，该图例是一个私有 VLAN 的概念模型，整个拓扑中分为主 VLAN 区域（Primary VLAN）和辅助 VLAN 区域（Secondary VLAN），其中辅助 VLAN 又可以称为子 VLAN。

在私有 VLAN 中，一个主 VLAN 可以划分为多个辅助 VLAN，辅助 VLAN 可以是隔离（Isolated）VLAN，也可以是团体（Community）VLAN。除了这些 VLAN 以外，私有 VLAN 区域中存在三种类型的端口如下，其中隔离端口和团体端口统称为主机端口：

- 隔离端口（Isolated Port）：用于连接隔离 VLAN 中的主机设备，它们之间不能直接通信。
- 团体端口（Community Port）：用于连接团体 VLAN 中的主机设备，同一团体 VLAN 的主机之间可以直接通信，不同团体 VLAN 的主机之间不能直接通信。
- 混杂端口（Promiscuous Port）：用于连接网关和公共服务器，这些接口只属于主 VLAN，能和所有类型的接口直接通信。

如图 7-26 所示是一个 PVLAN 应用的模型，其中 DNS、Web 和 SMTP 位于 DMZ 区域（DMZ 为非军事化区域，是非安全系统与安全系统之间的缓冲区）。DNS 之间允许通信，并且可以跟路由器通信。而 Web 服务器和 SMTP 服务器只允许和路由器通信。

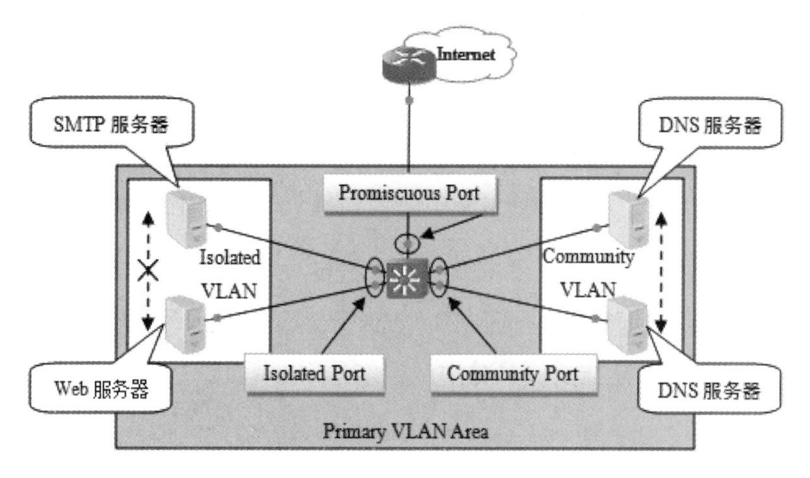

▲图 7-26　PVLAN 应用实例

对于私有 VLAN 来说，它也可以跨越交换机，并且私有 VLAN 可以使用传统的 802.1Q TRUNK 链路进行传输。如图 7-27 所示为 PVLAN 跨越交换机的概念模型，其中主 VLAN 为 VLAN 100，辅助 VLAN 分别是 VLAN 201 和 VLAN 202，两台交换机之间可以使用中继链路封装。

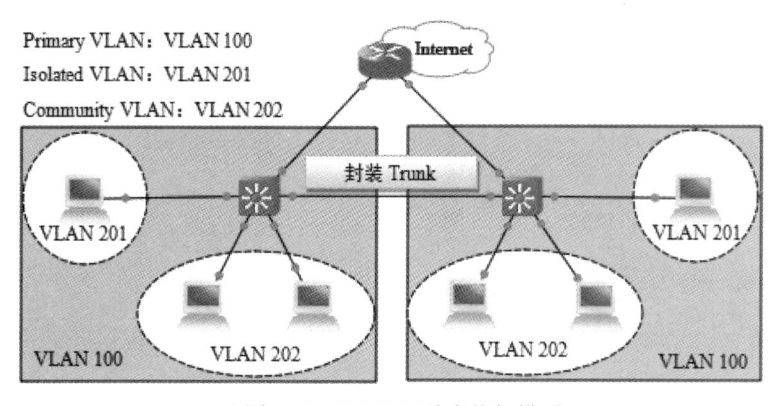

▲图 7-27　PVLAN 跨交换机模型

注意：在一个主 VLAN 区域中只允许有一个隔离 VLAN，团体 VLAN 可以有多个。在某些版本的 IOS 上可能不支持 PVLAN 的特性，如 Catalyst 2960 交换机。

7.7.2　私有 VLAN 的配置

通过上一节的概念描述，我们熟悉了私有 VLAN 的模型，下面通过具体的配置命令进一步熟悉私有 VLAN 是如何在 VLAN 中和 VLAN 间实施的流量隔离。我们都知道 Cisco 设备上的 VTP 模式默认为 Server，但是在配置私有 VLAN 的时候，必须将 VTP 的模式更改为 VTP Transparent 模式，并且一旦配置了私有 VLAN 将不能更改其模式。除此之外，我们还需要了解配置私有 VLAN 的如下规则：

- 在配置 PVLAN 时，不使用 VLAN1、VLAN1002～1005。

- 在配置 PVLAN 时，不能在 PVLAN 中配置 EtherChannel。
- 在配置 PVLAN 时，禁止将 SVI 配置为辅助 VLAN。
- 在配置 PVLAN 时，要求使用 VTPv1 或 VTPv2。

由于 PVLAN 的配置命令比较多，因此我们将通过一个实例来讲解相关配置，如图 7-28 所示，PC1 和 PC2 属于隔离 VLAN，PC3 和 PC4 属于团体 VLAN，PC5 连接着混杂端口。拓扑中的其他信息如图右侧所示。

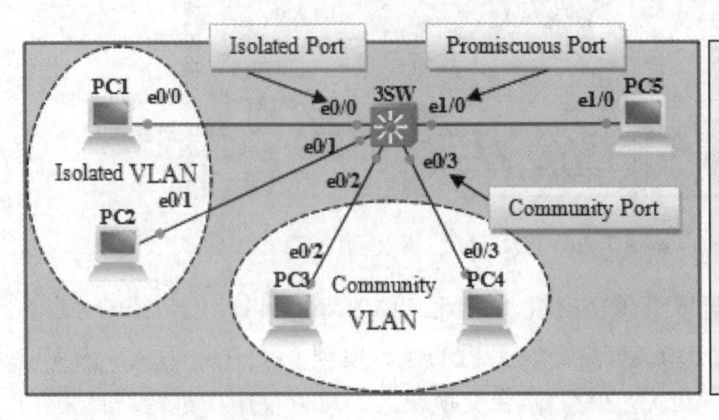

PC1：10.1.1.1/24
PC2：10.1.1.2/24
PC3：10.1.1.3/24
PC4：10.1.1.4/24
PC5：10.1.1.5/24
Primary VLAN：100
Isolated VLAN：101
Community VLAN：102

▲图 7-28　配置实例

PVLAN 的配置命令如下：

（1）将 VTP 模式更改为透明模式。

```
3SW(config)#vtp mode transparent
Setting device to VTP Transparent mode for VLANs.
```

（2）在 3SW 中创建主 VLAN 100 和辅助 VLAN。

```
3SW(config)#vlan 100
3SW(config-vlan)#name Vlan_100                ---命名为 Vlan_100---
3SW(config-vlan)#private-vlan primary         ---将该 VLAN 配置为主 VLAN---
3SW(config-vlan)#exit
3SW(config)#vlan 101
3SW(config-vlan)#name Vlan_101                ---命名为 Vlan_101---
3SW(config-vlan)#private-vlan isolated        ---将该 VLAN 配置为隔离 VLAN---
3SW(config-vlan)#exit
3SW(config)#vlan 102
3SW(config-vlan)#name Vlan_102                ---命名为 Vlan_102---
3SW(config-vlan)#private-vlan community       ---将该 VLAN 配置为团体 VLAN---
3SW(config-vlan)#exit
```

（3）将辅助 VLAN 和主 VLAN 关联。

```
3SW(config)#vlan 100
3SW(config-vlan)#private-vlan association 101-102
3SW(config-vlan)#exit
```

（4）配置端口模式：隔离端口、团体端口和混杂端口，并且将主 VLAN 与辅助 VLAN 关联。私有 VLAN 的接口模式有两种，一种是 host 模式，另一种是 promiscuous 模式。配置为 host 模式代表隔离端口或团体端口，promiscuous 模式代表混杂端口。

```
3SW(config)#interface range e0/0 – 1
3SW(config-if-range)#switchport mode private-vlan host    ---将接口的模式定义为 host---
```

```
3SW(config-if-range)#switchport private-vlan host-association 100 101
                                                    ---将 VLAN 100 关联到 VLAN 101---
3SW(config-if-range)#exit
3SW(config)#interface range e0/2 – 3
3SW(config-if-range)#switchport mode private-vlan host
3SW(config-if-range)#switchport private-vlan host-association 100 102
3SW(config-if-range)#exit
3SW(config)#interface e1/0
3SW(config-if)#switchport mode private-vlan promiscuous ---将接口模式配置为混杂---
3SW(config-if)#switchport private-vlan mapping 100 101 102
                                                    ---将主 VLAN 和辅助 VLAN 映射，也可以选择不全部映射---
```

到此为止 PVLAN 的配置就完成了。

（5）验证私有 VLAN。

```
3SW#show vlan private-vlan
Primary  Secondary  Type          Ports
-------  ---------  ----------    ------------------------
100      101        isolated      Et0/0, Et0/1, Et1/0
100      102        community     Et0/2, Et0/3, Et1/0
```

7.8 实训案例

7.8.1 实验环境

实验拓扑：本次实验使用的拓扑通过 GNS3 搭建，如图 7-29 所示。

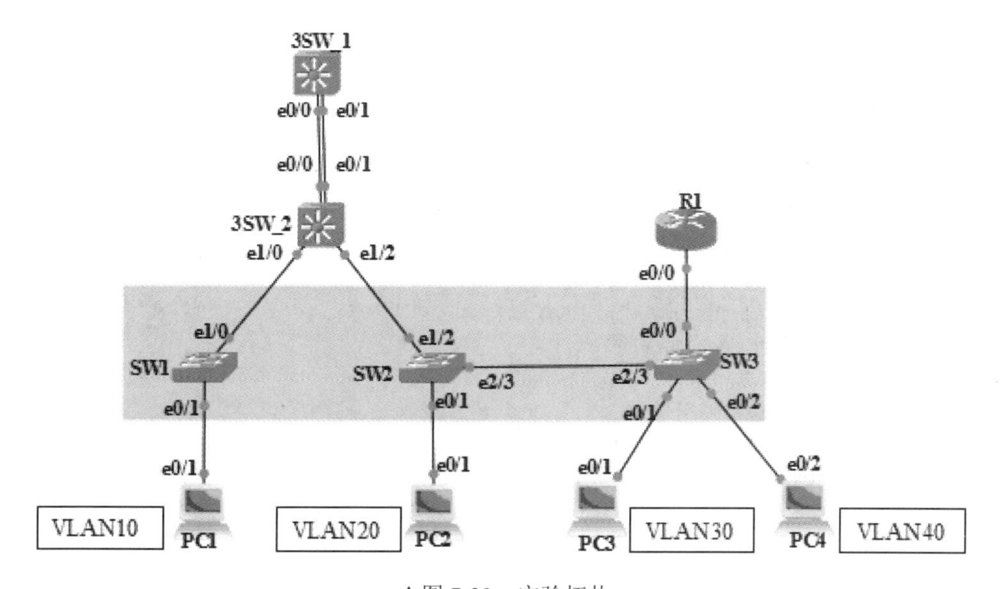

▲图 7-29　实验拓扑

地址分配：本次实验的地址分配如表 7-7 所示。

▲表 7-7　地址分配

设备	接口	IP 地址	子网掩码	网关	所属 VLAN
3SW_2	VLAN10	192.168.10.254	255.255.255.0	---	---
	VLAN20	192.168.20.254	255.255.255.0	---	---
R1	e0/0.30	192.168.30.254	255.255.255.0	---	---
	e0/0.40	192.168.40.254	255.255.255.0	---	---
PC1	---	192.168.10.1	255.255.255.0	192.168.10.254	VLAN10
PC2	---	192.168.20.2	255.255.255.0	192.168.20.254	VLAN20
PC3	---	192.168.30.3	255.255.255.0	192.168.30.254	VLAN30
PC4	---	192.168.40.4	255.255.255.0	192.168.40.254	VLAN40

另外，拓扑中阴影部分为 VTP Client 模式，3SW_2 为 VTP Server。需要在 R1 上实现单臂路由，在三层交换实现 SVI 和链路聚合。

7.8.2　实验目的

- 掌握链路聚合配置方式。
- 掌握 VTP 的配置方式。
- 掌握 Trunk 的封装方式。
- 掌握 VLAN 的划分。
- 掌握 VLAN 间的通信。

7.8.3　实验步骤

任务一：配置交换机之间的链路聚合

Step 1　在 3SW_1 和 3SW_2 上配置链路聚合（示例选用 LACP 的封装模式）。

```
3SW_1(config)#interface range e0/0 - 1
3SW_1(config-if-range)#channel-protocol lacp
3SW_1(config-if-range)#channel-group 1 mode active
Creating a port-channel interface Port-channel 1
3SW_1(config-if-range)#switchport trunk encapsulation dot1q
3SW_1(config-if-range)#switchport mode trunk
3SW_1(config-if-range)#exit
3SW_2(config)#interface range e0/0 - 1
3SW_2(config-if-range)#channel-protocol lacp
3SW_2(config-if-range)#channel-group 1 mode passive
Creating a port-channel interface Port-channel 1
3SW_2(config-if-range)#switchport trunk encapsulation dot1q
3SW_2(config-if-range)#switchport mode trunk
3SW_2(config-if-range)#exit
```

Step 2　验证链路聚合。

```
3SW_1#show etherchannel summary
Flags:   D - down              P - bundled in port-channel
```

```
        I - stand-alone s - suspended
        H - Hot-standby (LACP only)
        R - Layer3      S - Layer2
        U - in use      f - failed to allocate aggregator
        M - not in use, minimum links not met
        u - unsuitable for bundling
        w - waiting to be aggregated
        d - default port
Number of channel-groups in use: 1
Number of aggregators:          1
Group   Port-channel    Protocol    Ports
------------+---------------------+----------------+--------------------------------------------
1       Po1(SU)         LACP        Et0/0(P)    Et0/1(P)
```

从上面的输出结果中可以看到相关的 Flags 标识，其中 Po1（SU）中的 S 表示这个 EtherChannel 属于二层的聚合，U 表示 in use，说明当前正在使用。另外，Et0/0（P）中的 P 表示 bundled in port-channel，意思是当前被绑定到 EtherChannel 中的端口。其他字段如 D 表示当前的 EtherChannel 不可用，R 表示 EtherChannel 属于三层的聚合等。

任务二：在交换机中配置 VTP

在以下的交换机配置 VTP 时，将其域名设置为 cisco，密码设置为 123。

Step 1 设置 3SW_2 为 VTP Server。

```
3SW_2(config)#vtp mode server
3SW_2(config)#vtp domain cisco
3SW_2(config)#vtp password 123
```

Step 2 将其他交换机配置为 VTP Client。

```
SW1#conf t
SW1(config)#vtp mode client
SW1(config)#vtp domain cisco
SW1(config)#vtp password 123
SW2#conf t
SW2(config)#vtp mode client
SW2(config)#vtp domain cisco
SW2(config)#vtp password 123
SW3#conf t
SW3(config)#vtp mode client
SW3(config)#vtp domain cisco
SW3(config)#vtp password 123
```

任务三：配置 TRUNK 链路

```
3SW_2(config)#interface range e1/0,e1/2    ---可以使用逗号进入两个不连续的端口---
3SW_2(config-if-range)#switchport trunk encapsulation dot1q
3SW_2(config-if-range)#switchport mode trunk
SW1(config)#interface range e1/0
SW1(config-if-range)#switchport trunk encapsulation dot1q
SW1(config-if-range)#switchport mode trunk
SW2(config)#interface range e1/2,e2/3
SW2(config-if-range)#switchport trunk encapsulation dot1q
```

```
SW2(config-if-range)#switchport mode trunk
SW3(config)#interface e2/3
SW3(config-if)#switchport trunk encapsulation dot1q
SW3(config-if)#switchport mode trunk
SW3(config)#interface e0/0
SW3(config-if)#switchport trunk encapsulation dot1q
SW3(config-if)#switchport mode trunk
```

任务四：在 VTP Server 中创建 VLAN，并将相应接口划分到正确的 VLAN 中

Step 1 使用 VTP 创建 VLAN。

```
3SW_2(config)#vlan 10
3SW_2(config-vlan)#name Vlan_10
3SW_2(config-vlan)#exit
3SW_2(config)#vlan 20
3SW_2(config-vlan)#name Vlan_20
3SW_2(config-vlan)#exit
3SW_2(config)#vlan 30
3SW_2(config-vlan)#name Vlan_30
3SW_2(config-vlan)#exit
3SW_2(config)#vlan 40
3SW_2(config-vlan)#name Vlan_40
```

Step 2 验证其他交换机是否学习到了相应的 VLAN（以 SW1 和 SW3 为例）。

```
SW1#show vlan brief
VLAN  Name                             Status    Ports
----  -------------------------------- --------- -------------------------------
1     default                          active    Et0/0, Et0/2, Et0/3, Et1/2
                                                 Et1/3, Et2/0, Et2/1, Et2/2
                                                 Et2/3, Et3/0, Et3/1, Et3/2
                                                 Et3/3
10    Vlan_10                          active
20    Vlan_20                          active
30    Vlan_30                          active
40    Vlan_40                          active
[output cut]
SW1#
SW3#show vlan brief
VLAN  Name                             Status    Ports
----  -------------------------------- --------- -------------------------------
1     default                          active    Et0/0, Et0/1, Et0/2, Et0/3
                                                 Et1/0, Et1/1, Et1/2, Et1/3
                                                 Et2/0, Et2/1, Et2/2, Et3/0
                                                 Et3/1, Et3/2, Et3/3
10    Vlan_10                          active
20    Vlan_20                          active
30    Vlan_30                          active
40    Vlan_40                          active
[output cut]
SW3#
```

通过以上输出结果可以知道，VTP 的配置没有问题，下面将接口划分到 VLAN 中。

Step 3 在交换机 SW1、SW2 和 SW3 中将接口划分到相应的 VLAN。

```
SW1(config)#interface e0/1
SW1(config-if)#switchport mode access
SW1(config-if)#switchport access vlan 10
SW2(config)#interface e0/1
SW2(config-if)#switchport mode access
SW2(config-if)#switchport access vlan 20
SW3(config)#interface e0/1
SW3(config-if)#switchport mode access
SW3(config-if)#switchport access vlan 30
SW3(config-if)#ex
SW3(config)#interface e0/2
SW3(config-if)#switchport mode access
SW3(config-if)#switchport access vlan 40
```

同样，可以使用 show vlan 的命令来验证上述配置是否正确，在此就不再演示了，读者可以自行查看。

任务五：配置 VLAN 间的通信

Step 1 SVI 的配置如下：

```
3SW_2(config)#ip routing
3SW_2(config)#interface vlan 10
3SW_2(config-if)#ip address 192.168.10.254 255.255.255.0
3SW_2(config-if)#no shut
3SW_2(config)#interface vlan 20
3SW_2(config-if)#ip address 192.168.20.254 255.255.255.0
3SW_2(config-if)#no shut
```

Step 2 单臂路由的配置如下：

```
R1(config)#interface e0/0
R1(config-if)#no shutdown
R1(config-if)#int e0/0.30
R1(config-subif)#encapsulation dot1q 30
R1(config-subif)#ip address 192.168.30.254 255.255.255.0
R1(config-subif)#exit
R1(config)#int e0/0.40
R1(config-subif)#encapsulation dot1q 40
R1(config-subif)#ip address 192.168.40.254 255.255.255.0
R1(config-subif)#exit
```

Step 3 测试 VLAN 间的 PC 通信。

```
PC1#ping 192.168.20.2              ---VLAN 10 的主机 ping VLAN 20 的主机---
Type escape sequence to abort.
Sending 5, 100-byte ICMP Echos to 192.168.20.2, timeout is 2 seconds:
!!!!!
Success rate is 100 percent (5/5), round-trip min/avg/max = 2/2/2 ms
PC3#ping 192.168.40.4              ---VLAN 30 的主机 ping VLAN 40 的主机---
Type escape sequence to abort.
Sending 5, 100-byte ICMP Echos to 192.168.40.4, timeout is 2 seconds:
!!!!!
Success rate is 100 percent (5/5), round-trip min/avg/max = 1/4/18 ms
PC3#
```

注意：如果想让 4 个 VLAN 里面的 PC 机能两两通信，需要在多层交换机和路由器之间启用相应的路由协议，例如 OSPF，配置方法和第 6 章一致。

7.9 习题

1．下面各选项中有关 VLAN 的说法正确的是________。

A．在每个思科交换型网络中，必须至少定义两个 VLAN

B．所有 VLAN 都是在高端交换机上配置的，并且配置信息会自动同步到其他交换机

C．单个 VTP 域包含的交换机不应超过 10 台

D．VTP 用于将 VLAN 信息发送到当前 VTP 域中的交换机

2．在一台交换机上配置了 3 个 VLAN：VLAN2、VLAN3 和 VLAN4，并添加了一台路由器用于提供 VLAN 间的通信。如果交换机和路由器之间只有一条连接，则与交换机相连的路由器接口最起码的类型是________。

A．10 Mb/s 以太网接口　　B．56 Kb/s 串行接口

C．100 Mb/s 以太网接口　　D．1 Gb/s 以太网接口

3．下面交换技术可以缩小广播域规模的是________。

A．ISL　　B．802.1Q　　C．VLAN　　D．STP

4．下面各选项中有关 VTP 的说法正确的是________。

A．默认情况下，所有交换机都处于 VTP 透明模式

B．默认情况下，所有交换机都处于 VTP 服务器模式

C．默认情况下，在所有域名为 Cisco 的思科交换机上都启用了 VTP

D．默认情况下，所有交换机都处于 VTP 客户端模式

5．要配置交换机端口，使其使用 IEEE 标准方法将 VLAN 成员资格信息插入到以太网帧中，需要执行的命令是________。

A．Switch(config-if)#switchport trunk encapsulation dot1q

B．Switch(config-if)#switchport trunk encapsulation ietf

C．Switch(config-if)#switchport trunk encapsulation 802.1q

D．Switch(config-if)#switchport trunk encapsulation isl

习题答案

1．D　　2．C　　3．C　　4．B　　5．A

8

生成树协议 STP

前几章已经介绍了有关局域网和局域网中的相关技术，其中包括局域网的组网设备集线器、网桥和交换机等。通过这些设备完成网络的搭建后，我们发现网络中的冲突域和广播域又给通信带来了很多问题，进而使用 VLAN 技术很好地解决了这些问题。但是随着网络中二层设备数量的不断增加，又带来了新的问题——网络环路。

网络环路给通信造成了不小的麻烦，它严重影响了网络中的带宽，甚至由于产生广播风暴使网络陷入瘫痪状态，为了解决这一问题，我们便可以引入这一章的概念——生成树协议 STP。STP 是一种生成树协议，它可以阻断网络中不必要的路径，从而使整个网络以一种树状结构进行通信以避免网络环路的产生，本章将介绍 STP 的一系列运行和操作细节。

本章主要内容：

- STP 的概念
- STP 的术语
- STP 的操作
- STP 的优化方法
- STP 的运行模式

8.1 STP 概述

生成树协议（Spanning Tree Protocol，STP）最早是由数字设备公司（Digital Equipment Corporation，DEC）开发的，这个公司后来被收购并改名为 Compaq 公司。IEEE 后来开发了它自己的 STP 版本，称为 802.1D。Cisco 交换机默认运行 STP 的 IEEE 802.1D 版本，它与 DEC 版本不兼容。Cisco 在其新出品的交换机上使用了另一个工业标准，称为 802.1w，这一节介绍一些有关 STP 的重要的基本概念。

在企业网络中，往往为了增加网络的高可用性，而在企业网络的中接入层与汇聚层之间实施链路的冗余，这样将导致二层网络中出现环路。如果出现了桥接环路，那么数据帧将会在网络中循环，无限占用带宽，从而形成广播风暴，广播风暴的形成如图 8-1 所示。

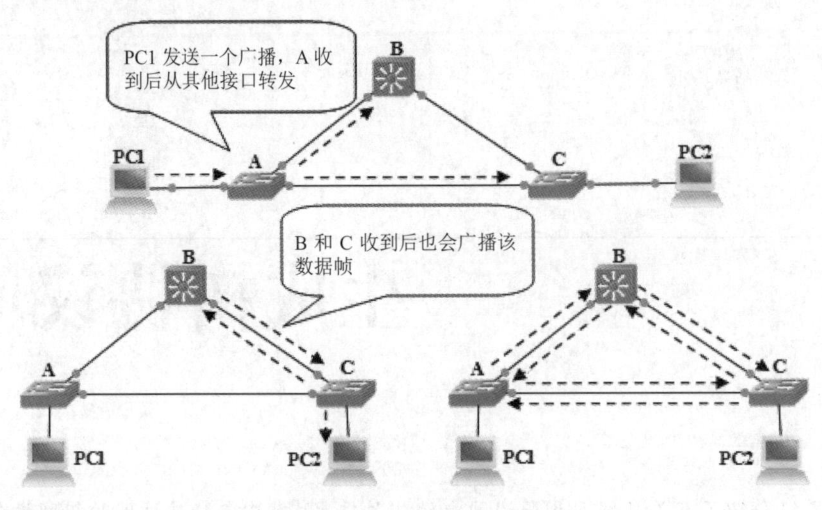

▲图 8-1　广播风暴的形成

如果网络中出现了广播风暴，将会带来以下两个问题：

（1）广播风暴除了会产生大量的流量外，还会造成 MAC 地址表的不稳定，如图 8-1 所示的广播风暴形成过程中，当 B 第一次收到 A 发来的广播，将 PC1 的 MAC 和端口对应写入地址表中，一段时间后 B 又从 C 收到了该广播，B 将之前的条目覆盖并更改了对应的端口，因此在广播中会无限次循环。

（2）冗余拓扑不仅会带来广播风暴以及 MAC 地址的不稳定，还会造成重复的帧拷贝。例如，PC1 发送单播给 PC2，当数据帧到达 A 后，A 没有该目的地址，根据交换机的原理会对未知单播地址泛洪，从而转发给 B 和 C，之后 C 会从两个方向收到相同的数据帧，由于是自己直连设备，所以将两个数据帧都转发给 PC2。由于 PC1 只发送了一个单播帧，PC2 却收到了两个单播帧，这会给某些网络环境（如流量）统计带来计算不精确等问题。

STP 的主要功能是防止二层设备之间出现环路，它可以监视网络中的所有链路，通过逻辑上关闭冗余的接口来确保在网络中不会产生环路。STP 采用生成树算法 STA（Spanning Tree Algorithm），它首先创建一个拓扑数据库，然后搜索并阻塞冗余的链路。运行 STA 算法之后，数据帧就只能被转发到由 STP 挑选出来的保险的链路上，运行 STA 后的 STP 模型如图 8-2 所示。

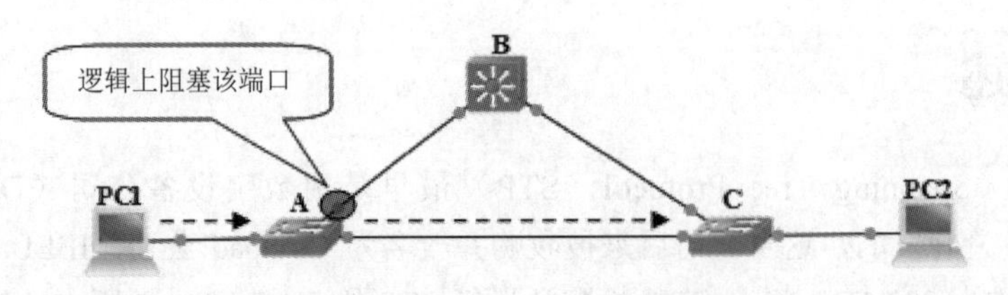

▲图 8-2　运行 STA 后的 STP 模型

8.2　STP 术语

在详细讨论 STP 怎样在网络中起作用之前，需要理解一些基本的概念和术语，以及它们是怎样与第二层交换式网络联系在一起的（在 STP 中网桥的概念等同于交换机）。

1. 网桥 ID（Bridge ID）

参与 STP 的每一个交换机都有唯一的网桥 ID （可以简称为桥 ID），就像 OSPF 的 router-id 一样，是运行 STP 协议的设备标识。网桥 ID 是由网桥优先级和 MAC 地址的组合来决定的。在网络中，网桥 ID 最小的网桥就成为根桥。

2. 网桥协议数据单元（Bridge Protocol Data Unit，BPDU）

网桥协议数据单元是所有交换机相互之间都交换的信息，并利用这些信息来选出根交换机或进行网络的后续配置。在选举根桥之前，每个交换机都会将自己的根 ID 设置为自身的网桥 ID，一旦选举失败，交换机就会将自己的根 ID 替换为根桥的网桥 ID。每台交换机都对 BPDU 中的参数进行比较，它们将 BPDU 传送给某个邻居，并在其中放入它们从其他邻居那里收到的 BPDU。

3. 根桥（Root Bridge）

根桥是网桥 ID 最低的网桥，也就是根交换机。对于 STP 来说，主要是为了在所有交换机中选举出一个根桥，并让根桥成为网络中的焦点。在网络中，所有其他的决定（如哪一个端口要被阻塞，哪一个端口要被设置为转发模式）都是根据根桥的判断来作选择的。注意，整个网络中只有一个网桥是根网桥。

4. 非根桥（Nonroot Bridge）

除了根桥外，其他所有的网桥都是非根桥。它们相互之间交换 BPDU，并在所有交换机上更新 STP 拓扑数据库以防止环路，并对链路失效采取补救措施。

5. 开销（Port Cost）

用来衡量非根桥到根桥的带宽的指标，和 OSPF 的路径 Cost 相似，非根桥到根桥路径的开销等于各段链路开销之和。

6. 根端口（Root Port）

非根桥的所有端口到根桥路径开销最低的端口叫做非根桥的根端口，根端口只能出现在非根桥上，它在生成树的运行中处于转发状态。

7. 指定端口（Designated Port）

每个链路或二层网段中，距离跟交换机开销最小的接口叫做该网段的指定接口，根交换机的所有端口都是其所在链路的指定端口，它在生成树的运行中处于转发状态。

8. 非指定端口（Nondesignated Port）

既不是指定端口也不是根端口的叫做非指定端口，它将被设置为阻塞状态。

除了以上的术语外，如果某个端口能够转发数据帧，称之为转发端口；如果某个端口不能转发数据帧，则称之为阻塞端口，这样是为了防止产生环路。

8.3　STP 的操作

从之前提到的概念中，我们知道 STP 的任务就是找到网络中的所有链路，并在逻辑上关闭冗余的链路，这样就可以防止网络环路的产生。为了达到这个目的，STP 首先需要选举一个根桥，一旦所有的交换机都同意某台交换机成为根桥，其他交换机就需要选出唯一的根端口，还需要在每一条链路中选出唯一的指定端口。下面我们来讲解生成树的过程，生成树从一开始到完全收敛需要经过以下 4 步：

（1）在所有交换机中选举一个网桥作为根桥。

（2）在每个非根桥交换机中选择一个端口作为根端口。

（3）在每条链路上选定一个端口作为该链路的指定端口。

（4）既不是根端口也不是指定端口的将会被阻塞。

由于在 STP 的选举过程中交换机之间会向彼此发送 BPDU 报文，因此在介绍以上 4 个选举步骤之前，我们先来了解一下 BPDU 包含的字段及其含义，如表 8-1 所示。

▲表 8-1　BPDU 字段及其含义

字节数	字段	含义
2	协议 ID	表示所使用的协议类型，字段值为 0
1	版本	表示协议的版本，字段值为 0
1	消息类型	消息类型
1	标志	标记域，包含 TC 拓扑改变比特位，TCA 拓扑改变确认比特位
8	根 ID	其中包含了根交换机的 BID
4	路径开销	到根交换机的路径花费
8	网桥 ID	转发 BPDU 交换机的 BID，也用来表示去往根桥的路径
2	端口 ID	转发 BPDU 交换机的 PID，PID＝ 端口优先级（默认 128）+端口号
2	消息老化时间	BPDU 已经存在的时间
2	最大老化时间	BPDU 最大存在的时间
2	Hello 时间	根桥发送配置信息的间隔时间，默认 2 秒
2	转发延迟	从拓扑发生变化到新状态需要等待的时间，默认 15 秒

8.3.1　选举根桥

交换机之间通过发送 BPDU 来选举根交换机，拥有最小网桥 ID（BID）的交换机将成为根交换机，每个广播域只能有一个根交换机。由于根桥的选举与 BID 直接相关，因此我们来了解一下 BID 的字段，格式如图 8-3 所示。

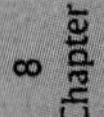

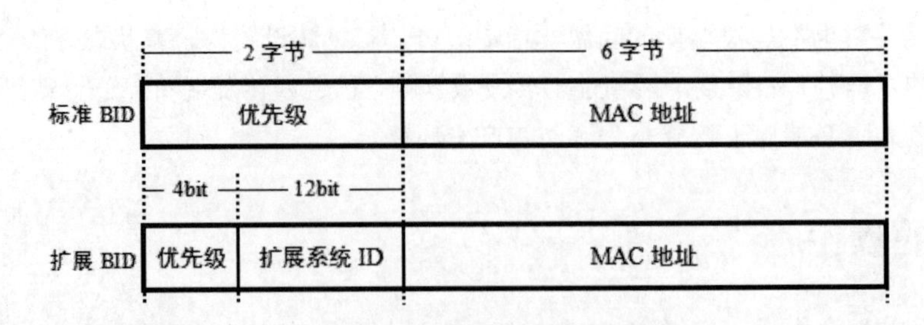

▲图 8-3　BID 的字段格式

在特定配置下，BPDU 帧可能不含扩展系统 ID。传统的 STP 应用于不使用 VLAN 的网络中，所有交换机构成一棵简单的生成树。随着网络逐渐发展，使用 VLAN 的环境越来越多，研究人员对 STP 进行了改进，加入了对 VLAN 的支持，因此扩展系统 ID 字段包含的是 BPDU 关联的 VLAN 的 ID 编号。

在熟悉了网桥 ID（BID）的构造之后，再来了解一下根桥的选举规则，如下：

- 在选举过程中，优先级高（数字越小）的将被直接选举为根桥。
- 在优先级相同的情况下，MAC 地址越小将成为根桥。

Cisco 的交换机默认优先级为 32768，这是由 IEEE 802.1d 定义的。数字越小表示优先级越高，另外，优先级可以配置的范围是从 0 以 4096 为单位递增至 61440。

在交换机 SW1 中 BID 的优先级比其他交换机高，经过发送 BPDU 选举之后成为了根桥，如图 8-4 所示。

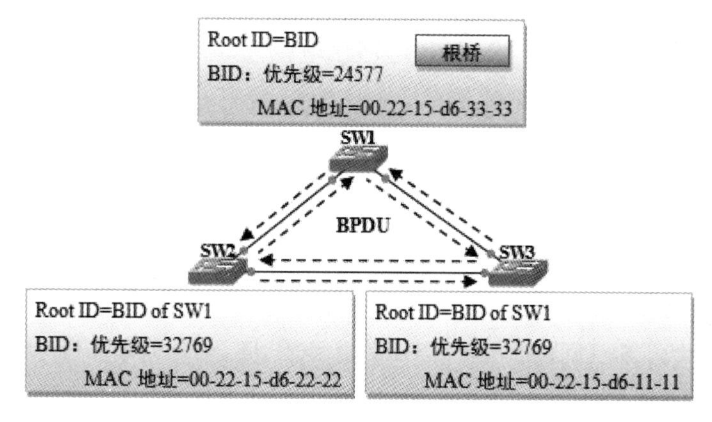

▲图 8-4　根桥选举——基于优先级

在所有的交换机中 BID 的优先级都相等，但是 SW3 的 MAC 地址相对较低，因此 SW3 经过选举成为了根桥，如图 8-5 所示。

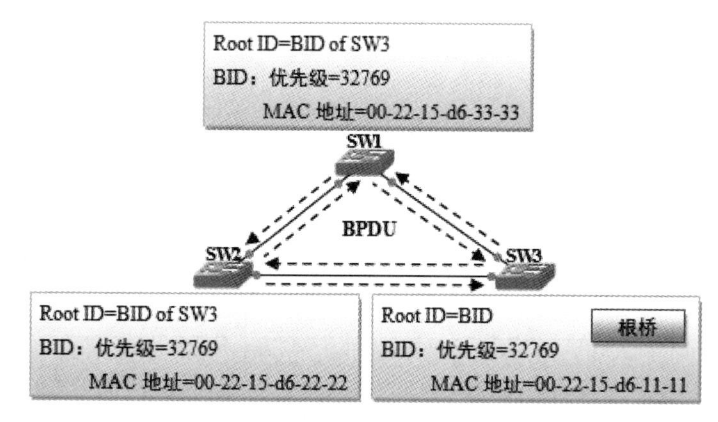

▲图 8-5　根桥选举——基于 MAC 地址

8.3.2　选举根端口

在根桥选举完成之后，网络中隶属于当前生成树的每一台非根交换机都需要选取属于自己的根端口。根端口是和网桥直接相连的端口，或者说是到达根桥开销最低的端口。如图 8-6 所示，交换机 SW1 已经被选举成为了根桥，对于 SW5 来说是与根桥双线连接，而 SW2、SW3 和 SW4 不止一条路径去往根桥，SW6 与根桥之间存在 HUB 设备，这时就需要根据不同的情况，比较一些参数来选举根端口。

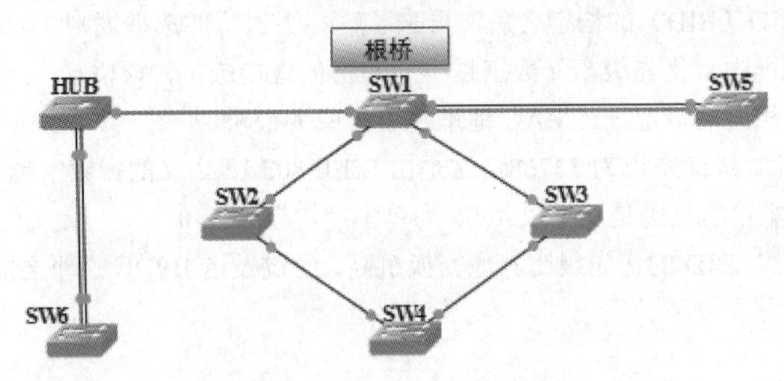

▲图 8-6　根端口的选举模型

根据上图所示的拓扑，在非根桥上选举根端口之前，首先了解一下选举根端口的规则，选举规则按照顺序分为以下 4 个步骤：

（1）在选举过程中到达根桥开销最低的路径，所连接的端口就是根端口（如选 SW2 和 SW3 的根端口）。

（2）如果有多条等价路径，那么比较上游 BPDU 发送者的 BID，与 BID 最小的交换机相连的接口就是根端口（如选 SW4 的根端口）。

（3）如果以上两个条件同时满足，那么比较上游 BPDU 发送者的端口 ID（PID），与 PID 最小的端口相连的接口就是根端口（如选 SW5 的根端口）。

（4）如果以上三个条件都满足，需要比较自身的 PID，PID 小的就是根端口（如选 SW6 的根端口）。

以上是根端口的选举规则，根据以上每一种特殊的情况，我们以图 8-6 中不同的实例进行如下分析：

1．根据路径开销和 BPDU 发送者的 BID 选举

首先了解一下端口开销和路径开销的概念，在交换机中的端口开销和端口的速率有关，不同接口速率的开销默认值如表 8-2 所示。现在之所以采用修订后的规范，是因为之前无法区分千兆网和万兆网。

▲表 8-2　STP 端口开销

速率	开销（修订后的 IEEE 规范）	开销（修订前的 IEEE 规范）
10Gb/s	2	1
1Gb/s	4	1
100Mb/s	19	10
10Mb/s	100	100

另外，路径的开销是从根桥开始计算的，开销值是从根桥到其他交换机的进入端口开始累加。根交换机在开始发送 BPDU 时，默认开销为 0，其相连的交换机收到该 BPDU 后，会将接收端口

的开销累加到路径开销中。

如图 8-7 所示，各交换机之间使用以太网链路（10Mb/s）连接，其中 SW2、SW3 和 SW4 都有多条路径到达根桥 SW1，不同的是，SW4 到达根桥的路径开销相同。下面根据这两种情况，再结合选举规则选举出合适的根端口。

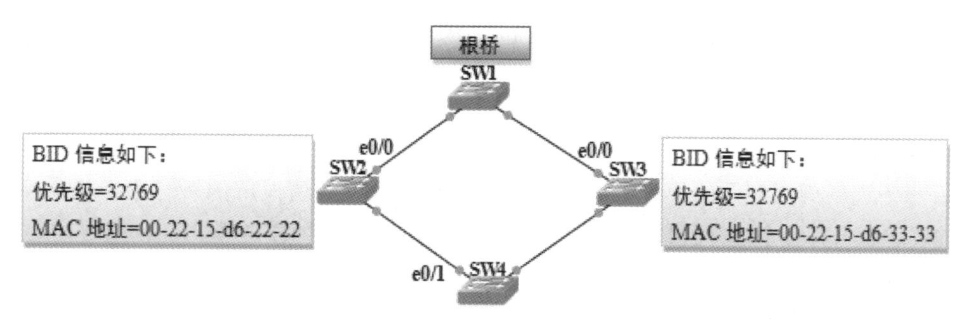

▲图 8-7　选举根端口——基于路径开销和发送者 BID

在图 8-7 中，交换机 SW2 到达根桥有两条链路，分别是 SW2→SW4→SW3→SW1 和 SW2→SW1。第一条链路的开销为 0+100+100+100，第二条链路的开销为 0+100，因此 SW2 的 e0/0 端口为根端口；同理，SW3 的 e0/0 端口为根端口。

交换机 SW4 到达根桥有两条等价的链路，分别是 SW4→SW3→SW1 和 SW4→SW2→SW1。在链路开销相同的情况下，需要继续比较 BPDU 发送者的 BID，也就是比较 SW2 和 SW3 的 BID。在 BID 信息中优先级是相同的，但是 SW2 的 MAC 地址较小，因此 SW4 的 e0/1 端口就是根端口。

2. 根据 BPDU 发送者的 PID 选举

根据路径开销和 BPDU 发送者 BID 选举的过程我们已经熟悉了，下面我们来讨论一个相对特殊的模型，那就是根据 BPDU 发送者的端口 ID（PID）进行选举的过程。在介绍这个模型之前，我们需要了解什么是 PID。

PID = 端口优先级+端口号，默认情况下端口优先级为 128。可以通过 show spanning tree 命令来查看相应接口的优先级，如下所示：

```
SW2#show spanning tree
VLAN0001
[output cut]
Interface            Role    Sts    Cost      Prio.Nbr     Type
-------------------- ------- ------ --------- ------------ ----------------
Et0/0                Root    FWD    100       128.1        Shr
Et0/1                Desg    FWD    100       128.2        Shr
[output cut]
```

其中省略了部分输出，只显示了端口部分信息。可以看到 e0/0 的 PID=128.1，e0/1 的 PID=128.2，除此之外还可以看到 e0/0 的角色为根端口（Root）、路径开销为 100 等信息。

如图 8-8 所示，其中交换机 SW1 已经被选举成为了根桥，对于 SW5 来说，e1/1 和 e1/2 这两个端口到达根桥的路径开销是一样的，又因为 BPDU 的发送者只有 SW1，所以 BID 也相同，因此只能使用第三条规则比较 BPDU 发送者的 PID。SW1 有两个端口与 SW5 相连，端口的 PID 已经在图中给出，通过比较，SW1 的 e1/1 的 PID 较小，所以 SW5 选择 e1/1 为根端口。

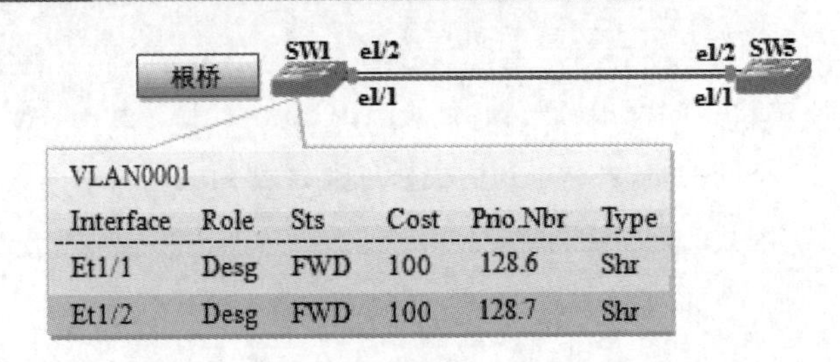

VLAN0001

Interface	Role	Sts	Cost	Prio.Nbr	Type
Et1/1	Desg	FWD	100	128.6	Shr
Et1/2	Desg	FWD	100	128.7	Shr

▲图 8-8　选举根端口——基于发送者 PID

3. 根据自身的 PID 选举

最后一条选举规则应用的模型较为罕见，当某台交换机到达根桥的所有路径开销都相同，BPDU 的发送者只有一个，并且最终到达根桥的接口只有一个（即发送者 PID 也相同），这种情况下需要比较去往根桥的自身端口 PID。如图 8-9 所示，SW1 已经被选举为根桥，交换机 SW6 采用双线与 HUB 相连，HUB 设备直连根桥。

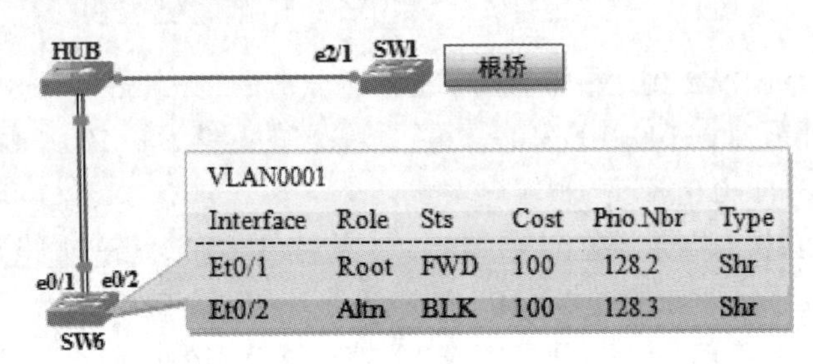

VLAN0001

Interface	Role	Sts	Cost	Prio.Nbr	Type
Et0/1	Root	FWD	100	128.2	Shr
Et0/2	Altn	BLK	100	128.3	Shr

▲图 8-9　选举根端口——基于自身 PID

从图 8-9 中我们可以看到 SW6 的 PID 信息，根据最后一条选举规则，需要比较 SW6 的 e0/1 和 e0/2 的 PID，通过比较最终将 e0/1 选举为根端口。

8.3.3　选举指定端口

在选举完根端口之后，每条链路还需要选举出一个指定端口（也可以理解为每两个交换机之间都会选出一个指定交换机，指定交换机上如果有多个端口，再从多个端口中选举出一个成为指定端口），每两个交换机之间的指定端口有且只有一个。如图 8-10 所示，SW1 已经选举成为了根桥，其中 SW2 和 SW6 之间有一个 HUB 设备，HUB 与 SW2 使用双线连接，拓扑中的根端口已经选举完成，下面我们需要从其他的端口中选出指定端口。

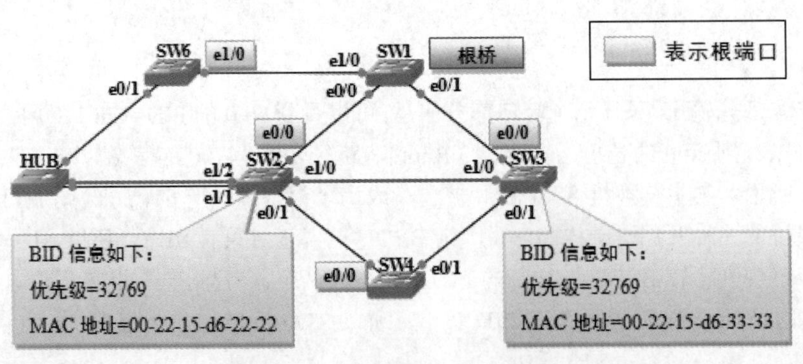

▲图 8-10　指定端口的选举模型

根据上图所示的拓扑，在非根桥上选择指定端口之前，首先了解一下选举指定端口的规则，选举规则按照顺序分为以下 4 个步骤：

（1）在根桥上的所有端口都是指定端口，因为端口开销都是 0。

（2）在两个非根桥之间的端口中，选择到达根桥路径开销较小的端口成为指定端口（如选举 SW3 和 SW4 之间的端口）。

（3）在两个非根桥之间的端口中，如果到达根桥的路径开销一样，那么选择这两个端口所属的非根桥中 BID 较小的端口成为指定端口（如选举 SW2 和 SW3 之间的端口，需要比较 BID 信息）。

（4）在两个非根桥之间的端口中，如果到达根桥的路径开销一样，并且所属非根桥的 BID 也相同（即同一交换机），那么需要在这两个端口中选举出 PID 较小的端口成为指定端口（如 SW2 上的 e1/1 和 e1/2）。

以上是指定端口的选举规则，我们以图 8-10 中的实例进行如下分析。其中根桥 SW1 上的所有端口都是指定端口，除了根桥之外，还需要为其他每两个非根桥之间的链路选出唯一的指定端口。根据上述的其他三个规则我们来介绍其选举过程。

1. 根据路径开销选举

如图 8-11 所示，所有的交换机之间使用以太网接口（10Mb/s）连接，通过观察发现，交换机 SW2 和 SW4 到达根桥的路径开销不同，在它们之间有两个端口分别是 SW2 上的 e0/1 和 SW4 上的 e0/0。通过比较，SW2 的 e0/1 到根桥的路径开销小于 SW4 的 e0/0 到根桥的路径开销，因此 SW2 的 e0/1 被选举为指定端口。

同理，在 SW3 和 SW4 之间也存在到达根桥不同的路径开销，通过比较可以发现，在 SW3 的 e0/1 端口去往根桥的不同路径中，最短的路径为 SW3→SW1，其路径开销为 0+100（入端口累加开销），而在 SW4 的 e0/1 去往根桥的所有路径中，最短的路径为 SW4→SW3→SW1，其路径开销为 0+100+100，由此可得，SW3 上的 e0/1 被选举成为指定端口。

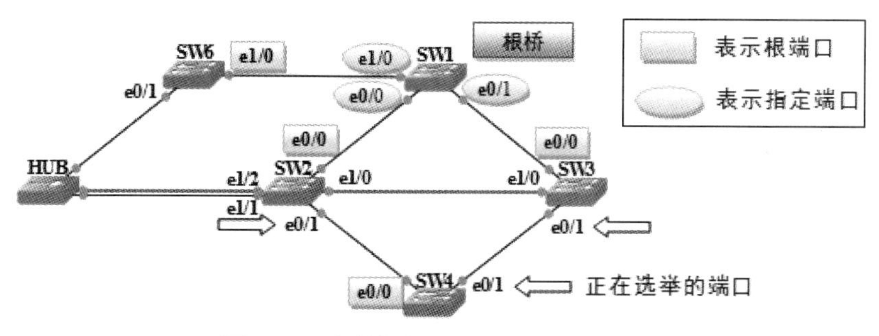

▲图 8-11 选举指定端口——基于路径开销

2. 根据非根桥的 BID 选举

如图 8-12 所示，在交换机 SW2 和 SW3 之间的链路中选举指定端口。由于交换机 SW2 的 e1/0 和 SW3 的 e1/0 到达根桥的路径开销是相等的，因此我们需要根据第二个选举规则比较两个非根桥的 BID 大小，也就是比较 SW2 和 SW3 的 BID。从图中可以看到，SW2 和 SW3 的 BID 信息中的优先级相同，但是 SW2 的 MAC 地址较小，因此 SW2 成为了指定交换机，从而 SW2 的 e1/0 就被选举成为了指定端口。

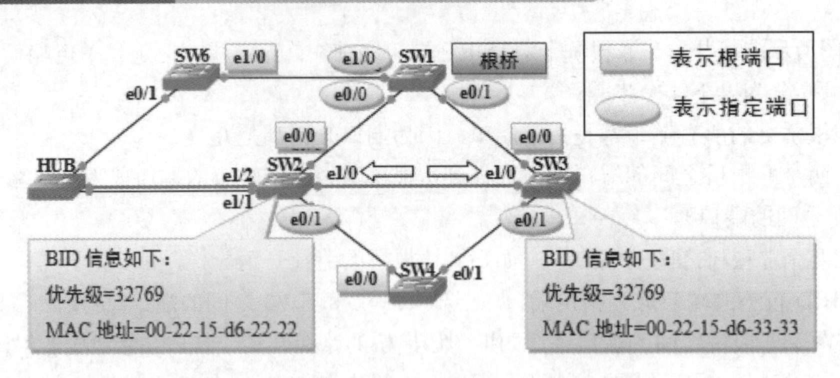

▲图 8-12 选举指定端口——基于非根桥的 BID

3. 根据非根桥的 PID 选举

如图 8-13 所示，对于交换机 SW2 和 SW6 之间的链路来说，由于存在 HUB 设备，并且 HUB 与交换机 SW2 使用双线连接。针对这种特殊的情况，我们还是需要在 SW2 和 SW6 之间的这三个接口中按照之前的选举规则进行选举。

经过比较路径开销发现，交换机 SW6 的 e0/1 接口的路径开销为 0+100，而 SW2 的这两个接口的路径开销同样是 0+100，因此需要继续比较交换机 SW2 和 SW6 的 BID。我们发现交换机 SW2 的 BID 的优先级与 SW6 相同，但是 MAC 地址较小，因此 SW2 成为了指定交换机，但是 SW2 与 HUB 之间有两条链路，所以还需要比较这两个端口的 PID，在图中可以看到，e1/1 的 PID 为 128.6，较小，因此 SW2 的 e1/1 就是所在链路的指定端口。

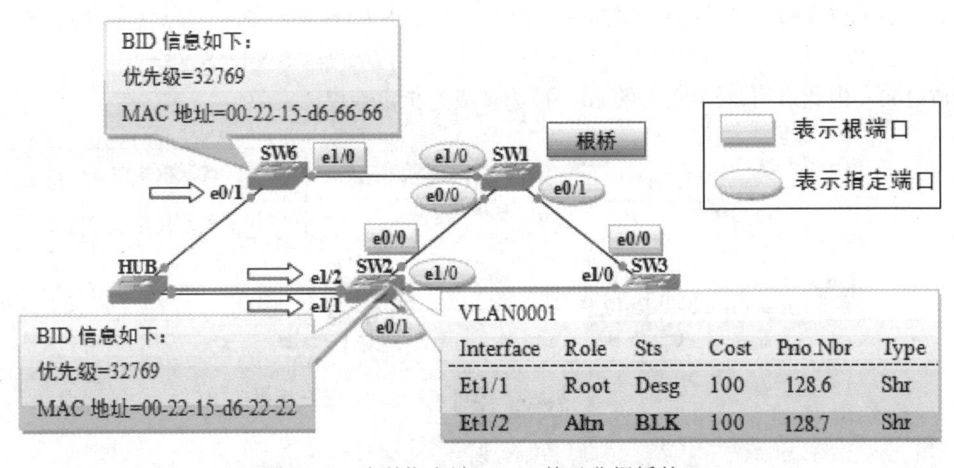

VLAN0001

Interface	Role	Sts	Cost	Prio.Nbr	Type
Et1/1	Root	Desg	100	128.6	Shr
Et1/2	Altn	BLK	100	128.7	Shr

▲图 8-13 选举指定端口——基于非根桥的 PID

8.3.4 选举非指定端口

经过之前一系列的选举规则之后，我们发现大部分交换机的接口都被选举成为了根端口或指定端口，但是还有一部分既不是指定端口也不是根端口，这些端口就被称为非指定端口，非指定端口将被置为阻塞的状态，也就是不能转发数据。我们以之前的图例为原型，根据之前的数据在经过选举完成之后，标识了其中所有的端口类型，如图 8-14 所示。

如果将拓扑中的阻塞链路去掉，从逻辑上看每个交换机到达根桥的路径在逻辑上只有一条，它类似于一棵树的形状，其中 SW1 为树根，其他为树干，如图 8-15 所示。

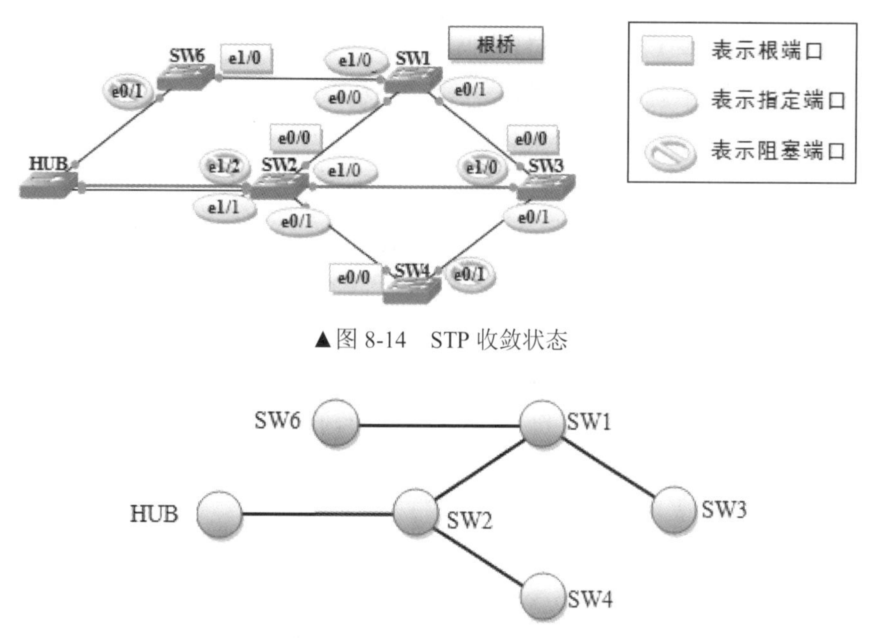

▲图 8-14　STP 收敛状态

▲图 8-15　STP 收敛状态的逻辑结构

8.3.5　拓扑发生变化

在常规 STP 运行中，交换机会一直通过根端口从根桥接收配置 BPDU 帧，但是它不会向根桥发出配置 BPDU，也就是说，配置 BPDU 总是从根桥的指定端口发出，非根桥从根端口接收 BPDU 后通过其他的指定端口转发出去，进而传到整个网络，处于阻塞状态的接口可以接收配置 BPDU 报文。当交换机得知网络拓扑发生变化时，为了能够通知根桥，交换机在使用拓扑更改通知（TCN）BPDU 发出信号时，它便开始通过根端口发送 TCN。TCN 是一种非常简单的 BPDU，它按 Hello 时间间隔发送，其中不包含任何信息。接收交换机（指定交换机）会立即回复设置了拓扑更改确认（TCA）位的常规 BPDU 以确认收到 TCN，此交换过程会持续到根桥作出响应为止。

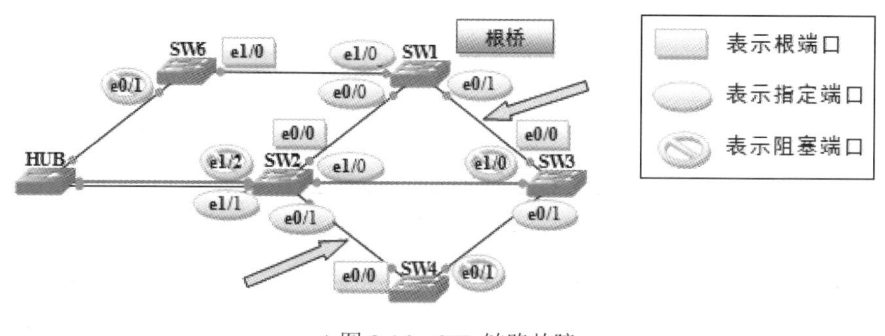

▲图 8-16　STP 链路故障

如图 8-16 所示，生成树选举完成之后，网络达到收敛状态。当过了一段时间后，网络中的某些链路出现了链路故障。例如，SW1 和 SW3 之间的链路从物理上断开了，还有 SW2 和 SW4 之间也出现了类似故障，在以下拓扑中会有如下过程：

（1）SW3 会向指定交换机 SW2 发送 TCN BPDU。

（2）SW2 收到 TCN 后，立即向 SW3 发送 TCA 进行确认。

（3）SW2 同时向 SW1（也就是根桥）发送 TCN。

（4）SW1 收到 TCN 后，立即向 SW2 发送 TCA 进行确认。

（5）SW1 同时发送网络拓扑变化的广播报文，通知其他每一个非根桥。

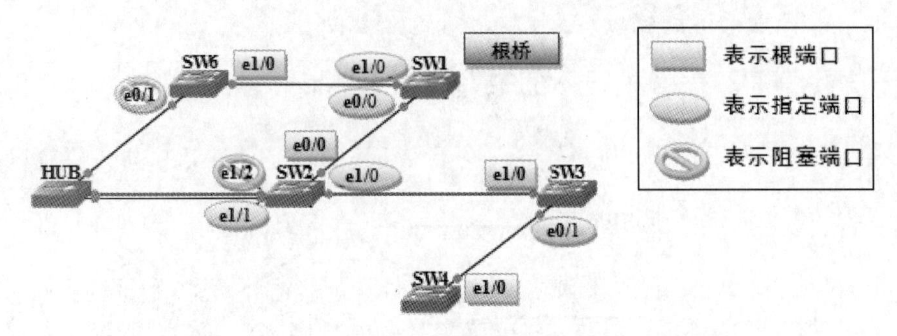

▲图 8-17　STP 重新收敛

如图 8-17 所示，交换机 SW1、SW2、SW3 和 SW4 之间的部分链路断开，导致之前收敛状态时已经选举好的根端口或指定端口 Down 掉。此时这 4 台交换机会重新计算路径，直到 STP 重新收敛。

8.4　STP 的端口状态

在二层的网络中，交换机通过在同一个广播域中发送 BPDU 报文，构建出一个在逻辑上无环路的拓扑。对于运行 STP 的网桥或交换机来说，其端口状态可能会处于以下 5 种状态之一：

- 阻塞状态
- 侦听状态
- 学习状态
- 转发状态
- 禁用状态

在以上列出的 5 种状态中，STP 的算法从开始运算到收敛会经历前 4 种端口状态之间的转变，每种端口状态可以执行的功能有所不同，如表 8-3 所示。

▲表 8-3　端口状态与功能

状态 功能	阻塞	侦听	学习	转发	禁用
是否接收 BPDU	是	是	是	是	否
是否发送 BPDU	否	是	是	是	否
是否学习 MAC	否	否	是	是	否
是否转发数据帧	否	否	否	是	否

1. 阻塞状态

阻塞（Blocking）状态：被阻塞的端口称为非指定端口，这意味着在这个端口上将不能转发数据帧，它只监听 BPDU 报文。设置阻塞状态的目的是防止二层环路的产生。

当交换机的端口满足一定的条件时就会进入阻塞状态，端口进入阻塞状态的条件如下：

- 当交换机加电时，所有的端口都处于阻塞状态。
- 当交换机接在另一个端口上收到含有到达根桥更优路径开销的 BPDU 时，端口进入阻塞状态。
- 如果该端口不是根端口或指定端口时，会进入阻塞状态。

如果某个端口从被激活后端口状态转换到了阻塞状态，那么默认情况下，这个状态会保持 20s，这个时间主要是用于选举端口的角色，一旦成为非指定端口，它将停留在此状态。阻塞端口将不会转发数据帧，这类端口可以通过接收 BPDU 报文来判断根桥的位置以及各个端口所处的角色。

2. 侦听状态

侦听（Listening）状态：在 20s 计时结束以后，非阻塞端口就会进入侦听状态。端口在侦听状态下只会接收并处理 BPDU，并仔细计算以确保在传送数据帧之前网络上没有环路产生。除了接收 BPDU 之外，此状态的端口还会向相邻的交换机发送 BPDU，通知相邻的交换机自己将会参与到激活拓扑的过程中，这个状态的转发延迟时间大约是 15s。

3. 学习状态

学习（Learning）状态：根端口和指定端口将从侦听状态转换到学习状态。在学习状态下，交换机端口将会侦听 BPDU，然而与侦听状态不同的是，学习状态下的端口不仅会接收 BPDU，还可以记录和更新其 MAC 地址表或端口地址表，但是交换机不会将这些用户的数据帧发送给其他交换机。端口处于这种状态的转发延迟时间默认为 15s 左右。

4. 转发状态

转发（Forwarding）状态：在转发延迟计时期满后，如果该端口仍然是指定端口或根端口，它就会进入转发状态。在桥接的端口上，处在转发状态的端口发送并接收所有的数据帧，并更新其 MAC 地址表或端口地址表，最后通过相应的端口转发用户的流量。

5. 禁用状态

禁用（Disabled）状态：这种状态是一种特殊的状态，从管理上讲，处于禁用状态的端口不能参与帧的转发或参与 STP。这可能是为了将此端口从 STP 中移出，该端口被管理员手动关闭所造成的，又或者是物理层的链路出现故障造成的。处于禁用状态下，端口实质上是不工作的。

注意：只有在学习状态或转发状态下，交换机才能填写 MAC 地址表。

大多数情况下，交换机端口都处在阻塞状态或转发状态，这两种状态是 STP 工作时稳定的状态。转发端口是指到根桥开销最低的端口，但如果网络的拓扑改变（可能是链路失效了，或者有人添加了一台新的交换机），交换机上的端口就会处于侦听状态或学习状态。

正如前面提到的，阻塞端口是一种防止网络出现环路的策略。一旦交换机决定了到根桥的最佳路径，那么所有其他的端口将处于阻塞状态。被阻塞的端口仍然能接收 BPDU，它们只是不能发送任何帧。

8.5 优化生成树

8.5.1 调整网桥的 BID

我们已经掌握了 STP 根桥的选举过程，在 STP 选举根桥时，其主要是根据网络中所有交换机的网桥 ID（BID）进行选举的。在传统的 BID 字段中有两个重要的参数：一个是交换机的优先级，另一个是交换机固有的 MAC 地址。而对于当今网络中的交换机而言，都会支持 VLAN 的划分，因此在交换机的 BID 中又加入扩展系统 ID 字段，扩展系统 ID 是用来标识 VLAN 的，其实在 Cisco 设备上默认使用的是传统 STP 的优化版本 PVST+，BID 字段也会使用扩展之后的形式。

如果想要优化网络结构，也就是说，通过管理员手动地调整网络中根桥的位置，这样不但可以防止二层环路，还可以让网络中的流量合理地进行转发。我们都知道在交换机的预配置中，BID 的优先级是有默认值的，默认为 32768，这个数值可以人为地进行更改，优先级的范围是<0-61440>，并且以 4096 为单位递增。

如图 8-18 所示，如果没有管理员的参与，那么网络中的交换机将会把 MAC 地址小的选举成为根桥。我们在组网时不可能逐台去查看交换机中的 MAC 地址，这样就会造成根桥的随机性很大，为了减少这种工作量，我们需要人为地干预交换机的优先级。在没有干预之前，默认优先级一样的根桥选举可能如图 8-18 所示。

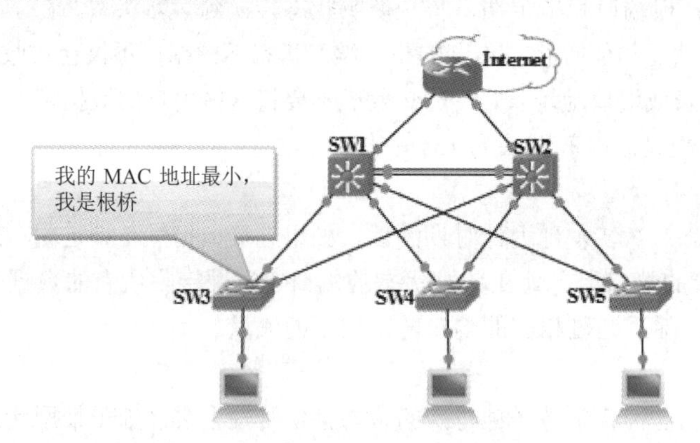

▲图 8-18 不合理的根桥

在图 8-18 中，选举完成后，根桥选在了接入层交换机中，这样增加了流量转发的不合理性。很明显根桥的位置应该在汇聚层交换机 SW1 或 SW2 的位置上，因此这时就需要网络管理员调整交换机 BID 中的优先级，从而优化网络结构。

其实在修改交换机的优先级时有如下两种方式命令（在全局模式下）：

```
Switch(config)#spanning-tree vlan vlan_ID  priority <0-61440>
```

或者

```
Switch(config)#spanning-tree vlan vlan_ID  root primary
```

第一种方法是直接修改 BID 中的优先级，第二种方法是间接修改 BID 中的优先级，这种方法是定义当前的交换机为 STP 的主根（即根桥）。

这两种配置的主要区别在于：如果管理员对所有交换机的优先级都熟知，可以把当前交换机配置为最高的优先级（数字最低）来控制根桥的选举。如果管理员不知道当前拓扑中的所有交换机的优先级，可以选择使用后者来配置，它的好处在于可以自动将当前交换机配置为最高的优先级（数字最低）。

另外，还可以在另一台交换机中使用如下命令设置备份根桥：

```
Switch(config)#spanning-tree vlan vlan_ID  root secondary
```

这个命令的效果是在主根失效的情况下，被设置了备份根桥的交换机就会成为主根，从而实现了人为干预的智能切换。尤其是在汇聚层交换机之间，可以将两个汇聚层交换机分别配置为主根桥和备份根桥，这样既能优化当前的生成树，又可以实现冗余的效果，进而避免了当主根失效后，其他交换机之间盲目地选举根桥。

8.5.2 快速端口（PortFast）

在前面已经介绍了生成树的端口状态有 4 种，这 4 种状态的转换会产生一定的延时，非直连链路发生故障时，交换机的端口由阻塞状态过渡到转发状态大约需要 50s 的时间；直连链路发生故障时，交换机的端口由阻塞状态过渡到转发状态大约需要 30s 的时间。对于大型网络来说，交换机端口的转换时间可能相对较长，因此 Cisco 研究了几种增强传统 STP 协议的方法，它们分别是 PortFast、UplinkFast 与 BackboneFast。本节将主要介绍 PortFast。

以上的几种方式都是 Cisco 私有协议每个 VLAN 生成树（PVST）所支持的特性，由于传统 STP 已经不再适用于 VLAN 的环境中，对此 Cisco 针对现有的网络开发出了 PVST+和快速生成树（RSTP），它们会根据不同的 VLAN 生成独立的生成树。

如图 8-19 所示，在交换机 SW4 的 f0/0 端口上，如果没有启用 PortFast，那么当这个 f0/0 端口有 PC 接入时，f0/0 端口将会立即进入侦听（Listening）状态，随后转换为学习（Learning）状态，最后进入转发（Forwarding）状态，这个过程需要 30s 的时间。如果我们使用 PortFast 来配置 f0/0 端口，当再次有 PC 或 Server 接入进来时，此端口会立即进入转发（Forwarding）状态。

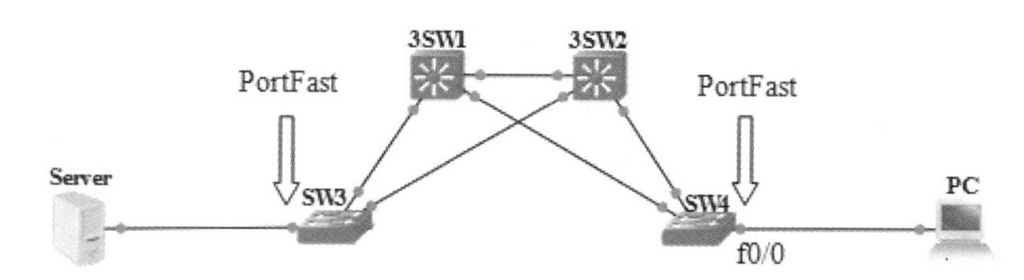

▲图 8-19　PortFast 示意图

PortFast 快速端口是 Catalyst（交换机系列）的一个特性，能使交换机或中继端口跳过侦听状态和学习状态，从而直接进入 STP 的转发状态。在基于 IOS 交换机上，PortFast 只能用于连接到终端工作站的接入（Access）端口上。

PortFast 的配置有如下几种方式：

（1）进入接口模式，PortFast 配置命令如下，配置完成后会有一些提示消息：

```
SW3(config-if)#spanning tree portfast              ---配置命令---
%Warning: portfast should only be enabled on ports connected to a single
host. Connecting hubs, concentrators, switches, bridges, etc... to this
interface when portfast is enabled, can cause temporary bridging loops.
Use with CAUTION                                    ---注释①---
%Portfast has been configured on FastEthernet0/0 but will only
```

```
have effect when the interface is in a non-trunking mode.    ---注释②---
```

注释：①大概意思是 PortFast 应该只配置在连接终端设备的接口上。如果配置在连接 HUB、集线器、交换机、网桥等设备的接口上，可能会造成网络环路，因此谨慎使用。

②大概意思是 PortFast 已经配置完成，但是此接口必须在非 Trunk 模式下才会生效。

（2）TRUNK 链路不是不可以配置 PortFast，在特定环境中可以谨慎使用。

```
SW3(config-if)#spanning tree portfast ?
disable Disable portfast for this interface
trunk Enable portfast on the interface even in trunk mode
<cr>
SW3(config-if)#spanning tree portfast trunk    ---Trunk 端口使用 PortFast---
```

（3）另外，我们还可以在全局模式下使用 PortFast 命令，配置如下：

```
SW3(config)#spanning tree portfast ?
default Enable portfast by default on all access ports
Switch(config)#spanning tree portfast default
                                        ---默认在所有 Access 端口中启用 PortFast---
SW3(config)#
```

PortFast 特性一般配置在连接终端或服务器的端口，尽量避免配置在连接另一台交换机的接口，否则可能造成网络环路，因为 STP 需要这几种端口状态构造生成树。换句话说，也就是 PortFast 最好配置在 Access 接口中。另外，如果在该端口启用了语音 VLAN，那么 PortFast 特性也将自动被启用。

注意：PortFast 的主要目的是尽量缩短 Access 端口等待的时间。如果使用了 PortFast，那么它可以防止产生 DHCP 超时的问题。

8.5.3 快速上行链路（UplinkFast）

上一节介绍了优化生成树的第一种方式以及配置方法，接下来介绍 UplinkFast。在交换机与上层相连的冗余链路中，也会存在备份链路切换延时的问题，因此我们引入了 UplinkFast 的概念。UplinkFast 一般在接入层交换机中使用，当接入层交换机有两条上行链路连向汇聚层交换机的时候，传统的生成树会把其中一条设置为阻塞（Blocking）状态，如果一条链路失效了，另一条链路大概需要经过 30～50s 才能变为转发状态，这给网络中的数据传输造成了大量的时延。

然而，使用 UplinkFast 技术就不需要等待这么长的时间，UplinkFast 的解决方法是一旦发现主线路失效，马上把阻塞状态的端口切换到转发状态，而不经过侦听和学习阶段，UplinkFast 的这个过程只需要大概 2～4s 的时间。如果想达到这种效果需要满足以下几个条件：

- 在交换机中需要启用 UplinkFast。
- 上行链路汇总存在阻塞端口，即有冗余链路。
- 必须是根端口所连接的链路发生故障。

如图 8-20 所示，四台交换机都运行 STP，根桥 3SW1 和交换机 SW4 是通过快速以太网链路直连的，SW4 的 f1/1 选举成为根端口，SW4 的 f1/0 为阻塞端口。当连接 f1/1 端口的链路发生故障时，由于交换机 SW4 没有配置 UplinkFast，因此 f1/0 端口需要等待 30s 的时间才能转换为转发状态。

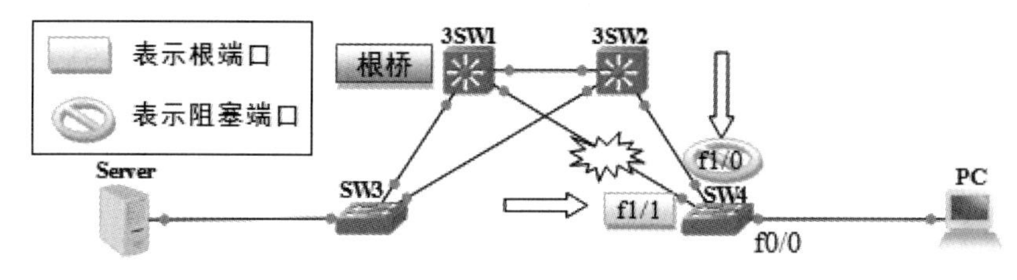

▲图 8-20　UplinkFast 示意图

如果在交换机 SW4 中配置 UplinkFast，那么当 SW4 检测到与根桥 3SW1 之间的链路失效时，UplinkFast 的特性能使交换机 SW4 的 f1/0 从阻塞状态直接变成转发状态，而不用经历侦听状态和学习状态，这个时间大概是 2～4s。

UplinkFast 的配置方法很简单，进入 SW4 全局模式下输入如下命令：

```
SW4(config)#spanning tree uplinkfast
```

在交换机配置了 UplinkFast 后，将会改变生成树原有的端口开销，并将此交换机中所有 STP 和所属 VLAN 的端口开销在原有的基础上增加 3000，另外，UplinkFast 还会将本台交换机中所有 VLAN 的优先级自动设置为 49152。由于 UplinkFast 提高了交换机上所有端口的路径开销，并降低了 VLAN 的优先级，因此这台交换机就不再适合成为根桥。

8.6　验证 STP 的运行

通过前面几个章节的描述，我们已经熟悉了有关传统生成树的一些概念，其中包括 STP 的一些常用术语、STP 根桥的选举过程、STP 的端口状态和一些优化生成树的命令等。其实这些内容或操作都会保存在生成树的一张表中，通过这张表可以查看 STP 运行状态的相关信息，包括端口角色和 BID 信息等。

我们通过配置一个简单的拓扑来验证 STP 的运行效果，如图 8-21 所示。这 3 台交换机中，SW1 和 SW2 将模拟网络中的汇聚层交换机，而 SW3 是接入层交换机，通过修改 BID 将 SW2 手动配置为根桥，并将接入层设备 SW3 的 e1/0-e1/3 配置为 PortFast，同时 SW3 还需要运行 UplinkFast。

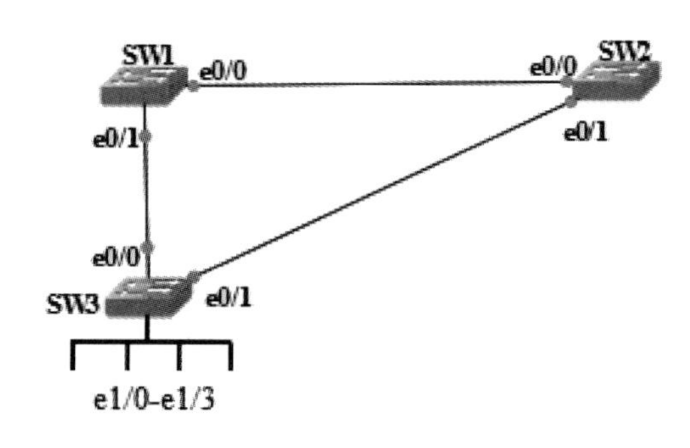

▲图 8-21　验证 STP 示意图

1. 完成相关配置

（1）将 SW2 配置为根桥。

```
SW2(config)#spanning tree vlan 1 priority 4096
```

（2）在 SW3 上配置 PortFast 和 UplinkFast。

```
SW3(config)#interface range e1/0 - 3
SW3(config-if-range)#switchport mode access
SW3(config-if-range)#spanning tree portfast
SW3(config)#spanning tree uplinkfast
```

（3）在三台交换机之间开启 Trunk 模式。

```
SW1(config)#interface range e0/0 - 1
SW1(config-if-range)#switchport trunk encapsulation dot1q
SW1(config-if-range)#switchport mode trunk
SW2(config)#interface range e0/0 - 1
SW2(config-if-range)#switchport trunk encapsulation dot1q
SW2(config-if-range)#switchport mode trunk
SW3(config)#interface range e0/0 - 1
SW3(config-if-range)#switchport trunk encapsulation dot1q
SW3(config-if-range)#switchport mode trunk
```

2. 验证 STP 的运行

（1）查看根桥 SW2 的相关配置。

```
SW2#show spanning tree
VLAN0001
  Spanning tree enabled protocol ieee
  Root ID      Priority      4097              ---记录根桥的优先级---
               Address       aabb.cc00.0100    ---记录根桥的 MAC 地址---
               This bridge is the root         ---表示自己为根桥 Root ID = Bridge ID---
               Hello Time    2 sec  Max Age  20 sec  Forward Delay     15 sec
               |  ---Hello 时间为 2s---   |    ---BPDU 保留时间---   |   ---转发延迟---   |

  Bridge ID    Priority      4097    (priority 4096 sys-id-ext 1)    ---交换机的优先级---
               Address       aabb.cc00.0100                          ---交换机的 MAC 地址---
               Hello Time    2 sec  Max Age  20 sec  Forward Delay     15 sec
               Aging Time    300 sec
Interface              Role       Sts      Cost        Prio.Nbr      Type
-------------------------- ----------- --------- -------------- -------------- -------------------------------
Et0/0                  Desg       FWD      100         128.1         Shr
Et0/1                  Desg       FWD      100         128.2         Shr
[output cut]
```

除了 RID 和 BID 的部分注释外，其中还可以知道交换机 SW2 的 E0/0 端口角色（Role）为根端口，状态（Sts）为转发状态（FWD），端口开销（Cost）为 100，端口优先级（Prio.Nbr）为 128.1。由于是根桥，所以其端口都是指定端口。

（2）查看 SW3 的相关配置。

```
SW3#show spanning tree
VLAN0001
  Spanning tree enabled protocol ieee
  Root ID      Priority     4097              ---记录根桥的优先级---
               Address      aabb.cc00.0100    ---记录根桥的 MAC 地址---
```

```
        Cost          3100              ---记录到达根桥的路径开销---
        Port          2 (Ethernet0/1)   ---记录去往根桥的端口---
        Hello Time    2 sec   Max Age   20 sec   Forward Delay 15 sec

  Bridge ID  Priority     49153   (priority 49152 sys-id-ext 1)
        Address       aabb.cc00.0200
        Hello Time    2 sec   Max Age   20 sec   Forward Delay 15 sec
        Aging Time    300 sec
  UplinkFast enabled    ---启用了 UplinkFast---
Interface          Role     Sts     Cost      Prio.Nbr    Type
------------------ -------- ------- --------- ----------- --------------------
Et0/0              Altn     BLK     3100      128.1       Shr
Et0/1              Root     FWD     3100      128.2       Shr
```

从后两行可以知道，交换机 SW3 的 E0/0 端口为非指定端口（Altn），因此端口状态为阻塞状态（BLK），E0/1 为根端口，所以端口状态为转发状态（FWD）。由于在交换机中配置了 UplinkFast，因此将本地端口的开销增加了 3000 以避免成为根桥。

（3）测试 UplinkFast 效果，将 SW3 的根端口置为禁用状态。

```
SW3(config)#interface e0/1
SW3(config-if)#shutdown
*Jan 21 18:25:42.346: %SPANTREE_FAST-7-PORT_FWD_UPLINK: VLAN0001 Ethernet0/0 moved to Forwarding
(UplinkFast).
```

可以发现，交换机 SW3 的 E0/1 端口一旦被关闭，会瞬间提示已经将阻塞端口 E0/0 置为转发状态（由 UplinkFast 执行）。

8.7　STP 的运行模式

之前的章节介绍了传统的生成树，它的特点是收敛速度比较慢。随着网络的发展，STP 的版本和特性也越来越多，其中包括 Cisco 所研发出来的每个 VLAN 生成树的不同版本 PVST、PVST+和快速 PVST+，同时还有基于 IEEE 标准的快速生成树协议（RSTP）和多生成树协议（MSTP）。本节将重点介绍快速生成树协议和多生成树协议。

8.7.1　快速生成树

快速生成树协议（Rapid Spanning Tree Protocol，RSTP）是由 802.1d 标准的 STP 发展而成，这种协议在网络拓扑发生变化时，能够让网络更快地达到收敛状态。RSTP 不仅定义了另外两种端口角色：替代端口和备份端口，而且还定义了一种新的端口状态：丢弃状态。

Cisco 使用一些新的特性（如 PortFast、UplinkFast 和 BackboneFast）来使传统的 STP 有所增强，进而加快了 STP 的收敛速度，但是其缺点是需要对当前的交换机进行额外的配置。对于 RSTP 来说，它也是基于 802.1d 的一个改进版本，而不是一个全新的 STP 标准，在很大程度上都保留了原有的 STP 体系，因此对于管理员来说，在技术的过渡上并不陌生。RSTP 相对于 Cisco 私有的扩展特性来说，它的优点在于不需要进行额外的配置就可以达到类似的效果。

1. 端口状态

RSTP 只有三种端口状态，其中丢弃状态汇总了传统 STP 的禁用状态、阻塞状态和监听状态，下面我们来介绍一下这几种端口状态的特性。

（1）丢弃状态：在网络拓扑完全收敛的状态下或拓扑同步和变化的过程中，都会出现这种端口状态。处于丢弃状态下的端口会阻止数据帧的传输，因此这种端口状态可以用来防止二层环路的产生。

（2）学习状态：在网络拓扑完全收敛的状态下或拓扑同步和变化的过程中，同样会出现这种端口状态。处于学习状态下的端口可以接收数据帧，并且可以更新或填充交换机的 MAC 地址表，除此之外，还可以限制未知单播的泛洪。

（3）转发状态：只有在网络拓扑完全收敛的状态下，才会出现这种端口状态。处在转发状态下的端口可以判断整个拓扑的状况，当网络拓扑发生变化或拓扑同步期间，两台交换机只有完成建议和同意这两个过程后，才可以开始数据帧的转发。

2. 端口角色

在 RSTP 中，端口的角色除了可以是根端口和指定端口以外，RSTP 对非指定端口又进一步划分为替代端口和备份端口。端口角色定义了端口的最终状态，也规定了每种端口处理数据帧的方式，RSTP 的好处就在于端口角色和端口状态可以相互独立地进行转化。

通过一个拓扑大概了解一下不同端口角色的分布情况，如图 8-22 所示。

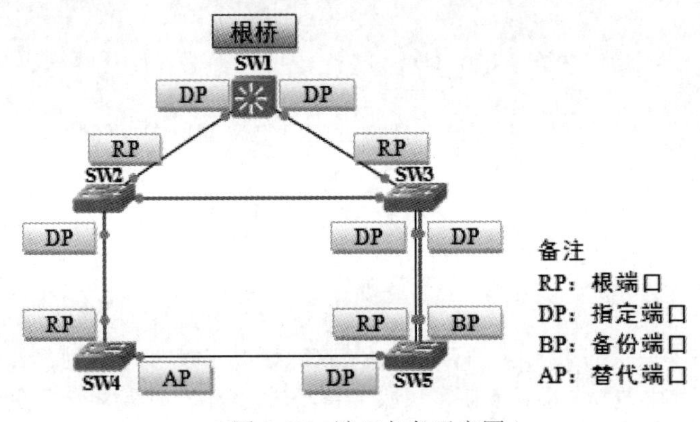

▲图 8-22　端口角色示意图

（1）根端口（Root Port）：RSTP 中定义的根端口与传统 STP 中的根端口相同，就是每台非根桥与根桥直连的端口，或者是拥有到达根桥最短路径开销的端口。每台交换机有且只能有一个根端口，在拓扑收敛的情况下根端口处于转发状态。

（2）指定端口（Designated Port）：每两个交换机之间都会选择一个指定端口。在网络拓扑收敛的状态下，指定端口会接收去往根桥的数据帧，并且处于转发状态，所有跟某一个特定网段相连的交换机都会侦听所有的 BPDU，以此来判断自己是否有资格成为指定交换机。

（3）替代端口（Alternate Port）：RSTP 中将替代端口作为去往根桥的代替路径的端口来使用。替代端口在网络完全收敛的情况下会处于丢弃状态。一般在非指定交换机中才会有替代端口，这种端口的作用是当指定端口出现故障后可以马上切换到替代端口，并且直接进入转发状态。

（4）备份端口（Backup Port）：是指在指定交换机中可能还会有一个额外的端口，它的作用是为当前交换机提供一条到达根桥冗余的链路，如果当前网桥的根端口发生故障，备份端口直接变为根端口进行数据转发。在网络收敛的状态下，备份端口也会处于丢弃状态。

3. 边缘端口和链路类型

RSTP 的边缘端口是指连接 PC、服务器或打印机等终端设备的交换机端口。当这一类设备接入边缘端口时，就会立即转换到转发状态。这些端口非常类似于 PortFast，边缘端口就是与此功能对应的一个概念，无论是边缘端口还是启用 PortFast 的端口，两者都不会在转换到禁用状态或启用状态时引起拓扑更改。与 PortFast 不同的是，如果 RSTP 边缘端口接收到 BPDU，则该端口立刻丧失边缘端口的属性，而成为普通的生成树端口。

如图 8-23 所示，拓扑中标识了边缘端口以及其他端口角色。

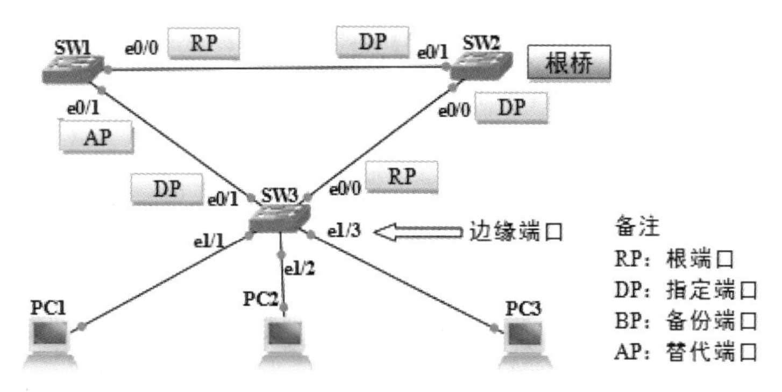

▲图 8-23　边缘端口示意图

链路类型会影响 RSTP 的端口选举，它能够事先确定交换机端口可能成为的角色类型，以便在满足特定条件时端口立即转换到转发状态。非边缘端口分为两种链路类型：点对点和共享。RSTP 的链路类型概述如表 8-4 所示。

▲表 8-4　RSTP 的链路类型

链路类型	描述
点到点	端口一般为全双工模式，该端口会认为在链路的另一端是与一台交换机相连
共享	端口一般为全双工模式，该端口会认为自身连接了一个共享设备（如 HUB）

边缘端口和点对点链路可以快速切换到转发状态，但是在考虑链路类型参数之前，RSTP 必须确定端口角色。根端口不使用链路类型参数，根端口一旦处于同步模式下，就能快速转换到转发状态。大多数情况下，替代端口和备份端口不使用链路类型参数。指定端口对链路类型参数的使用程度最高，只有当链路状态参数指示为点对点链路时，指定端口才能快速转换到转发状态。

提示：根端口一旦接收到 BPDU，就可以快速进入转发状态，而非指定端口则会进入阻塞状态，这个操作过程同步。

8.7.2　多生成树

多生成树（Multiple Spanning Tree，MST）是基于 IEEE 802.1w RSTP 的算法，将其扩展到了多组生成树上。MST 的主要目的是减少交换机维护的生成树的数量，从而可以降低交换机的 CPU 占用率。对于之前的快速生成树来说，它是根据拓扑中存在的每一个 VLAN 来构建出多个独立的生成树。不同的是，MST 引入了实例的概念，它可以使用最少的实例来绑定现有的多个 VLAN，从而使交换机只需要维护 MST 的几个实例即可。

如图 8-24 所示，这个拓扑是一个较为常见的模型，三层交换机 3SW1 和 3SW2 是汇聚层交换机，在接入层交换机 SW1 和 SW2 中各有 100 个 VLAN（1～100），我们希望每个接入层交换机中 VLAN1～50 的流量通过 3SW1 转发，而 VLAN51～100 的流量通过 3SW2 转发，这样可以实现接入层上行链路的负载均衡。对于一般的 STP 协议来说，就需要在交换机中维护 100 个生成树。试想一下，如果有 1000 个 VLAN，对于交换机的性能会造成一定的浪费，并且管理也不方便。

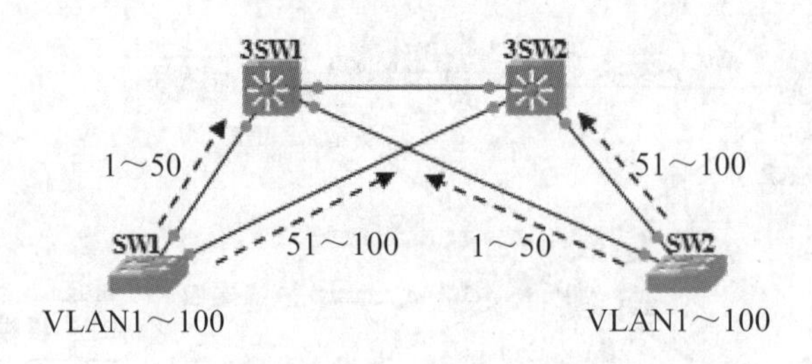

▲图 8-24　VLAN 负载模型

相对于其他生成树而言，MST 的优势在于可以使用实例分组根据实际需求来映射所有的 VLAN，通过维护几个生成树实例来降低对交换机资源的要求，如图 8-25 所示。通过使用 MST 实现了对 VLAN 的分组，每个 MST 实例都有独立于其他生成树实例的拓扑，这种架构可以为数据流量提供多条路径转发，并支持负载均衡。在图 8-25 中 MST 使用了两个实例将 100 个 VLAN 进行分组，从而只需要维护 2 个生成树实例即可。

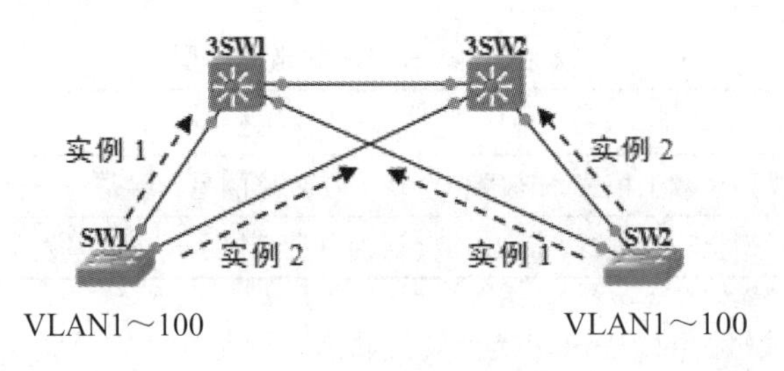

▲图 8-25　MST 模型

8.7.3　调整生成树的模式

经过前面几个章节对快速生成树和多生成树的介绍，相信大家已经对这两种生成树的概念有所了解了，本节主要对其具体的配置方法进行介绍。

1. RSTP

快速生成树（RSTP）的配置比较简单，如下：

（1）在全局模式下更改 STP 的模式为快速生成树。

```
Switch(config)#spanning tree mode rapid-pvst
```

（2）在接口模式下配置相应的中继端口为点到点类型（可选命令）。

```
Switch(config-if-range)#spanning tree link-type point-to-point
```

对于配置了 spanning tree link-type point-to-point 命令的端口，如果通过点对点链路将其连接到远程端口，而且本地端口是指定端口，那么交换机会与远程端口协商并快速将本地端口转换到转发状态。一般来讲，交换机可以自动侦测链路类型，这是一个可选的命令。

（3）在特权模式下清除所有检测到的 STP。

```
Switch#clear spanning tree detected-protocols
```

如果端口配置了 clear spanning-tree detected-protocols 命令，而且该端口连接到传统 IEEE 802.1d 交换机的端口，那么 Cisco IOS 软件会重新启动整个交换机上的协议迁移过程。虽然此步骤不是必需的，但我们建议将其作为标准步骤采用，即使指定交换机检测到此交换机在运行快速 PVST+也一样。

2. MSTP

多生成树（MSTP）的配置相对复杂，如下：

（1）在全局模式下更改 STP 模式为多生成树。

```
Switch(config)#spanning tree mode mst
```

（2）进入 MSTP 的配置模式。

```
Switch(config)#spanning tree mst configuration
Switch(config-mst)#show current                          ---查看修改前的配置---
Switch(config-mst)#revision revision_number              ---设置 MSTP 的配置修订号---
Switch(config-mst)#name name                             ---配置域名---
Switch(config-mst)#instance instance_number vlan vlan_range
                                                         ---将 VLAN 映射到实例---
Switch(config-mst)#show pending                          ---查看修改后的配置---
Switch(config-mst)#exit                                  ---应用并退出---
```

（3）配置根桥命令：

```
Switch(config)#spanning tree mst instance_number  root primary | secondary
                                                  ---通过 root 命令配置主根或备份根---
Switch(config)#spanning tree mst instance_number  priority ?
<0-61440>    bridge priority in increments of 4096
                                                  ---通过 priority 命令修改优先级---
```

8.8 实训案例

8.8.1 实验环境

实验拓扑：本次实验使用的拓扑通过 GNS3 搭建，如图 8-26 所示。

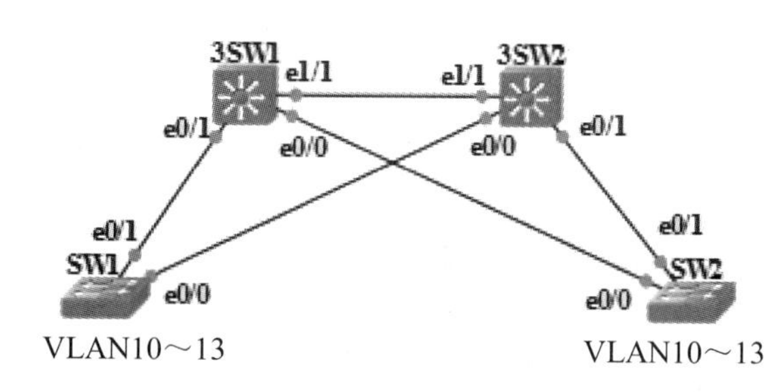

▲图 8-26　实验拓扑

实验说明：我们将通过此图例来完成生成树的两个实验：快速生成树和多生成树。

（1）快速生成树说明：在交换机 SW1 和 SW2 中分别配置 4 个 VLAN，它们是从 VLAN10 到 VLAN13。将图中的交换机 3SW1 配置为 VLAN10 和 VLAN11 的根桥，将交换机 3SW2 配置为

VLAN12 和 VLAN13 的根桥，并且两个交换机互为备份根。

（2）多生成树说明：在交换机 SW1 和 SW2 中分别配置 4 个 VLAN，它们是从 VLAN10 到 VLAN13。首先创建 2 个实例 instance1 和 instance2，并且将 instance1 关联 VLAN10 和 VLAN11，将 instance2 关联 VLAN12 和 VLAN13，然后将交换机 3SW1 配置为实例 1 的根桥，将交换机 3SW2 配置为实例 2 的根桥，并且两个交换机互为备份根。

8.8.2 实验目的

- 掌握 RSTP 的配置方式。
- 掌握 MSTP 的配置方式。

8.8.3 实验过程

任务一：配置 RSTP

Step 1 创建 VLAN。

```
3SW1(config)#vlan 10,11,12,13          ---用逗号隔开可以同时创建多个 VLAN---
3SW1(config-vlan)#exit                 ---保存并退出---
3SW2(config)#vlan 10,11,12,13
3SW2(config-vlan)#exit
SW1(config)#vlan 10,11,12,13
SW1(config-vlan)#exit
SW2(config)#vlan 10,11,12,13
SW2(config-vlan)#exit
```

Step 2 将每台交换机中的生成树模式修改为快速生成树。

```
3SW1(config)#spanning tree mode rapid-pvst
3SW2(config)#spanning tree mode rapid-pvst
SW1(config)#spanning tree mode rapid-pvst
SW2(config)#spanning tree mode rapid-pvst
```

Step 3 指定点到点链路（可选步骤，实际中交换机能自动侦测这种链路类型，GNS3 模拟器中需要指定）。

```
3SW1(config)#interface range e0/0 - 1,e1/1
3SW1(config-if-range)#spanning tree link-type point-to-point
3SW2(config)#interface range e0/0 - 1,e1/1
3SW2(config-if-range)#spanning tree link-type point-to-point
SW1(config)#interface range e0/0 - 1
SW1(config-if-range)#spanning tree link-type point-to-point
SW2(config)#interface range e0/0 - 1
SW2(config-if-range)#spanning tree link-type point-to-point
```

Step 4 指定根桥。

```
3SW1(config)#spanning tree vlan 10,11 root primary       ---设置 VLAN10 和 VLAN11 主根---
3SW1(config)#spanning tree vlan 12,13 root secondary     ---设置 VLAN12 和 VLAN13 备份根---
3SW2(config)#spanning tree vlan 12,13 root primary
3SW2(config)#spanning tree vlan 10,11 root secondary
```

Step 5 开启 Trunk。

```
3SW1(config)#interface range e0/0 - 1,e1/1
3SW1(config-if-range)#switchport trunk encapsulation dot1q
```

```
3SW1(config-if-range)#switchport mode trunk
3SW2(config)#interface range e0/0 - 1,e1/1
3SW2(config-if-range)#switchport trunk encapsulation dot1q
3SW2(config-if-range)#switchport mode trunk
SW1(config)#interface range e0/0 - 1
SW1(config-if-range)#switchport trunk encapsulation dot1q
SW1(config-if-range)#switchport mode trunk
SW2(config)#interface range e0/0 - 1
SW2(config-if-range)#switchport trunk encapsulation dot1q
SW2(config-if-range)#switchport mode trunk
```

Step 6 验证 RSTP 的运行效果。

```
SW2#show spanning tree
[output cut]
VLAN0010
  Spanning tree enabled protocol rstp
  Root ID     Priority     24586
              Address      aabb.cc00.0300
              Cost         100
              Port         1 (Ethernet0/0)
              Hello Time   2 sec   Max Age   20 sec   Forward Delay   15 sec
  Bridge ID   Priority     32778   (priority 32768 sys-id-ext 10)
              Address      aabb.cc00.0200
              Hello Time   2 sec   Max Age   20 sec   Forward Delay   15 sec
              Aging Time   300 sec

Interface           Role   Sts    Cost       Prio.Nbr    Type
------------------- ------ ------ ---------- ----------- ----------------------
Et0/0               Root   FWD    100        128.1       P2P
Et0/1               Altn   BLK    100        128.2       P2P
[output cut]
```

以上只是交换机 SW2 中的一部分输出，可以看到 SW2 上的 VLAN10 其根端口为 E0/0，所以配置是生效的，另外在 GNS3 中对于以太网端口来说，默认情况下端口类型为 share 类型，我们将其手动更改为 P2P，即点到点类型。

任务二：配置 MSTP

Step 1 将每台交换机中的生成树模式修改为多生成树。

```
3SW1(config)#spanning tree mode mst
3SW2(config)#spanning tree mode mst
SW1(config)#spanning tree mode mst
SW2(config)#spanning tree mode mst
```

Step 2 进入多生成树配置子模式。

```
3SW1(config)#spanning tree mst configuration
3SW1(config-mst)#revision 1                ---配置修订号---
3SW1(config-mst)#name region1              ---创建域名---
3SW1(config-mst)#instance 1 vlan 10,11     ---创建实例 1 关联 VLAN10 和 VLAN11---
3SW1(config-mst)#instance 2 vlan 12,13     ---创建实例 2 关联 VLAN12 和 VLAN13---
3SW1(config-mst)#exit
3SW2(config)#spanning tree mst configuration
```

```
3SW2(config-mst)#revision 1
3SW2(config-mst)#name region1
3SW2(config-mst)#instance 1 vlan 10,11
3SW2(config-mst)#instance 2 vlan 12,13
3SW2(config-mst)#exit
SW1(config)#spanning tree mst configuration
SW1(config-mst)#revision 1
SW1(config-mst)#name region1
SW1(config-mst)#instance 1 vlan 10,11
SW1(config-mst)#instance 2 vlan 12,13
SW1(config-mst)#exit
SW2(config)#spanning tree mst configuration
SW2(config-mst)#revision 1
SW2(config-mst)#name region1
SW2(config-mst)#instance 1 vlan 10,11
SW2(config-mst)#instance 2 vlan 12,13
SW2(config-mst)#exit
```

Step 3 设置根桥，3SW1 为实例 1 的主根和实例 2 的备份根，3SW2 为实例 2 的主根和实例 1 的备份根。

```
3SW1(config)#spanning tree mst 1 root primary
3SW1(config)#spanning tree mst 2 root secondary
3SW2(config)#spanning tree mst 2 root primary
3SW2(config)#spanning tree mst 1 root secondary
```

Step 4 验证 MSTP 的效果。

```
SW1#show spanning tree mst configuration
Name          [region1]
Revision      1 Instances configured 3
Instance      Vlans mapped
------------- -----------------------------------------------------------------
0             1-9,14-4094
1             10-11
2             12-13
---------------------------------------------------------------------------------
```

通过在 SW1 上使用 show spanning-tree mst configuration 命令可以看到在当前交换机中的 MSTP 配置，其中域名为 region1，版本修订号为 1，实例分组情况有 0、1 和 2，0 代表默认分组，1 和 2 是我们创建的分组，后面的数字为其所关联的 VLAN。

```
SW1#show spanning tree mst
[output cut]  ---省略了默认分组的输出---
##### MST1      vlans mapped:    10-11
Bridge          address aabb.cc00.0900  priority      32769 (32768 sysid 1)
Root            address aabb.cc00.0300  priority      24577 (24576 sysid 1)
                port      Et0/1     cost      2000000     rem hops 19
Interface       Role      Sts       Cost      Prio.Nbr    Type
---------------------- ---------- -------- ---------------- ------------- -------------------------------
Et0/0           Altn      BLK       2000000   128.1       Shr
Et0/1           Root      FWD       2000000   128.2       Shr

##### MST2      vlans mapped:    12-13
```

```
Bridge           address aabb.cc00.0900   priority      32770 (32768 sysid 2)
Root             address aabb.cc00.0a00   priority      24578 (24576 sysid 2)
                 port      Et0/0     cost          2000000      rem hops 19
Interface        Role      Sts       Cost          Prio.Nbr     Type
---------------- --------- -------- -------------- ------------- ---------------------------
Et0/0            Root      FWD       2000000       128.1        Shr
Et0/1            Altn      BLK       2000000       128.2        Shr
```

其中 MST1 表示实例的分组编号为 1，vlans mapped 是所关联的 VLAN，之后的 Bridge 为当前交换机的 BID 信息，Root 是此分组的根桥 BID 信息，后面的两行表示 MSTP 的中继接口的状态。

8.9　习题

1．下列各选项中是二层网络无环协议的是________。

A．VTP　　B．STP　　C．LACP　　D．CDP

2．下列各选项中表明生成树网络已经收敛的是________。

A．所有的交换机和网桥端口均处于转发状态

B．所有的交换机和网桥端口均被分配为根端口或指定端口

C．所有的交换机和网桥端口均处于转发状态或阻塞状态

D．所有的交换机和网桥端口均处于阻塞状态或环回状态

3．想在交换机上运行新的 802.1w 协议，下列命令中可以启用这个协议的是________。

A．Switch(config)#spanning tree mode rapid-pvst

B．Switch#spanning tree mode rapid-pvst

C．Switch(config)#spanning tree mode 802.1w

D．Switch#spanning tree mode 802.1w

4．如果想要一个连接到服务器的端口在激活后直接进入转发状态，可以使用的命令是________。

A．disable spanning tree　　B．spanning tree off

C．spanning tree security　　D．spanning tree portfast

5．下列各设备与交换机连接的接口可以启用 PortFast 特性的是________。

A．主机　　B．网桥　　C．交换机　　D．集线器

习题答案

1．B　2．C　3．A　4．D　5．A

9 使用 FHRP 保障网络的高可用性

如果网络中的主机或服务器需要通信，那么就需要借助于网关。因此无论是路由器还是多层交换机，它们作为网关在网络通信中起着至关重要的作用。在网络设计时我们需要考虑到网络的高可用性，其中网关的冗余也是非常重要的一部分，因此想让这些网关能够在运行中提供冗余性和负载分担，就需要网络管理员配置首跳冗余性协议，也称为网关冗余协议。

首跳冗余性协议（First Hop Redundancy Protocol，FHRP）主要用来解决网关问题，提高冗余性和负载均衡。它提供了默认网关的冗余性，其方法是让一台路由器充当活跃的网关路由器，而另一台或多台其他路由器则处于备用模式。在可以使用首跳冗余协议之前，网络的冗余性依赖于代理 ARP 和静态网关配置。

热备份路由协议（Hot Standby Routing Protocol，HSRP）的设计目标是支持特定情况下 IP 流量失败转移不会引起混乱，并允许主机使用单路由器，以及即使在实际第一跳路由器使用失败的情形下仍能维护路由器间的连通性。换句话说，当源主机不能动态地知道第一跳路由器的 IP 地址时，HSRP 协议能够保护第一跳路由器不出故障。

虚拟路由冗余协议（Virtual Router Redundancy Protocol，VRRP）是由 IETF 提出的解决局域网中配置静态网关出现单点失效现象的路由协议，1998 年已推出正式的 RFC2338 协议标准。VRRP 广泛应用在边缘网络中，它的设计目标是支持特定情况下 IP 数据流量失败转移不会引起混乱，允许主机使用单路由器，以及在实际第一跳路由器使用失败的情形下仍能够及时维护路由器间的连通性。

网关负载均衡协议（Gateway Load Balancing Protocol，GLBP）是思科的专有协议，它不仅提供冗余网关，还在各网关之间提供负载均衡。

本章将会讨论有关网关冗余的几种常用技术，如 HSRP、VRRP 和 GLBP。

本章主要内容：

- 首跳冗余性协议（FHRP）
- 热备份路由协议（HSRP）
- 虚拟路由冗余协议（VRRP）
- 网关负载均衡协议（GLBP）

9.1　FHRP 简介

首跳冗余性协议（First Hop Redundancy Protocol，FHRP）指的是对所有网关冗余性协议的总称，而不是某一种具体的协议。这一类协议（如 HSRP 和 VRRP）提供了默认网关的冗余性，它们的工作方式是使一台路由器或提供路由功能的三层交换机充当活跃的网关，让另一台或多台设备处于备份状态，一旦活跃的网关路由断掉之后，备份的网关路由会马上进入活跃状态。

我们都知道，终端设备（PC 或 Server）想要通过路由设备通信，则需要配置相应的网关，但是对于每一个客户端来说，它的局限性在于只能配置一条默认的网关，即使有第二台路由设备可以转发该终端的数据，它也只能按照默认网关的路径转发。

通常情况下 PC 只有单一的网关 IP 地址，如果网关设备 3SW1 出现故障后，那么本地的 PC 将不能正常访问服务器以及其他资源，如图 9-1 所示。我们可以看到，拓扑中还有另外一台设备可以到达服务器，但是 PC 不会动态地更改其默认的网关，这将导致 PC 彻底与外界失去联系。

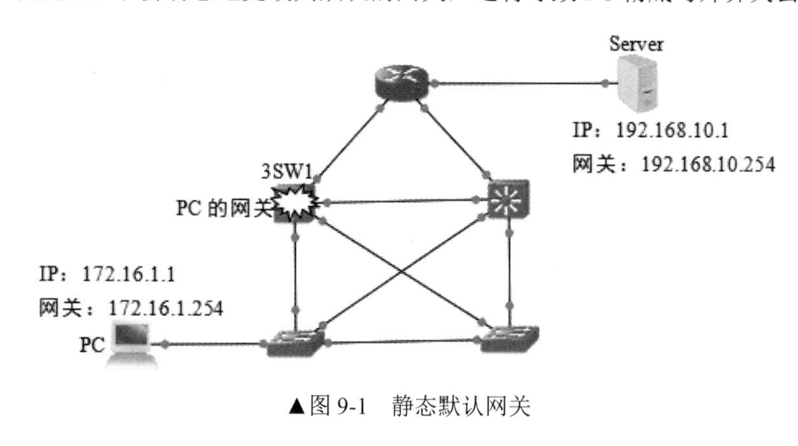

▲图 9-1　静态默认网关

9.2　HSRP

9.2.1　HSRP 概述

热备份路由协议（Hot Standby Router Protocol，HSRP）是 Cisco 平台一种特有的技术，是 Cisco 的私有协议，这种协议的好处在于它能够提供网关的冗余功能，并且不需要在终端上进行额外的操作。HSRP 需要配置在一组可以提供冗余的路由器上，这一组路由器可以模拟一台虚拟的路由器并对一个网段内的所有终端提供网关服务。

R1 和 R2 路由器可以通过共享一个 IP 地址和 MAC 地址来构成一个虚拟路由器，如图 9-2 所示。我们只需要将 PC 中的默认网关设置成虚拟路由器的 IP 地址，其他的事情就可以交给 HSRP 来做了。当主机 PC 需要和其他的网络通信时，首先会通过 ARP 来解析出虚拟路由器的 MAC 地址。我们都知道虚拟路由器并不是真实存在的，而只是一个逻辑的概念，所以当实际通信时数据会转发到当前 HSRP 组中活跃的路由器 R1 上。

基于上述的这种概念，HSRP 提供了一种透明转换的机制，如果说 HSRP 组中的活跃路由器 R1 发生故障，那么路由器 R2 就会接替 R1 执行该网络的转发任务。对于 PC 来说，PC 只会认为自己只连接了一台路由器，而没有主备切换的概念，所以整个过程对于 PC 来说是透明的，如图 9-3 所示。

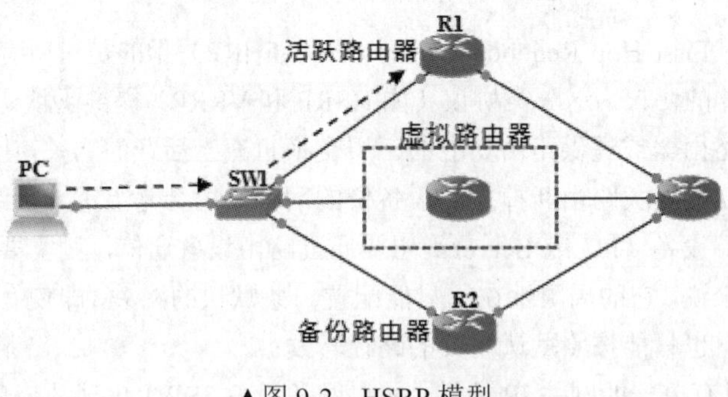

▲图 9-2　HSRP 模型

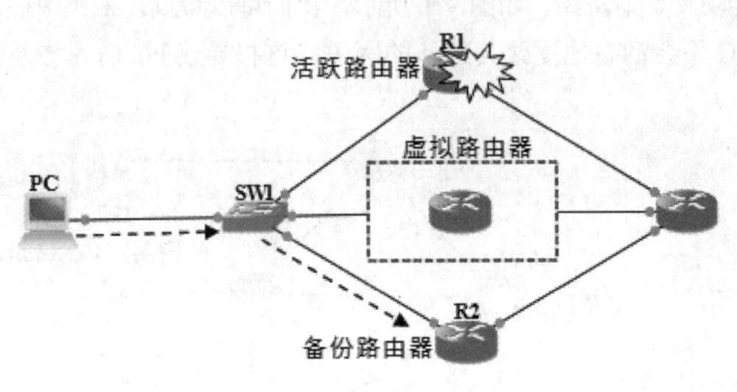

▲图 9-3　HSRP 主备份切换

HSRP 活跃路由器和备份路由器都会向组播 224.0.0.2 的 UDP 端口发送 Hello 消息，以此来证明自己的存在，如果 HSRP 组中的备份路由器长时间没有收到活跃路由器发的 Hello 消息，那么它就会认为活跃路由器故障，并将自己置为活跃路由器。HSRP 优先级较高的将会成为活跃路由器，默认情况下 HSRP 的优先级为 100。另外，在一个 HSRP 组中只能有一个活跃路由器和一个备份路由器。

HSRP 不仅可以配置在路由器的接口中，同样还可以配置在三层交换机的 SVI 接口中。如图 9-4 所示是网络拓扑中较为常见的模型，如果每一台 PC 代表一个网段，那么可以在汇聚层交换机中创建 3 个 SVI 接口，并在不同的接口中分别创建一个 HSRP 分组，这样可以同时满足 3 个网段网关的冗余。

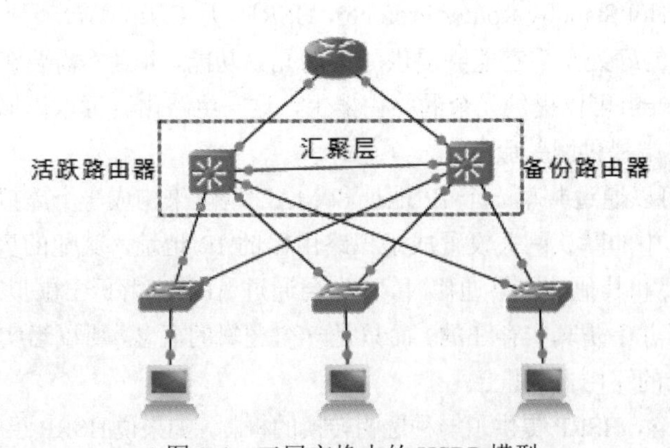

▲图 9-4　三层交换中的 HSRP 模型

9.2.2　HSRP 的配置

当运行 HSRP 的时候，终端设备会获取一个虚拟路由器的 MAC 地址，而不会获取真实路由器的 MAC 地址，这是因为在接口中启用 HSRP 的时候路由器会自动关闭 ICMP 重定向的功能。

接下来详细介绍一下 HSRP 的配置命令，HSRP 既可以在路由器的接口下使用，也可以在 SVI 接口下使用，下面是具体的配置命令（以路由器的接口为例）。

1. 配置组号和虚拟网关

```
Router(config-if)#standby [group_number] ip [ip_address]
```

在该接口下配置 HSRP 的分组并配置虚拟网关地址，其中 group_number 的可选范围是<0-255>，通过 standby 命令确定唯一的组编号，这样可以创建多个 HSRP 分组。相同组号的路由器属于同一个 HSRP 组，同一个 HSRP 组的路由器的虚拟 IP 地址必须一致。

```
Router(config-if)#no standby [group_number] ip [ip_address]
```

在此命令前面加 no 可以禁用 HSRP。

2. 配置优先级

```
Router(config-if)#standby [group_number] priority [priority_value]
```

每个 HSRP 分组都有自己的活跃路由器和备份路由器，我们可以使用上述命令来配置 HSRP 的优先级，从而指定活跃路由器和备份路由器，优先级的范围是<0-255>。

在选举过程中，哪个路由器的 HSRP 优先级高，哪个路由器就是活跃路由器，如果两个路由器中的 HSRP 优先级相同，那么拥有最高 IP 地址的路由器将会被选举成为活跃路由器。如果想恢复默认的 HSRP 优先级，可以使用 no standby priority 命令将优先级恢复成默认的 100。

3. 配置抢占

如果当前活跃交换机出现故障后，备份交换机成为 Active 状态，但是当故障恢复后，即使之前的 Active 交换机的优先级大于当前 Active 交换机的优先级，默认的情况下也不会让其重新选举为 Active 状态，如图 9-5 所示。如果想让原来的活跃路由器重新成为 Active 路由器，需要打开抢占功能，命令如下：

```
Router(config-if)#standby [group_number] preempt delay minimum [time]
```

上述命令中的 delay 参数为可选项，也可以不配置抢占延迟时间，time 的配置范围是<0-3600>，单位为秒。

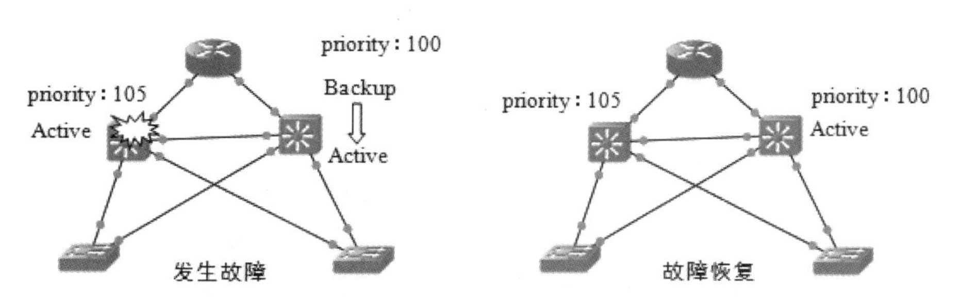

▲图 9-5　HSRP 不配置抢占的情况

4. 配置端口追踪

我们可以让 HSRP 路由器对其上行链路的状态进行跟踪，当活动路由器检测到上行链路故障时会自动降低优先级，使原来的备份路由器成为新的活跃路由器，保证数据转发不中断，命令如下：

```
Router(config-if)#standby [group_number] track [interface_port ]
[Decrement_value]
```

上述命令表示在当前分组中追踪（track）上行链路的端口（interface_port），如果检测到上行链路出现故障就会降低其优先级，Decrement_value 表示降低的单位，此参数的可选范围是<1-255>，默认情况下优先级自动降低 10。

5. 查看命令

```
SW1#show standby brief
Interface   Grp  Pri   P  State    Active        Standby        Virtual IP
Vl10        10   130   P  Active   local         172.16.10.11   172.16.10.254
Vl20        20   110   P  Standby  172.16.20.20  local          172.16.20.254
```

通过此命令可以查看 HSRP 的摘要信息，其中包括 SVI 接口（interface）、组号（Grp）、优先级、启用抢占功能（P）、当前分组状态（State）、活动路由器（Active）和备份路由器（Standby），还有分组的虚拟 IP 地址（Virtual IP）。我们也可以使用“show standby ?”显示所有 HSRP 的查看命令，在此就不一一介绍了。

如图 9-6 所示，以三层交换机为例，处于活跃状态的交换机追踪了连接上行链路的端口，并以 20 的优先级减少。此时如果被追踪的端口发生了故障，该交换机就会自动以设置好的参数降低其优先级，并以降低后的优先级发送 Hello 消息。右侧的交换机收到 Hello 消息后发现自己的优先级较高，由于配置了抢占特性，因此右侧的交换机将被置为 Active 状态。

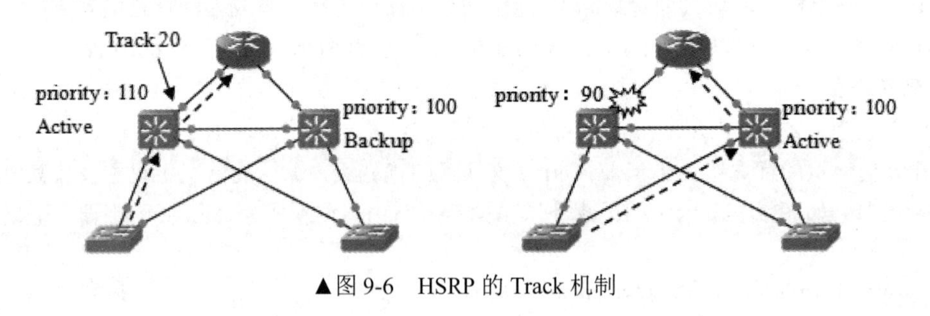

▲图 9-6　HSRP 的 Track 机制

9.3 VRRP

9.3.1 VRRP 概述

虚拟路由冗余协议（Virtual Router Redundancy Protocol，VRRP）与 HSRP 有些类似，如在路由器故障切换的方法上基本相同，还有 VRRP 同样是将一组路由器配置成一个虚拟的路由器，不同的是 VRRP 是基于 IEEE 标准的，因此可以适用于不同的厂商。在 HSRP 或 VRRP 的分组中，选举出一台路由器负责处理发送到虚拟 IP 地址中的所有请求，不过在 VRRP 中取而代之的是主用路由器（Master）和备用路由器（Backup），备用路由器在 VRRP 中可以有多台。

在实际组网中一般会使用 VRRP 对网络进行负载均衡设置。负载均衡方式是指多台路由器或汇聚层交换机同时承担业务，避免设备闲置，因此需要建立两个或更多的备份组实现负载分担。如图 9-7 所示，3SW1 作为 VLAN10 网段网关的 Master 和 VLAN20 网段网关的 Backup，3SW2 作为

VLAN20 网段网关的 Master 和 VLAN10 网段网关的 Backup。但是在实际应用中往往需要配合 STP 一起使用，才能达到最佳的效果，从而实现真正意义上的负载均衡。

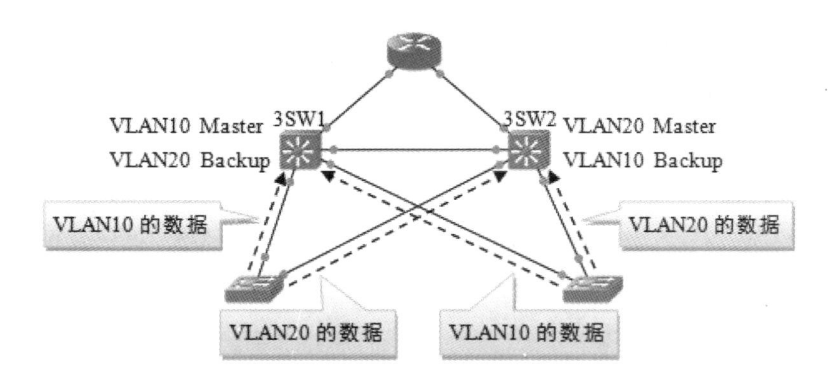

▲图 9-7　VRRP 的负载均衡

VRRP 的冗余具有以下特点：

- 每个 VRRP 分组都包括一个主用路由器和若干个备用路由器，各 VRRP 分组的主用路由器可以不相同。
- 同一台路由器可以加入多个 VRRP 分组，在不同分组中有不同的优先级，使该路由器可以在一个 VRRP 组中作为 Master，在其他的 VRRP 组中作为 Backup。
- VRRP 分组的 IP 可以配置物理的 IP 地址，一旦配置为物理的 IP 地址，此路由器或交换机将成为 Master，如果不使用物理地址，则按照优先级选举。

针对 HSRP 和 VRRP 各自的特性，我们通过表 9-1 来进行对比分析，这样可以更加直观地了解这两种协议。

▲表 9-1　HSRP 和 VRRP 的特性

HSRP	VRRP
HSRP 属于 Cisco 私有协议	VRRP 基于 IEEE 标准
最多支持 16 个分组	最多支持 255 个分组
有 1 个活跃路由器和 1 个备份路由器	有 1 个活跃路由器和多个备份路由器
在配置虚拟 IP 时，不能使用物理 IP 地址	在配置虚拟 IP 时，可以使用物理 IP 地址
使用组播 224.0.0.2 发送 Hello 消息	使用 224.0.0.18 发送 Hello 消息
可以追踪接口和对象	只能追踪对象

如图 9-8 所示是一个 VRRP 分组的示意图，其中三层交换机 3SW1、3SW2 和 3SW3 为同一个 VRRP 组的成员，由于分组的虚拟 IP 地址和 3SW1 的虚拟接口 SVI 的物理地址一样，因此 3SW1 成为此分组的 Master，并且 3SW1 将会处理所有发往虚拟 IP 地址 10.1.1.1 的数据。

如图 9-8 所示，对于这三台 PC 来说，只需要将网关地址配置为 VRRP 分组的虚拟 IP 地址 10.1.1.1 即可，当主用三层交换机 3SW1 出现故障以后，另外两个三层交换机 3SW2 和 3SW3 就会根据优先级来竞争 Master；如果故障恢复后，3SW1 将会重新回到 Master 状态。另外，由于将 VRRP 的虚拟 IP 地址和交换机 3SW1 的 SVI 接口物理 IP 地址配置成了相同的 IP，因此 3SW1 就会直接成为

Master，并将优先级升为 255。

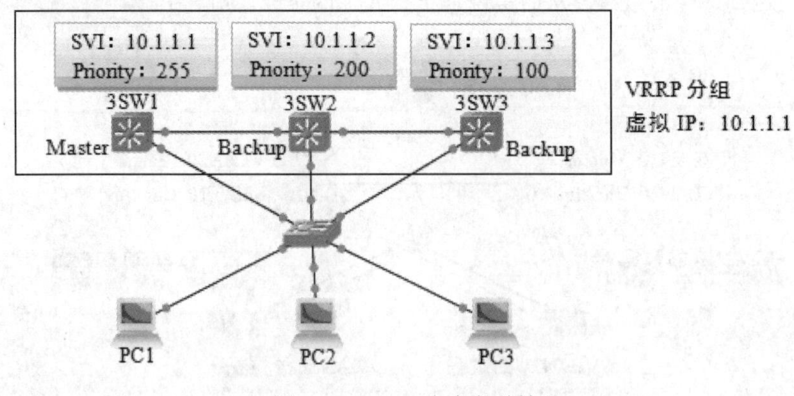

▲图 9-8　VRRP 多个备份情况

9.3.2　VRRP 的配置

通过上一章节的概述，我们基本了解了 VRRP 的工作原理，接下来这一节将会介绍 VRRP 的配置命令。VRRP 和 HSRP 的配置模式一样，需要进入接口模式下进行配置，VRRP 既可以在路由器的接口中配置，也可以在三层交换机的 SVI 接口中配置。下面是 VRRP 的配置命令（以三层交换机的 SVI 接口为例）。

1. 配置组号和虚拟 IP

```
Switch(config-if)#vrrp [group_number] ip [ip_address]
```

其中，group_number 表示要运行的 VRRP 组号，范围是<0-255>，在一个接口下可以同时运行多个 VRRP 组；ip_address 表示这个 VRRP 组要设置的虚拟 IP 地址，这个地址可以和物理接口的 IP 地址相同。

2. 配置 VRRP 优先级

```
Switch(config-if)#vrrp [group_number] priority [priority_value]
```

其中，group_number 表示 VRRP 组号；priority_value 表示 VRRP 优先级的值，它的取值范围是<1-255>，值越大优先级越高，默认情况下优先级为 100。如果 VRRP 的虚拟 IP 地址和某个物理接口地址相同，这个接口的优先级自动设置为 255，那么此路由器必定成为主用路由器；如果 VRRP 的虚拟 IP 地址和任何一个接口地址都不相同，则根据 VRRP 优先级来确定哪个路由器是主用路由器，优先级最高者成为主用路由器。

3. 配置抢占

```
Switch(config-if)#vrrp [group_number] preempt delay minimum [time]
```

其中，group_number 表示 VRRP 组号；time 表示 VRRP 路由器声明自己为 Master 的时间延迟，配置范围是<0-3600>，单位是秒，默认情况下为 0。在默认情况下可以抢占，如果配置了不可抢占，则在备用路由器的优先级高于主用路由器时不会发生主备倒换。

4. 配置 VRRP 追踪

VRRP 支持对象追踪，工作时需要在全局模式下设置追踪的对象，配置命令如下：

```
Switch(config)# track [tracked_object] interface [interface_port ] line-protocol
```

其中，track 命令用于跟踪接口协议状态的 up 或 down，当相应接口状态发生变化时，触发与之相关的模块进行变化处理。tracked_object 表示 track 的对象编号，它的范围根据不同的版本可能有所差别；interface_port 表示追踪接口的接口名称。实例中以 line-protocol 为例，即接口状态的跟踪功能。

然后在接口模式下配置以下命令：

```
Switch(config-if)# vrrp [group_number] track [tracked_object] decrement
[Decrement_value]
```

配置 VRRP 分组跟踪某个 track 的链路状态，如果该接口状态从 up 变为 down，则主动降低优先级；相反，如果从 down 变为 up，则主动升高优先级以加快 VRRP 主备之间的切换。其中，group_number 表示 VRRP 组号；tracked_object 表示 track 对象编号，也就是在全局模式下配置的对象编号；Decrement_value 表示将要降低的优先级数值，它的范围是<1-255>，默认情况下自动降低 10。

5. 配置 VRRP 通告时间间隔

```
Switch(config-if)#vrrp [group_number] timers advertise ?
  <1-255>   Advertisement interval in seconds
  msec      Specify time in milliseconds
```

其中，msec 表示将时间间隔的单位从秒变为毫秒；<1-255>是 Master 发送 VRRP 通告的时间间隔，单位为秒；使用 msec 字段时，单位为毫秒，它的取值范围是<50-999>。对于取值范围，不同的版本可能有所差别。

6. 验证 VRRP

```
3SW1#show vrrp brief
Interface  Grp  Pri  Time   Own Pre   State    Master addr    Group addr
Vl10       10   130  3492   Y         Master   172.16.10.10   172.16.10.254
Vl20       20   110  3570   Y         Backup   172.16.20.20   172.16.20.254
```

通过此命令可以查看 VRRP 的摘要信息，其中包括 SVI 接口（interface）、组号（Grp）、优先级（Pri）、抢占策略（Pre，Y 表示启用）、当前分组状态（State）、主用路由器的 IP 地址（Master addr）、分组的虚拟 IP 地址（Group addr）。我们也可以使用“show vrrp?”显示所有 VRRP 的查看命令，在此就不一一介绍了。

9.4 GLBP

9.4.1 GLBP 概述

我们已经熟悉了 HSRP 和 VRRP 的主要任务是实现网关的冗余，并且如果出现故障后能够实现快速切换，以此保证链路的高可用性。但是对于这两种协议来说，它们只能通过活跃路由器或主用路由器来转发客户端的流量，因此对于备份路由器这些资源，没有得到充分的利用。HSRP 和 VRRP 只能通过创建多个组来实现负载均衡，然而对于大型网络来说，管理员可能需要很大的工作量。

针对 HSRP 和 VRRP 的这些不足之处，我们将引入本章的主要内容——GLBP，GLBP 是 Gateway Load Balancing Protocol（网关负载均衡协议）的简称。GLBP 是 Cisco 私有的解决方案，它不仅可以实现在多台设备上的故障切换，还可以支持多台网关设备同时转发客户端的流量。通过使用 GLBP 让所有的备份资源可以得到充分利用，而且在配置上还可以简化管理员的操作。

首先来了解几个 GLBP 的概念。

（1）活跃虚拟网关（Active Virtual Gateway，AVG）：AVG 是 GLBP 组中成员选举出来的一个活跃网关，其他的设备就会成为备用网关，如果发生故障，其他网关就可以通过抢占成为 AVG。AVG 的主要任务是为组中的每个成员分配一个虚拟的 MAC 地址。

（2）活跃虚拟转发者（Active Virtual Forwarder，AVF）：AVF 的主要任务是可以接收客户端的数据帧，从而分担 AVG 的转发流量。AVF 和 AVG 都是 GLBP 中的成员，需要注意的是，AVG 同时也是 AVF，只不过它比其他的 AVF 有更多的功能。

（3）通信（Communication）：GLBP 和 VRRP 或 HSRP 一样，也会通过 Hello 消息向组播地址 224.0.0.102 发送数据包，以此来完成 GLBP 组成员的通信。

如图 9-9 所示，3SW2 和 3SW3 是这个 GLBP 组的成员，其中 3SW2 是 AVG，它给自己和成员分配了不同的虚拟 MAC 地址，图 9-9 中的客户端通过 ARP 解析出不同的 GLBP 虚拟 MAC 地址，从而客户端在进行通信时就会使用不同的网关进行转发。

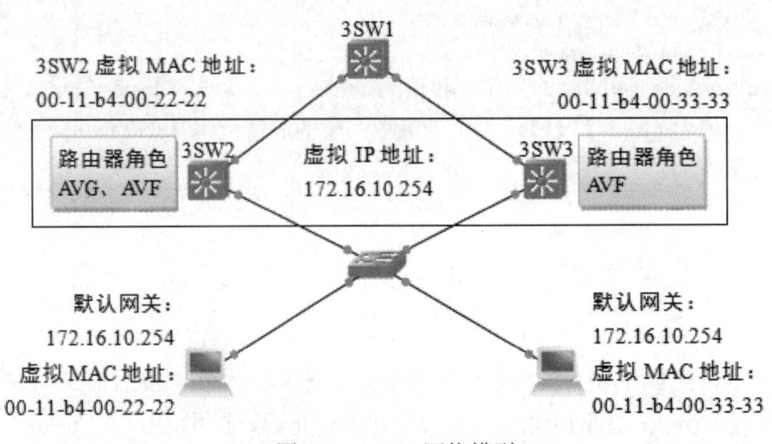

▲图 9-9　GLBP 网络模型

以上对 GLBP 有了简单的了解之后，下面将针对 HSRP 和 GLBP 协议进行一个对比，从而进一步了解 GLBP 有哪些优势，如表 9-2 所示。

▲表 9-2　GLBP 和 HSRP 的特点对比

HSRP	GLBP
Cisco 私有协议	Cisco 私有协议
最多支持 16 个分组	最多支持 1024 个分组
有 1 个活跃路由器和 1 个备份路由器	有 1 个 AVG 和最多 4 个 AVF
在配置虚拟 IP 时，不能使用物理 IP 地址	在配置虚拟 IP 时，不能使用物理 IP 地址
每个 HSRP 组中有 1 个虚拟 MAC 地址	每个 GLBP 组中有多个虚拟 MAC 地址
使用组播 224.0.0.2 发送 Hello 消息	使用 224.0.0.102 发送 Hello 消息
可以追踪接口和对象	只能追踪对象

GLBP 能够实现给不同的客户端分配不同的虚拟 MAC 地址，并且可以实现网络流量的负载均衡，这是 GLBP 特有的算法所决定的，根据不同的算法，将会有三种不同的负载均衡方式，分

别为：

（1）加权负载均衡算法：一台路由器或交换机所转发的流量是根据该设备所配置的加权值（可以理解为优先级）所决定的。

（2）主机相关负载均衡算法：根据不同主机的源 MAC 地址进行负载均衡，只要某个虚拟 MAC 地址还在 GLBP 组中参与流量转发，就确保某主机总是使用这个虚拟 MAC 地址进行通信。

（3）循环负载均衡算法：此算法的主要目的是处理客户端发来的 ARP 请求，从而将本组中可用的虚拟 MAC 地址按照顺序以循环的方式响应 ARP 请求。这样可以保证客户端以一种比较均衡的方式获取自己的网关 MAC 地址。

如图 9-10 所示，GLBP 一般会使用循环负载均衡算法来分配 MAC 地址，当 PC1 向分组中的 AVG 发送 ARP 请求后，AVG 会响应第一个 AVF 的虚拟 MAC 地址，当 PC2 发来 ARP 请求后，则 AVG 会响应第二个 AVF 的虚拟 MAC 地址。尽管客户端的网关是相同的，但是由于解析出了不同的 MAC 地址，所以 PC1 和 PC2 会向不同的网关发送数据。

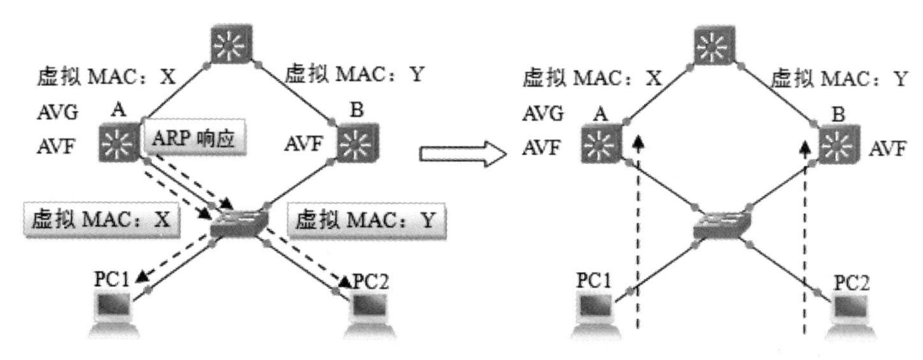

▲图 9-10　GLBP 的工作状态

不管是 GLBP 还是 HSRP 或 VRRP，它们都会应用在不同的网络环境中，作为网络管理员需要针对不同的拓扑选择合适的协议。如图 9-11 所示，这种网络环境可能就不适用于 GLBP 协议。在拓扑中运行了生成树协议，其中交换机 SW1 为 VLAN10 的根桥，图中标识了 STP 的阻塞端口，同时我们使用 GLBP 来实现网关冗余。从效果上看，右侧 VLAN10 的数据首先会经过汇聚层的 SW1，之后再经过 SW2，才能到达核心层网络，因此这种网络模型就无法体现 GLBP 的优势，对此可以采用较为简单的 HSRP 来实现。

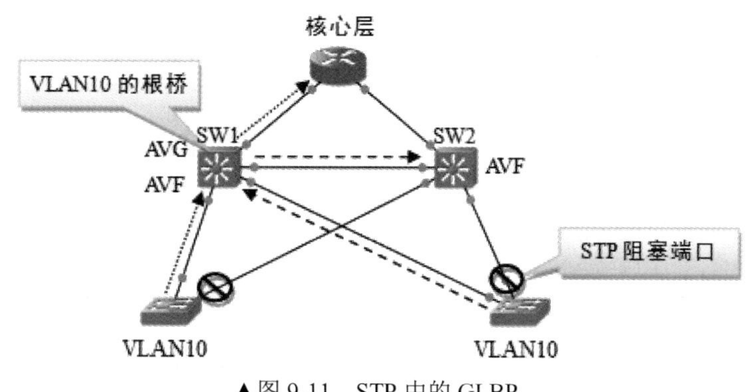

▲图 9-11　STP 中的 GLBP

9.4.2 GLBP 的配置

通过上一章节的概述，我们基本了解了 GLBP 的工作原理，接下来这一节将会介绍 GLBP 的配置命令。配置 GLBP 需要进入接口模式下进行配置，GLBP 既可以在路由器的接口中配置，也可以在三层交换的 SVI 接口中配置。GLBP 的配置命令如下所示（以 SVI 接口为例）：

1. 配置组号和虚拟 IP

```
Switch(config-if)#glbp [group_number] ip [ip_address]
```

其中，group_number 表示要运行的 GLBP 组号，范围是<0-1023>，在一个接口下可以同时运行多个 GLBP 组；ip_address 表示这个 GLBP 组要设置的虚拟 IP 地址，这个地址不能和物理接口的 IP 地址相同。

2. 配置 GLBP 优先级

```
Switch(config-if)#glbp [group_number] priority [priority_value]
```

其中，group_number 表示 GLBP 组号；priority_value 表示 GLBP 优先级的值，它的取值范围是<1-255>，值越大优先级越高。配置优先级是为了控制 AVG 的选举，而不是控制 AVF 的选举。

3. 配置抢占

```
Switch(config-if)#glbp [group_number] preempt
```

配置路由器会进行 AVG 抢占，该功能默认是关闭的。

```
Switch(config-if)#glbp [group_number] forwarder preempt
```

设置 AVF 抢占。

4. 配置 GLBP 权重

```
Switch(config-if)#glbp [group_number] weighting [value]
```

配置 GLBP 的初始权重，value 的取值范围是<1-254>，权重是 GLBP 实行负载均衡的一种方式。在上述的命令中可以有如下扩展：

```
Switch(config-if)#glbp [group_number] weighting [value] lower [lower_value]
upper [upper_value]
```

其中，lower 关键字是设置权重的低限，取值范围是<1-99>，upper 关键字是设置权重的高限，取值范围是<1-100>。

当路由器出现故障后，如果权重低于低限，该路由器将不会成为 AVF，也就是不会转发数据；当故障排除后，如果权重高于高限，该路由器将重新成为 AVF，并可以转发数据。此外，如果采用基于权重的负载均衡，则权重越大，转发数据的流量越大。

5. 配置跟踪

由于 GLBP 只支持对象追踪，因此需要在全局模式下设置追踪的对象，配置命令如下：

```
Switch(config)# track [tracked_object] interface [interface_port ] line-protocol
```

其中，track 命令用于跟踪接口协议状态的 up 或 down，当相应接口状态发生变化时，触发与之相关的模块进行变化处理。track_object 表示 track 的对象编号，它的范围根据不同的版本可能有所差别；interface_port 表示追踪接口的接口名称。实例中以 line-protocol 为例，即接口状态的跟踪功能。

然后在接口模式下，根据跟踪的对象选择降低的权重值，配置以下命令：

```
Switch(config-if)#glbp [group_number] weighting track decrement [value]
```

decrement 参数是当跟踪的对象状态为 down 时，可以设置在初始权重的基础上降低多少单位，value 的取值范围是<1-255>，此命令一般配合 GLBP 权重一起使用。

如图 9-12 所示是权重和跟踪配合使用的效果，其中 3SW1 和 3SW2 为同一个 GLBP 分组，3SW1 负责 PC2 的流量转发并配置追踪 e0/0 和 e0/1 这两个端口，其他配置如下：

```
3SW1(config)#track 1 interface e0/0 line-protocol
3SW1(config)#track 2 interface e0/1 line-protocol
3SW1(config)#interface vlan 10
3SW1(config-if)#ip address 10.1.1.10 255.255.255.0
3SW1(config-if)#glbp 1 ip 10.1.1.254
3SW1(config-if)#glbp 1 preempt
3SW1(config-if)#glbp 1 weighting 110 lower 85 upper 105
3SW1(config-if)#glbp 1 weighting track 1 decrement 10
3SW1(config-if)#glbp 1 weighting track 2 decrement 20
3SW1(config-if)#no shutdown
```

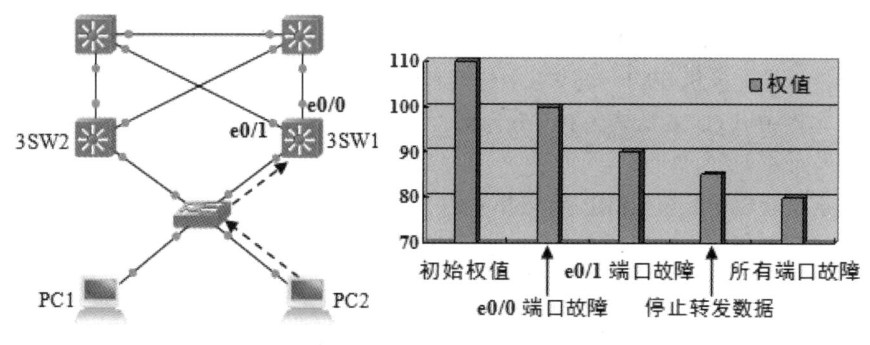

▲图 9-12 Track 对象降低权值

在图 9-12 中，右侧的柱状图表示的是 3SW1 中 GLBP 的权值变化，通过 Track 交换机 3SW1 的端口来降低相应的权值。我们已经事先在 GLBP 中将初始权值配置为了 110，如果只有 e0/0 端口发生故障，GLBP 会自动将其权值降低为 100；如果只有 e0/1 端口发生故障，GLBP 会自动将其权值降低为 90。

在配置 GLBP 时，我们将权重的低限设置为 85，所以只要保证 GLBP 的权值在 85 以上，就可以正常转发流量，因此当 3SW1 的上行端口只有一个发生故障时，并不会影响 3SW1 的转发功能。如果 3SW1 的两个上行端口都发生故障，从图中可以看出，GLBP 自动将其权值降低到了 80，超出了最低限的范围，此时 3SW1 将不会再转发流量。

需要注意的是，我们还设置了一个高限 105，它的作用是为了衡量 GLBP 在故障恢复以后的权值，如果恢复后权值高于 105，3SW1 才能进入转发状态。即使有一个端口恢复为可用状态，但是权值没有高于 105，此交换机也是不可用的状态。

9.5 实训案例

9.5.1 实验环境

实验拓扑：本次实验使用的拓扑通过 GNS3 搭建，如图 9-13 所示。

实验说明：我们将使用图 9-13 分别完成 HSRP 和 VRRP 两个实验，另外再配合 STP 技术实现网关的冗余和流量的分流，同时组建一个无环路的网络环境。

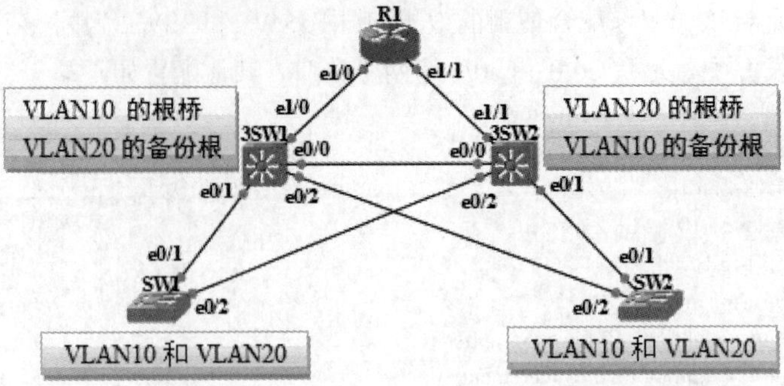

▲图 9-13　实验拓扑

1. STP

交换机 3SW1 为 VLAN10 的根桥和 VLAN20 的备份根桥，3SW2 为 VLAN20 的根桥和 VLAN10 的备份根桥。接入层交换机 SW1 和 SW2 中分别有两个 VLAN10 和 VLAN20，每个 VLAN 都有独立的生成树，本例中以 Cisco 默认的 PVST 为例。

2. HSRP

在两台三层交换机中配置 HSRP，将拓扑中的 3SW1 设置为 VLAN10 的活跃路由器和 VLAN20 的备份路由器，同时将 3SW2 设置为 VLAN20 的活跃路由器和 VLAN10 的备份路由器。

3. VRRP

在两台三层交换机中配置 VRRP，将拓扑中的 3SW1 设置为 VLAN10 的主用路由器和 VLAN20 的备份路由器，同时将 3SW2 设置为 VLAN20 的主用路由器和 VLAN10 的备份路由器。

配合 STP 使用的作用在于将 STP 的主根和网关冗余协议的主路由器绑定在一起，可以保证数据以最小的路径开销到达网关，同时可以防止路由环路的产生，并可以提供冗余的功能。

设置地址信息如表 9-3 所示。

▲表 9-3　设置地址信息

设备	接口	IP 地址	子网掩码
3SW1	VLAN10	172.16.10.10	255.255.255.0
	VLAN20	172.16.20.21	255.255.255.0
3SW2	VLAN10	172.16.10.11	255.255.255.0
	VLAN20	172.16.20.20	255.255.255.0
HSRP 虚拟 IP	VLAN10	172.16.10.254	255.255.255.0
	VLAN20	172.16.20.254	255.255.255.0
VRRP 虚拟 IP	VLAN10	172.16.10.254	255.255.255.0
	VLAN20	172.16.20.254	255.255.255.0

9.5.2 实验目的

- 掌握 HSRP 和 STP 的结合方法。
- 掌握 VRRP 和 STP 的结合方法。

9.5.3 实验过程

任务一：配置 HSRP 和 STP

Step 1 在各台设备中创建相应的 VLAN。

```
3SW1(config)#vlan 10,20
3SW1(config-vlan)#exit
3SW2(config)#vlan 10,20
3SW2(config-vlan)#exit
SW1(config)#vlan 10,20
SW1(config-vlan)#exit
SW2(config)#vlan 10,20
SW2(config-vlan)#exit
```

Step 2 在 3SW1 的 SVI 接口中配置 HSRP。

```
3SW1(config)#interface vlan 10
3SW1(config-if)#ip address 172.16.10.10 255.255.255.0
3SW1(config-if)#no shutdown
3SW1(config-if)#standby 10 ip 172.16.10.254
3SW1(config-if)#standby 10 priority 130
3SW1(config-if)#standby 10 preempt
3SW1(config-if)#standby 10 track e1/0 30
3SW1(config-if)#exit
3SW1(config)#interface vlan 20
3SW1(config-if)#ip address 172.16.20.21 255.255.255.0
3SW1(config-if)#no shutdown
3SW1(config-if)#standby 20 ip 172.16.20.254
3SW1(config-if)#standby 20 priority 110
3SW1(config-if)#standby 20 preempt
```

Step 3 在 3SW2 的 SVI 接口中配置 HSRP。

```
3SW2(config)#interface vlan 20
3SW2(config-if)#ip address 172.16.20.20 255.255.255.0
3SW2(config-if)#no shutdown
3SW2(config-if)#standby 20 ip 172.16.20.254
3SW2(config-if)#standby 20 priority 130
3SW2(config-if)#standby 20 preempt
3SW2(config-if)#standby 20 track e1/0 30
3SW2(config-if)#exit
3SW2(config)#interface vlan 10
3SW2(config-if)#ip address 172.16.10.11 255.255.255.0
3SW2(config-if)#no shutdown
3SW2(config-if)#standby 10 ip 172.16.10.254
3SW2(config-if)#standby 10 priority 110
3SW2(config-if)#standby 10 preempt
```

Step 4 在 SW1 和 SW2 中配置 STP。

```
3SW1(config)#spanning-tree vlan 10 root primary
3SW1(config)#spanning-tree vlan 20 root secondary
3SW2(config)#spanning-tree vlan 20 root primary
3SW2(config)#spanning-tree vlan 10 root secondary
```

Step 5 封装 Trunk。

```
3SW2(config)#interface range e0/0 - 2
3SW2(config-if-range)#switchport trunk encapsulation dot1q
3SW2(config-if-range)#switchport mode trunk
3SW1(config)#interface range e0/0 - 2
3SW1(config-if-range)#switchport trunk encapsulation dot1q
3SW1(config-if-range)#switchport mode trunk
SW1(config)#interface range e0/1 - 2
SW1(config-if-range)#switchport trunk encapsulation dot1q
SW1(config-if-range)#switchport mode trunk
SW2(config)#interface range e0/1 - 2
SW2(config-if-range)#switchport trunk encapsulation dot1q
SW2(config-if-range)#switchport mode trunk
```

Step 6 验证 HSRP 的运行。

```
SW1#show standby brief
Interface   Grp  Pri   P  State    Active        Standby        Virtual IP
Vl10        10   130   P  Active   local         172.16.10.11   172.16.10.254
Vl20        20   110   P  Standby  172.16.20.20  local          172.16.20.254
SW2#show standby brief
Interface   Grp  Pri   P  State    Active        Standby        Virtual IP
Vl10        10   110   P  Standby  172.16.10.10  local          172.16.10.254
Vl20        20   130   P  Active   local         172.16.20.21   172.16.20.254
```

从上面的输出中可以看到 HSRP 的运行结果，其中 Grp 表示 HSRP 的分组，Pri 表示分组的优先级，P 表示配置了抢占策略，State 是当前分组的状态，Active 表示当前分组的活动路由器，Standby 表示备份路由器，最后 Virtual IP 是分组的虚拟 IP 地址。

任务二：配置 VRRP 和 STP

Step 1 在各台设备中创建相应的 VLAN（与任务一配置一致，本次输出省略）。

Step 2 在 3SW1 的 SVI 接口中配置 VRRP。

```
3SW1(config)#track 10 interface e1/0 line-protocol
3SW1(config-track)#exit
3SW1(config)#interface vlan 10
3SW1(config-if)#ip address 172.16.10.10 255.255.255.0
3SW1(config-if)#no shutdown
3SW1(config-if)#vrrp 10 ip 172.16.10.254
3SW1(config-if)#vrrp 10 priority 130
3SW1(config-if)#vrrp 10 preempt
3SW1(config-if)#vrrp 10 track 10 decrement 30
3SW1(config-if)#exit
3SW1(config)#interface vlan 20
3SW1(config-if)#ip address 172.16.20.21 255.255.255.0
3SW1(config-if)#no shutdown
3SW1(config-if)#vrrp 20 ip 172.16.20.254
3SW1(config-if)#vrrp 20 priority 110
3SW1(config-if)#vrrp 20 preempt
```

Step 3 在 3SW2 的 SVI 接口中配置 VRRP。

```
3SW2(config)#track 20 interface e1/0 line-protocol
```

```
3SW2(config-track)#exit
3SW2(config)#interface vlan 20
3SW2(config-if)#ip address 172.16.20.20 255.255.255.0
3SW2(config-if)#no shutdown
3SW2(config-if)#vrrp 20 ip 172.16.20.254
3SW2(config-if)#vrrp 20 priority 130
3SW2(config-if)#vrrp 20 preempt
3SW2(config-if)#vrrp 20 track 20 decrement 30
3SW2(config-if)#exit
3SW2(config)#interface vlan 10
3SW2(config-if)#ip address 172.16.10.11 255.255.255.0
3SW2(config-if)#no shutdown
3SW2(config-if)#vrrp 10 ip 172.16.10.254
3SW2(config-if)#vrrp 10 priority 110
3SW2(config-if)#vrrp 10 preempt
```

Step 4　在 SW1 和 SW2 中配置 STP。

```
3SW1(config)#spanning-tree vlan 10 root primary
3SW1(config)#spanning-tree vlan 20 root secondary
3SW2(config)#spanning-tree vlan 20 root primary
3SW2(config)#spanning-tree vlan 10 root secondary
```

Step 5　封装 Trunk（与任务一配置一致，本次输出省略）。

Step 6　验证 VRRP 的运行。

```
3SW1#show vrrp brief
Interface   Grp   Pri   Time    Own Pre   State    Master addr    Group addr
Vl10        10    130   3492      Y       Master   172.16.10.10   172.16.10.254
Vl20        20    110   3570      Y       Backup   172.16.20.20   172.16.20.254
3SW2#show vrrp brief
Interface   Grp   Pri   Time    Own Pre   State    Master addr    Group addr
Vl20        20    130   3492      Y       Master   172.16.20.20   172.16.20.254
Vl10        10    110   3570      Y       Backup   172.16.10.10   172.16.10.254
```

从上面的输出中可以看到 VRRP 的运行结果，其中 Grp 表示 VRRP 的分组，Pri 表示分组的优先级，Pre 表示抢占策略（Y 为启用），State 是当前分组的状态（Master 表示当前分组的主用路由器，Backup 表示当前分组的备份路由器），Master addr 表示 Master 的 IP 地址，最后 Group addr 是分组的虚拟 IP 地址。

9.6　习题

1．下列选项中能在不同厂商的设备上完成网关冗余的协议是________。

A．STP　　　　B．HSRP

C．VRRP　　　　D．GLBP

2．VRRP 主路由器默认的通告时间间隔是________。

A．1s　　　　B．2s

C．3s　　　　D．10s

3．GLBP 默认的负载均衡方式是________。

A．循环　　　　B．加权

C．主机相关　　D．分派

4．一个 GLBP 组中默认 AVF 成员的数量是________。

A．1　　B．2

C．3　　D．4

5．下列网关冗余协议支持接口跟踪的是________。

A．GLBP　　B．HSRP

C．VRRP　　D．以上都支持

习题答案

1. C　2. A　3. A　4. D　5. B

10

广域网

如今随着一个企业的不断发展，在不同的地理区域上可能拥有多个分支机构，甚至有时候需要跨国运营，这样单一的 LAN 网络已经不足以满足其业务需求，这就需要通过广域网（WAN）的连接来解决这个问题。

现在广域网技术发展越来越成熟，虽然网络的规模和种类越来越复杂，但是各种各样的 WAN 技术足以满足不同企业的需求。随着 WAN 的发展，企业不同分支机构之间的通信安全必须是首要考虑的问题。因此，设计 WAN 和选择合适的网络运营商也并不是一件容易的事情。本章将了解企业 WAN 的连接类型以及相关术语，还将了解如何选择合适的 WAN 技术来满足发展中的企业不断变化的业务需求。

本章为大家介绍广域网使用的协议，重点介绍广域网协议 HDLC、PPP 和帧中继协议。

本章主要内容：

- 广域网的基本概念
- 广域网的连接类型
- 广域网的封装协议
- HDLC 协议的应用场景和配置
- PPP 的应用场景和配置
- 帧中继协议的应用场景和配置

10.1 广域网概述

现在对比介绍广域网和局域网，以下的介绍没有严格从这两个词的原始定义和原始意思来解释，当代技术使得这一定义变得不是很清晰。

局域网（Local Area Network，LAN）是指在某一区域内由多台计算机互联成的计算机组。一般企业或机构自己购买设备，将物理位置较近的办公区的计算机使用网络设备连接起来，覆盖范围在几千米以内。局域网使用的网络设备有集线器或交换机，带宽有 10M、100M、1000M 几个标准，局域网示意图如图 10-1 所示。

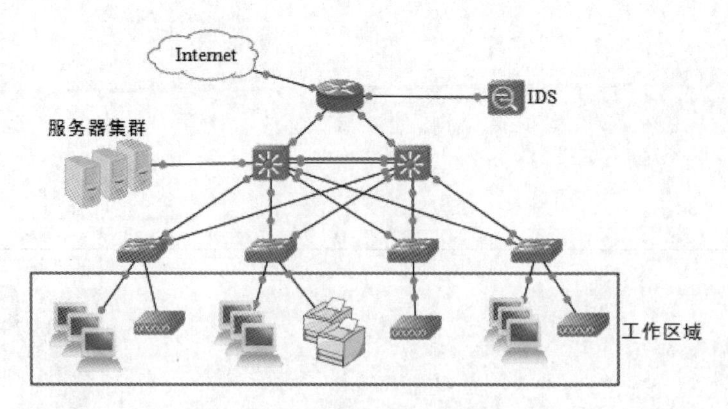

▲图 10-1　局域网示意图

广域网（Wide Area Network，WAN）是一种跨越大的地域性的计算机网络的集合。由专业的网络服务提供商（Internet Service Provider，ISP）网通或电信提供广域网连接。例如，某公司需要将石家庄一个办事处的局域网和北京总公司的网络连接起来，但不会找施工队架设和维护石家庄到北京的网络线路，只需要租用网通或电信的线路即可。广域网的带宽由企业所付的费用决定，广域网示意图如图 10-2 所示。

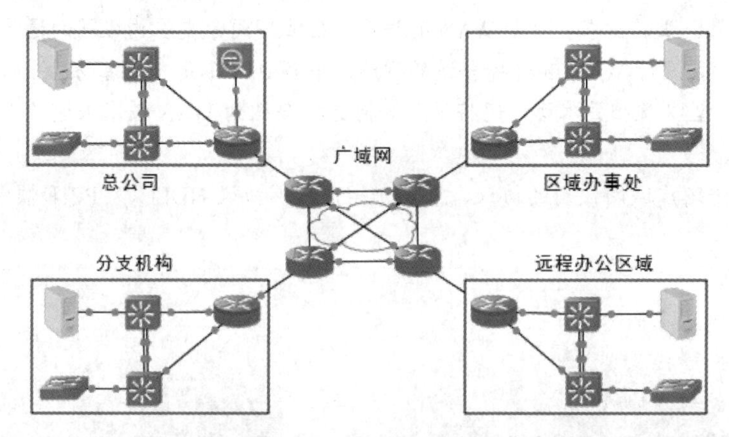

▲图 10-2　广域网示意图

随着技术的发展，广域网和局域网的划分有时候也不是单纯从距离上划分的。例如，你和邻居分别使用 ADSL 访问 Internet，当你访问邻居的计算机共享文件或其他资源时，你的计算机和邻居的计算机就是广域网连接，因为你们是通过租用网通或电信提供的服务连接的；你和邻居的计算机如果使用网线直接连接，就是局域网连接。再例如，一个企业的两栋大楼距离几公里，这两栋大楼中的局域网通过公司的光纤连接，也可以将其理解为局域网，因为没有租用网通或电信提供的广域网链路，也就是没有使用广域网技术。

简而言之，局域网就是自己花钱购买网络设备，自己维护网络；广域网就是花钱租用广域网线路，网通或电信等 ISP 负责保证网络的连通性，带宽由费用决定。

10.1.1 广域网术语

本节将会介绍广域网的常用术语，通过这些术语可以对广域网有一个整体的把握。了解广域网的术语非常重要，因为这是理解广域网技术的关键，如图 10-3 所示是这些概念的图例模型。

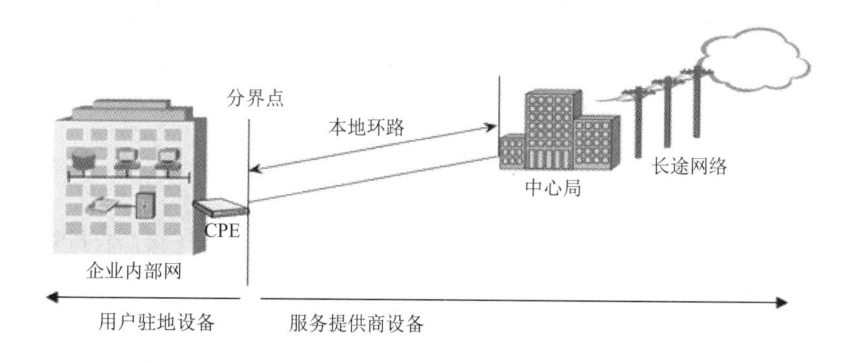

▲图 10-3 广域网术语示意图

1. 用户前端设备

用户前端设备（Customer Premises Equipment，CPE）是用户方拥有的设备，也称为用户驻地设备、位于用户驻地的设备和内部布线。用户可以从服务提供商处购买 CPE 或租用 CPE，这里的用户是指从服务提供商或运营商订购广域网服务的公司。

2. 分界点

分界点（Demarcation Point）是服务提供商最后负责点，也是 CPE 的开始。通常是最靠近电信的设备，并且由电信公司拥有和安装。客户负责从此盒子到 CPE 的布线（扩展分界），通常是连接到 CSU/DSU 或 ISDN 接口。

3. 本地环路

本地环路（Local Loop）将分界点连接到最近的交换局，换句话说是将用户驻地的 CPE 连接到服务提供商中心局的铜缆或光纤电话电缆。

4. 中心局

中心局（Central Office，CO）将客户的网络连接到提供商的交换网络，有时也指出现点（POP）。

5. 长途网络

长途网络（Toll Network）是广域网提供商网络中的中继线路，它属于 ISP 的交换机和设备的集合。

10.1.2 广域网连接类型

对于广域网来说，针对不同用户和网络类型有很多解决方案，如用于拨号连接的模拟调制解调器和综合服务数字网络（ISDN）、异步传输模式（ATM）、帧中继网络、专用线路、X.25、DSL、各种线缆等。WAN 的连接方案和分类的归纳如图 10-4 所示。

由于广域网可以使用许多不同的连接类型，下面将介绍目前市场上常见的几种广域网连接类型。

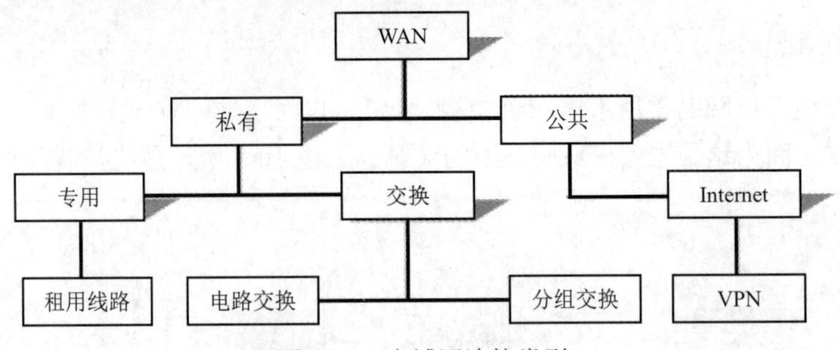

▲图 10-4 广域网连接类型

1．租用线路

租用线路（Leased Lines）：典型租用线路是指点到点连接或专线连接，它是从本地 CPE 经过 DCE 交换机到远程 CPE 的一条预先建立的广域网通信路径，允许 DTE 网络在任何时候不用设置就可以传输数据进行通信。它使用同步串行线路或光纤链路，速率最高并且 IP 地址固定。租用线路通常使用 HDLC 和 PPP 封装类型，后面的章节将会介绍到这两种封装类型。如图 10-5 所示为租用线路的示意图，在专用线路中可以封装的数据链路层协议包括 PPP 和 HDLC。

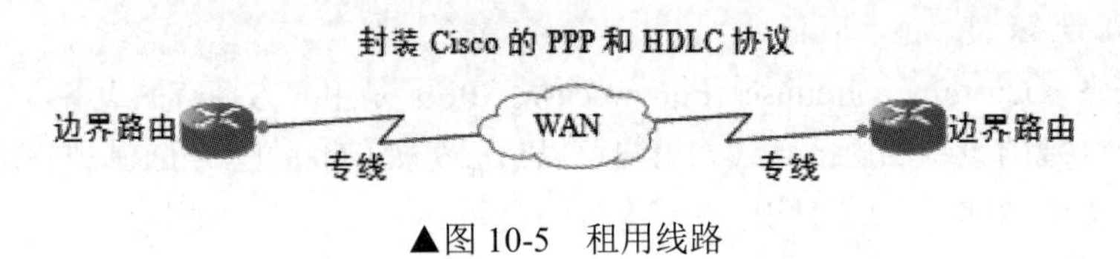

▲图 10-5 租用线路

租用线路主要是在两个站点之间使用专线通信，如果满足以下条件，我们就可以使用租用线路进行连接：

- 两个站点之间有大数据传输，环境的数据流量恒定。
- 建议在连接时间长、距离较短的场合使用。

2．电路交换

电路交换（Circuit Switching）：当听到电路交换这个术语时，就想一想电话呼叫。它最大的优势是成本低——只需要为真正占用的时间付费。在建立端到端的连接之前，不能传输数据，一般用在电话公司网络中，与我们日常拨打电话类似，是一种按需拨号技术，连接时使用专用物理线路，也用于备份连接、场点规模小、短时间的访问。常用的连接方式有拨号上网、ISDN 和 ADSL，虚拟拨号连接如图 10-6 所示。

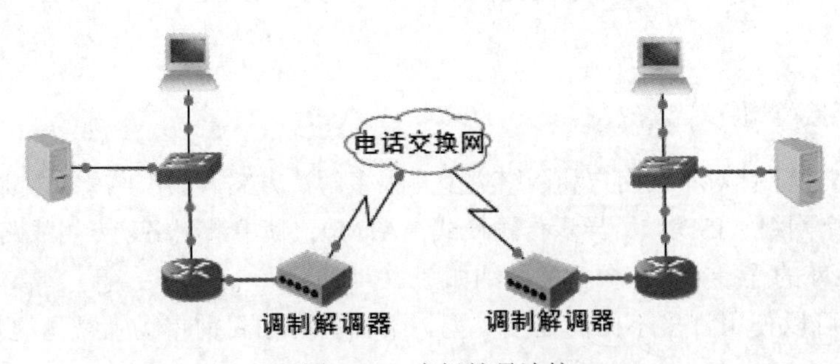

▲图 10-6 虚拟拨号连接

3. 分组交换

前面介绍到的租用链路和电路交换这两种连接方式，都是在两个站点之间使用物理链路创建连接，租用链路是购买或租用同一条链路，电路交换一般则使用多条电路路径。而对于分组交换来说，是在两个站点之间建立逻辑上的链路，这些链路称为虚链路（Virtual Circuits，VC）。

虚链路的优点是不会局限于一条物理链路，它可以在任何可用的物理链路上建立一条或多条逻辑链路。对于用户来说只需要使用一条链路连接到运营商的网络中，经过运营商配置完成后，就可以建立到达多个站点的虚链路。相比其他的 WAN 连接方式，其运营成本介于电路交换和专线之间。使用分组交换的技术包括帧中继、ATM 和 X.25 等，帧中继连接如图 10-7 所示。

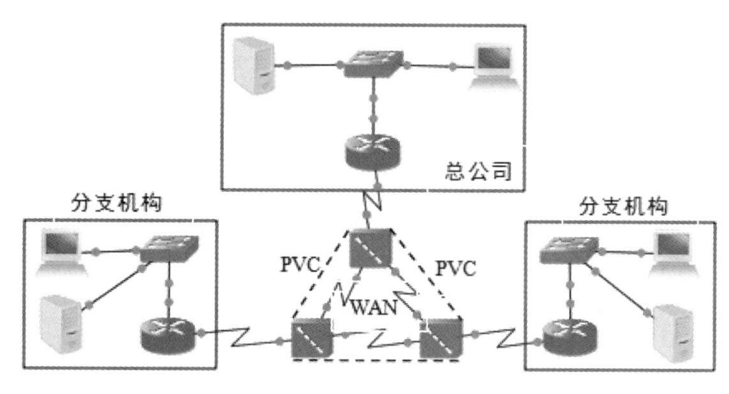

▲图 10-7 帧中继连接

4. VPN

当远程工作人员或远程办公室使用宽带服务通过 Internet 访问公司 WAN 时，会带来一定的安全风险。为解决安全隐患，宽带服务提供虚拟专用网络（VPN）的功能，通过 VPN 连接到通常位于公司站点的 VPN 服务器。

VPN 是公共网络（如 Internet）上建立多个私有网络间的加密连接。VPN 并不使用专用的第二层连接（如租用线路），而是使用称为 VPN 隧道的虚拟连接，VPN 隧道通过 Internet 从公司的私有网络路由到远程站点或员工的主机上，VPN 隧道连接如图 10-8 所示。

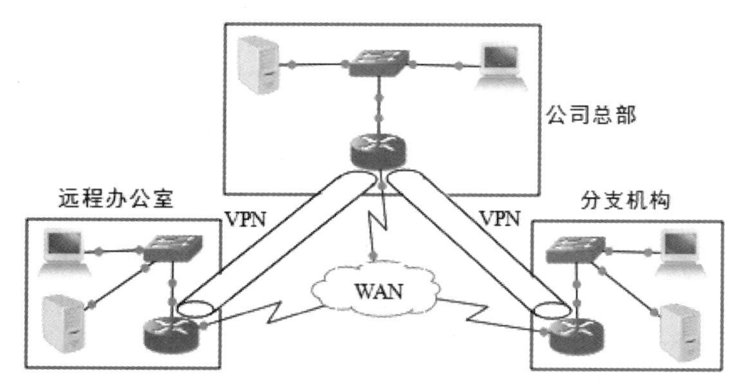

▲图 10-8 VPN 隧道连接

了解 VPN 的模型后，接下来介绍一下 VPN 的优点。

- 节省成本：公司或机构可以利用全球互联网让远程办公室和远程用户连接到总公司站点，

从而节省了为架设专用 WAN 链路和购买大批调制解调器而带来的昂贵开销。

- 安全性：通过使用先进的加密和身份验证协议，防止数据受到未经授权的访问，从而提供最高级别的安全性。
- 可扩展性：由于 VPN 使用 ISP 和设备自带的互联网基础架构，因此可以非常方便地添加新用户，公司无需添加大批的基础设施即可大幅增加容量。
- 兼容性：VPN 技术受到 DSL 和电缆等宽带服务提供商的支持，因此移动办公人员和远程办公人员可以利用家中的高速互联网服务访问公司网络。

通过本章节的介绍，对于广域网的连接类型有了一个大致的了解，接下来的几个章节将会介绍几种典型的广域网连接，分别是使用 HDLC、PPP 和帧中继的专线，它们可以使用相同或类似的物理层规范。

10.2 HDLC

高级数据链路控制（High-Level Data-Link Control，HDLC）协议是较为流行的 ISO 标准、面向位的数据链路层协议，利用它的帧特性和校验和可以规范数据在同步串行数据链路上的封装方法。HDLC 是一种用于租用线路的点到点协议。HDLC 不支持认证。

10.2.1 帧格式

在面向字节的协议中，一方面用整个字节对控制信息进行编码；另一方面，面向位的协议可能使用单个位代表控制信息。面向位的协议包括 SDLC、LLC、HDLC、TCP、IP 等，HDLC 是 Cisco 路由器在同步串行线路上的默认封装方式。Cisco 的 HDLC 是专用的且不可以和其他厂商的 HDLC 通信，Cisco 和 ISO 的 HDLC 格式如图 10-9 所示。

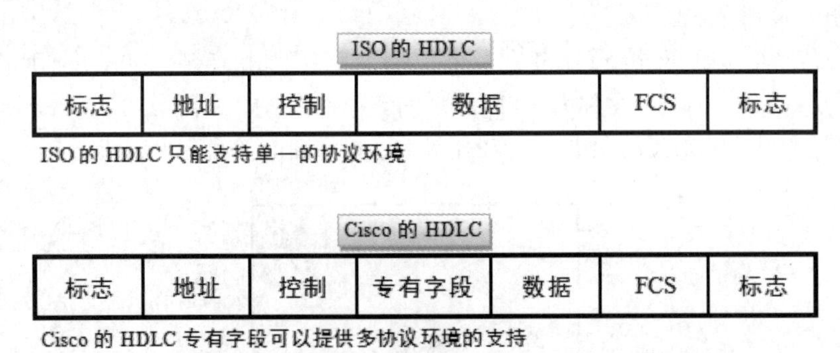

▲图 10-9　HDLC 的帧格式

每个厂商都有一种专用的 HDLC 封装方式，这是因为每个厂商在解决 HDLC 和网络层协议通信时采用了不同的方法。如果厂商没有办法解决 HDLC 和第三层不同协议之间的通信问题，那么 HDLC 只能携带一种协议。这个标识协议属性的报头位于 HDLC 封装的数据字段中。

10.2.2 配置 HDLC

在 Cisco 的同步串行接口中，一般情况下默认的封装方式是 HDLC。如果在某些环境中已经将默认的封装方式更改为其他的协议，之后又需要将其封装类型更改为 HDLC，则可以使用以下命令：

```
Router(config)#interface serial [interface_port]
Router(config-if)#encapsulation hdlc
```

此配置必须在串行接口的子模式下进行，如果事先配置了其他协议（如 PPP 协议），就可以使用上述命令来更改协议类型。需要注意的是，必须在串行链路的两端封装相同的链路协议，否则会导致链路协议失效等问题。

由于 HDLC 是默认的封装协议，所以用 show run 命令是没有办法查看的。我们可以在配置完成后使用“show interfaces +（某个串行接口）”来查看该接口具体的信息，其中就包括链路封装协议，配置实例如图 10-10 所示。

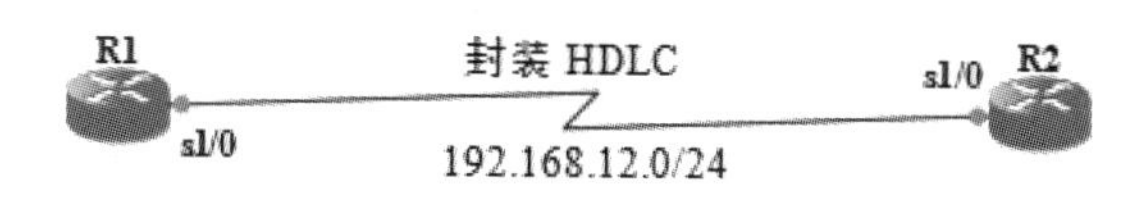

▲图 10-10　HDLC 配置实例

（1）封装 HDLC 配置。

```
R1(config)#interface s1/0
R1(config-if)#ip address 192.168.12.1 255.255.255.0
R1(config-if)#no shutdown
R1(config-if)#encapsulation hdlc
R2(config)#interface s1/0
R2(config-if)#ip address 192.168.12.2 255.255.255.0
R2(config-if)#no shutdown
R2(config-if)#encapsulation hdlc
```

（2）查看封装完成的协议。

```
R1#show interfaces s1/0
Serial1/0 is up, line protocol is up
  Hardware is M4T
  Internet address is 192.168.12.1/24
  MTU 1500 bytes, BW 1544 Kbit, DLY 20000 usec,
     reliability 255/255, txload 1/255, rxload 1/255
  Encapsulation HDLC, crc 16, loopback not set
  Keepalive set (10 sec)
```

输出中的 Serial1/0 is up，line protocol is up 表示接口状态为 up，链路状态正常；倒数第二行的 Encapsulation HDLC 表示封装的协议为 HDLC。

10.3　PPP

点到点协议（Point-to-Point Protocol，PPP）是基于 RFC 1332、1661 和 2153 中定义的开放标准。点到点协议可以用于异步串行（拨号）或同步串行（ISDN）介质。PPP 可以封装多种第三层被动路由协议，并且提供认证、检错和纠错等功能。

10.3.1　PPP 组件

PPP 使用链路控制协议（Link Control Protocol，LCP）建立并维护数据链路连接。使用网络控制协议（Network Control Protocol，NCP）允许在点到点连接上使用多种网络层协议。PPP 协议栈和 OSI 参考模型之间的关系如图 10-11 所示。

PPP	IP	IPX	其他网络层协议	网络层
	IPCP	IPXCP	其他网络控制协议	
	网络控制协议（NCP）			数据链路层
	验证其他选项——链路控制协议（LCP）			
	同步或异步——物理介质			物理层

▲图 10-11　PPP 分层体系结构

如图 10-11 所示，PPP 的分层体系结构是一种协助互连层之间相互通信的逻辑模型、设计或蓝图，该图描绘了 PPP 的分层体系结构与开放式系统互连（OSI）模型的对应关系。PPP 和 OSI 有相同的物理层，但 PPP 将 LCP 和 NCP 的功能分开设计。

PPP 的三个主要组件：

- 帧格式
- 网络控制协议（NCP）
- 链路控制协议（LCP）

1. 帧格式

在点对点链路上使用高级数据链路控制（HDLC）封装数据。PPP 的数据帧格式是以 HDLC 帧格式为基础做了少许改动。PPP 的第一个组件是帧类型或封装方法，帧类型定义了网络层分组在 PPP 的数据帧中是如何封装的。PPP 属于开放的标准，并且经常用于广域网串行链路，因此它可以在同步和异步连接下工作。如图 10-12 所示是 PPP 数据帧和 HDLC 数据帧的对比。

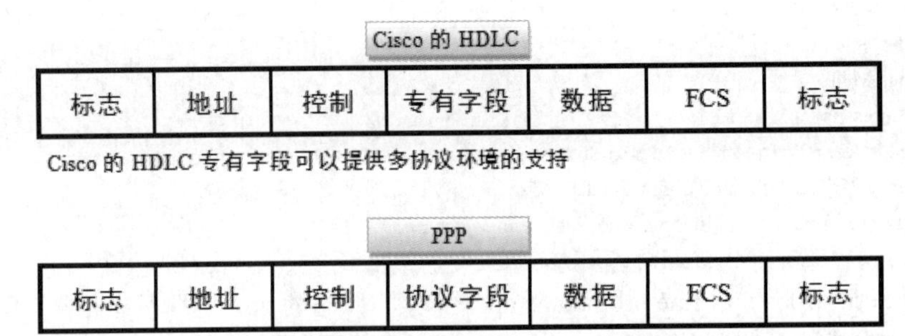

▲图 10-12　HDLC 和 PPP 数据帧的对比

2. LCP

LCP 子层位于物理层之上，主要负责建立、配置、认证和测试数据链路连接，它主要处理建立连接时的所有前端工作。在建立 PPP 连接时，它还会提供下面这些功能：

- 认证（Authentication）：该选项告诉链路的呼叫方发送可以确定其用户身份的信息。两种方法是密码认证协议（Password Authentication Protocol，PAP）和询问握手认证协议（Challenge Handshake Authentication Protocol，CHAP）。
- 压缩（Compression）：该选项通过传输之前压缩数据或负载来增加 PPP 连接的吞吐量，PPP 在接收端解压数据帧。
- 错误检测（Error Detection）：PPP 使用质量（Quality）和魔术号码（Magic Number）选项

确保可靠的、无环路的数据链路。

- 多链路（Multilink）：从IOS 11.1版本开始，Cisco路由器在PPP链路上支持多条链路选项，该选项允许几条不同的物理路径在第三层表现为一条逻辑路径。例如，运行PPP多链路的两条T1线路在第三层路由协议中以一条3Mb/s路径的形式出现。
- PPP回叫（PPP Callback）：PPP可以配置为认证成功后进行回叫。PPP回叫对于账户记录和安全访问是一个很好的功能，因为可以根据访问费用跟踪使用情况。启动回叫后，呼叫路由器（客户端）将和远程路由器（服务器端）取得联系，并像前面描述的那样进行认证。两台路由器必须都配置回叫，一旦完成认证，远程路由器将中断连接，并从远程路由器重新初始化到呼叫路由器的连接。

3. PPP会话的建立（LCP和NCP）

当PPP连接开始时，链路经过以下3个会话建立阶段：

（1）链路建立阶段（LCP)：每台PPP设备通过发送LCP包来配置和测试链路，其中包括一个配置选项字段，它允许每台设备查看数据的大小、压缩和认证。如果没有设置此字段，则使用默认配置。

（2）认证阶段（LCP)：如果配置了认证，在认证链路时可以使用CHAP或PAP。认证发生在读取网络层协议信息之前，同时可能发生链路质量决策。

（3）协议协商阶段（NCP)：PPP使用NCP协议，允许封装成多种网络层协议并在PPP数据链路上发送。每个网络层协议（如IP、IPX、AppleTalk这些被动路由协议）都建立了和NCP的服务关系。

总结：LCP负责协商和维护PPP连接，包括任何可选的认证，NCP负责协商在PPP连接上传输的上层协议。

10.3.2 配置PPP

PPP的配置和HDLC的配置类似，都是在串行接口的子模式下进行配置。我们可以使用以下配置来更改WAN接口的封装类型，命令如下：

```
Router(config)#interface serial [interface_port]
Router(config-if)#encapsulation ppp
```

同样可以在配置完成后使用“show interfaces +（某个串行接口）”命令来查看该接口具体的信息，其中包括链路封装协议。

10.3.3 PPP认证

PPP可以支持两种认证方式，分别是PAP和CHAP，这两种认证协议在RFC 1334中都有定义。在认证过程中，PAP和CHAP都可以支持单向认证（服务端/客户端）和双向认证，我们首先介绍各自的认证过程，在后面会介绍到两种认证的配置方法。

1. PAP

PAP是两种方法中安全程度较低的一种。口令以明文发送，并且PAP只在初始链路建立时执行。在认证阶段，PAP会经历两次握手的过程，如图10-13所示。

在两次握手的过程中，首先客户端R1主动发起验证请求，将本地配置的用户名和密码以明文的方式发送给服务端R2，R2接收到验证请求后检查此用户名和密码是否正确（在R2的数据库中也配置有此用户名和密码），正确就发回接受报文，错误就发送拒绝报文。这种验证方式是采用明文传输，很容易被破解。

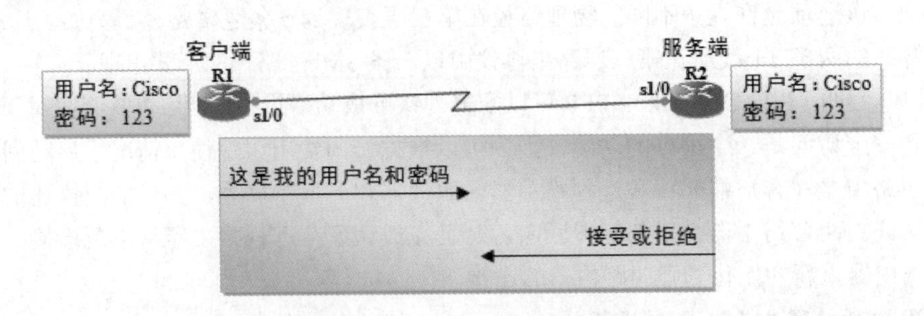

▲图 10-13　PAP 的两次握手

下面给出 PAP 的配置命令（注意在配置前必须保证每个认证的路由器有唯一的 hostname）。

（1）单向认证（示例省略了 IP 地址的配置，接口需要开启）。

```
客户端：
R1(config)#int s1/0
R1(config-if)#encapsulation ppp
R1(config-if)#ppp pap sent-username Cisco password 123  ---向服务端发送账号密码---
服务端：
R2(config)#username Cisco password 123                  ---验证客户端发来的账号密码---
R2(config)#int s1/0
R2(config-if)#encapsulation ppp
R2(config-if)#ppp authentication pap
```

（2）双向认证（互为客户端和服务端）。

```
R1(config)#username R2 password 456
R1(config)#int s1/0
R1(config-if)#encapsulation ppp
R1(config-if)#ppp authentication pap
R1(config-if)#ppp pap sent-username R1 password 123
R2(config)#username R1 password 123
R2(config)#int s1/0
R2(config-if)#encapsulation ppp
R2(config-if)#ppp authentication pap
R2(config-if)#ppp pap sent-username R2 password 456
```

2. CHAP

由于 PAP 在认证过程中以明文的方式发送用户名和密码，认证并不是很安全，密钥容易被中间截获。下面介绍一种相对来说比较安全的认证方式——CHAP，CHAP 是基于 MD5 散列算法的单向散列函数来对密码进行处理。在 CHAP 认证过程中，发送的密码实际上是一堆散列值，而没有发送实际的密码，就算有人获得了此散列值，由于 MD5 的不可逆性，所以还是不能反推得到原始密码。CHAP 的三次握手示意图如图 10-14 所示。

接下来我们来了解一下 CHAP 三次握手的详细过程。

1. 询问

在 PPP 链路建立阶段完成后，主验证方 R2 主动发起验证挑战，挑战报文中 01 表示设置挑战的序列号；ID 用来识别多个认证过程；Random 是一个随机数；R2 是发起挑战路由器的名字，如图 10-15 所示。

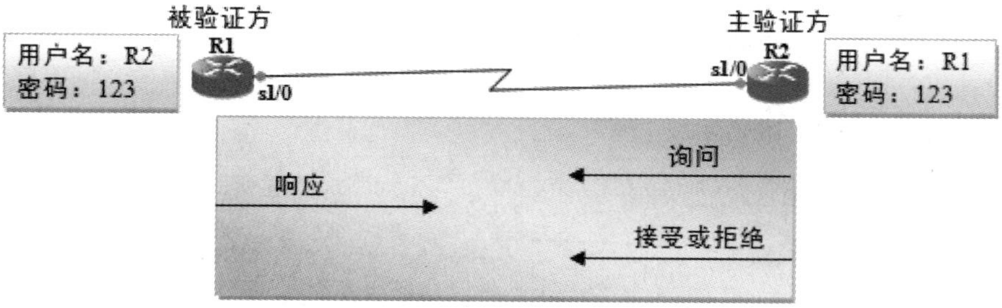

▲图 10-14　CHAP 的三次握手

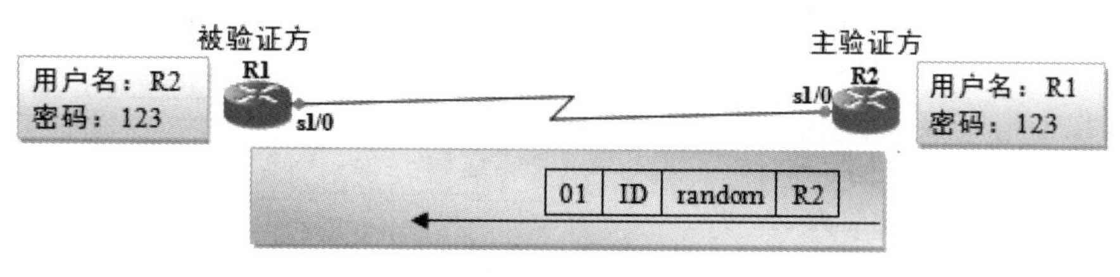

▲图 10-15　询问过程

2. 回应

被验证方 R1 收到主验证方 R2 发来的请求后，根据这个报文中的路由器名称（R2）在本地数据库中找到这个名称对应的密码，如果找到对应的密码，则用主验证方 R2 发送过来的报文中 ID 和随机数加上本地数据库中找到的密码，以 MD5 算法生成一个 hash 值，如图 10-16 所示。

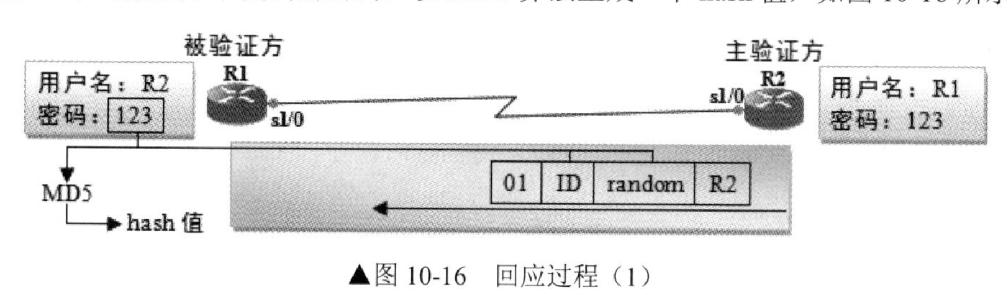

▲图 10-16　回应过程（1）

生成 hash 之后，再将这个 hash 值、主验证方 R2 发送过来的 ID 号以及本路由的名称 R1 发回给主验证方 R2。其中报文的序列号更改为 02，表示设置为挑战应答报文，应答报文中的 ID 是 R2 之前发送过来的 ID，hash 是 R1 计算后得到的值，如图 10-17 所示。

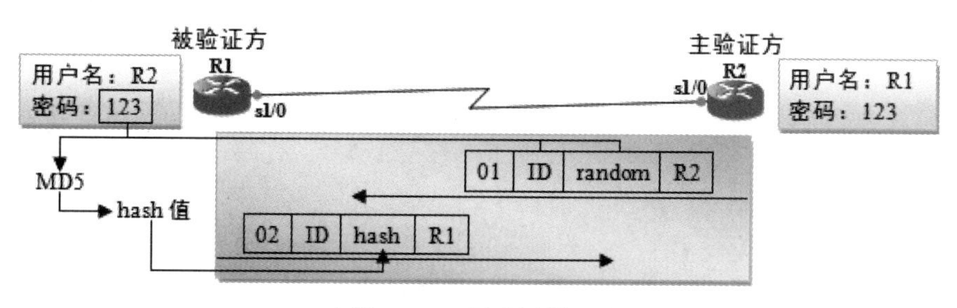

▲图 10-17　回应过程（2）

3. 验证

R2 接收到这个报文后，利用报文中的 ID 值找到储存在本地数据库中的随机数，并且根据发送过来的报文中路由器的名称（R1）找到本地数据库对应这个名称的密码，然后利用 ID、随机数、

R1 对应的密码使用 MD5 算法生成一个 hash 值，最后用这个 hash 值与 R1 发送过来的 hash 比较。相同则验证通过，同时回复序号置为 03 的确认报文；如果不相同则验证失败，回复序号置为 04 的验证失败报文，如图 10-18 所示。

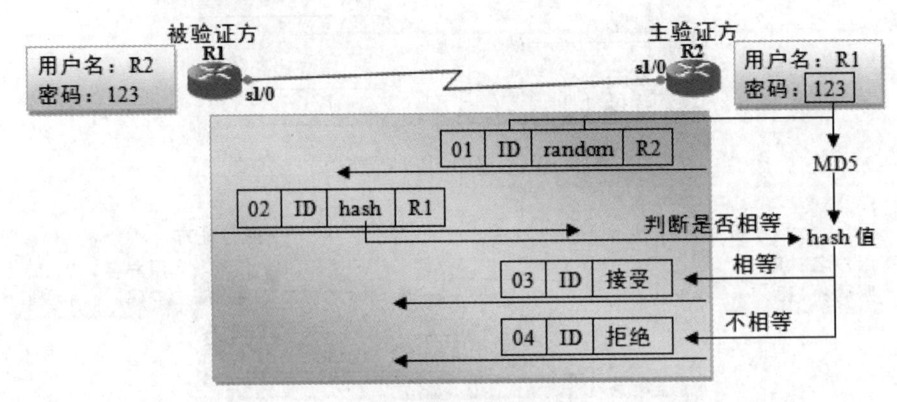

▲图 10-18　验证过程

下面给出 CHAP 的配置命令（注意在配置前必须保证每个认证的路由器有唯一的 hostname）。

（1）单向认证（示例省略了 IP 地址的配置，接口需要开启）。

```
服务端：
R1(config)#username Cisco password 123    ---自定义用户名和密码---
R1(config)#int s1/0
R1(config-if)#encapsulation ppp
R1(config-if)#ppp authentication chap
客户端：
R2(config)#int s1/0
R2(config-if)#encapsulation ppp
R2(config-if)#ppp chap hostname Cisco
R2(config-if)#ppp chap password 123
```

（2）双向认证。

```
R1(config)#username R2 password 123    ---用户名为对方的 hostname，密码必须相同---
R1(config)#int s1/0
R1(config-if)#encapsulation ppp
R1(config-if)#ppp authentication chap
R2(config)#username R1 password 123    ---用户名为对方的 hostname，密码必须相同---
R2(config)#int s1/0
R2(config-if)#encapsulation ppp
R2(config-if)#ppp authentication chap
```

10.4　Frame-relay

10.4.1　概述

帧中继默认情况下属于非广播多路访问（None Broadcast MultiAccess，NBMA）网络，这意味着这种网络模型在默认情况下不能发送广播。帧中继网络和租用线路相比，其构建相对较为复杂多变。另外，帧中继网络都是需要网络提供商来维护和运营的，我们只需要购买其服务并在本地完成相应配置即可，它的维护成本要比租用线路划算很多。

帧中继是面向连接的，也就是说它需要经历建立连接、使用连接和关闭连接 3 个过程。帧中继是由虚链路（Virtual Circuit，VC）建立的连接，VC 是存在于两个站点之间的一条逻辑链路，因此在相同的物理链路中可以存在不同的 VC。VC 的工作模式属于全双工，它可以在相同的 VC 中同时收发数据。

在帧中继网络中使用 VC 来互连各个分支，并不需要两个分支之间有单独的物理链路。虚链路的好处就在于配置方便，建立和拆除虚链路只需要使用命令配置即可，所以虚链路并非真正的物理链路，只是在现有网络的基础上添加的一系列转发规则，物理专线和帧中继虚链路的示意图如图 10-19 所示。

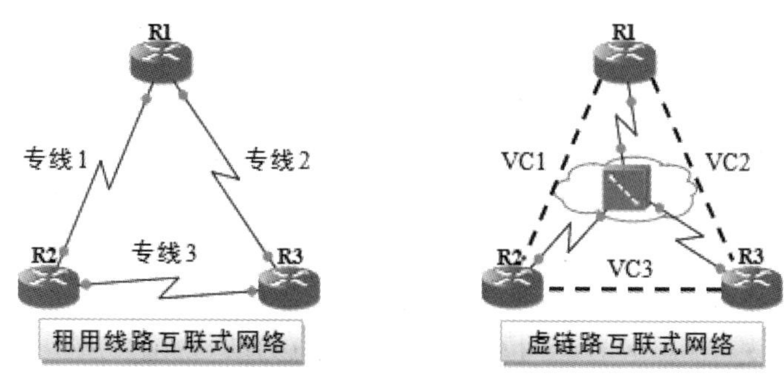

▲图 10-19　租用线路和虚链路

10.4.2　常用术语

帧中继的操作比 PPP 和 HDLC 都要复杂，因此用来描述帧中继的术语也有很多，下面简单介绍一下在帧中继中常见的术语。

1. 虚链路

帧中继网络中两台数据终端设备（DTE）之间的连接称为虚链路（Virtual Circuit，VC），虚链路分为永久虚链路和交换虚链路，现在常用的虚链路为永久虚链路（Permanent Virtual Circuit，PVC）。PVC 与永久租用链路类似，它是由运营商预先配置完成的，并且每一台设备商都需要进行相关配置。PVC 的一个缺点就是需要进行大量的手动配置，如果某一条 PVC 出现了故障，它并不能够动态选择另一条可行链路。

2. DLCI

数据链路连接标识符（Data Link Connection Identifier，DLCI）是 DTE 设备为了标识逻辑链路的一个数值，该数值只具有本地意义，并且每个本地环路上的 DLCI 号是唯一的，但是在整个帧中继网络中 DLCI 号并不一定是唯一的。DLCI 号的取值范围是<0-1023>，其中<0-15>以及<1008-1023>被保留用作特殊用途，所以用户可以配置的 DLCI 号的取值范围为<16-1007>。

如图 10-20 所示，R1 上的 DLCI 号 102 标识的是 R1 到 R2 的连接，R1 上的 DLCI 号 103 标识的是 R1 到 R3 的连接。不同 DTE 设备（在此代指路由器）上的 DLCI 号可以相同，但在同一台 DTE 设备上不能用相同的 DLCI 号来标识到不同的连接。图中两台帧中继设备之间的 DLCI 也可以和其他网段的 DLCI 相同，因此在整个帧中继网络中的 DLCI 并不一定是唯一的，但是在实际应用中建议按照一定的命名规则来定义，以便在日后的网络管理中更加方便。

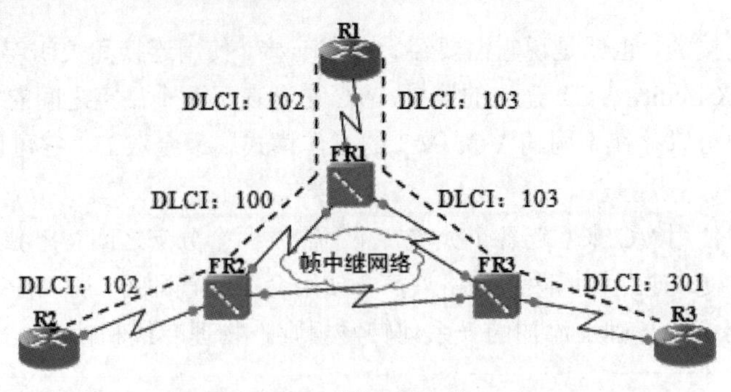

▲图 10-20　帧中继中的 DLCI

3．LMI

本地管理接口（Local Management Interface，LMI）是帧中继路由器（DTE）和帧中继交换机（DCE）之间的协商参数，负责管理设备之间的连接，维护设备的状态。LMI 被用来获知路由器被分配了哪些 DLCI，确定 PVC 的操作状态和有哪些可用的 PVC，另外还用来发送维持分组，确保 PVC 处于激活状态。LMI 只在帧中继路由器和帧中继交换机之间的本地有效，也就是说本地的 LMI 信息不会通过帧中继网络传递到其他 DTE 设备上。

根据不同运营商支持的标准不同，LMI 的类型可以分为以下 3 种：

- ANSI：这是在 ANSI 标准 T1.617 中定义的。
- Q.933A：这是在 ITU-T 标准中定义的
- Cisco：这是由 Cisco、DEC、StrataCom 和 NorTel 四家公司共同研发的。

帧中继路由器（DTE）需要和帧中继交换机（DCE）上的 LMI 配置相同，否则 LMI 不能正常工作，进而导致 PVC 建立失败。在思科路由上 LMI 的类型默认配置为 Cisco。

由于 LMI 只具有本地意义，所以网络中的每个 DTE 和 DCE 之间可以使用不同的 LMI 标准，如图 10-21 所示。例如，在 R1 和 FR1 之间使用 Cisco；在 R2 和 FR2 之间使用 ANSI；在 R3 和 FR3 之间使用 Q.933A。其实在 DTE 和 DCE 之间需要采用哪种类型的 LMI，这取决于运营商的 DCE 设备，大部分运营商可以支持 3 种类型，这个需要根据实际情况来确定。

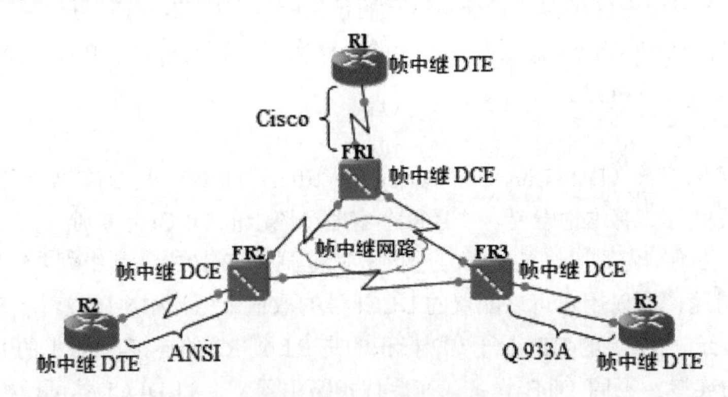

▲图 10-21　LMI 示意图

除了上面 3 个比较常见的帧中继术语外，在表 10-1 中还有一些术语，有兴趣的读者可以自己去查一下每个术语的解释，在此就不过多介绍了。

▲表 10-1 帧中继的其他术语

承诺信息速率（CIR）	承诺突发（BC）	超量突发（BE）
允许丢弃（DE）	前向显示拥塞通知（FECN）	后向显示拥塞通知（BECN）

10.4.3 寻址方式

我们都知道在以太网链路中的寻址是通过 MAC 地址表来寻找其他主机，MAC 地址是通过 ARP 协议来完成 IP 到 MAC 地址的映射。其实在帧中继中有着类似的过程，只不过在帧中继中是通过 DLCI 号来寻找其他主机的，帧中继路由器中同样维护这一张表，其中包含了下一跳邻居 IP 地址和本地 DLCI 的映射关系，而这张表是通过逆向地址解析协议（Inverse-ARP）来完成映射的。

Inverse-ARP 是从第二层地址（如帧中继网络中的 DLCI）中获取其他站点的第三层地址。Inverse-ARP 主要用于帧中继和 ATM 网络，在这两种网络中，虚链路的第二层地址有时从第二层信号中获取，但在虚链路投入使用之前，必须解析出对应的第三层地址。普通的 ARP 将第三层地址转换为第二层地址，Inverse-ARP 则反其道而行之。

我们来介绍 Inverse-ARP 的寻址过程，如图 10-22 所示。图中 R1 和帧中继 FR1 相连接口的 IP 地址为 192.168.12.1，本地的 DLCI 为 102；R2 和帧中继 FR3 相连接口的 IP 地址为 192.168.12.2，本地的 DLCI 为 201。在下面的介绍中，我们将帧中继网络看做是一台帧中继设备以便于讲解。

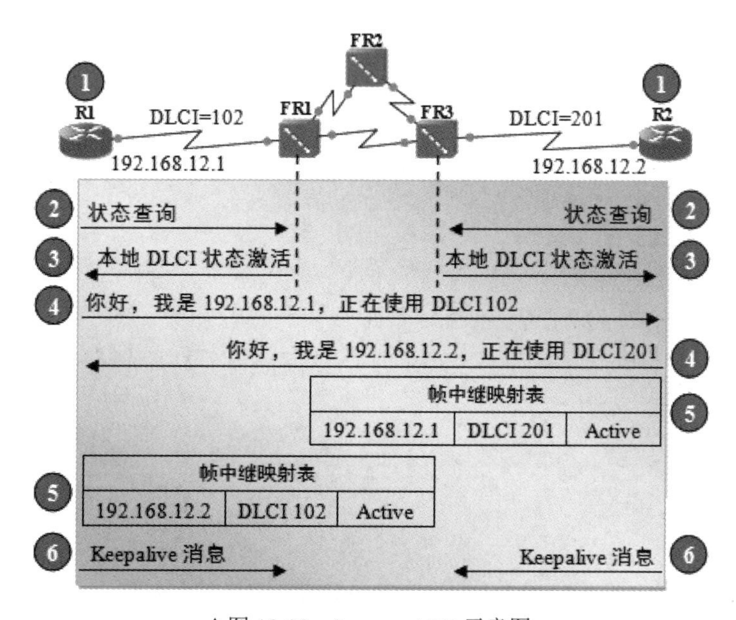

▲图 10-22 Inverse-ARP 示意图

在图 10-22 中，首先在 R1 和 R2 的物理接口上完成帧中继的封装（第 1 步），在接口开启后，R1 和 R2 会自动向帧中继交换机发送查询信息，该消息可以向帧中继交换机通知本路由状态，还可以查询有哪些可用的 DLCI 号（第 2 步）。

接下来以 R1 为例，帧中继交换机会通知 R1，DLCI 号 102 为激活状态（第 3 步）。R1 将对于每个激活的 DLCI 号发送一个 Inverse-ARP 请求分组，通告自己的 IP 地址，并封装对应的 DLCI 号（第 4 步）。

R1 请求中的 DLCI 号 102 通过帧中继网络后，最终将被替换成 201 发往 R2。当 R2 收到帧中继交换机发来的数据帧后，同样会将本地的 DLCI 201 封装到数据帧中，并且通告自己的 IP 地址（第 4 步），然后从自己的物理接口发往帧中继网络。

当帧中继交换机收到这个 DLCI 号是 201 的帧，根据自己的帧中继交换表，将 DLCI 号改成 102 发往 R1，当 R1 收到这个应答后，会在本地的映射表中添加 R2 的 IP 和对应的本地 DLCI 号 102，以后发往 192.168.12.2 的数据帧就用 DLCI 号 102 来封装（第 5 步）。

最后一步，R1 将继续发送维持消息，默认 10 秒一次，此维持消息可以验证帧中继交换机是否处于激活状态。Inverse-ARP 默认的发送时间是 60 秒。

10.4.4 配置帧中继

要配置帧中继网络，我们需要在企业的帧中继路由器和运营商的帧中继交换机中共同完成相关配置。配置帧中继的命令有很多，在本节中我们会有侧重点。首先来介绍在企业的设备中需要完成的操作。如图 10-23 所示，HQ 表示总部，Branch 表示分支机构，下面结合这个图例来讲解相关配置，配置前需要配置相应 IP 并开启接口。

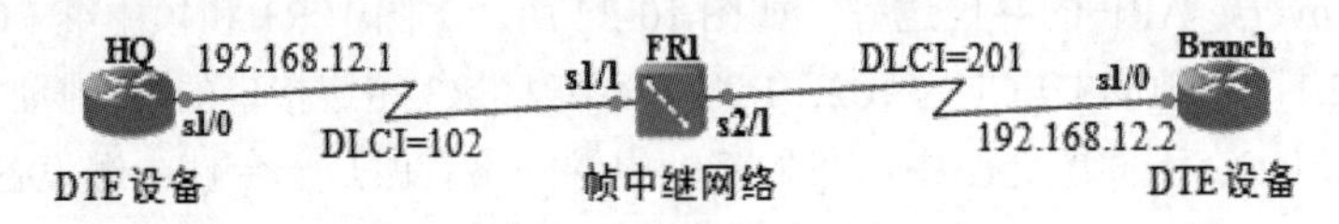

▲图 10-23 配置命令示例

1. 帧中继路由器（DTE）的基本配置

（1）封装 Frame-relay。

```
HQ(config)#interface s1/0
HQ(config-if)#encapsulation frame-relay
```

（2）选择帧中继的封装类型。

```
HQ(config-if)#encapsulation frame-relay ietf
```

帧中继的默认封装类型为 cisco，如果与一台非 Cisco 设备相连，则需要使用上述命令将封装类型修改为 IETF，IETF 在 RFC 1490 中定义了标准的帧中继类型。

（3）配置 LMI 类型。

```
HQ(config-if)#frame-relay lmi-type ?
  cisco
  ansi
  q933a
HQ(config-if)#frame-relay lmi-type ansi
```

在 LMI 术语中已经有所介绍，LMI 是路由器和运营商交换机之间通信的协商参数，在本地配置时需要和运营商的 LMI 信息匹配。在示例中我们以 ansi 类型为例，在实际中需要视情况而定。

2. 帧中继路由器（DTE）的 PVC 配置

帧中继的 PVC 有两种方式可以来实现，一种是手动配置，另一种是通过 Inverse-ARP 来完成解析，动态解析的过程在 11.4.3 节中将会介绍。下面分别介绍一下这两种配置方法。

（1）手动配置解析。

```
HQ(config-if)#frame-relay map ip 192.168.12.2 102 broadcast [cisco | ietf]
```

该命令的使用方法是在 frame-relay map ip 后面输入对端的 IP 地址和本地的 DLCI。broadcast

是可选参数，默认情况下帧中继网络是不支持广播和组播通过 PVC 传输，假设在帧中继上运行了 RIP、EIGRP 或 OSPF，那么这些路由协议的更新将不能通过 PVC 传播，配置了 broadcast 并不代表帧中继就是一个广播网络，只是说它可以模拟广播（或伪广播），而并不是真正意义上的广播。最后[cisco|ietf]这两个是可选参数，这两个参数和本节开始时介绍的参数是相同的，只不过在创建 PVC 的过程中，使用它们可以分别为每一条 PVC 指定其封装的类型。

（2）动态解析。

PVC 可以使用动态解析来完成 PVC 的配置，动态解析的过程是通过 Inverse-ARP 来完成的。动态解析不需要额外的配置，如下：

```
HQ(config)#interface s1/0
HQ(config-if)#encapsulation frame-relay ietf
HQ(config-if)#frame-relay lmi-type ansi
```

默认情况下，在 Cisco 设备上已经启用了 Inverse-ARP，当然在某些情况下可能不需要 Inverse-ARP，我们可以使用以下命令来关闭 Inverse-ARP：

```
HQ(config-if)#no frame-relay inverse-arp
```

3. 帧中继交换机（DCE）的基本配置

在 GNS3 中可以使用路由器来模拟运营商的帧中继交换机，同样使用本节一开始的拓扑图 10-22 为例，以下配置是对 3600 系列的路由器进行的操作，在路由器中可以使用如下命令进行配置：

（1）将 GNS3 路由器改为帧中继交换机。

```
Router(config)#hostname FR1
FR1(config)#frame-relay switching
```

（2）封装 Frame-relay。

```
FR1(config)#interface s1/1
FR1(config-if)#encapsulation frame-relay
```

（3）配置 LMI 类型。

```
FR1(config-if)#frame-relay lmi-type ansi
```

（4）更改接口类型。

```
FR1(config-if)#frame-relay intf-type dce
```

对路由器而言，默认情况下为 DTE，而帧中继的接口类型需要是 DCE，因此为了模拟帧中继交换机需要将其接口类型更改为 DCE，这和其所连接的是 DTE 或 DCE 线缆无关。

（5）配置帧中继交换表。

```
FR1(config-if)#frame-relay route 102 interface s2/1 201
```

此命令的含义是将当前接口（s1/1）接收到的 DLCI 为 102 的数据从另一个接口 s2/1 转发出去，并且将其 DLCI 更改为 201。到此位置只是将帧中继网络的一半道路配置完成了，我们还需要配置当前设备的另一个接口和分支路由器（Branch），它们的配置过程和之前的配置基本相同，所以不再赘述了。

10.4.5 水平分割

1. 帧中继的拓扑类型

有时出于经费的问题，可能不会选择全互联的拓扑，只需要建立部分互联或星型拓扑即可，如图 10-24 所示，它们分别是全网状拓扑、部分互联拓扑和星型拓扑。

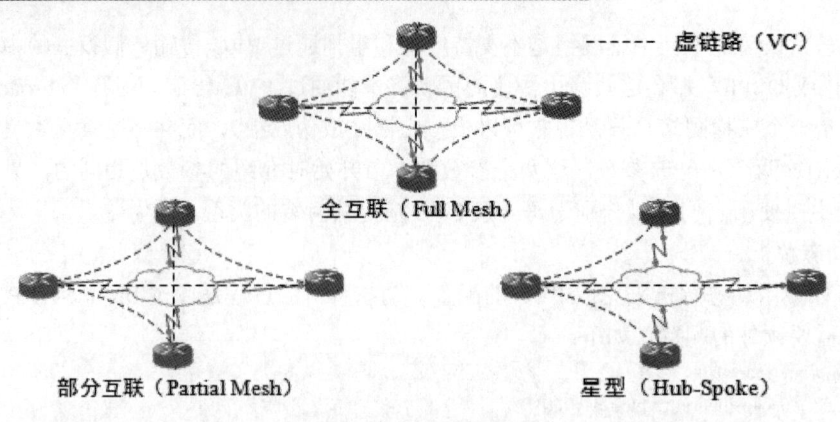

图 10-24　帧中继拓扑

2. 水平分割问题

众所周知，帧中继网络是一个典型的 NBMA 网络，这会给支持水平分割的路由协议造成困扰，当帧中继路由器从一个接口收到某条路由条目时，由于水平分割的问题导致此路由器不能将此路由从该接口发送出去，因此其他设备将不能学习到其他网络的路由。

如图 10-25 所示，对于使用星型互联的网络来说，两台路由器可能在同一子网内，但是它们之间没有 VC 相连，如 Branch1 和 Branch3 之间。假设所有设备都运行 EIGRP，那么 HQ 将来自其他三个路由器的路由信息转发给每一台路由器时就会受到水平分割的影响，这样 Branch1 无法收到 Branch2 和 Branch3 的路由信息，Branch2 无法收到 Branch1 和 Branch3 的路由信息，Branch3 无法收到 Branch1 和 Branch2 的路由信息。

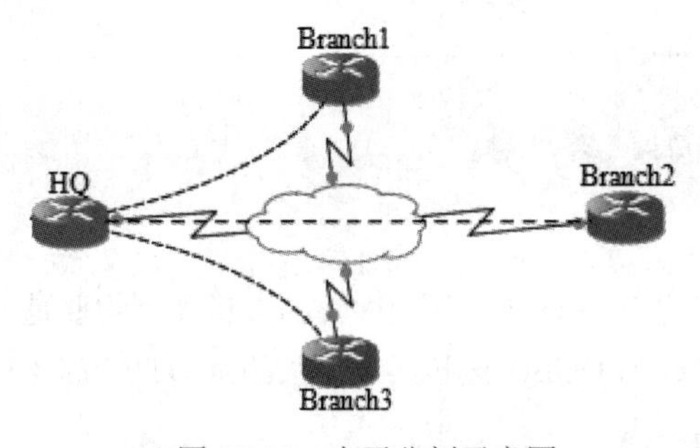

▲图 10-25　水平分割示意图

3. 解决方案

由于帧中继的某些拓扑类型的特点，所以导致了使用水平分割的路由协议不能在两台 DTE 设备之间传递路由。针对这一问题我们给出了以下几个方案：

- 建立全网状拓扑结构
- 使用静态路由
- 关闭水平分割
- 创建子接口

对于第一种方案来说，建立全网状的拓扑结构就意味着每两台设备之间都有一条 PVC 可以相互连通，这样就不需要考虑水平分割的问题了。但是这种方案不太合理，帧中继网络是由运营商建立的，我们需要购买更多的 PVC 才能实现，因此这种方法不太现实。

第二种方案是使用静态路由，当网络规模较小时可以使用这种方式，但是对于大中型网络来说，可能需要维护上百个区域站点，因此这种方法并不能全部适用。

第三种方案是关闭水平分割，对于水平分割来说，要么是全部启用，要么是全部禁用。如果要是禁用水平分割，有可能会造成网络环路的产生，因此关闭水平分割并不是一个很好的方式。本节的主要目的在于介绍帧中继中的子接口，接下来的一部分内容将讲解子接口是如何克服水平分割的问题，以及如何配置子接口。

4. 子接口的类型

在 NBMA 的网络中，使用子接口来解决水平分割的问题是常用的方法。在单臂路由的介绍中有提到过子接口的概念，相信大家对子接口的配置已经不陌生了。帧中继中的子接口有以下两种类型：

- 点到点子接口（Point-to-Point）
- 多点子接口（Multipoint）

点到点子接口是使用一个单独的子接口来建立一条 PVC，该 PVC 可以连接到远端路由器的子接口或物理接口上，如图 10-26 所示。在点到点的子接口中，每个子接口都属于不同的子网，因此当路由器 HQ 收到路由更新时，会在其中一个子接口处理后并广播到其他的子接口中，所以说点到点子接口很好地克服了水平分割的问题。

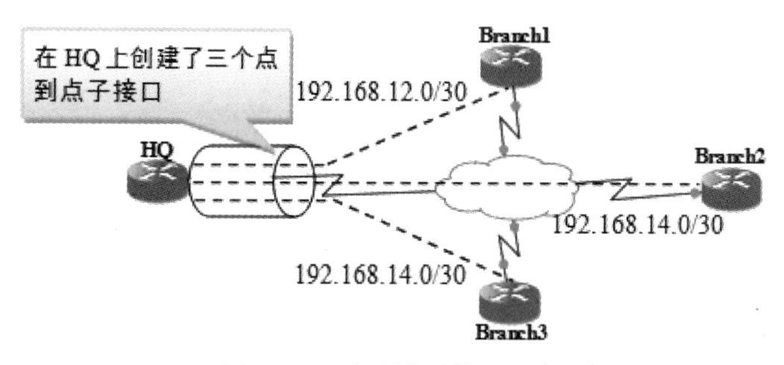

▲图 10-26　点到点子接口示意图

多点子接口是使用一个单独的子接口来建立多条 PVC，这些 PVC 可以连接到远端路由器的子接口或物理接口。这种情况下，所有连接到这个子接口的远端路由器都属于同一个 IP 子网，因此多点子接口在实际应用中并不能解决水平分割的问题。

5. 配置子接口

在帧中继的环境中配置子接口时，首先需要在主接口（物理接口）下配置如下命令：

```
HQ(config)#int s1/1
HQ(config-if)#encapsulation frame-relay
HQ(config-if)#frame-relay lmi-type ansi
HQ(config-if)#no shutdown
```

（1）点到点子接口的配置。

配置实例如图 10-27 所示，在接口 s1/1 中创建两个点到点子接口，本地的 DLCI 分别是 102 对应 VC1 和 103 对应 VC2，其中 VC1 所在的网络是 192.168.12.0/30，VC2 所在的网络是 192.168.13.0/30。

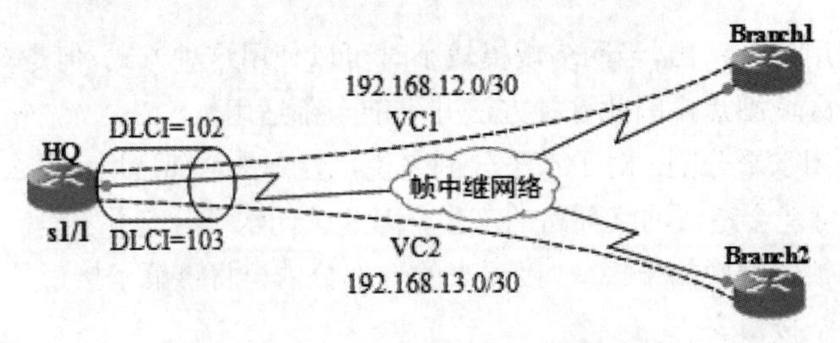

▲图 10-27　点到点子接口配置实例

在 HQ 中的配置如下：

```
HQ(config)#interface s1/1.102 point-to-point
HQ(config-subif)#ip address 192.168.12.1 255.255.255.252
HQ(config-subif)#frame-relay interface-dlci 102
HQ(config-subif)#exit
HQ(config)#interface s1/1.103 point-to-point
HQ(config-subif)#ip address 192.168.13.1 255.255.255.252
HQ(config-subif)# frame-relay interface-dlci 103
HQ(config-subif)#exit
```

定义连接到子接口的本地DLCI号，因为LMI并不知道子接口的情况，这是将LMI生成的DLCI连接到子接口的唯一方法，仅在子接口上使用 frame-relay interface-dlci 命令从而实现 Inverse-ARP 动态解析。

（2）多点子接口的配置。

配置实例如图 10-28 所示，在接口 s1/1 中创建一个多点子接口，本地的 DLCI 分别是 102 对应 VC1 和 103 对应 VC2，其中 VC1 和 VC2 所在的网络都是 192.168.123.0/24。

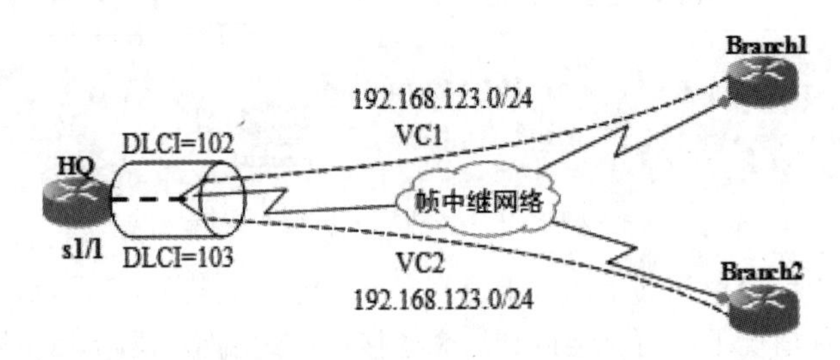

▲图 10-28　多点子接口配置实例

在 HQ 中的配置如下：

```
HQ(config)#interface s1/1.102 multipoint
HQ(config-subif)#ip address 192.168.123.1 255.255.255.0
HQ(config-subif)#frame-relay map ip 192.168.123.2 102 broadcast
HQ(config-subif)#frame-relay map ip 192.168.123.3 103 broadcast
HQ(config-subif)#exit
```


10.5　实训案例

10.5.1　实验环境

实验拓扑：本次实验使用的拓扑通过 GNS3 搭建，如图 10-29 所示。

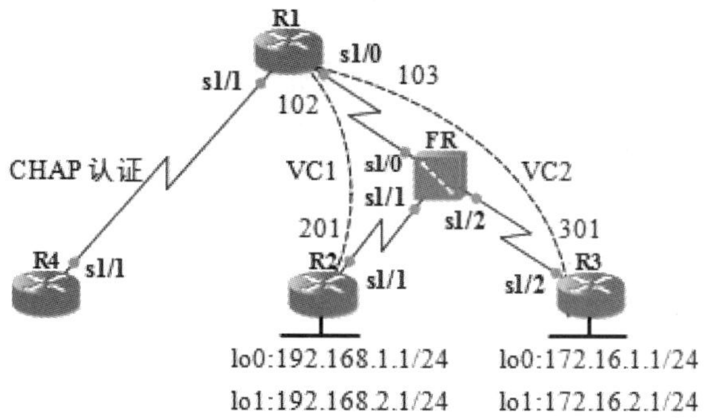

▲图 10-29　实验拓扑

实验说明：如图 10-28 所示，我们可以将 R1 看做是公司总部的路由器，R2、R3 和 R4 分别是三个分支机构。其中 R1 和 R4 之间是租用线路，需要封装 CHAP。另外两个分支机构需要使用帧中继网络连接，在两条 PVC 中，本地的 DLCI 如图中标注所示。

图 10-28 中的帧中继交换机使用 GNS3 路由器模拟实现。在 R2 和 R3 中分别开启两个换回接口，通过换回接口来模拟其所连接的两个网段。为了解决水平分割的问题，我们在帧中继中使用点到点子接口来解决，并在帧中继网络中运行 EIGRP 来查看效果。

地址分配：本次实验的地址分配如表 10-2 所示。

▲表 10-2　地址分配

设备	接口	IP 地址	子网掩码
R1	s1/1	10.1.14.1	255.255.255.252
	s1/0.12	10.1.12.1	255.255.255.252
	s1/0.13	10.1.13.1	255.255.255.252
R2	s1/1	10.1.12.2	255.255.255.252
	lo0	192.168.1.1	255.255.255.0
	lo1	192.168.2.1	255.255.255.0
R3	s1/2	10.1.13.2	255.255.255.252
	lo0	172.16.1.1	255.255.255.0
	lo1	172.16.2.1	255.255.255.0
R4	s1/1	10.1.14.2	255.255.255.252

10.5.2　实验目的

- 掌握 PPP 的封装。
- 掌握 CHAP 认证的配置。
- 掌握帧中继的配置。
- 掌握点到点子接口的配置。

10.5.3 实验过程

任务一：配置 CHAP 认证

Step 1 R1 中的 PPP 配置。

```
R1(config)#username R4 password cisco
R1(config)#interface s1/1
R1(config-if)#ip address 10.1.14.1 255.255.255.252
R1(config-if)#no shutdown
R1(config-if)#encapsulation ppp
*Mar  1 00:32:09.779: %LINEPROTO-5-UPDOWN: Line protocol on Interface Serial1/1, changed state to down
R1(config-if)#ppp authentication chap
```

我们可以看到，当在 R1 中将封装类型更改为 PPP 时，会提示链路协议的状态更改为 down，这是由于链路两端的协议不匹配造成的。

Step 2 R4 中的 PPP 配置。

```
R4(config)#interface s1/1
R4(config-if)#ip address 10.1.14.2 255.255.255.252
R4(config-if)#no shutdown
R4(config-if)#encapsulation ppp
*Mar  1 00:39:40.103: %LINEPROTO-5-UPDOWN: Line protocol on Interface Serial1/1, changed state to up
R4(config-if)#ppp authentication chap
```

配置完成后，可以发现链路协议的状态又会重新建立起来。

Step 3 查看 R1 的 Serial1/1 接口的配置。

```
R1#show interfaces serial 1/1
Serial1/1 is up, line protocol is up                  ---接口和协议均已 UP---
  Hardware is M4T
  Internet address is 10.1.14.1/24
  MTU 1500 bytes, BW 1544 Kbit/sec, DLY 20000 usec,
     reliability 255/255, txload 1/255, rxload 1/255
  Encapsulation PPP, LCP Open                         ---封装类型 PPP，LCP 协商成功---
  Open: IPCP, CDPCP, crc 16, loopback not set         ---NCP（IPCP）协商成功---
---省略部分输出---
R1#
```

任务二：配置帧中继交换机

```
FR(config)#frame-relay switching
FR(config)#interface serial 1/0
FR(config-if)#encapsulation frame-relay
FR(config-if)#frame-relay lmi-type ansi
FR(config-if)#frame-relay intf-type dce
FR(config-if)#frame-relay route 102 interface s1/1 201
FR(config-if)#frame-relay route 103 interface s1/2 301
FR(config-if)#no shut
FR(config-if)#exit
FR(config)#interface s1/1
FR(config-if)#encapsulation frame-relay
FR(config-if)#frame-relay lmi-type ansi
```

```
FR(config-if)#frame-relay intf-type dce
FR(config-if)#frame-relay route 201 interface s1/0 102
FR(config-if)#no shut
FR(config-if)#exit
FR(config)#interface s1/2
FR(config-if)#encapsulation frame-relay
FR(config-if)#frame-relay lmi-type ansi
FR(config-if)#frame-relay intf-type dce
FR(config-if)#frame-relay route 301 interface s1/0 103
FR(config-if)#no shut
FR(config-if)#exit
```

在帧中继交换机中构建出这两条 PVC 的帧中继交换表，在配置完成后记得将其接口置为开启状态（no shutdown）。

任务三：配置点到点子接口

Step 1　R1 中的配置如下：

```
R1(config)#interface s1/0
R1(config-if)#encapsulation frame-relay
R1(config-if)#frame-relay lmi-type ansi
R1(config-if)#no shut
R1(config-if)#exit
R1(config)#interface s1/0.12 point-to-point
R1(config-subif)#ip address 10.1.12.1 255.255.255.252
R1(config-subif)#frame-relay interface-dlci 102
R1(config-fr-dlci)#exit
R1(config-subif)#exit
R1(config)#interface s1/0.13 point-to-point
R1(config-subif)#ip add 10.1.13.1 255.255.255.252
R1(config-subif)#frame-relay interface-dlci 103
```

Step 2　R2 和 R3 中的配置如下：

```
R2(config)#interface s1/1
R2(config-if)#ip address 10.1.12.2 255.255.255.252
R2(config-if)#no shut
R2(config-if)#encapsulation frame-relay
R2(config-if)#frame-relay lmi-type ansi
R2(config-if)#frame-relay map ip 10.1.12.1 201 broadcast
R2(config-if)#exit
R3(config)#interface s1/2
R3(config-if)#ip address 10.1.13.2 255.255.255.252
R3(config-if)#no shut
R3(config-if)#encapsulation frame-relay
R3(config-if)#frame-relay lmi-type ansi
R3(config-if)#frame-relay map ip 10.1.13.1 301 broadcast
R3(config-if)#exit
```

任务四：查看 PVC 状态

Step 1　查看帧中继交换表。

```
FR#show frame-relay route
```

```
Input Intf      Input Dlci    Output Intf     Output Dlci    Status
Serial1/0       102           Serial1/1       201            active
Serial1/0       103           Serial1/2       301            active
Serial1/1       201           Serial1/0       102            active
Serial1/2       301           Serial1/0       103            active
```

在帧中继交换机中，使用 show frame-relay route 命令可以看到这两条 PVC 的进入端口对应的 DLCI 和出端口对应的 DLCI，状态 Active 表示为可用状态。

Step 2 查看 R1 的映射表。

```
R1#show frame-relay map
Serial1/0.12 (up): point-to-point dlci, dlci 102(0x66,0x1860), broadcast
          status defined, active
Serial1/0.13 (up): point-to-point dlci, dlci 103(0x67,0x1870), broadcast
          status defined, active
```

在帧中继路由器中，使用 show frame-relay map 命令可以了解这两个点对点子接口的信息，Serial1/0.12（up）表示可用状态。另外两台路由器 R2 和 R3 同样可以使用这条命令来查看。

任务五：验证水平分割

Step 1 配置 EIGRP（环回口地址省略配置）。

```
R1(config)#router eigrp 100
R1(config-router)#network 10.1.0.0 0.0.255.255
R1(config-router)#no auto-summary
R2(config)#router eigrp 100
R2(config-router)#network 10.1.0.0 0.0.255.255
R2(config-router)#network 192.168.0.0 0.0.255.255
R2(config-router)#no auto-summary
R3(config)#router eigrp 100
R3(config-router)#network 10.1.0.0 0.0.255.255
R3(config-router)#network 172.16.0.0 0.0.255.255
R3(config-router)#no auto-summary
```

Step 2 查看 R2 的路由表。

```
R2#show ip route
[output cut]
     172.16.0.0/24 is subnetted, 2 subnets
D       172.16.1.0 [90/2809856] via 10.1.12.1, 00:01:02, Serial1/1
D       172.16.2.0 [90/2809856] via 10.1.12.1, 00:00:50, Serial1/1
     10.0.0.0/30 is subnetted, 2 subnets
D       10.1.13.0 [90/2681856] via 10.1.12.1, 00:03:55, Serial1/1
C       10.1.12.0 is directly connected, Serial1/1
C    192.168.1.0/24 is directly connected, Loopback0
C    192.168.2.0/24 is directly connected, Loopback1
```

在 R2 上使用 show ip route 命令来查看其路由表，其中 R2 可以学习到来自 R3 的路由（172.16.0.0），这说明子接口解决了水平分割的问题。

10.6 习题

1．在帧中继网络中，如果没有启用反向 ARP，配置静态映射应该使用的命令是________。

A．frame-relay arp　　B．frame-relay map
C．frame-relay interface-dci　　D．frame-relay lmi-type

2．某企业有 1 个总部和 6 个分支机构，预计不久后还将增加 6 个分支机构。要实现通过 WAN 让分支机构能够以低廉的方式连接到总部，但总部路由器没有多余的端口。在这种情况下，应该使用的连接类型是________。

A．PPP　　B．HDLC　　C．帧中继　　D．ISDN

3．执行命令 Router#show frame-relay 时，不会显示的内容是________。

A．dlci　　B．map　　C．lmi　　D．pvc

4．对于帧中继网络中的路由器，为了避免水平分割导致路由选择更新被丢弃，应该配置的方式是________。

A．为每条 PVC 配置一个子接口，给每个子接口分配唯一的 DLCI 并让它在不同的子网中
B．将多条帧中继电路合并成一条点到点线路，以支持组播和广播
C．配置很多子接口，并让它们属于同一个子网
D．配置一个子接口，以建立多条到不同远程路由器接口的 PVC 连接

5．在串行接口上，不支持的封装方式是________。

A．以太网　　B．PPP　　C．HDLC　　D．帧中继

6．给点到点子接口配置帧中继时，不要配置的选项是________。

A．在物理接口上配置帧中继封装　　B．在每个子接口上配置本地 DLCI
C．给物理接口配置 IP 地址　　D．将子接口类型配置为点到点子接口

7．使用串行 DTE 接口将路由器连接到帧中继链路时，时钟频率的确定方式是________。

A．由 CSU/DSU 提供　　B．由远程路由器提供
C．使用命令 clock rate 配置　　D．由物理层比特流速度确定

8．帧中继 WAN 默认情况下所属的网络类型是________。

A．点到点　　B．广播多路访问
C．非广播多路访问　　D．非广播多点

9．要对路由器进行配置，使其通过帧中继连接到一台非思科路由器，必须在 WAN 接口上配置的命令是________。

A．Router(config-if)#encapsulation frame-relay q933a
B．Router(config-if)#encapsulation frame-relay ansi
C．Router(config-if)#encapsulation frame-relay ietf
D．Router(config-if)#encapsulation frame-relay cisco

10．某企业为了能够让远程办公员工安全地通过拨号连接到公司网络，要求对连接到网络的用户进行身份验证，还要求支持回拨（因为有些呼叫为长途），最适合用于提供这种远程接入服务的协议是________。

A．以太网　　B．帧中继　　C．HDLC　　D．PPP

习题答案

1．B　2．C　3．C　4．A　5．A　6．C　7．A　8．C　9．C　10．D